高等学校计算机专业系列教材

Java语言程序设计
面向对象的设计思想与实践
第2版

吴倩 编著

Java Programming Language Second Edition

机械工业出版社
China Machine Press

图书在版编目（CIP）数据

Java 语言程序设计：面向对象的设计思想与实践 / 吴倩编著 . —2 版 . —北京：机械工业出版社，2016.8（2021.10 重印）

（高等学校计算机专业系列教材）

ISBN 978-7-111-54509-5

I. J⋯　II. 吴⋯　III. JAVA 语言 - 程序设计 - 高等学校 - 教材　IV. TP312

中国版本图书馆 CIP 数据核字（2016）第 186255 号

本书以面向对象的设计思想为主线，首先从 Java 语言的特性介绍入手，详细讲解 Java 的基础语法知识；然后循序渐进地解释面向对象三大特征和接口等重要知识点，并剖析其应用及程序设计方法；最后进一步深入讲解 Java 在输入 / 输出、Java 集合框架、JDBC 连接数据库、图形用户界面、多线程等方面的编程方法。此外，本书内容还涉及一些 Java 高级主题，包括高级并发、Socket 网络编程、Java NIO 以及 Android 图形用户界面开发等基本理论及实用开发技术。

本书全面整合了 JDK 5 ~ JDK 8 的主要特性，力求与当今 Java 技术的工程应用保持同步。在例题与习题的选用与设计上深入浅出，强调连贯性与实用性，以期通过实践锻炼读者的面向对象程序设计能力。

本书可作为计算机及相关专业的大专院校 Java 语言程序设计教材，也适合对 Java 编程感兴趣的广大读者。

出版发行：机械工业出版社（北京市西城区百万庄大街22号　邮政编码100037）
责任编辑：张梦玲　　　　　　　　　　　　责任校对：董纪丽
印　　刷：北京建宏印刷有限公司　　　　版　　次：2021年10月第2版第4次印刷
开　　本：185mm×260mm　1/16　　　　印　　张：22.75
书　　号：ISBN 978-7-111-54509-5　　　定　　价：49.00元

凡购本书，如有缺页、倒页、脱页，由本社发行部调换
客服热线：(010) 88378991　88361066　　　投稿热线：(010) 88379604
购书热线：(010) 68326294　88379649　68995259　　读者信箱：hzjsj@hzbook.com

版权所有·侵权必究
封底无防伪标均为盗版
本书法律顾问：北京大成律师事务所　韩光 / 邹晓东

前言

第 2 版说明

本书第 1 版于 2012 年 9 月出版，第 2 版在第 1 版的基础上，结合当今 Java 发展的最新技术，广泛听取了读者和同行的建议，并根据作者在授课和开发过程中的实践经验重新整编。

本书在保持第 1 版 Java 基础知识体系的同时，进一步从实践的角度阐述 Java 面向对象的编程思想及编程技巧，与当前业内 Java 技术的最新发展相结合，细化、深化某些技术要点，强调 Java 应用程序的设计思想及技巧，体现 Java 的知识性、系统性及先进性。主要更新知识点如下：

1. 紧密结合 Java 的最新发展，在 JDK 5、JDK 6、JDK 7 的基础上，继续增添 JDK 8 的语法新特性。
2. 删除第 1 版的 Java applet 部分，因为该技术如今已经很少使用。
3. 增加 Java 网络应用知识，增添 Java Socket 网络编程和 Java 非阻塞 IO（NIO），并以实例展示 Socket、NIO 结合多线程在网络及分布式系统中的综合应用。
4. 深化多线程编程，同时进一步细化并深入分析多线程高级并发部分，补充了线程池、阻塞队列等内容。
5. 增加 Android 图形用户界面开发简介。结合当今 Java 在 GUI 方面的应用重点已经转移到 Android 平台的特点，介绍 Android 系统架构及组件，并以实例的形式讲解 Android GUI 基础控件的开发。
6. 其他增添及更新的细节包括：Java 基础部分的注释（Annotation）、反射机制，Java 集合框架的 Collections 类、比较器、泛型，JDBC 连接数据库的调用存储过程，等等。

本书背景

作为当今最流行而且不断发展的面向对象程序设计语言，Java 语言随着网络的发展而被广泛普及、应用，Java 语言已经和我们的日常生活息息相关。信息化的发展带动了 Java 在金融、通信、制造、电子政务、移动设备及消费类电子产品等领域日益广泛的应用，尤其是近年来 Android 移动平台的推广，又为 Java 语言注入了新的活力，使之成为 IT 行业一颗璀璨的明星。

近年来，市场对 Java 开发人才的需求旺盛，激发了广大开发人员学习 Java 语言的兴趣。但是，对于很多 Java 初学者来说，如何选择适合自己的教材，从而快速提高 Java 编程水平，是很重要的事情。

本书作者具有丰富的教学经验及工业界软件开发经历，书的设计力求切合实际，尽量为缩小计算机专业毕业生与工业界人才需求之间的差距做出一些努力，同时引导读者深入理解

Java 程序设计，少走弯路。本书从始至终贯穿着面向对象的编程思想，以 Java 语言为实现方式，强调 Java 语言的精华在于"面向对象思想"。本书覆盖的内容全面，从 Java 语言的基础知识一直到 Java 类库的应用、数据库程序设计及 Android 平台程序开发。使读者能够从通俗易懂的语言中理解程序设计理念，帮助读者认识到任何一种面向对象程序设计语言的语法和风格可能有所不同，但是其编程思想都是一致的，编程语言的学习不应该局限于表面的语法格式，而是应该深入了解程序设计语言的本质规律，掌握其精髓思想，才能真正学会并运用一门程序语言。

本书特色

本书的主要特色为通俗易懂、实践性强、例题丰富，展现了 Java 最新技术。

本书着重探究应用设计技巧及解决方案，始终以面向对象设计理念为主线，解析面向对象程序设计思想及方法，强调语法知识的学习应以理解编程思想为前提。

本书强调 Java 语言的实践性，提供大量实用性很强的编程实例，实例生动、完整、连贯性强，并配有与开发相关的重要技术要点提示。采用业内流行的 eclipse 集成开发环境作为开发平台，配合 UML（统一建模语言）表述程序分析及设计。另外还提供了一个覆盖所有重要知识点的综合性开发实例（电子产品商店管理系统），该实例随着面向对象程序设计理论的深入、Java 语法知识点的展开，由浅入深，并逐步完善和扩展规模，最后形成一个具有图形用户界面、实现数据库访问操作的、规模适中的应用管理系统，帮助学生理解 Java 编程的设计与实现。

本书强调 Java 语言的更替性及应用性，紧密结合 Java 语言不断发展的特色，覆盖内容全面，理论阐述简洁浅显，具有较强的可读性。本书也力求反映 Java 技术的新成果、新趋势，将 JDK 5、JDK 6、JDK 7 及 JDK 8 的最新技术和思想方法介绍给读者。本书还简要介绍了目前 Java 语言应用最为广泛的 Android 移动平台以及基本的 Android 图形用户界面编程方法。

本书习题侧重于培养学生自主学习、自行探索、独立解决问题以及团队协作的能力。学生不仅可以练习编程，而且还能自行设计程序架构，学习查阅资料解决问题。习题具有连贯性，循序渐进，分组协作，最终逐步扩展为一个基于 TCP/IP 及多线程的完整 C/S 架构应用系统。

主要内容

全书分为三部分，共 14 章：第一部分，全面阐述面向对象程序设计思想及 Java 基础语法，内容包括第 1 章、第 2 章；第二部分，结合实例，以 Java 语言讲述面向对象的三大特征及程序设计方法，内容包括第 3～6 章；第三部分，讲述 Java 语言类库、输入/输出、多线程、图形用户界面、数据库、网络及 Android 无线移动通信平台中的图形用户界面，内容包括第 7～14 章。

各章内容介绍如下：

第 1 章介绍面向对象的基本概念、面向对象的三大特征（封装、继承和多态）、类的建模及其结构层次设计、面向对象程序设计原则，并对 Java 语言特点及开发环境 eclipse 进行了概要的介绍。

第 2 章全面介绍 Java 语言基础知识及语法，具体包括 Java 语言基本元素、基本数据类型、引用数据类型、基本数据类型的封装类、运算符、表达式及流程控制。

第 3 章讲述类与对象。从如何设计类开始，到对象的创建及使用方法、static 静态成员的基本特征、方法重载、包的概念、类的访问控制，以及基础类库。

第 4 章讲述异常处理，包括异常的概念、异常的分类、异常的处理机制、自定义异常类。

第 5 章讲述类的重用，包括类的继承和类的组合两种方式的语法实现，并介绍了抽象类与抽象方法、类成员方法的覆盖。

第 6 章讲述接口与多态，从接口存在的必要性入手，逐步引导读者理解接口如何在程序结构中实现多重继承、多态的概念及实现、多态的适用环境，以及内部类的概念及使用方法。

第 7 章讲述 Java 的集合框架及其提供的几种集合，并介绍了泛型的相关知识及其在集合中的应用。

第 8 章讲述输入/输出，包括 I/O 流的概念、I/O 流的分类、文件读写以及对象的序列化。

第 9 章讲述 JDBC 访问数据库，主要介绍 JDBC 技术的原理、JDBC API、通过 JDBC 访问数据库、实现与数据库的连接，以及访问数据库的一系列操作。

第 10 章讲述 Java 图形用户界面，具体包括 Java 图形用户界面类库、Swing 的组件、Swing 组件的层次结构、Swing GUI 程序、事件处理机制、eclipse 下的可视化图形界面编程。

第 11 章讲述 Java 多线程，具体包括进程与线程的概念、多线程编程基础、线程的生命周期、线程的常用方法、多线程的编程方式、死锁等相关问题的处理。扩展讲解了高级并发提供的几种机制，包括 Lock 与 Condition、读写锁、阻塞队列、线程池等。

第 12 章讲述 Java Socket 网络编程，包括基于 TCP/UDP 的单线程 C/S 模式或者多线程 C/S 模式。

第 13 章讲述 Java 非阻塞 IO（NIO），包括 Java NIO 包含的 3 个核心对象缓冲区、通道、选择器及其操作方法，以及 NIO Socket 的通信机制。

第 14 章讲述 Android 图形用户界面开发，包括 Android 框架及应用程序组件、开发环境配置、Android 图形用户界面的各种控件及其使用示例。

本书提供完整的示例程序来讲解基本概念，所有程序都在 eclipse4.5 Mars 环境下编译运行通过，本书提供电子教学课件及各章例题，下载地址为 www.hzbook.com。

致谢

在书稿的完成过程中，机械工业出版社的编辑对此书的出版给予了周到的安排和支持，同时也得到了家人、朋友的大力支持，使此书得以在短时间内出版，在此对他们表示真挚的感谢！

尽管作者具有程序设计方面的教学经验以及软件项目开发经验，但由于时间仓促及水平有限，难免存在不妥之处，恳请广大读者给予批评指正。电子邮箱：wuqian@muc.edu.cn。

编者
2016 年 5 月

教 学 建 议

本书既可作为大学计算机及其相关专业的 Java 基础教材，也适用于广大 Java 语言编程初学者作为参考书使用。

本书的理论授课学时建议安排为 42 学时，学生上机实验学时可以灵活安排。不同专业可以根据不同的教学要求和执行计划对教材内容进行适当取舍。

课程内容	教学要求	学时分配
第 1 章 面向对象程序设计思想	理解面向对象的核心概念 理解面向对象的三大特征 掌握从现实世界抽象出类的原则 了解 Java 语言的特点 掌握 eclispe 开发环境 掌握 Java 的程序结构	2
第 2 章 Java 语言基础知识	掌握 Java 数据类型 理解 Java 语言基本元素、运算符与表达式及控制语句 重点掌握 Java 数组与其他语言的不同 掌握封装数据类型	4
第 3 章 类与对象	掌握类的创建、对象初始化以及类的使用 掌握数据成员及方法的使用、类的访问控制、static 数据与成员、this 指针、final 修饰符、方法重载 了解 Java 基础类库及相关的应用 理解 String 类和 StringBuffer 类的异同	4
第 4 章 异常处理	了解异常的概念、分类 重点掌握对异常的处理，学会使用 try、catch、throw 语句处理异常 理解自定义异常类	2
第 5 章 类的重用	掌握类的继承概念及实现方式 了解终结类与终结方法 掌握抽象类与抽象方法 掌握类的组合及实现方式	4
第 6 章 接口与多态	理解使用接口的具体应用场景 掌握接口的基本概念及实现方式 理解多态实现的基本原理 掌握多态的概念及实现方式 理解内部类的概念及应用	4
第 7 章 Java 集合框架	理解 Java 集合框架的层次结构 掌握几种基本的集合，如 ArrayList、List、Set 的使用方法 学会查阅 Java API，学会用集合提供的方法进行排序、查找等操作 掌握集合中元素的遍历方法 理解泛型的概念 掌握泛型在集合中的运用 掌握 Collections 类、比较器、Lambda 表达式	2

（续）

课程内容	教学要求	学时分配
第 8 章 输入 / 输出	理解 I/O 流的概念及 I/O 流的分类 重点掌握字节流、字符流的文件读写方式 理解标准输入 / 输出 理解对象流的概念 掌握对象序列化的实现方式	2
第 9 章 JDBC	了解 JDBC 的基本概念及技术原理 掌握 JDBC API 中主要类及接口的使用方法 掌握 JDBC 访问数据库的一系列操作 掌握在 eclipse 下通过 JDBC 访问数据库的操作	4
第 10 章 Java 图形用户界面	理解 Java 图形用户界面容器、组件之间的层次关系 理解 Swing 类库的基本组件 理解几种常用的布局管理器的使用 掌握 Java 的事件处理机制及几种实现方式 学会在 eclipse 环境下使用 Swing Designer 进行可视化 GUI 程序开发	4
第 11 章 多线程	掌握多线程的基本概念 掌握多线程的两种创建方式 了解多线程的生命周期、守护线程及线程的优先级 理解线程死锁的基本概念及处理方法 掌握多线程编程的 4 种编程方式 掌握高级并发，包括 Lock、读写锁、阻塞队列及线程池	4
第 12 章 Java Socket 网络编程	理解 OSI 简化 7 层模型及 TCP/IP 协议组 掌握基于 TCP 的单线程 C/S 编程模式 掌握基于 UDP 的单线程 C/S 编程模式 掌握基于 TCP 的多线程 C/S 编程模式 掌握基于 UDP 的多线程 C/S 编程模式	2
第 13 章 Java 非阻塞 IO（NIO）	了解 NIO 的应用场景 掌握 NIO 的三大核心对象 理解 Reactor 模式 掌握 NIO Socket 单线程模式 掌握 NIO Socket 多线程模式	2
第 14 章 Android 图形用户界面开发简介	了解 Android 系统架构及组件 掌握 Android 开发环境搭建及简单控件开发 理解事件响应机制及各种控件的使用	2

目 录

前言
教学建议

第1章 面向对象程序设计思想 ········ 1
1.1 类和对象 ························· 1
1.2 面向对象程序设计的三大特征 ······· 3
1.2.1 封装 ······················ 4
1.2.2 继承 ······················ 4
1.2.3 多态 ······················ 5
1.3 面向对象的程序设计 ··············· 7
1.3.1 类的建模 ·················· 7
1.3.2 类的层次结构设计 ··········· 8
1.3.3 面向对象程序设计原则 ······· 9
1.4 Java 语言简介 ···················· 10
1.4.1 Java 语言的特点 ············ 12
1.4.2 Java 程序的开发环境 ········ 13
1.4.3 第一个 Java 程序 ··········· 14
本章小结 ······························ 19
习题 ································· 19

第2章 Java 语言基础知识 ············ 21
2.1 Java 语言基本元素 ················ 21
2.2 Java 基本数据类型 ················ 22
2.3 引用数据类型 ····················· 26
2.3.1 枚举 ······················ 26
2.3.2 数组 ······················ 27
2.4 基本数据类型的封装类 ············· 34
2.5 运算符及表达式 ··················· 37
2.5.1 算术运算符 ················ 37
2.5.2 关系运算符 ················ 39
2.5.3 逻辑运算符与逻辑表达式 ····· 39
2.5.4 赋值运算符 ················ 40
2.5.5 位运算符 ·················· 40
2.5.6 其他运算符 ················ 41

2.5.7 表达式 ···················· 42
2.6 Java 控制语句 ····················· 42
2.6.1 分支结构 ·················· 42
2.6.2 循环结构 ·················· 44
2.6.3 中断结构 ·················· 46
本章小结 ······························ 49
习题 ································· 49

第3章 类与对象 ····················· 51
3.1 类与对象的创建 ··················· 51
3.2 对象的初始化 ····················· 54
3.3 数据成员及方法 ··················· 56
3.3.1 访问数据成员及方法 ········· 56
3.3.2 方法中参数传递的问题 ······· 57
3.3.3 toString() 方法 ············· 58
3.4 类的使用 ························· 60
3.4.1 static 数据 ················· 60
3.4.2 static 方法 ················· 62
3.4.3 终态 final ·················· 63
3.4.4 方法重载 ·················· 63
3.4.5 this 指针 ·················· 64
3.4.6 对象的回收 ················ 67
3.4.7 包 ························ 68
3.4.8 类的访问控制 ·············· 71
3.5 Java 基础类库 ····················· 73
3.5.1 语言包 java.lang ············ 74
3.5.2 实用包 java.util ············ 81
3.6 Java 注释 ························· 83
3.6.1 Annotation 的定义 ·········· 84
3.6.2 基本 Annotation ············ 85
3.6.3 Annotation 的用途 ·········· 85
3.6.4 Java 文档生成器 ············ 86
本章小结 ······························ 89

习题 …… 89

第 4 章　异常处理 …… 91
4.1　异常的概念 …… 91
4.2　异常的分类 …… 92
4.3　异常的处理机制 …… 94
　　4.3.1　非检查型异常处理 …… 94
　　4.3.2　检查型异常处理 …… 96
4.4　自定义异常类 …… 101
本章小结 …… 104
习题 …… 105

第 5 章　类的重用 …… 106
5.1　类的重用概述 …… 106
5.2　重用方式之一——继承 …… 107
　　5.2.1　父类与子类 …… 107
　　5.2.2　继承的语法 …… 107
　　5.2.3　子类的数据成员 …… 110
　　5.2.4　子类的方法 …… 111
　　5.2.5　继承关系下的构造方法 …… 114
5.3　抽象类与抽象方法 …… 117
5.4　重用方式之二——类的组合 …… 121
　　5.4.1　组合的语法 …… 121
　　5.4.2　组合与继承的结合 …… 123
本章小结 …… 126
习题 …… 127

第 6 章　接口与多态 …… 128
6.1　接口的概念及用途 …… 128
6.2　接口的声明及实现 …… 129
6.3　接口与抽象类的比较 …… 140
6.4　多态 …… 144
　　6.4.1　向上转型的概念及方法调用 …… 145
　　6.4.2　静态绑定和动态绑定 …… 145
　　6.4.3　多态的实现 …… 147
　　6.4.4　多态的应用 …… 148
6.5　内部类 …… 149
　　6.5.1　内部类的概念 …… 150
　　6.5.2　静态内部类 …… 151
　　6.5.3　内部类实现接口及抽象类 …… 151
　　6.5.4　方法中的内部类 …… 152
　　6.5.5　匿名的内部类 …… 153

本章小结 …… 154
习题 …… 154

第 7 章　Java 集合框架 …… 156
7.1　集合框架概述 …… 156
7.2　Collection 接口 …… 158
7.3　List 接口 …… 158
　　7.3.1　LinkedList …… 159
　　7.3.2　ArrayList …… 159
7.4　泛型 …… 160
　　7.4.1　泛型的定义及实例化 …… 160
　　7.4.2　泛型在集合中的应用 …… 162
7.5　迭代器 …… 165
7.6　Set 接口 …… 167
7.7　Map 接口 …… 169
7.8　Collections 类 …… 172
7.9　比较器 …… 173
7.10　Lambda 表达式 …… 175
本章小结 …… 177
习题 …… 177

第 8 章　输入/输出 …… 178
8.1　I/O 流的概念 …… 178
8.2　I/O 流的种类 …… 179
　　8.2.1　字节流 …… 179
　　8.2.2　字符流 …… 180
　　8.2.3　标准输入/输出数据流 …… 182
8.3　文件输入/输出流 …… 185
　　8.3.1　字符输出流 …… 185
　　8.3.2　字符输入流 …… 187
　　8.3.3　字节输出流 …… 188
　　8.3.4　字节输入流 …… 190
　　8.3.5　File 类 …… 193
　　8.3.6　随机文件的读写 …… 195
8.4　对象序列化 …… 197
本章小结 …… 200
习题 …… 200

第 9 章　JDBC …… 201
9.1　JDBC 简介 …… 201
9.2　JDBC 架构 …… 201

9.3 JDBC API ……………………… 202
9.4 在 eclipse 环境下通过 JDBC 访问
　　数据库 ……………………… 204
　9.4.1 配置开发环境 ……………… 204
　9.4.2 调用 JDBC API 编写应用程序 … 205
9.5 JDBC 处理存储过程 ……………… 216
9.6 SQLException …………………… 218
9.7 控制事务 ………………………… 218
9.8 JDBC 其他相关用法 ……………… 219
本章小结 ……………………………… 220
习题 …………………………………… 220

第 10 章 Java 图形用户界面 ………… 221
10.1 Java 图形用户界面类库 ………… 221
10.2 Swing 的组件 …………………… 222
10.3 Swing 组件的层次结构 ………… 223
10.4 Swing GUI 程序 ………………… 224
　10.4.1 顶层容器 ………………… 225
　10.4.2 中间层容器 ……………… 226
　10.4.3 布局管理器 ……………… 228
　10.4.4 Swing 组件 ……………… 231
10.5 事件处理机制 …………………… 236
　10.5.1 事件响应 ………………… 236
　10.5.2 事件处理的实现方法 …… 239
10.6 Swing Designer 可视化图形
　　 界面编程 ……………………… 244
本章小结 ……………………………… 256
习题 …………………………………… 256

第 11 章 多线程 ……………………… 257
11.1 进程与线程 …………………… 257
11.2 多线程创建方式 ………………… 258
　11.2.1 Thread 类 ………………… 258
　11.2.2 Runnable 接口 …………… 260
11.3 守护线程 ……………………… 261
11.4 线程的生命周期 ……………… 262
11.5 线程的常用方法 ……………… 264
11.6 线程的优先级 ………………… 268
11.7 多线程的编程方式 …………… 268
　11.7.1 不相关的线程 …………… 269

　11.7.2 相关但无须同步的线程 …… 269
　11.7.3 同步线程 ………………… 270
　11.7.4 交互式线程 ……………… 274
11.8 死锁 …………………………… 278
11.9 高级并发 ……………………… 279
　11.9.1 Lock 和 Condition ……… 280
　11.9.2 读写锁 …………………… 282
　11.9.3 阻塞队列（BlockingQueue）… 284
　11.9.4 线程池 …………………… 287
本章小结 ……………………………… 289
习题 …………………………………… 290

第 12 章 Java Socket 网络编程 ……… 291
12.1 网络通信协议 ………………… 291
12.2 Socket 基本概念 ……………… 293
12.3 TCP Socket 编程 ……………… 294
　12.3.1 TCP Socket 点到点通信 … 294
　12.3.2 TCP Socket 多线程通信 … 299
12.4 UDP Socket 编程 ……………… 302
　12.4.1 UDP Socket 点到点通信 … 302
　12.4.2 UDP Socket 多线程通信 … 307
　12.4.3 UDP Socket 组播通信 …… 308
本章小结 ……………………………… 310
习题 …………………………………… 310

第 13 章 Java 非阻塞 IO（NIO） …… 312
13.1 Java NIO 与标准 IO 的区别 …… 312
13.2 NIO 的核心对象 ……………… 312
　13.2.1 通道 ……………………… 313
　13.2.2 缓冲区 …………………… 317
　13.2.3 选择器 …………………… 319
13.3 NIO Socket 通信单线程模式 … 321
13.4 基于反应器的 NIO Socket
　　 多线程模式 …………………… 324
本章小结 ……………………………… 325
习题 …………………………………… 325

第 14 章 Android 图形用户界面
　　　　 开发简介 ……………………… 326
14.1 Android 概述 ………………… 326
14.2 Android 系统架构 …………… 327

14.3 Android 应用程序组件 ……… 328	14.6 Android 图形用户界面开发示例 …… 335
14.4 Android 的图形界面元素 …… 329	14.6.1 Android 应用程序目录结构 …… 335
14.4.1 视图和视图组 ……………… 329	14.6.2 创建按钮示例 ………………… 336
14.4.2 布局管理 …………………… 331	14.7 常用的 Android 控件 …………… 338
14.4.3 事件驱动 …………………… 331	本章小结 ……………………………… 350
14.5 eclipse 下的 Android 开发环境	习题 …………………………………… 351
配置 ………………………… 332	参考文献 ……………………………… 352

第 1 章　面向对象程序设计思想

随着计算机技术日新月异地发展，编程语言的数量与种类在不断增多，程序开发人员需要掌握的流行语言也在更新之中。历经近二十年的发展，面向对象程序设计语言始终是当今程序设计的主流，得到了业内人士的青睐。近年来，Java、C++、C#、Objective-C 四大面向对象程序语言一直稳居程序排行榜前几名。

对于面向对象程序设计的学习，如果仅仅顺应流行趋势，盲目地学习某些语言语法知识，结果往往是仅片面地提高了编程语言水平，在实践开发中将会面临不知道如何设计项目、如何具体运用的问题。学习编程语言最重要的是什么？不是语法，而是思想！任何一种语言都有其独到的设计理念，精通一门编程语言，需要掌握它的精髓，需要在学习中深度挖掘其设计模式，理解其设计目的，只有知其所以然，才能知其然。透彻理解了编程思想之后，你将发现再学习语法知识则轻车熟路，进一步学习其他的语言，也就万变不离其宗了，无非是学习一种新的表达方式而已。总之，学习编程语言最有效的方法是首先以理解这一类语言的编程思想为前提，然后掌握基础语法知识，最后才能够学会灵活运用提供的工具类库写出好程序。

本章将围绕面向对象语言的设计理念展开探讨面向对象的两个核心概念——类与对象。为什么会有对象与类，它们与现实世界的关系，以及怎样从现实世界抽象出面向对象的程序？在此基础上进一步分析面向对象的三大特征——封装、继承、多态，这些特征的由来，它们又给程序设计带来哪些好处？并从理论上阐述面向对象程序设计遵循的原则。最后介绍面向对象程序设计 Java 语言、Java 语言特性、开发环境、程序特征等与 Java 开发相关的具体内容。

1.1　类和对象

生活中我们常说，人以类聚，物以群分。如果问"这个世界由什么组成？"按照生物学的标准，世界由动物、植物等组成，细分下去，动物可分为脊椎动物、无脊椎动物，等等，脊椎动物又分为兽类、鱼类、爬行类，等等。如此可以再细分下去。当然，按照其他标准分类，还能够得出不同的种类，但无论怎样划分，都可以得出一个结论——包罗万象的世界都是由不同类别的事物构成的。

什么是"类"？比如人类，如何给人类下定义？首先来看看人类具有的一些共同特征，人有身高、体重、年龄、血型等属性。根据《现代汉语词典》里对人类的定义，"人是能制造工具，并能熟练使用工具进行劳动的高等动物"。因此区分人类与其他类型动物的依据就是这些特征，凡是能制造工具、熟练使用工具的高等动物就是人，人的特征具体表现为属性（名词）以及对外界呈现出的一些行为（动词），每一种类都会展现出它独特的属性和行为特征。猴子不是人类，为什么？猴子不具备独立思考能力，不会制造工具，不会熟练使用工具，不具备人的行为。因此，我们给现实生活中的"类"下一个定义，类是具有相同的特征及行为的一种群体。

"人类"是一种类,这属于一个抽象的概念,并不是看得见摸得着、实际存在的实体。真正的实体是所有具备"人类"这个群体特征的每一个具体的人,即"人类"这个类的对象,我们每一个人都属于"人类"的一个对象,正是由诸多所属不同种类的对象构成了现实世界。

由此可知,类描述了一组有相同特性(属性)和相同行为(方法)的对象,类与对象是面向对象思想的两个核心概念。

面向对象是一种思维方式,其思想符合人们认识现实世界的思维方式,程序开发者从现实生活的角度出发,以符合人们的思维方式解决编程问题。用程序语言来描述现实世界,这种方式使程序设计非常直观,容易理解,容易被人接受,这便是面向对象程序语言得以流行的直接原因。

那么如何用程序语言来表示现实生活中的类?首先得认识到,计算机语言是一种简单的语言,显然与我们人类语言是无法比拟的,英语有主语、宾语、动词、形容词、副词等,更不用说我们博大精深的中文还有成语、诗歌等丰富的表现形式,可以尽情地描绘整个大千世界。计算机语言则不同,开发者编程如同写文章,仅通过几种提供的、有限的基本数据类型,如整型、字符串、字符、浮点等,就要求计算机能够理解事物并体现出其特征。例如,在程序中,通常通过定义若干数据类型的变量来表示对象的属性,比如,年龄用整型表示,性别用字符表示,等等。面向对象程序语言的优点在于允许将基本的数据类型组合起来,创建成一个适合自己的自定义数据类型——"类",这种类不仅可以放置属性,而且对象们共有的行为(Java 称为方法,在 C/C++ 里叫作函数)也可以放在类里。

下面以开发"愤怒的小鸟"游戏程序为例,说明如何从现实世界的角度出发,用面向对象程序来模拟真实世界,整个过程可分三步完成。

第一步,发现并创建类。首先从现实世界中的小鸟对象抽象出一个"鸟类",创建出 Java 程序中的 Bird 类,发现并创建一个 Bird 类的过程如图 1-1 所示。

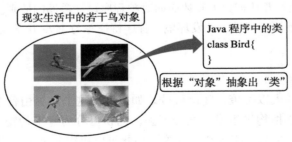

图 1-1 发现类

第二步,发现类的特征。根据现实中小鸟的特征,找出程序所需的小鸟对象的共有特征,形成程序中 Bird 类的数据成员,如图 1-2 所示。

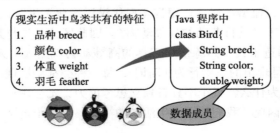

图 1-2 发现类的特征

第三步，发现类的行为。根据现实中小鸟的行为，找出程序所需的共有行为，构建程序中的方法，最终完成类的定义，如图 1-3 所示。

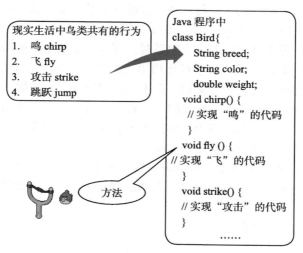

图 1-3 发现类的行为

在面向对象程序中，对象的特征由各种数据类型组合在一起，行为用方法表述出来（函数在 Java 中称为方法），将这两种表述组合在一起，用 Java 提供的一种抽象的数据类型——类（class）来表示，这样就完成了 Java 程序 Bird 类的创建。Bird 类从程序角度表示出小鸟的共同属性与行为，蓝鸟、白鸟、黑鸟等都是 Bird 类的对象，它们都具备 Bird 类的属性，能够表现出 Bird 类的各种行为。

以上是面向对象编程思想为我们提供的模拟世界的解决方案，这种编程思想以类来划分，从对象来考虑问题，这与传统的面向过程编程以实现的过程来考虑问题是有区别的。为了说明面向对象与面向过程的区别，仍以前面面向对象方式实现的"愤怒的小鸟"程序为例，假设"小鸟"类和"绿猪"类已定义好，若要实现射击"绿猪"的功能，考虑问题的出发点是小鸟对象，只要从众多小鸟对象中挑选任意一只小鸟，皆可通过已定义的 strike() 方法完成一次射击行为。同样，下一次行为射击或其他行为再挑选另一只小鸟调用已定义的方法完成即可，无须更改任何代码。而且，即使功能需要进一步扩展，如更改射击目标，射击"绿鸡""绿鸭"等，strike() 等方法的代码仍然适用。以面向过程方式来实现则不同，考虑问题的出发点是射击行为的整个过程：例如某只小鸟准备就绪、瞄准、发射、完成射击，若射击目标有所更改或者实现其他的行为，则需要再次定义新的方法。可见，两种方式相比，面向对象思维方式显然符合认识现实世界的思维方式，而且代码简洁，可重用性强，这也是面向对象得以流行的关键因素。

1.2 面向对象程序设计的三大特征

学习程序设计语言的关键在于学习编程思想，这一点从 Bruce Eckel 的《Thinking in Java》一书中可以体会到。那么面向对象语言的编程思想体现在哪里，怎样真正地"Thinking in Java"而不仅仅是"Programming in Java"？理解 Java 编程思想的起点就在于其三大特征：封装、继承、多态。

如果有人认为采用封装、继承、多态语法写出一个 Java 程序，就已经掌握了面向对象语言，那只能说是学到了皮毛，仅会用 Java 语法编写程序而已。事实上，封装、继承、多态是一种设计理念、一种程序艺术，与程序语言没有关系。如果真正透彻地理解了这三大特征的真谛，即使不采用 C++、Java、Objective-C 等面对象的语言，用 C 语言也能写出面向对象的程序。有经验的开发者在面对一个项目时，可以立刻从脑海里构思出怎样从软件角度设计它，比如类与类之间怎样关联，怎样运用语言提供的机制（如封装、继承、多态等）勾画出程序的基本架构蓝图、优化程序架构。至于一些细节问题，比如采用什么语言，C++ 还是 Java，从语法上怎样来实现，都是次要的，语言只不过是程序设计思想的一种表现形式而已。当然，要达到这种集设计与编程为一体的境界，还需要脚踏实地、稳打稳扎、长期编码积累经验，从编程中逐步提高，从实践中成长。

我们将以三大特征的设计理念作为一条主线，逐步贯穿到后面的"类的重用""接口与多态"章节中，以实例的方式详细分析这三大特征在程序设计中是如何体现出来的，该怎样运用它们。

下面先简单解释这三大特征的概念。

1.2.1 封装

封装就是将对象的数据和基于数据的操作封装成一个独立性很强的模块。封装是一种信息隐蔽技术，使得外部使用者只能见到对象的外部特性，而对象的内部特性对于使用者是隐蔽的。封装的目的就是将对象的使用者和所有者分开，使用者不必知道对象的内部细节，只需通过对象所有者提供的通道来访问对象。

通俗地解释就是，将对象不需要对外提供的私有数据和私有操作隐藏起来，对外形成一道屏障。这样一来细节都隐藏起来，那么如果外界想访问封装的数据，怎么办呢？只有依靠对象将某些操作公有化，在类里定义为对外的公共接口，这种公共接口如同与外界沟通的一个桥梁，对象的封装示意图如图 1-4 所示。举例解释封装的概念，如果你是"学生"students 这个类的一个对象，具有姓名、性别、学号、英语成绩、C 语言成绩、高数成绩

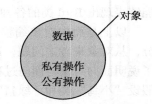

图 1-4 对象的封装示意图

等数据，一般来说，这些都是你的私有信息，外人是无权知道的。如果班长需要统计全班成绩进行排名，需要每位同学的成绩，该如何操作呢？这时就需要得到你的允许，即把成绩公开。程序中实现方式是在 students 类中定义一个公有的方法，如 publicGrade() 公开私有数据——成绩，你可以通过这个方法告知班长你的成绩，当然，他不需要的信息仍然保持封装，没有必要公开。

1.2.2 继承

继承是在当前类的基础上创建新类，并在其中添加新的属性和功能。当前类与新类之间属于一般性与特殊性的关系，新类不但具有当前类的特征，而且增添了一些特有的新特征。

例如，日常生活中的类再进一步细分，通常可以派生出新类：人类可以分为白种人、黄种人、黑种人等子类；交通工具类可分为轿车、卡车、公共汽车等子类。继承是类的封装扩展出的概念，它是在封装的基础上实现的，一个类可以派生出多个子类。面向对象最大的

优点就是代码重用，而继承是实现代码重用的主要方式（后面将提到代码重用的其他方式）。继承使子类能够继续使用当前类的所有功能，并在保持当前类不变的基础上对这些功能进行扩展。

Java 语言中通过继承创建的新类称为"子类"或"派生类"，被继承的类称为"基类""父类"或"超类"，继承的过程是从一般到特殊的过程。在继承过程中子类继承了父类的特性，包括其方法和变量；同时，子类也可更改所继承的方法或增加新的方法，使之更适合特殊的要求。继承使代码可以重用，避免了数据、方法的大量重复定义，保证了系统的可重用性，促进了系统的可扩充性，同时也使程序结构清晰，易于维护，提高了编程效率。

继续以"愤怒的小鸟"游戏为例，假设你是一个游戏开发者，当游戏版本不断更新，产生新游戏如 Angry Bird、Space Angry Bird、Crazy Bird……倘若游戏的每一个版本都从头开始开发，那么不可避免地将产生过多的重复劳动、开发时间加长、效率低下，因此采用面向对象的设计是一种比较好的解决方案，既保持原来版本的特性，又在此基础上以继承方式进行了相应扩展。

图 1-5 展现了小鸟类的继承关系，Bird 设计为一个父类，具有普通鸟的特征，而 Angry Bird、Crazy Bird、Kind Bird 都是在 Bird 基础上派生出来的子类，它们既继承了 Bird 的所有功能，如 color、size，同时又增添了各自的一些新特性，如 chirp、jump、attack、bomb、smile。因此，父类 Bird 代码仍然可以在子类中重用，这样不失为一种提高效率的好方法。

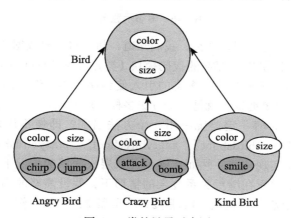

图 1-5 类的继承示意图

1.2.3 多态

多态即在一个继承关系的程序中允许同名的不同方法共存，子类的对象可以响应同名的方法，具体的实现方法却不同，完成的功能也不同。

从字面上来看"多态"这个词不太好理解，事实上，"多态"起源于我们现实生活，例如，生活中常提到"打"这个动词，"打"可以组词为"打车""打扫""打架"……这就是"多态"，同一个"打"行为有不同的反应。从程序层面来解释，多态就是同一个方法可以用来处理多种不同的情形，"多态"可以理解为父类与子类都有的一个同名的方法，而在继承关系下，不同的对象采取不同的实现方式。

继续以"愤怒的小鸟"为例解释程序中的多态。如图 1-6 所示，Bird、Angry Bird 和 Crazy Bird 三个类都有一个相同的方法 shoot，目的在于射向隐藏好的小猪。Angry Bird 类和 Crazy Bird 类的对象如（红鸟、蓝鸟、白鸟），同样都具有 shoot 功能，然而它们发射后执行的方式与效果是截然不同的，比如 Angry Bird 类的蓝鸟对象弹出后分离出攻击力更强的三只小鸟（spawn），Crazy Bird 类的白鸟对象弹出后会下蛋并产生炸弹爆炸效果（eggbomb），同名的方法"shoot"在不同类中的实现方式不同，这就是程序中的多态。需要注意的是，多态是以继承为前提的，只有继承关系下的类才具有多态的特性。

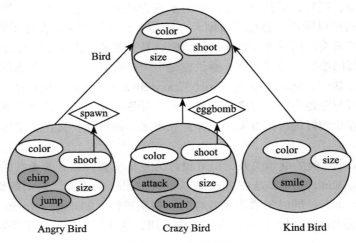

图 1-6　多态示意图

那么，探讨一下多态的作用是什么。我们知道，封装将对象数据和操作封装为模块，隐藏实现细节，而继承可以扩展已存在的代码模块（类），它们的目的都是代码重用。继承虽然已经扩展了功能，但还不够丰富，多态的引入使程序能够在继承的基础上进一步实现变异，增强其可扩展性，简单地说，就是一个方法多种实现方式。

你可能马上会问，为何一定要统一用一个方法名呢？即使不用多态，简单地把三个"shoot"方法分别命名为"birdshoot""angrybirdshoot""crazybirdshoot"不也同样能达到目的？没错，这样也能实现功能，然而在继承关系层次简单的情况下，多态的优越性是无法体现出来的。我们来看看在继承关系复杂的情形下，假设愤怒的小鸟接二连三派生出不同的版本：PC 版、季节版、手机版、PC 版 2、季节版 2，等等。作为同一个游戏开发小组的成员，每人承担其中一个版本的工作，组长负责最后的版本整合，每个成员实现各自的"shoot"射击功能，为该功能赋予不同的方法名，如"birdshoot""angrybirdshoot""crazybirdshoot""angrybirdshoot2""crazybirdshoot3"，组长就得牢牢记住每一个方法名，在他的整合程序里调用。几个方法名还比较容易，如果几十个不同的方法名呢？而且随着项目的扩展，组员们派生出的类还在不断增多，最后组长就该崩溃了。所以，为保证项目能顺利进行，他应该在大家开发前定好规矩，为所有射击功能抽象出一个唯一的名字"shoot"，将"shoot"的定义与具体实现分离开来。对组长而言，"shoot"的具体实现是被屏蔽的，因此无论组里成员怎样实现，如何扩展他们的程序，他都没必要操心实现的细节，他只关心"shoot"这个公共接口，只需要记住"shoot"这个方法名，执行时程序能够根据对象类型自动分辨出各个子类的"shoot"方法，并完成自动调用。可见，这种情形下采用多态就是最好的解决方案，多态使面向对象语言具有了灵活性、扩展性、代码共享的特征，把继承的优势发挥得淋漓尽致。

1.3 面向对象的程序设计

面向对象程序的软件开发是一项复杂的工程,也是一门专业学科。仅仅依靠学习语法知识是无法达到要求的。实际上,面向对象的软件开发需要经历一个从需求分析、设计、编程、测试到维护的生命周期。面向对象的思想涉及软件开发的各个方面,这里简要介绍面向对象软件开发的几个基本流程。

第一阶段是面向对象需求分析(Object Oriented Analysis,OOA),需要系统分析员和用户配合工作,对用户的需求做出分析和明确的描述。从客观存在的事物和它们之间的关系归纳出有关的类以及类之间的关系,并将具有相同属性和行为的对象用一个类来表示。

第二阶段是面向对象设计(Object Oriented Design,OOD),在需求分析的基础上,对每一部分分别进行具体的设计,首先是类的设计,可能包括多个层次,利用继承和组合等机制设计出类层次关系,然后提出程序设计的具体思路和方法。

第三阶段是面向对象编程(Object Oriented Programming,OOP),选用适当的面向对象语言,如C++、C#、Objective-C或Java,配置开发工具,设置开发环境进行代码的编写工作。

第四阶段是面向对象测试(Object Oriented Test,OOT),对程序进行严格的测试。这个过程包括单元测试、集成测试及系统测试。最后还要对程序进行维护管理。

面向对象的需求分析是一个比较烦琐、漫长的过程,主要是与用户的交流、沟通、收集、整理需求的过程,相关的软件工程课程会详细讲解。

这里主要讲述如何根据面向对象需求分析结果,找出类与类之间的联系,进一步用UML设计出类的层次结构,这部分设计是编程的基础,只有理解了类设计的主导思想,设计出清晰、合理、扩展性强的类结构,才能编写出好的面向对象程序。在实际软件开发中,开发人员在编写代码之前,进行面向对象设计是必不可少的步骤。

1.3.1 类的建模

类结构的设计通常使用统一建模语言(Unified Modeling Language,UML),它不是编程语言,而是为计算机程序建模的一种图形化"语言"。所谓"建模"就是勾画出工程的蓝图,如同盖房子需要首先设计出房子的模型,同样的道理,软件工程"建模"是在考虑实际的代码细节之前,用UML图示将程序结构在较高的层次上表示出来。UML除了能帮助进行程序的结构设计外,还有助于理解程序的具体工作流程。由于大型程序比较复杂,仅仅看源代码很难搞清楚其各部分之间的联系,UML正是提供了一种直观的方法去了解程序概貌,并能描述程序各部分之间的关系以及它们是如何一起工作的,工作的流程又是怎样的。事实上,从文档管理、测试到维护,UML在软件开发的所有阶段都能发挥用途,而且从公司项目管理的角度考虑,UML也是规范项目管理的一种行之有效的好方法。

常用的建模工具有IBM的Rational Rose、Together、MyEclipse等,UML最重要的部分是9种类图,如表1-1所示。

表1-1 UML的主要类图

图名	说明
类图(Class Diagram)	表示类之间的关系
对象图(Object Diagram)	表示特定对象之间的关系
时序图(Sequence Diagram)	表示对象之间在时间上的通信

（续）

图名	说明
协作图（Collaboration Diagram）	按照时间和空间顺序表示对象之间的交互和它们之间的关系
状态图（State Diagram）	表示对象的状态和响应
用例图（User Case Diagram）	表示程序用户如何与程序交互
活动图（Activity Diagram）	表示系统元素的活动
组件图（Component Diagram）	表示实现系统的组件的组织
配置图（Deployment Diagram）	表示环境的配置

UML 有两套建模机制：静态建模机制和动态建模机制。静态建模机制包括用例图、类图、对象图、组件图和配置图，用于需求分析阶段，反映了程序的功能需求；动态建模机制包括消息、状态图、时序图、协作图、活动图，反映了程序运行过程中对象的状态，以及它们之间交互的动态信息。

1.3.2 类的层次结构设计

类的层次结构代表了类与类之间的关系，包括多少个类、它们之间的关系是什么、如何关联的，等等。比如"愤怒的小鸟"游戏，我们可以很直观地分析出至少有两个类，"小鸟"类和"绿猪"类。"小鸟"类还可以分成几种具有不同功能的鸟类，"白鸟"类、"蓝鸟"类、"红鸟"类，而"小鸟"类的行为又影响着"绿猪"类，这种类之间的关系就是由面向对象设计初步得出的类层次结构。在编程之前把各个类的层次结构整理清楚，有助于优化代码的组织结构，维护代码的逻辑性、清晰性，减轻编码负担。

从程序设计的角度划分，类和类之间的关系包括泛化、依赖、关联、聚合、组合，下面对这几个关系进行讲解。

1. 泛化

泛化关系就是继承，即找出当前一个类的属性和方法，或者若干类之间共同的属性和方法，构造出一个一般类，凡是具有这个一般类特征并且还有自身一些特殊特征的类为特殊类。一般类和特殊类之间的关系就是继承，一般类是父类，特殊类都是它的子类，这种关系就是通常所说的 is-a 关系，例如，一个 Button 类继承于 Control 类，它们的关系可表达为 a Button is a Control，那么 Button 类继承了 Control 类的属性和方法，泛型关系的父类与子类之间一般存在"直系亲属"关系。不同的程序设计语言采用不同的继承机制。例如 Java 只支持单继承，即一个子类只能有一个父类，不支持多重继承（一个子类有若干父类），而 C++ 支持多继承。Control 类与 Button 的泛化关系 UML 类如图 1-7 所示。

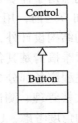

图 1-7 泛化关系的 UML 类图

2. 依赖

依赖关系可以简单理解为一个类 A 使用到了另一个类 B，并且这种使用关系具有偶然性。其中类 B 是独立的，类 B 的变化对类 A 会有影响，它们之间是一种 use-a 关系，并且依赖关系较弱，可理解为类 A 对类 B 的使用并不是持久的，它们之间的关系是偶然的、临时的。比如，教师需要在讲台上使用教鞭，那么教师和教鞭之间就是一种临时的依赖关系。在 UML 类图中，类 A 与类 B 之间的依赖关系用一个虚线箭头表示，如图 1-8 所示。

3. 关联

关联是类与类之间的一种强依赖关系，与依赖关系相反，这种关系不是临时的，是一种长期的语义关系。关联可以是单向的，也可以是双向的，比如教师类和学生类之间的关系、丈夫和妻子之间的关系、产品类与用户类的关系。表现在 Java 代码层面，被关联类 B（产品类）的对象作为关联类 A（用户类）的一项属性被使用，也可能是类 A 引用了一个类型为类 B 的全局变量。在 UML 类图中，类 A 与类 B 的关联关系用一个实线箭头表示，如图 1-9 所示。

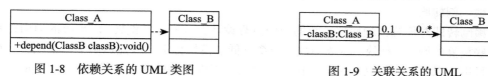

图 1-8　依赖关系的 UML 类图　　　　图 1-9　关联关系的 UML

4. 聚合

聚合是关联的一种特殊形式，体现的是类和类之间的整体与局部的关系，即 has-a 关系。它们彼此独立，但又保持长期的联系，一般是一对多的关系。如厨房类与烤箱类、学校类与教师类就是这种 has-a 的关系，即使厨房类的生命周期结束，烤箱类还可以用作其他用途，如面包房类。在代码层面上，和关联关系一样，聚合关系也通常把局部类（烤箱）的对象作为整体类（厨房）的属性来使用，关联和聚合也只能从语义上加以区别。在 UML 类图中，整体类与局部类的聚合关系用实线加空心菱形表示，如图 1-10 所示。

5. 组合

组合是一种特殊的聚合，在这种关系中，作为整体类和作为局部类的生命周期是相辅相成的，一旦整体类的生命周期结束，局部类的生命周期也就结束了，它们之间是 contains-a 的关系。例如，桌面显示窗口和窗口上的按钮之间的关系，一旦关闭窗口，按钮也就消失了。在代码层面上，组合关系和关联关系一样，两者只能从语义上区别。在 UML 类图中，整体类与局部类的组合关系用实线和实心菱形表示，如图 1-11 所示。

图 1-10　聚合关系的 UML 类图　　　　图 1-11　组合关系的 UML 类图

1.3.3　面向对象程序设计原则

面向对象程序设计应注重与面向对象基本思想相结合，充分融合面向对象的特征，全方位地考虑程序的隐蔽性、灵活性、可扩展性、可重用性、稳定性、可维护性。既然编写一次程序，在设计上就应当全面考虑代码将来的可用价值，预留下可发展的空间，而不至于由于考虑不周导致推倒现有代码从头编写。Java 面向对象程序设计主要遵循以下 4 个原则。

1. 单一责任原则

单一责任即让一个类尽可能地承担一种责任，只执行单一的功能。这个类承担多项任务时，应分解该类为多个类，将程序的功能按职责分配给不同的类，这反映了面向对象程序设计的思想：按功能（类）而不是按照过程来考虑问题。Java 提供的类库就是按照这个原则设计的，其中的每一个类各自执行一种功能。单一责任原则保证了类的隐蔽性，并且有利于类的扩展与重用。

2. 开放 – 封闭原则

开放 – 封闭即类或者类的方法一方面可采取（开放）扩展的方式；另一方面采取封闭的方式，即不可以修改它们。可理解为对类的扩展采取开放的方式，而更改采取封闭的方式，这就是所谓的"高内聚，松耦合"。这样，面对新的需求，对程序的改动可通过增加新代码进行，尽量保持原有的代码不变，这样软件系统才能具有灵活性、可扩展性、重用性，这一原则体现了面向对象程序设计的核心所在。

3. 依赖倒转原则

依赖倒转即对传统依赖底层系统的面向过程设计方式实行"倒转"。传统的面向过程设计将某些重复的操作（模块）写成函数，与系统低层模块绑定，只能适用于一个项目，在同一个项目里可以反复调用这些函数。比如一个语音识别功能的函数（高层模块）只适用于某个语音输入系统（低层模块），称之为"高层模块依赖低层模块"；一旦换个新项目，如车内语音导航系统，原有的语音识别功能函数就不适用了。然而面向对象设计否定这种设计模式，认为高层模块不应依赖于低层模块，两者都应依赖于抽象，而不要依赖于实现，无论是什么样的系统（低层模块），通过接口都可以与高层模块通信，这个原则体现在 Java 的接口设计里，在后面的接口章节里会详细讲解。

4. 里氏代换原则

代换即子类类型能够被其父类类型替换，程序允许用父类的对象替换它的子类对象，而不会导致程序的任何改变。这个原则是多态机制实现的基础——向上转型机制，表现在多态的具体应用里，在后面的多态章节将会详细讲解。

1.4　Java 语言简介

Java 作为一种可以编写跨平台应用软件的面向对象的程序设计语言，已走过了 20 多年的历史，至今仍然是最流行的编程语言之一。比尔盖茨也曾经不无感慨地说过："Java 是长时间以来最卓越的程序设计语言"。

Java 起源于 1991 年，SUN MicroSystem 公司的 Jame Gosling 等人为开发一款消费类家用电器，研发了一个名为 Oak 的软件，作为一种小家用电器的编程语言。Sun 公司最后由于市场需求小的原因放弃了该项计划，就在 Oak 几近夭折之时，随着 Internet 的发展，Sun 重新挖掘了 Oak，以适应计算机网络上的广阔应用前景。

1993 年，Web 开始在 Internet 上流行，Oak 重新命名为 Java，并将 Java 技术转移到 Internet。当 Java 之父 Jame Gosling 以一种咖啡名为 Java 命名时，不知是否想到它的诞生将对整个计算机产业发生如此深远的影响。

1995 年 Sun 向公众正式推出 Java 并引起业界的轰动。随着 Internet 的迅猛发展，Java 性能不断加强，类库不断丰富，其应用领域不断拓展，逐渐发展成为重要的网络编程语言之一。

1998 年 JDK 1.1 正式发布，其被下载次数超过 200 万。1999 年 Java 2 平台源代码公开，2005 年 SUN 公司公开 Java SE6 源代码。Java 先后为各种版本更名，取消其中的数字"2"：J2EE 更名为 Java EE，J2SE 更名为 Java SE，J2ME 更名为 Java ME。2007 年 5 月 Sun 开放了所有 Java 源代码。2010 年 4 月，Oracle 以 74 亿美元收购了 Sun。

如今，虽然 Sun 的商标已经被 Oracle 商标替代，但是，Sun 为大众带来的 Java 始终风靡世界，被公认为最有影响力的语言，近年来，Java 语言一直在编程语言中排名稳居前列。

从 1995 年 Java 正式推出至 2014 年的 20 年间，Java 共推出了 8 个版本，Java 自 JDK1.0 到 JDK 8 以来的演变过程如表 1-2 所示。

表 1-2　Java 版本的演变过程

版本	日期	主要演变内容
JDK1.0	1996 年 1 月	第一次发布
JDK1.1	1997 年 2 月	嵌套类，I/O Reader 与 Writer 类等
JDK1.2	1998 年 12 月	JFC 与 Swing、集合类与 JDBC 增强、线程本地存储等
J2SE1.3	2000 年 5 月	无重大变化，主要是修改补丁
J2SE1.4	2001 年 12 月	正则表达式、新的 I/O 包，断言语句等
J2SE5	2004 年 6 月	自动加封和解封、枚举类型、可变参数、访问环境变量、增强的 for 循环、静态导入等；类库变化：printf、java.util.scanner、java.util、concurrent、javax.xml
JavaSE 6	2006 年 11 月	提供了 java.io.Console 类 AWT 新增加了两个类：Desktop 和 SystemTray Compiler API（JSR 199）提供动态编译 Java 源文件功能 提供了一个简单的 HttpServer API，据此可以构建自己的嵌入式 HttpServer，它支持 HTTP 和 HTTPS，提供了 HTTP1.1 的部分实现 支持脚本语言如：ruby、groovy、javascript 插入式注解处理 API（Pluggable Annotation Processing API），插入式注解处理 API（JSR 269）提供一套标准 API 来处理 Annotations 提供嵌入式数据库 Derby
JavaSE 7	2011 年 7 月	重构 JavaSE 平台，下载更小，减少用户机器 Java 的时间 提高了 Java 与其他动态语言，如 Ruby,Python 的兼容性 增强了新 I/O、并发和集合更新、类型注释加强静态程序检查 性能增强，压缩的 64 位对象指针、新的 G1 垃圾回收器
JavaSE 8	2014 年 6 月	提供了 Lambda 表达式与 Functional 接口 接口的默认方法与静态方法 方法引用，使语言的构造更紧凑简洁 重复注解机制 更好的类型推测机制 扩展注解的支持

Java 的大家庭中有 3 个主要成员：

- Java SE——Java Standard Edition，是 Java 最通行的版本，用于 PC 的 Java 标准平台，也是初学者使用的开发平台。
- Java EE——Java Enterprise Edition，这是当今工业界应用最广泛的企业级应用程序开发平台，用于开发部署和管理分布式结构、面向 Web 的、以服务器为中心的企业级应用，以其开放的标准和优越的跨平台能力深受业内欢迎。
- Java ME——Java Micro Edition，针对嵌入式产品开发平台。手机、PDA、无线通信设备等嵌入式产品都可以采用其作为开发工具及应用平台。由于近年来 Android 移动平台的广泛使用，Java ME 已经没有优势，不属于主流应用平台了。

Java 技术自问世以来，应用与开发得到了迅速发展，如今从企业级大型应用、移动互联到大数据、云计算，Java 已经占领了几乎所有的前沿科技领域。在我国，从开发领域的分布情况上看基于 J2EE 的企业级 Web 开发产品占了一半以上。自 2007 年以来，随着 Google Android 手机或平板电脑开发平台的迅猛崛起，Android 智能手机进入了大众消费，又为 Java 在移动互联上的发展注入了新活力，如今 Android 智能手机的国内市场份额中已经占据首位，国内外移动运营商也相继推出了基于 Java 技术的无线数据增值服务。在如今的大数据时代，不少大数据处理平台及工具如 Hadoop、Storm 都是用 Java 编写的，而且 Java 是开源社区贡献最大的语言，很多优秀的开源产品、创新项目皆由 Java 开发，Java 的发展势头及应用前景还将不断扩大。

1.4.1 Java 语言的特点

Java 作为程序设计语言之所以如此流行，确实有着其他编程语言无法比拟的特点。

1. 易于学习

如同人类语言，只有简单、入门容易、见效快，才容易被人们认可。Java 的语法和 C++ 语法非常相似，但是抛弃了 C++ 中的许多低级、容易混淆、容易出错、不经常使用的功能。尤其是把指针的操作封装了起来，开发者再也不用直接使用指针，不用再担心处理指针带来的烦恼，这无疑是一大幸事，任何没有编程基础的人都能很容易掌握。

2. 面向对象

Java 和所有面向对象程序语言一样，支持面向对象的三大基本特征——封装、继承、多态。与传统的面向过程的程序相比，Java 是以功能来划分问题，而不是过程，更符合人类认识现实世界的思维方式。

3. 与平台无关

Java 的目标是满足在一个具有各类主机、不同操作系统平台的网络环境中开发软件的需求。与其他编程语言不同，Java 设计为一种解释型语言，其编译方式是先编译再解释。Java 源程序经过编译器编译，生成一种 Java VM（Java Virtual Machine）编码，称为字节码（Byte-Code）。字节码与平台无关，能运行于任何安装了 Java 虚拟机的机器，如 Windows、Solaris、Linux，以及任何一种 UNIX 操作系统、移动电话、嵌入式处理器、PDA 等，这也称之为软件可移植性，实现"编写一次，随处运行"。Java 虚拟机简称为 JVM，JVM 是任何一种可以运行 Java 程序的软件，例如浏览器和一些 Java 的开发工具都带有 JVM。程序编译之后再由解释器对字节码进行分析和解释，实现程序描述的功能，其过程如图 1-12 所示。

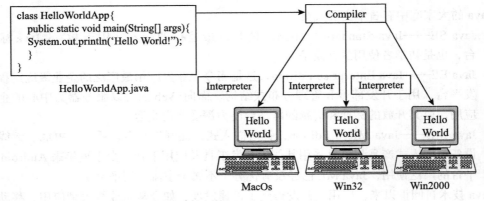

图 1-12　编写一次，随处运行

4. 分布式

Java 支持分布式平台开发，即一个任务分散在不同的主机上进行处理，或数据可以分散在网络中的不同主机上。Java 从诞生起就和网络联系在一起，内置 TCP/IP、HTTP、FTP 协议类库，便于开发网络应用系统。

1.4.2 Java 程序的开发环境

Java 语言的平台无关性决定了其应用程序可以运行于任何一种操作系统，这就免除了因平台不同，代码需要重新编译而带来的麻烦，编写好的程序直接由 JVM 解释后，生成字节码，即可运行于任何操作系统。编写 Java 程序之前，需要设置开发环境，包括下载软件开发工具包、设置环境变量以及安装集成开发环境。

1. 下载并安装软件开发工具包 JDK

JDK 是整个 Java 的核心，包含 Java 运行环境（Java Runtime Environment）、一系列 Java 工具、Java 基础的类库（rt.jar）以及 Applets 和 Applications 的演示等内容。以最新版本 JDK 8 为例，首先从 Oracle 官网下载。

下载地址：http://java.oracle.com

下载文件：jdk_8u60_windows_i586.exe

安装：直接运行 jdk_8u60_windows_i586.exe，按照提示一步步安装，安装完毕后产生如下目录。

\bin 目录：Java 开发工具，包括 Java 编译器、解释器等。

\demo 目录：一些实例程序。

\lib 目录：Java 开发类库。

\jre 目录：Java 运行环境，包括 Java 虚拟机、运行类库等。

……

JDK 常用工具包括：

Javac：Java 编译器，编译 Java 源代码为字节码。

Java：Java 解释器，执行 Java 应用程序。

jdb：Java 调试器，用于调试 Java 程序。

javap：反编译，将类文件还原回方法和变量。

javadoc：文档生成器，创建 HTML 格式文件。

appletviwer：applet 解释器，用来运行 Java 小应用程序。

2. 设置环境变量

JDK 安装完毕后，需要在运行环境中设置以下环境变量：

进入 Windows NT/Win7/Win8/Win10：控制面板→系统→高级系统设置→环境变量，选中变量 Path（没有可以添加上），设置如下变量值：

变量名：Path

变量值：C:\jdk1.8.0\bin;C:\jre1.8.0\bin

设置 Java 的 Path，目的是让 Java 程序设计者在任何环境都可以运行 JDK 的 \bin 目录下的工具文件，如 javac、java、javadoc 等。

接下来设置 CLASSPATH，CLASSPATH 是 Java 加载类的路径，只有在 CLASSPATH 中，Java 的命令才能够被识别，使 Java 虚拟机找到所需的类库，CLASSPATH 设置如下：

变量名：CLASSPATH

变量值：CLASSPATH = . ; C:\jdk1.8.0\lib\

3. 安装集成开发环境

如果没有集成开发环境（Integrated Development Environment, IDE），用任何文本编辑

器，如 notepad 均可以编写 Java 代码，运行 Java 程序时需要启动"cmd.exe"，启动 DOS 窗口进行编译等操作，早期的 Java 开发都是这样完成的。

如今的 Java 程序都是在一定的集成开发环境下开发的，在 DOS 窗口下编译程序基本上已经被淘汰。几种常用的集成开发环境有：

- netBeans
- Jcreator LE
- Borland JBuilder
- Microsoft Visual J++
- IBM：Visual Age for Java
- Sun ONE Studio
- BEA Workshop Studio
- eclipse (MyEclipse)

本书选用 eclipse 作为开发平台，采用 eclipse4.5 Mars 版本。在众多的 Java 开发工具中，eclipse 可以说是最有发展前途的产品之一，是业内最为广泛使用的 Java 开发工具。eclipse 是一个开源的、基于 Java 的集成开发环境，是一个功能完整并已成熟的软件，由 IBM 于 2001 年首次推出。可以从官方网站 http://www.eclipse.org 免费下载。

eclipse 是一个框架和一组被称为平台核心的服务程序，用于通过插件组件构建开发环境。尽管 eclipse 通常作为 Java 开发平台来使用，实际上，它还支持诸如 C/C++ 和 COBOL 等编程语言。另外，eclipse 框架还可用作与软件开发无关的其他应用程序类型的基础，如内容管理系统。

1.4.3 第一个 Java 程序

Java 程序种类主要有普通 Java 应用程序、Java Applet、Java Servlet、JSP 几种，除了 Java 应用程序，其余都是 Web 程序，本书将讲述基础的 Java 应用程序。

Java 应用程序是指主类带有一个程序运行入口的主方法 main()，能够编辑并使用自己的图形用户界面的 Java 程序。先来看第一个简单的 Java 应用程序 Hello.java。

```java
import java.util.*;      // import 语句用于导入 Java 类库
public class Hello {     // 类名必须与文件名一致
    int age;             // 数据成员
    int getage()         // 方法定义
    {
        return age;
    }
public static void main(String[] args) {//main() 程序入口
        Hello my = new Hello();        // 创建一个 Hello 类的对象
        my.age = 20;                   // 为对象的属性 age 赋值
        System.out.println("Hi, today is:");
        System.out.println(new Date()); // 输出当前时间
        // 通过对象调用方法
        System.out.println("I'm "+my.getage()+" years old.");
    }
}
```

Java 源代码存放在后缀为 .java 的文件中，如本例文件为 Hello.java，程序说明如下：

1）public class Hello{} 声明了一个类，Java 区分大小写，类名第一个字母大写。一个文件最多只能有一个 public 类，文件名必须按 public 类的名字命名，因此本程序命名为 Hello.java。

2）一个类中定义有数据成员（变量）age、方法 getage()，在 Java 中，函数称为方法（method），main 方法是运行程序的入口，方法名的第一个字母小写。

3）System.out.println() 相当于 C 语言中的 printf()、C++ 中的 cout，用于向屏幕输出信息。

4）System.out.println(new Date()) 以一个 Date 对象为参数，打印出当前系统时间。

5）import java.util.*；为导入的 Java 类库，这里需要导入 util 类才能使用到 date 类。import 导入的可以是若干类库。

接下来在 eclipse 中编写并运行 Hello.java 程序，步骤如下：

1）启动 eclipse，启动界面后出现如图 1-13 所示的对话框，在该对话框中选择一个 Workspace，Workspace 是所有 eclipse 项目的工作目录，这里选择预先创建的目录 eclipseapp。

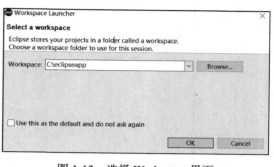

图 1-13　选择 Workspace 界面

2）创建一个新 Project：选择菜单栏的 File → New → Java Project 命令，弹出图 1-14 所示的 New Java Project 对话框，输入 Project Name，这里是 ProjectApp，单击 Next 按钮，再单击 Finish 按钮，完成一个 Project 的创建。这时界面左侧的 Package Explorer 下已有新建好的 ProjectApp，如图 1-15 所示。

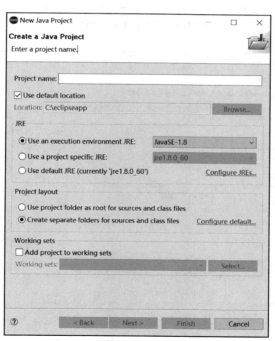

图 1-14　New Java Project 对话框

3）创建一个类：选择 File → New → Class 命令，弹出图 1-16 所示的 New Java Class 窗

口，输入类名 Hello，选中"public static void main(String[] args)"复选框，eclipse 将自动产生 main() 方法，单击 Finish 按钮，创建类完毕。

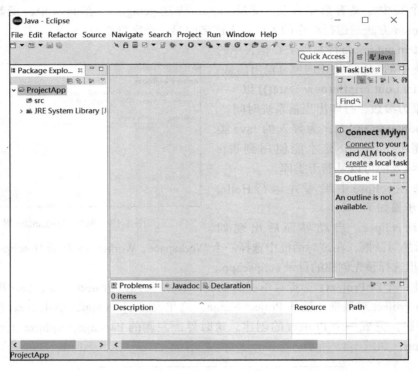

图 1-15　Project 显示窗口

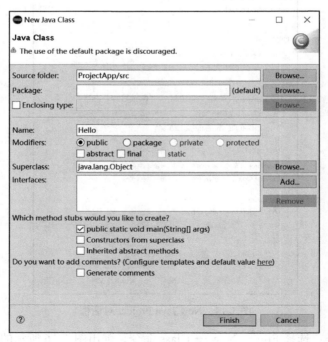

图 1-16　创建类

4)Hello.java 创建完毕,在界面右边出现代码编辑窗口,如图 1-17 所示。

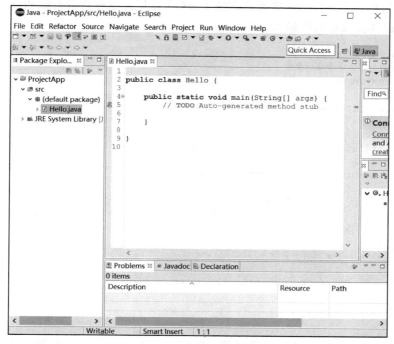

图 1-17　eclipse 代码编辑窗口

5)在编辑窗口中输入程序代码,单击运行按钮即可编译、运行一步到位,结果如图 1-18 所示。

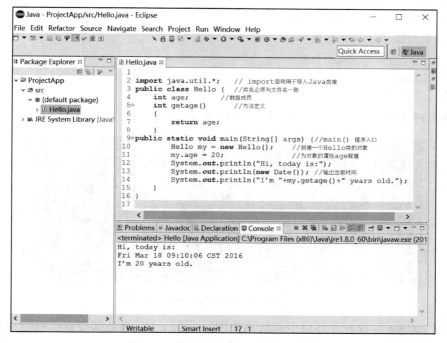

图 1-18　编辑和运行 Hello.Java 程序

再来看第二个 Java 应用程序，这个例子是为了解释 main(String args[]) 方法的使用，main() 方法作为程序的入口，和普通的方法（函数）一样，是允许带参数的，参数类型为字符串数组，可以接受命令行的输入。

```java
//CommArg.java
// 测试 main() 方法的命令行参数
public class CommArg
{
    public static void main(String args[])
    {
        int i;
        if( args.length > 0 )   // 有命令行参数输入
        {
            for( i=0; i<args.length; i++ )
            {
                // 逐个输出参数
                System.out.println("arg["+i+"] ="+args[i]);
            }
        }
        else    // 没有参数输入
        {
            System.out.println("No arguments!");
        }
    }
}
```

说明：Java 中的字符串可以直接拼接："arg["+i+"] ="+args[i]，在第 3 章 String 类的用法中会详细讲解。

因为需要从命令行输入参数，Windows 桌面运行 cmd.exe，在 DOS 环境下运行此程序能更清楚显示参数的输入过程，从命令行键入三个参数：first、second、third，执行命令如下：

```
java CommArg   first second third
```

运行结果打印出了三个参数：

```
arg[0] = first
arg[1] = second
arg[2] = third
```

在 DOS 环境下程序运行过程截图如图 1-19 所示。

图 1-19 DOS 环境下运行 CommArg 程序

如果在 eclipse 集成开发环境中运行该程序，main() 方法参数需要在运行前在界面中设置：选中 CommArg.java 文件，单击右键，选择 Run AS → Run Configuration，在弹出的选项板中切换到 Arguments，在文本框中填入参数，如图 1-20 所示，单击 Run 按钮即可运行。

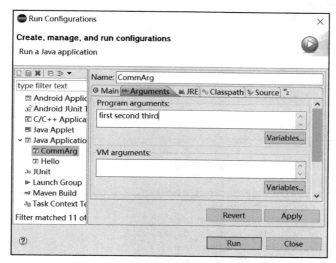

图 1-20　eclipse 中运行 CommArg

运行结果打印出了三个参数：

```
arg[0] = first
arg[1] = second
arg[2] = third
```

Java 编程小提示：Java 编程基本规则：类名第一个字母要大写，变量名第一个字母要小写，方法名第一个字母要小写，每个独立的类定义为一个 .java 文件，千万不要将所有类都定义在一个 .java 文件中！养成好的程序书写习惯，保证良好的可读性。

本章小结

本章从分析面向对象程序设计的理念出发，探讨了如何从现实世界的思维角度进行 Java 面向对象程序设计，详尽地阐述了类与对象的基本概念，通俗简要地解释了面向对象的特征。

然后从软件设计的角度，介绍如何使用 UML 完成类的建模，进一步设计类的层次结构，以及面向对象程序设计应该遵循的几点原则。

最后引入了面向对象程序设计语言 Java，介绍了 Java 的发展、开发环境、开发工具 eclipse 以及 Java 程序的基本架构。

关于本章的学习，读者应明确一个观念，即在正式学习 Java 语法知识之前，首先建立面向对象的思维方式，凡事以功能分类，而不是从过程来考虑。

习题

1. 从 www.Oracle.com 下载 JDK，安装并设置 Path 和 CLASSPATH。
2. 下载 eclipse，安装并运行简单的 Java 程序。
3. 把以下示例代码存为 First.java 文件，用你的名字代替"这里用你的名字代替"，把代码补充完整，在 eclipse 里编译并调试通过。

```
import java.util.Date;
public class First {
    private Date today = new Date();
    private String name = " 这里用你的名字代替 ";
    public String getName() {
    return name;
    }
    public String getDate() {
        return "" + today;
    }
    public String getLine() {
        return "--------------------------------------------------------------";
    }
    public static void main (String[] args) {
        First theFirst = new First();
        System.out.println(theFirst.getLine());
        System.out.println("Today is "+ );
        System.out.println(theFirst.getLine());
        System.out.println("My name is "+ );
        System.out.println(theFirst.getLine());
        System.out.println(" 完成第一个Java作业！");
    }
}
```

4. 复制以下代码，创建一个 GravityCalculator 类。

```
class GravityCalculator {
    public static void main(String[] arguments){
        double gravity =-9.81;
        double initialVelocity = 0.0;
        double fallingTime = 10.0;
        double initialPosition = 0.0;
        double finalPosition = 0.0;
System.out.println("The object's position after "+ fallingTime +" seconds is"+ finalPosition +"m.");
    }
}
```

在 eclipse 里编译并运行该程序。然后更改程序以计算物体下降 10s 后的位置，以米为单位输出位置。计算物体下落位置数学公式如下：

$$x(t) = 0.5 \times at^2 + vit + xi$$

公式中的变量表示的意义如下：

变量名	说明	值
a	Acceleration (m/s2)	−9.81
t	Time (s)	10
vi	Initial velocity (m/s)	0
xi	Initial position	0

第 2 章　Java 语言基础知识

　　Java 语言的基本语法沿用了 C/C++C 语言的特征，比如标识符的命名、变量的定义、运算符、控制语句等。既保持了大多数编程语言的编写习惯，容易理解学习，又增加了 Java 特定的语法特征，提高编程效率，程序运行稳定性。

　　本章讲述 Java 语法基础知识，内容包括 Java 语言基本元素、Java 数据类型、运算符与表达式、Java 控制语句等。

2.1　Java 语言基本元素

1. 标识符

　　标识符（Identifier）是程序员提供的、对程序中的各个元素加以命名时使用的命名记号，需要命名的元素包括：类名、变量名、常量名、方法名等。标识符的长度不限，但第一个字符必须是这些字符之一：大写字母（A-Z）、小写字母（a-z）、下划线、$ 符号，标识符的第二个字符及后继字符可以包括数字字符（0～9）。

2. 保留字

　　保留字也称为关键字，由小写的英文字母组成，赋予这些保留字专门的意义和用途，程序员不能再将保留字用作用户自定义标识符，Java 中的保留字如下：

abstract　break　byte　boolean　catch　case　class　char　continue　default　double　do　else　extends　false　final　float　for　finally　import　implements　int　interface　instanceof　long　length　native　new　null　package　private　protected　public　final　return　switch　synchronized　short　static　super　try　true　this　throw　throws　threadsafe　transient　void　while　if

　　不能更改或重复定义保留字，某些保留字需要注意，Java 中的 true、false 和 null 都是小写的，区别于 C++ 中大写的 TRUE、FALSE 和 NULL。

3. 变量

　　变量是程序的基本存储单元，用于存储需要处理的数据。程序中使用一个变量经历三个步骤：

　　第一步，声明变量，选定某种数据类型，并根据类型开辟内存空间。
　　第二步，为变量赋值。
　　第三步，使用变量。
　　变量定义包括变量名、变量类型和变量值几个部分，定义变量的基本格式为：

```
数据类型 变量名 = 值;
int n = 5;
int n1 = 4;
```

　　与 C/C++ 不同，在 Java 中如果是在类体中定义的变量，其默认初始值都是确定的，各种变量默认初始值如表 2-1 所示。但是在方法实现中，定义的变量必须由程序员自己初始化。

4. 常量

常量是用某些特征含义的标识符表示某些不变化的数值，它的值在运行期间不会改变，即只能被引用，不能重新赋值。例如，Pi 表示 3.1415926。Java 中的常量值是用文字串表示的，它区分为不同的类型，如整型常量 123，实型常量 1.23，字符常量 a，布尔常量 true、false，以及字符串常量 "This is a constant string."。

表 2-1 类体中定义的变量默认初始值

变量类型	初值
布尔变量	false
整数变量	0
浮点数	0.0
引用（类）变量	null

C 语言用 #define 命令把一个标识符定义为常量，C++ 用 const 定义常量，Java 用关键字 final 来定义常量，其定义格式为：

```
final 数据类型  常量标识符 = 值；
```

例如：

```
final int Max = 100,Min = 50;
final double PI=3.14159;
```

2.2 Java 基本数据类型

程序语言中用数据来表示现实世界中事物的属性，首先根据属性的性质为其选择 Java 提供的一种特定数据类型，比如年龄属于数字类型，选择用整型表示；名字由字母组成，选择用字符串表示，选定合适的数据类型后再赋予一定的数值。例如：

```
int age = 20;
```

接下来就可以在程序中使用 age 进行运算了。

Java 的数据类型分为两大类，一种称为基本数据类型（Primitive），包括 Java 内置的 8 种数据类型，分别是字符型、布尔型、字节型、短整型、整型、长整型、单精度浮点型和双精度浮点型。另一类为引用（Reference）类型，这种类型属于自定义类型，一定程度上可以理解为是各种基本数据类型的组合，比如类类型，一个类里包含若干不同数据类型的数据成员。另外接口类型、数组类型和枚举类型也属于引用类型，Java 提供的数据类型如图 2-1 所示。

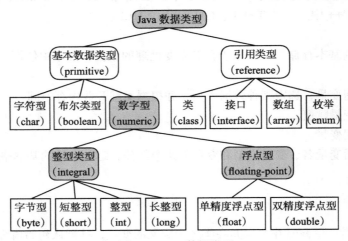

图 2-1 Java 数据类型

所有基本类型在不同操作系统上所占的位数都是确定的，并且基本类型的关键字都用小写字母表示，基本数据类型的位数和取值范围如表 2-2 所示。

1. 布尔型

布尔型（boolean）数据用于确定真假条件，布尔型的数据只有两个值 true 和 false。使用 boolean 需要注意，Java 语言属于类型安全型语言，编译时检测数据类型，杜绝运行时出错。Java 中的 boolean 和 int 是完全不同的两种数据类型，这里的 true 不等于 1，false 不等于 0，不能相互转换，比如 while(true){} 不能写成 while(1){}。

表 2-2 基本数据类型位数及取值范围

数据类型	位数	取值范围
char	16	$0 \sim 65535$
byte	8	$-2^7 \sim 2^7-1$
short	16	$-2^{15} \sim 2^{15}-1$
int	32	$-2^{31} \sim 2^{31}-1$
long	64	$-2^{63} \sim 2^{63}-1$
float	32	$-3.4e+38 \sim 3.4e+38$
double	64	$-1.7e+308 \sim 1.7e+308$

布尔型变量的定义如下：

```
boolean b = true;
```

布尔型数据可以参与逻辑关系运算：

```
&&  ||  ==  !=  !
```

例如：

```
boolean b1;
boolean b2 = true;
b != b2;
```

2. 字符类型

字符（char）类型用于表示单个字符的数据类型，由于采用 Unicode 编码方式，Java 中的字符型变量无论是中文、英文还是数字，都是占 2 字节。在定义字符型的数据时候要注意加单引号''，例如：

```
char a='中';  //表示中文字符中
char b='a';   //表示字母字符 a
char c='9';   //数字字符 9
```

Unicode 是 ISO 标准 16 位字符集，支持 65 536 个不同的字符，可用于处理中文、日文、韩文等不同语言，也包含了数学、文字中的常用符号。Unicode 字符由 16 位组成，用十六进制表示每个字符的编码。范围为 u0000 ～ uFFFF，用于存放字符的数据类型，占用 2 字节。

Java 用 2 字节表示一个字符。多数操作系统如 UNIX、Windows、Macintosh 系统，都是采用默认的 8 位字节，Java 把从操作系统读取的 8 位字节存放到 16 位的数据类型中，按 16 位处理。

在 Java 程序中，注释、标识符、字符及字符串内容可以使用任意的 Unicode 编码字符，其余的只能使用与 ASCⅡ兼容的前 128 个字符。字符型数据有两种：字符常量和字符变量。

（1）字符常量

字符常量是指用单引号括起来的单个字符，如 'a'、'A'，此外，Java 还允许使用一种特殊形式的字符常量值，这种特殊形式的字符是以一个"\"开头的字符序列，称为转义字符，Java 中常用的转义字符见表 2-3。

（2）字符变量

字符变量是以 char 定义的变量，一个 Java 字符变量在内存中占 2 字节。如果定义：

```
char c = '1';
System.out.println(c);
```

输出结果是 1，而如果这样输出：

```
System.out.println(c+0);
```

结果却变成了 49，这是因为 0 是 int 类型，Java 中凡是涉及 char、byte、short 的运算操作，都会先把这些值转换为 int，然后再对 int 类型进行计算，因此 int 与 char 的运算结果为 int 类型。

表 2-3　Java 中常用的转义字符

转义符	Unicode	含义
\n	(\u000a)	回车
\t	(\u0009)	水平制表符
\b	(\u0008)	空格
\r	(\u000d)	换行
\f	(\u000c)	换页
\'	(\u0027)	单引号
\"	(\u0022)	双引号
\\	(\u005c)	反斜杠
\ddd		三位八进制
\udddd		四位十六进制

如果这样定义 c：

```
char c = '\u0031';
```

输出的结果仍然是 1，这是因为字符 '1' 对应的 unicode 编码就是 \u0031。

3. 整数类型

整数类型包括 byte、short、int 和 long 四种，通常整数类型的数据又可分为常量和变量两种。

（1）整型常量

与 C/C++ 相同，Java 的整型常量数有三种形式：十进制整数，如 123、-456、0；八进制整数，以 0 开头，如 0123 表示十进制数 83，-011 表示十进制数 -9；十六进制整数，以 0x 或 0X 开头，如 0x123 表示十进制数 291，-0X12 表示十进制数 -18。

整型常量占 32 位，和 int 型变量一样。long 型常量则要在数字后加 L 或 l，如 123L 表示一个长整数，占 64 位。

（2）整型变量

整型变量包括 byte、short、int、long 四种，以下分别讲述它们的用法。

int 类型是最常用的一种整数类型，int 类型数据占 4 字节，适合于 32 位、64 位处理器。对于大型计算，常会遇到很大的整数，超出 int 类型表示的范围，这时要使用 long 类型。

byte 类型表示的数据范围很小，仅占 1 字节，容易造成溢出，通常不太使用，但有些特殊的情形下需要使用，比如由于不同的机器对于多字节数据的存储方式不同，可能是从低字节向高字节存储，也可能是从高字节向低字节存储，这样在分析网络协议或文件格式时，为了解决不同机器上的字节存储顺序问题，用 byte 类型来表示数据是合适的。

short 类型则很少使用，short 类型数据占 2 字节，它限制数据的存储为先高字节，后低字节，这样在某些机器中会出错。

整型变量的定义如下：

```
int x=123;          // 指定变量 x 为 int 型，且赋初值为 123
byte b = 9;         // 赋初值为 9
short s = 20;
long y = 123L;
long z = 1231;
```

```
short s1 = (short)(b1 + b2);    // 强制类型转换
long l1 = 2343;                 // 不需要强制类型转换
```

4. 浮点数类型

浮点数（Floating Point）是表示浮点型的数据类型，有单精度 float 和双精度 double 两种，它们之间的区别在于精确度不同，浮点数也分为常量和变量两种类型。

（1）浮点常量

浮点常量即带小数点的实型数值，有两种表示形式：直接带小数点的数值和科学计数法。

带小数点的数值形式：由数字和小数点组成，且必须有小数点，如 0.123、.123、123.、123.0。

科学计数法形式：以 aEn 形式表示数字 a 乘以 10 的 n 次方。例如，123e3（123 乘以 10 的 3 次方）或 123E3，其中 e 或 E 表示 10 的幂计算，之前必须有数字，且 e 或 E 后面的指数必须为整数。这里列出的常量均是双精度常量，要表示单精度常量，可以在数据末尾加上 f 或 F 作为后缀，如 0.23f、1.23E-4f。

（2）浮点变量

浮点变量有单精度（float）变量和双精度（double）变量之分，不同的精度所占的内存字节数和表达的数值范围均有区别，float 类型变量占 4 字节，而 double 类型变量占 8 字节。double 类型比 float 类型存储范围大，精度更高，所以通常浮点型的数据在不声明的情况下都是 double 类型的，如果要表示一个数据是 float 类型的，可以在数据后面加上"F"。浮点型的数据是不能完全精确的，所以有时候在计算时可能会在小数点最后几位出现浮动，这是正常的。

5. 数据类型转换

数据类型可以自动类型转换，int、long、float 数据可以混合运算。在混合运算中，不同类型的数据先转化为同一类型，然后进行运算，转换从低级到高级，如下所示：

$$\text{byte、short、char} \rightarrow \text{int} \rightarrow \text{long} \rightarrow \text{float} \rightarrow \text{double}$$

低　　　　　　　　　　　　高

数据类型转换必须遵循如下规则：不能对 boolean 类型进行转换；允许把容量小的类型转换为容量大的类型；在把容量大的类型转换为容量小的类型时，必须使用强制类型转换，转换过程中可能导致溢出或损失精度。例如：

```
int i = 10;
byte b=(byte)i;
```

浮点数到整数的转换是通过舍弃小数得到，而不是四舍五入。例如：

```
(int)25.7 == 25;
(int)-42.87f == -42;
```

Jdk7 在数据类型语法上添加了一些新特性：

1）允许用二进制来表示整数（byte、short、int 和 long），需要在二进制数值前面加 0b 或者 0B。例如：

```
int nInt = 0b0011;
long nLong = 0b0100L;
```

2）表示比较大的数字可以出现下划线。例如：

```
int a = 10_0000_0000;
long b = 0xffff_ffff_ffff_ffff1;
```

2.3 引用数据类型

引用（reference）数据类型是一种组合型数据类型，即把若干数据类型组合在一起。在程序开发中，仅仅用基本数据类型无法满足要求，程序员可以把若干种基本数据类型组合在一起，构成一种自定义的数据类型，比如类，就是一种引用类型。

先解释什么是引用？简单地说，引用其实就像是一个对象（或变量）的别名，如果按照 C 语言的语法解释，实质上就是指向这个对象（或变量）的指针，指示对象在内存中的地址，只不过在 Java 里把这种指针类型用一种普通变量的声明方式来表示，称之为引用。对于引用更好理解的一种解释是，指向对象的指针经过封装，隐藏了指针，使它能够像普通变量一样方便地使用。

引用类型定义的变量即对象，对象在内存里存储需要请求一定的空间，由于对象类型的差异，每一个对象需要占用的空间大小也不等，从内存的分配角度考虑，对象是在内存的堆（heap）里动态创建并分配空间的，均采用 new 分配空间，不需要时由 Java 的垃圾回收器回收。所以 Java 中的对象实质上都是在堆里分配空间的指针类型，Java 里并不是没有指针，而是把指针都封装起来看不见了。

如果有多个引用同时指向同一个对象，如同一个对象有多个别名，那么它们的值是相同的，都指向内存的同一个地址空间。例如：

```
String a = "java";
String b = a;
```

a 和 b 是不同的两个引用，但它们的值相同，都为"Java"。

引用类型一共有 4 种，分别是类类型、接口类型、数组类型和枚举类型。与基本数据类型不同，声明一个引用类型变量时，并不为对象分配任何存储空间，例如：

```
int i;        // 声明一个 int 变量，并在内存里为 i 分配 4 字节的空间。
String s;     // 声明一个 String 类型变量，还没有为 s 分配空间
```

只有对引用类型变量进行初始化或创建一个新对象时，才在内存的堆（heap）里为它分配一定空间。例如：

```
String s = "abcd";                      // 初始化
String s = new String("abcd");          // 创建一个 String 对象并初始化
// 创建一个 Rectangle 对象并初始化
Rectangle oneRec = new Rectangle();
```

下面分别讲解枚举类型和数组类型，类类型和接口类型将在后面相关章节中详细讲述。

2.3.1 枚举

枚举类型（enumerate），使用关键字 enum，表示用常量名来设置一组常量。例如：

```
enum Seasons{SPRING,SUMMER,AUTUMN,WINTER};
```

表示自定义一种数据类型 Seasons，每个枚举常量就是一个整数值，4 个 Seasons 值分别为整数 0、1、2、3，程序中使用整数直接运算会更方便。

【例 2-1】 枚举的简单例子。

```java
//Ex2_1.java
public class Ex2_1 {
    public enum week{
    Sun, Mon, Tue, Wed, Thu, Fri, Sat ;
    }   //定义一个枚举类型 week
    public static void main(String[] args) {
    week day1 = week.Mon; //赋值时通过"枚举名.值"来取得相关枚举中的值
    week day2 = week.Thu;

    int diff = day2.ordinal()-day1.ordinal(); //ordinal 方法得出 enum 元素的排列
    System.out.println("day1 order is:"+day1.ordinal());// 输出 1
    System.out.println("day2 order is:"+day2.ordinal());;// 输出 4
    System.out.println("days diff: "+diff);
    }
}
```

输出结果如下：

```
day1 order is:1
day2 order is:4
days diff: 3
```

2.3.2 数组

数组是一种有固定大小用于储存相同类型数据的数据集合，数组里可以存放基本数据类型数据或者引用类型数据。数组里的每一项数据称为元素，数组元素通过 index 下标来访问。如图 2-2 所示，该数组固定长度为 10，存放元素的位置以 0 开始计数，第 9 个元素存放在数组第 8 位。

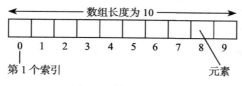

图 2-2 数组示意图

Java 里的数组是一种引用类型，在堆（heap）中动态创建并分配空间，这与 C/C++ 中的数组是不同的。Java 不但把数组设计为引用类型，而且在 Java 类库里也提供了一个数组类 java.util.Arrays，该数组类包含一系列与数组相关的操作，即方法，增强了对数据的操作能力，为程序员提供了方便，减轻了程序开发负担，简化了程序的设计及实现过程，提高了执行效率。

在语法层面上，数组采用 new 分配空间。每个数组都有大小，由一个内置变量：length 表示，代表数组含有元素的个数（length 可以是正数或零），一定要注意 length 的用法，它不是一个方法，而是一个变量。

获取数组的大小：arrayName.length //yes

不可以写为：arrayName.lengh()   //No!No!No!

1. 数组的声明与创建

数组在使用前必须对它进行声明，声明数组时无需指明数组元素的个数，也不需要为数组元素分配内存空间，数组声明后还不能直接使用，必须经过初始化分配内存后才能使用。数组的声明格式如下：

数据类型 [ ] 数组名；

例如：`int[] a1;`
　　　`String[] stringArray;`

或者按照 C/C++ 程序员的习惯，以如下格式声明：

数据类型 数组名 [ ]；

例如：`int a1[];`
　　　`String stringArray[];`

Java 数组的创建方式与 C/C++ 的方式不同，Java 用 new 创建一个新的数组，为它分配空间：

```
int orange[ ];    //声明
orange = new int[100];  //创建 orange 数组，在内存里分配 100 个 int 大小空间
```

或者可以将数组的声明和创建合并执行：

```
int orange[]=new int[100];
```

注意：在 Java 中，绝对不能采用 C/C++ 语言的方式在声明中指定数组的大小，例如：

```
int orange[100];    //NO! NO! NO!
```

【例 2-2】创建一个 int 类型的数组，并输出数组中的每个元素。

```java
//Ex2_2.java
class Ex2_2 {
    public static void main(String[] args) {
        // 声明一个 int 类型数组
        int[] anArray;
        // 为数组分配 10 个 int 空间
        anArray = new int[10];
        // 初始化第一个元素
        anArray[0] = 100;
        // 初始化第二个元素
        anArray[1] = 200;
        anArray[2] = 300;
        anArray[3] = 400;
        anArray[4] = 500;
        anArray[5] = 600;
        anArray[6] = 700;
        anArray[7] = 800;
        anArray[8] = 900;
        anArray[9] = 1000;
        System.out.println("Element at index 0:"
                + anArray[0]);
        System.out.println("Element at index 1:"
                + anArray[1]);
        System.out.println("Element at index 2:"
                + anArray[2]);
        System.out.println("Element at index 3:"
```

```
                            + anArray[3]);
        System.out.println("Element at index 4:"
                            + anArray[4]);
        System.out.println("Element at index 5:"
                            + anArray[5]);
        System.out.println("Element at index 6:"
                            + anArray[6]);
        System.out.println("Element at index 7:"
                            + anArray[7]);
        System.out.println("Element at index 8:"
                            + anArray[8]);
        System.out.println("Element at index 9:"
                            + anArray[9]);
    }
}
```

输出结果如下：

```
Element at index 0: 100
Element at index 1: 200
Element at index 2: 300
Element at index 3: 400
Element at index 4: 500
Element at index 5: 600
Element at index 6: 700
Element at index 7: 800
Element at index 8: 900
Element at index 9: 1000
```

2. 数组元素的初始化

Java 数组在创建时会为每个元素赋予默认初始值，这点比 C/C++ 优越，数组元素的默认初始值如表 2-4 所示。

也可以不采用默认值方式，而是对数组元素进行初始化，最简单的方式是在创建数组的同时，直接对它的每个元素进行赋值。例如：

表 2-4 数组元素默认初始值

数据类型	默认值
基本类型数值数据	0
boolean	false
引用类型	null

```
int a[]={22, 33, 44, 55};
int[] anArray = { 100, 200, 300,400, 500, 600, 700, 800};
String wkdays[] = {"mon","Tue","Wed","Thu","Fri"};
```

或者等到数组创建完毕后，再分别为数组元素赋予适当的值之后再使用。例如，为 int 类型数组元素赋值方式如下：

```
int orange[ ] = new int[100]; //创建100个 int 型元素，默认初始值为0
orange[7] = 32; //为其中一个元素赋值32
```

基本数据类型数组的初始化比较简单，如果数组的元素是引用类型，这样的数组称为"对象数组"，对象数组的初始化相对复杂一些，不仅需要为数组分配空间，而且要为数组中的每个元素分配空间，使用前还需要给所有元素一一赋值。例如，定义一个日期类型 Date 的对象数组，首先 Date 类定义如下：

```
class Date{
    int day, int mon, int year;
}
```

接下来定义一个 Date 类型的数组 days，数组里共有 30 个 Date 类型元素，定义 days 数组语句如下：

```
Date days[ ] = new Date[30];
```

由于引用类型数组元素的默认初始值为 null，此语句内存里用 new 为数组分配了 30 个 Date 类型空指针 null，这表示此时 30 个空指针还没有指向任何对象，如果直接给其中的元素赋值并使用它：

```
days[7].mon = 10;          //NO! day[7]还是空的，为null
```

会报错，出现空指针 NullPointerExecption 异常。因此在访问对象数组中的元素之前，还必须为其中的每一个 Date 类型元素分配 3 个 int 大小的空间，使之不再是 null，而是指向一个具体的 Date 对象。具体代码如下：

```
Date days[ ] = new Date[30];
for(int i=0; i<days.length; i++) {
        days[i] = new Date();
    }
    days[7].mon= 10;    //now OK!
```

Java 编程小提示：创建对象数组时出现失误是 Java 初学者常犯的错误，一旦出错，将会引起 NullPointerExecption 异常，一定要记住创建对象数组时，不但需要为数组本身分配空间，还必须为数组里的元素一一分配空间。

3. 数组的使用

数组里的元素通过下面的表达式使用：

```
arrayName[index]
```

下标从 0 开始计数，元素的个数即为数组的长度，可以通过 arryName.length 引用，元素下标最大值为 length-1，不能超过此数值，否则将会产生数组越界异常 ArrayIndexOutOfBoundsException。

【例 2-3】 访问数组越界，编译结果出错。

```
//Ex2_3.java
public class Ex2_3 {
    public static void main(String[] args){
        int myData[]=new int[10];               // 创建数组
        for(int i=0; i<myData.length;i++)
            System.out.println(i+"\t\t"+myData[i]);
        myData[10]=100;                         // 将产生数组越界异常
    }
}
```

输出结果如下：

```
0       0
1       0
2       0
3       0
4       0
5       0
6       0
```

```
7          0
8          0
9          0
Exception in thread "main" java.lang.ArrayIndexOutOfBoundsException: 10
    at Ex2_3.main(Ex2_3.java:6)
```

数组的创建及使用示例如例 2-4 所示。

【例 2-4】学校组织马拉松比赛，学生名字及成绩如下：

张三	341	杨一	243
李四	273	张扬	334
孙松	278	宋涛	412
李伟	329	李敏	393
毛宁	445	陈晨	299
张婷	402	李晓	343
王文	388	张佳	317
张希	275	钱钧	265

请列出第一名、第二名和第三名并打印出他们的名字和成绩。

```java
//Ex2_4.java
public class Ex2_4 {
    public static void main(String[] args) {
        String name[]={"张三","李四","孙松","李伟","毛宁","张婷","王文","张希",
                       "杨一","张扬","宋涛","李敏","陈晨","李晓","张佳","钱钧"};
        int[] grade=new int[]{341,273,278,329,445,402,388,275,
                       243,334,412,393,299,343,317,265};

        for(int i=0;i<grade.length;i++)
        {
            for(int j=i;j<grade.length;j++){
                int temp;
                String Stemp;
                if (grade[i] < grade[j]) {
                    temp = grade[i];
                    grade[i] =grade[j];
                    grade[j] = temp;
                    Stemp = name[i];
                    name[i] = name[j];
                    name[j] = Stemp;
                }
            }
        }
        System.out.println(" 名次  "+" 姓名 "+" 成绩 ");
        System.out.println(" 第一名        "+name[0]+"       "+grade[0]);
        System.out.println(" 第二名        "+name[1]+"       "+grade[1]);
        System.out.println(" 第三名        "+name[2]+"       "+grade[2]);
    }
}
```

输出结果如下：

名次	姓名	成绩
第一名	毛宁	445
第二名	宋涛	412
第三名	张婷	402

4. 二维数组

数组可以是二维甚至多维的，即一个数组里的元素又包含数组。二维数组的声明和创建如下：

```
int[ ][ ] myArray;
```

该语句声明一个二维整型数组，其初始值为 null。下面的语句创建一个二维数组，其 3 个元素分别是 3 个整型数组，每个元素中又含有 5 个整数。

```
int[ ][ ] myArray = new int[3][5];
```

下面的语句创建一个二维数组并为其中的每一个元素赋值。

```
int[ ][ ] myArray = { {8,1,2,2,9}, {1,9,4,0,3}, {0,3,0,0,7} };
```

【例 2-5】 输出二维数组的元素并打印出数组长度及每个元素的长度。

```java
class Ex2_5 {
    public static void main(String[] args) {
        String[][] names = {
            {"Mr. ", "Mrs. ", "Ms. "},
            {"Smith", "Jones"}
        };
        // Mr. Smith
        System.out.println(names[0][0] + names[1][0]);
        // Ms. Jones
        System.out.println(names[0][2] + names[1][1]);
        // 数组的长度
        System.out.println("数组长度为："+names.length);
        for(int i=0; i<names.length; i++)
            System.out.println("数组里第 "+i+" 个元素长度为："+names[i].length);
    }
}
```

输出结果如下：

```
Mr. Smith
Ms. Jones
数组长度为：2
数组里第 0 个元素长度为：3
数组里第 1 个元素长度为：2
```

5. 数组类的方法

java.util.Arrays 是 Java 类库提供的一个标准包，Java 采用面向对象的方式将数组封装为一个类 Arrays，类里包含了很多静态成员方法如表 2-5 所示（注：static 静态成员方法可在程序里直接调用，不必通过对象调用，将会在第三章详细讲解），提供了对数组进行查询、复制、排序、比较等一系列的操作，这些方法给程序员带来了极大的方便。使用 Arrays 类提供的方法时，要注意数组变量一定不能为 null，否则将会抛出 NullPointerException 异常。

表 2-5　Arrays 类的常用方法

方法	说明
static void sort(byte[] a)	将数组 a 中的所有元素进行升序排列

方法	说明
static void sort(byte[] a, int fromIndex, int toIndex)	将数组 a 中从 fromIndex(包括)到 toIndex(不包括)区间的元素按升序排列
static Boolean equals(elementtype[] a, elementtype[] a2)	判断两个 elementtype 类型数组是否相等,相等就返回 true
static void fill(boolean[] a, boolean val)	用 val 填充数组 a 的每一个元素
Static int binarySearch(elementtype[] a, elementtype key)	用二分法查找算法在数组中查找 key
static elementtype copyOf(elementtype[] original, int newLength)	复制数组 original 的内容,数组长度为 newLength, elementtype 为任意数据类型

【例 2-6】Arrays 类常用方法使用示例。

```java
//Ex2_6.java
import java.util.*;
public class Ex2_6 {
        public static void main(String[] args) {
            int[] a=new int[]{1,3,5,7};
            int[] a1=new int[]{1,3,5,7};
            System.out.println(Arrays.equals(a, a1));    // 判断 a 和 a1 是否相等,
// 输出 true

            int[] b=Arrays.copyOf(a, 6);
            System.out.println(Arrays.equals(b, a1));    // 输出 false
            System.out.println(Arrays.toString(b));      // 把数组转换成字符串输出

            Arrays.fill(b, 2,5,1);         // 把第 2 个~第 5 个元素(不包括第 5 个)值赋为 1
            System.out.println(Arrays.toString(b));

            Arrays.sort(b);                // 对 b 进行排序
            System.out.println(Arrays.toString(b));

            System.out.println(Arrays.binarySearch(b, 3)); // 使用二分查找法查找
//3 的位置
        }
}
```

在这个程序中,创建了两个数组 a、a1,通过调用 Arrays 类的几个常用方法实现数组的比较、复制、替换、排序及查找功能。首先调用 equals() 判断两个数组是否相等,再通过 copyof() 实现数组 a 复制给 b,然后调用 fill() 用 1 替换掉 b 中的部分元素,并通过 sort() 进行排序,最后调用 binarySearch() 查找指定位置的元素。可见,调用 Arrays 类提供的已有方法,程序员不必再写代码即可实现查找、复制、替换、排序等功能,方便了许多。

输出结果如下:

```
true
false
[1, 3, 5, 7, 0, 0]
[1, 3, 1, 1, 1, 0]
[0, 1, 1, 1, 1, 3]
5
```

此外,java.lang.System 类里还提供了一个数组操作的方法 arraycopy(),下面举例说明 arraycopy() 方法实现数组的复制。arraycopy() 方法的格式如下:

```
arraycopy(Object src,int srcPos,Object dest,int destPos,int length);
```

其中各个参数代表的意义如下：
- src：原数组。
- srcpos：原数组中的起始位置。
- dest：目标数组。
- destpos：目标数据中的起始位置。
- length：要复制的数组元素数量。

【例 2-7】数组的复制。

```java
//Ex2_6.java
class Ex2_7 {
    public static void main(String[] args) {
        char[] copyFrom = { 'd', 'e', 'c', 'a', 'f', 'f', 'e',
            'i', 'n', 'a', 't', 'e', 'd' };
        char[] copyTo = new char[7];

        System.arraycopy(copyFrom, 2, copyTo, 0, 7);
        System.out.println(new String(copyTo));
    }
}
```

运行结果如下：

```
caffein
```

2.4 基本数据类型的封装类

Java 中除了数组被封装为 Arrays 类以外，基本数据类型也被封装为类，8 种基本数据类型都各自有一个对应的封装类。例如，与整型对应的 java.lang.Integer 类，与布尔类型对应的 java.lang.Boolean 类等。这些引用（类）类型称为对象封装（object wrappers）类，命名基本上与其对应的基本数据类型相同，差别在于以大写字母开头。Java 提供封装类目的在于借助于类，将基本数据类型对象化，为基本数据类型的运算提供一些实用的方法，例如实现基本数据类型的数值与可打印字符串之间的转换。基本数据类型包装类的名称如表 2-6 所示。

1. 封装类的使用

下面举例说明如何使用封装类。

```java
// 定义一个 int i
int i = 9;

// 把 i 封装为一个 Integer 类对象
Integer wrapInt = new Integer(i);

//wrapInt 对象转换为 String 类型
String s = wrapInt.toString();

// wrapInt 对象转换为基本数据类型
i = wrapInt.intValue();
```

表 2-6 基本数据类型包装类

基本数据类型	封装类类型
Boolean	java.lang.Boolean
char	java.lang.Character
int	java.lang.Integer
long	java.lang.Long
byte	java.lang.Byte
short	java.lang.Short
double	java.lang.Double
float	java.lang.Float

每一种封装类都定义了一系列的方法，如需进一步了解可以查看 Java API，这里仅在表 2-7 中简要列举 Integer 类几个常用的方法作为示范，其他类型的方法与之类似。

表 2-7　Integer 类常用方法

方法	说明
int compareTo (Integer anotherInteger)	比较两个 Integer 的大小
int intValue ()	得到 Integer 的基本数据类型值
static int parseInt (String s)	把一个 String 类型转换为 int
short shortValue ()	把 Integer 作为 short 返回
static Integer valueOf (int i)	把 i 转换为 Integer
static Integer valueOf (String s)	把 String 转换为 Integer

Java 提供了自动封装（autoboxing）的特性，自动封装采用直接赋值的方式，实现从基本数据类型到其对应封装类的自动转换，程序里省略了类型转换部分，使代码看起来更简洁。上面的例子改用自动封装实现基本数据类型变量 int 转换为 Integer 对象，代码如下：

```
int i =9;
Integer myInt = i;  // 自动封装，直接赋值
```

与自动封装对应的反向操作称为解封装（Unboxing），即从封装的对象类型转换为其对应的基本数据类型，以下是封装与解封装的示例。

```
Double dD = 34.0; // 自动封装
double d = dD;         // 解封装
```

2. 生成封装类对象的 3 种方法

通常生成封装类对象有 3 种实现方法。

1）从基本数据类型的变量或常量生成封装类对象。

```
double x = 2.3;
Double a = x;   // 自动封装，变量生成封装类对象
Double b = new Double(6.25); // 常量生成封装类对象
```

2）从字符串生成封装类对象。

```
Double d = new Double("-2.45");
Integer i = new Integer("3456");
```

3）已知字符串，可使用 valueOf() 方法将其转换成封装类对象。

```
Integer.valueOf("345");
Double.valueOf("5.6");
```

3. 从封装类数据转换为基本数据类型数据的方法

1）采用封装类提供的 XXXValue() 方法（XXX 表示基本数据类型）将封装类对象转换回基本数据类型的数据。

```
anIntegerObject.intValue();      // 返回 int 类
aCharacterObject.charValue();    // 返回 char 类型的数据
```

2）封装类提供了 parseXXX() 方法（XXX 表示封装类类型）能够将字符串类型的对象直接转换成其对应的基本数据类型的数据。

```
Integer.parseInt("123")        // 返回 int 类型的数据
Float.parseFloat("123.5")      // 返回 float 类型的数据
```

【例 2-8】 封装类的方法使用示例。

```java
//Ex2_8.java
public class Ex2_8 {
    public static void main(String[] args) {
        int i = 9;
        Integer iObj = new Integer(i);   // 封装为一个 Integer 对象
        String s = iObj.toString();

        // 读一个字符串，转化为整型
        i = iObj.parseInt("1897");

        // 读一个字符串，转换回封装类对象 iObj
        iObj = iObj.valueOf("1897");

        int j = 15;
        Integer iObj2 = j;          // 自动封装
        int d = iObj2;              // 解封装

        Float fObj1 = 20.0F;        // 自动封装
        Float fObj2 = 10.0F;        // 自动封装
        float result = fObj1 * fObj2;  // 解封装
    }
}
```

Java 编程小提示：封装类的 parseXXX() 方法常用于将键盘读入的数据转换为其对应的基本数据类型。

【例 2-9】 通过 BufferedReader 实现从键盘读入各种类型数据，然后将它们转换为基本数据类型。

```java
//Ex2_9.java
import java.io.*;
import java.util.*;

public class Ex2_9 {
    public static void main(String[] args) throws IOException {
        BufferedReader in = new BufferedReader(new InputStreamReader(System.in));
        // 读一个 integer 型数字
        System.out.print(" 输入 integer:");
        int anInt = Integer.parseInt(in.readLine());
        System.out.println(anInt);

        // 读一个 float 型数字
        System.out.print(" 输入 float:   ");
        float aFloat = Float.parseFloat(in.readLine());
        System.out.println(aFloat);

        // 读一个 double 型数字
        System.out.print(" 输入 double:  ");
        double aDouble = Double.parseDouble(in.readLine());
        System.out.println(aDouble);

        // 读一个字符串
        System.out.print(" 输入 string:  ");
        String aString = in.readLine();
        System.out.println(aString);
    }
}
```

Java 语言基础知识

运行结果如下:

```
输入 integer: 12
12
输入 float:    23.34
23.34
输入 double:   34555666666
3.4555666666E10
输入 string:   this is a string
this is a string
```

2.5 运算符及表达式

程序需要运算符提供运算功能,Java 运算符包括四大类:算术运算、位运算、关系运算和逻辑运算,其中绝大多数运算符和 C/C++ 中的用法一样,另外还定义了一些附加的运算符用于处理特殊情况。

2.5.1 算术运算符

算术运算符用在数学表达式中,算术运算符的操作数必须是数字类型,而且算术运算符不能够用于布尔类型,但是可以用于 char 类型,因为在 Java 中,char 类型可看作是 int 类型的一个子集。Java 算术运算符如表 2-8 所示。

Java 算术运算符分为双目运算符和单目运算符两类。双目运算符即连接两个操作元的运算符,包括加(+)、减(-)、乘(*)、除(/)和求余(%),它们的计算规则和 C/C++ 的运算符相同,以下说明双目运算符在 Java 中的一些特殊用法。

表 2-8 算术运算符

运算符	含义
+	加法
-	减法(一元减号)
*	乘法
/	除法
%	模运算
++	递增运算
+=	加法赋值
-=	减法赋值
*=	乘法赋值
/=	除法赋值
%=	模运算赋值
--	递减运算

1. 双目运算符

(1) 加减运算符 "+" 和 "-"

例如,3+54、100-23 等。加减运算符遵从四则运算法则,从左到右计算,加减运算符的操作元是整型或浮点型数据。Java 中运算符 "+" 的左右两个操作元可以是 String 类型,支持对两个字符串的连接,并且允许一个字符串和其他的基本数据类型数据相连接,系统会自动把基本数据类型转换为字符串,例如下列语句:

```
System.out.println("this is a string"+20+35.6);
```

输出结果为:

```
this is a string2035.6
```

(2) 乘除和求余运算符 "*"、"/" 和 "%"

例如,2*39、185.8/23 等。这几个运算符的结合方向是从左到右,遵从四则运算法则。乘除运算符的操作元是整型或浮点型数据。需要注意的是,Java 程序中如果出现除数为 0 或对 0 求余之类的运算,属于非法操作,系统将自动抛出 ArithematicException 异常。求余计算的两个操作单元可以是整型和浮点型,也允许正负整数,其计算结果的符号与 % 运算符号左侧的操作元一致。

Java 编程小提示：Java 程序中经常会使用到运算符 "+" 连接多个字符串或其他的基本数据类型。

【例 2-10】算术运算符的综合实例。

```java
//Ex2_10.java
class Ex2_10 {
    public static void main (String[] args){
        // 结果为 3
        int result = 1 + 2;
        System.out.println(result);

        // 结果为 2
        result = result - 1;
        System.out.println(result);

        //结果为 4
        result = result * 2;
        System.out.println(result);

        //结果为 2
        result = result / 2;
        System.out.println(result);

        //结果为 10
        result = result + 8;
        //结果为 3
        result = result % 7;
        System.out.println(result);
    }
}
```

2. 单目运算符

自增（++）、自减（--）运算符属于单目运算符，可以放在操作元之前，也可以放在操作元之后。操作元必须是一个整型或浮点型变量，作用是使变量的值增 1 或减 1。例如，++x、--x 表示在使用 x 之前，先使 x 的值加 1 或减 1；x++、x-- 表示在使用 x 之后，使 x 的值加 1 或减 1。++x 和 x++ 的不同之处在于，++x 是先执行 x=x+1 再使用 x 的值，而 x++ 是先使用 x 的值再执行 x=x+1。如果 x 的原值是 5，则对于 y=++x，y 的值为 6；对于 y=x++，y 的值为 5，然后 x 的值变为 6。

算术混合运算的精度遵循从"低"到"高"的顺序排列，次序如下：

byte → short → int → long → float → double

Java 将按运算符两边的操作元的最高精度保留计算结果的精度，例如，5/2 的结果是 2，要想得到 2.5，必须写成 5.0/2 或 5.0f/2。

字符型（char）数据和整型（int）数据运算结果的精度是 int 型，必要时需要强制类型转换。例如：

```
int x=3;
'A'+x;
```

的运算结果是 68，int 型，因此下列把 int 型赋予 char 型的写法是不正确的：

```
char ch='A'+x;
```

应强制类型转换为 char 型如下：

```
char ch=(char)('A'+x);
```

这样运算结果 ch 值为字符 'D'。

2.5.2 关系运算符

关系运算符用来比较两个值的关系，Java 提供了 6 个关系运算符 >、<、>=、<=、== 和 !=，如表 2-9 所示，它们都属于二元运算符。参与运算的两个操作元只能为数值类型和字符（char）类型，计算结果为布尔（boolean）类型，当运算符对应的关系成立时，运算结果是 true，否则是 false。例如，5<9 的结果是 false；5>2 的结果是 true；3!=5 的结果是 true；10>21-5 的结果为 false，因为算术运算符的级别高于关系运算符。如果结果为数值型的变量或表达式，可以通过关系运算符形成关系表达式，如（x+y）>80。

表 2-9 关系运算符

运算符	用法	含义	结合方向
>	op1>op2	大于	左到右
<	op1<op2	小于	左到右
>=	op1>= op2	大于等于	左到右
<=	op1<= op2	小于等于	左到右
==	op1= = op2	等于	左到右
!=	op1!= op2	不等于	左到右

2.5.3 逻辑运算符与逻辑表达式

逻辑运算符包括 &&（逻辑与）、||（逻辑或）、!（逻辑非）。其中 && 和 || 为二目运算符，! 为单目运算符。逻辑运算符的操作元必须是布尔（boolean）类型数据，其计算结果也是 boolean 类型，逻辑运算符可以用来连接关系表达式。逻辑运算符的用法和含义如表 2-10 所示。用逻辑运算符进行逻辑运算的运算结果如表 2-11 所示。

表 2-10 逻辑运算符的用法和含义

运算符	用法	含义	结合方向
&&	op1&&op2	逻辑与	左到右
||	op1||op2	逻辑或	左到右
!	op1!op2	逻辑非	右到左

表 2-11 逻辑运算符的运算结果

op1	op2	op1 && op2	op1 || op2	! op1
true	true	true	true	false
true	false	false	true	false
false	true	false	true	true
false	false	false	false	true

逻辑运算符 && 和 || 也称作短路逻辑运算符，这里的短路指的是一旦能够准确得到表达式的最终结果，则没有必要再进行运算符后面的计算了。&& 的功能是，仅当两个命令 op1 和 op2 执行皆为 true，结果才为 true。执行顺序为先执行命令 op1，如果执行成功，才执行命令 op2；若 op1 执行不成功，则不执行 op2。|| 的功能是，只要两个命令中的一个执行成功，结果就为 true。执行顺序为先执行命令 op1，如果执行不成功，则执行命令 op2；若命令 op1 执行成功，则不执行命令 op2。于是，在如表 2-11 中，当 op1 的值是 false 时，&& 运算符在运算时不再计算 op2 的值，直接就得出 op1&&op2 的结果是 false；当 op1 的值是 true 时，|| 运算符号在运算时不再计算 op2 的值，直接得出 op1||op2 的结果是 true。

根据以上规则，计算出 2>8&&9>2 的结果为 false，2>8||9>2 的结果为 true。

例如，假设 x 的初值是 1，那么经过下列逻辑比较运算：

```
((y=1)==0))&&((x=6)==6));
```

之后，&& 左边执行不成功，则不再执行右边运算式，结果为 false，x 的值仍然是 1。经过下列逻辑比较运算：

```
((y=1)==1))&&((x=6)==6));
```

之后，&& 左边执行成功，则继续执行右边运算式，结果为 true，x 的值将变为 6。

2.5.4 赋值运算符

赋值运算是将一个表达式的值赋给一个变量，程序里经常使用赋值运算来保留数据，以备后用。赋值运算符 = 是双目运算符，左面的操作元必须是变量，不能是常量或表达式。假设 x 是一个整型变量，y 是一个 boolean 类型变量，x=10 和 y=true 都是正确的赋值表达式。计算过程为从右到左，首先计算右侧的表达式，然后将结果转换为左侧变量类型，并存放在变量中。例如：

```
x =(y-23)*6;
```

赋值表达式（y-23）*6 的值就是 = 左面变量的值。表 2-12 列出了 Java 语言提供的赋值运算符。

表 2-12 赋值运算符

运算符	用法	等效表达式
=	op1 = op2	
+=	op1 += op2	op1 = op1+op2
-=	op1 -= op2	op1 = op1-op2
*=	op1*= op2	op1 = op1*op2
/=	op1/=op2	op1 = op1/op2
%=	op1%=op2	op1 = op1%op2
&=	op1&=op2	op1 = op1&op2
|=	op1|=op2	op1 = op1|op2
^=	op1^=op2	op1 = op1^op2
>>=	op1>>=op2	op1 = op1>>op2
<<=	op1<<=op2	op1 = op1<<op2
>>>=	op1>>>=op2	op1 = op1>>>op2

2.5.5 位运算符

Java 定义的位运算直接对整数类型的位进行操作，这些整数类型包括 long、int、short、char 和 byte。

我们知道整型数据在内存中以二进制的形式表示，比如一个 int 类型的变量在内存中占 4 字节共 32 位，7 用二进制表示为：

00000000 00000000 00000000 00000111

其中左面最高位是符号位，0 表示正数，1 表示负数。负数采用补码表示，比如 -8 用二进制表示为：

11111111 11111111 1111111 11111000

这种表示方法便于对整型数据进行按位的运算，比如，对两个整型数据对应的位进行运算得到一个新的整型数据。

Java 提供了两种类别的按位计算的运算符，一类为按位逻辑运算，包括按位与（&）、按位或（|）、按位非（~）和按位异或（^）；另一类是位移运算，包括左移（<<）、右移（>>）和无符号右移（>>>）。

1. 按位与 & 运算符

& 是双目运算符，对两个整型数据 a、b 按位进行运算，运算结果是一个整型数据 c。运算法则是如果 a、b 两个数据对应位都是 1，则 c 的该位是 1，否则是 0。如果 b 的精度高于 a，那么结果 c 的精度和 b 相同。

2. 按位或 | 运算符

| 是双目运算符，对两个整型数据 a、b 按位进行运算，运算结果是一个整型数据 c。运算法则是如果 a、b 两个数据对应位都是 0，则 c 的该位是 0，否则是 1。如果 b 的精度高于 a，那么结果 c 的精度和 b 相同。

3. 按位非 ~ 运算符

~ 是单目运算符，对一个整型数据 a 按位进行运算，运算结果是一个整型数据 c。运算法则是如果 a 对应位都是 0，则 c 的该位是 1，否则是 0。

4. 按位异或 ^ 运算符

按位异或 ^ 运算符是双目运算符。对两个整型数据 a、b 按位进行运算，运算结果是一个整型数据 c。运算法则是如果 a、b 两个数据对应位相同，则 c 的该位是 0，否则是 1。如果 b 的精度高于 a，那么结果 c 的精度和 b 相同。表 2-13 列出了位运算符及其结果。

表 2-13 位运算符及其结果

运算符	描述	计算规则	用途
&	按位与	将两个运算对象对应的二进制位进行"与"	获取某二进制位的值
|	按位或	将两个运算对象对应的二进制位进行"或"	将某二进制位置 1
^	按位异或	将两个运算对象对应的二进制位进行"异或"	将指定位取反
~	按位取反	将运算对象的每个二进制位"求反"	按位取反
>>	右移	将运算对象 op1 对应的二进制位向右移动 op2 位，移出的低位被丢弃，高位填充符号位的内容，符号位是原二进制数值最左侧的 1 位	将 op1 除以 2 的 op2 次方
<<	左移	将运算对象 op1 对应的二进制位向左移动 op2 位，低位填 0	将 op1 乘以 2 的 op2 次方
>>>	无符号右移	将运算对象 op1 对应的二进制位向右移动 op2 位，移出的低位被丢弃，高位填充 0	将 op1 作为无符号数除以 2 的 op2 次方

2.5.6 其他运算符

除了上面介绍的运算符外，Java 语言还提供了其他几个特殊的运算符，如表 2-14 所示。

表 2-14 Java 语言中几个特殊的运算符

运算符	运算名称	运算描述	举例
op1?op2:op3	条件赋值	要求 op1 必须是 boolean 类型的表达式，op2 和 op3 可以是任何类型的值，但它们两个的类型必须一致	(y<5)?y+6:y 当 y<5 时，计算结果为 y+6; 否则计算结果为 y
op1 instanceof op2	对象归属对象成员访问	要求 op1 必须是一个对象或者数组，op2 是一个引用类型的名称。当 op1 指示的对象或者数组属于 op2 指定的类时，运算结果返回 true，否则返回 false	int[] array= new int[10]; System.out.println(array instanceof int[]); 由于 array 是 int 数组类型的实例，所以显示结果为 true

[]	数组元素访问	利用这个运算符引用数组的元素	int[] intArray = new int[10];
			float[] floatArray = new float[6];
			intArray[5] 引用 intArray 数组中下标为 6 的元素

(type)	强制类型转换	将一种数据类型强制转换成 type 类型	(int)123.56
new	创建对象	利用 new 创建对象	String str=new String（"Hello world."）

由于数据类型的长度是确定的，所以不再需要长度运算符 sizeof。

instanceof 运算符是双目运算符，用于判断一个对象是否属于指定的类。左侧的操作元是一个对象，右侧是一个类，当左侧的对象属于右侧类创建的对象时，该运算符运算的结果是 true，否则是 false。例如：

System.*out*.println("obj1 instanceof class: " + (obj1 **instanceof** Classname));

2.5.7 表达式

表达式是由操作元和运算符按一定的语法形式组成的符号序列。一个常量或一个变量名称是最简单的表达式，其值即该常量或变量的值，表达式的值还可以用作其他运算的操作元，形成更复杂的表达式。

例如，下列都是表达式：

```
X    num1+num2    a*(b+c)+d    3.14    x<=(y+z)    x&&y||z
```

表达式的运算顺序需要运算符的优先级来控制，具体计算规则为：先括号内，再括号外，同一层括号，根据运算符的优先级和结合性来决定运算顺序。运算符的优先级是指每个运算符赋予的运算先后次序，优先级较高的先运行，优先级较低的后运行。结合性是指在同一优先级下运算符的计算顺序，左结合是两个相邻运算符按照从左至右的顺序计算，右结合则按从右至左的顺序计算。运算符的优先级如表 2-15 所示。

表 2-15 运算符的优先级

运算优先级	运算符	运算优先级	运算符
1	.、[]、()	9	&
2	++、--、!、~、instanceof	10	^
3	new，(type)	11	|
4	*、/、%	12	&&
5	+、-	13	||
6	>>、>>>、<<	14	?:
7	>、<、>=、<=	15	=、+=、-=、*=、/=、%=、^=
8	==、!=	16	&=、|=、<<=、>>=、>>>=

2.6 Java 控制语句

任何一种程序设计语言都离不开流程控制语句，程序通过控制语句来控制方法的执行流程，从而改变程序状态，如程序顺序执行或分支执行。多数程序语言的控制语句都大致相同，Java 兼容了 C/C++ 语言的大部分控制语句，如果学习过 C 或者 C++，这部分内容会很容易掌握，下面详细讲解 Java 语言提供的主要控制语句。

Java 中的流程控制结构大体上分为三种：分支结构（if-then、if-then-else、switch）、循环结构（for、while、do-while）以及中断结构（break、continue、return）。

2.6.1 分支结构

1. if 语句

理想状态的程序从头执行到尾，没有什么跳转或者循环之类的情况，但这种结果往往无法满足实际编程的需要，于是有了分支结构。分支结构首先设定条件，做出判断，满足条件，则执行语句，否则跳过，执行别的语句。分支结构语句有 if 语句和 switch 语句，if 条件分支语句判断一种情况，将程序的执行路径分为两条，if 语句的完整格式如下：

```
if（条件）语句 1;
else 语句 2;
```

其中，if 和 else 的执行语句可以是单个语句或者程序块，条件是任何返回 boolean 值的表达式。if 语句的执行过程如下：当满足条件，即条件为真时，执行 if 的语句；否则执行 else 的语句，任何时候两条语句都不可能同时执行。

一个程序的执行路径分为两条通常还不能满足要求，一个条件下面还会再分出另外的执行路径，形成嵌套结构，这种基于嵌套 if 语句的通用编程结构称为 if-else-if 结构，它的语法如下：

```
if(条件1)
    语句1;
else if(条件2)
    语句2;
else if(条件3)
    语句3;
...
els 语句n+1;
```

在这种结构中，当满足 if 条件时，只执行 if 内的语句，后面的 else if 内的语句不会被执行；若 if 条件不满足，再判断下一个条件，满足则执行 else if 后面的语句，以此类推，条件表达式从上到下被求值，一旦找到为 true 的条件，就执行与它关联的语句，如果所有条件都为 false，最后执行 else 内的语句。多个 if 是多个独立的 if 语句，不管前面的条件是否满足，只要后面的 if 语句条件满足，都将执行 if 语句内的语句。

以下代码片段实现将年龄分为几个等级，30 岁以下为 A 级；30～40 岁为 B 级；40～50 岁为 C 级；50～60 岁为 D 级；60 岁以上为 E 级。

```
int age = 68;
if (age >= 60) {
    gen = 'E';
} else if (age >= 50) {
    gen = 'D';
} else if (age >= 40) {
    gen = 'C';
} else if (score >= 30) {
    gen= 'B';
} else {
    gen = 'A';
}
```

2. switch 语句

虽然 if 语句可以满足几乎所有的判断功能，但是对于一些复杂的情况，执行路径太多，需要列出很多 else if 语句来，程序看起来冗余，这时采用 switch 语句，语句看起来清晰简洁很多。switch 语句是一种多分支的选择结构，可以对多种情况进行判断并决定是否执行语句，其结构如下：

```
switch(表达式)
{
    case 值1: 语句1;break;
    case 值2: 语句2;break;
    case 值3: 语句3;break;
    default: 语句4
}
```

switch 语句使用时，首先判断表达式的值，如果表达式的值和某个 case 后面的值相同，则从该 case 之后开始执行，若满足值 1，则执行语句 1，满足值 2，则执行语句 2，直到

break 语句为止。default 可有可无，若没有一个常量与表达式的值相同，则从 default 之后开始执行。例如：

```java
int time = …;
switch (time) {
    case 1:  System.out.println("time for catching a sheep!");
        break;
    case 2:  System.out.println("no food for you");
        break;
    case 3:  System.out.println("I'm hungry! ");
        break;
    case 4:  System.out.println("go to get a sheep for me!");
        break;
    case 5:  System.out.println("work hard!");
        break;
    case 6:  System.out.println("working time.");
        break;
    default:
```

JDK 7 以前表达式的类型只能为 byte、short、char 和 int 这 4 种类型之一，如今允许使用字符串类型，这无疑为广大 Java 开发者提供了极大的方便，以下为字符串类型在 switch 语句中的使用代码片段：

```java
String s = ...
switch(s) {
    case "cow":
        processAnimal(s);
    case "dog":
    case "cat":
        processPet(s);
    break;
    case "seed":
        processPlan(s);
    default:
        processDefault(s);
    break;
}
```

2.6.2 循环结构

循环语句使语句或块的执行得以重复进行，一个循环重复执行同一套指令直到一个结束条件出现。Java 编程语言支持三种循环构造类型：for、while 和 do-while 循环。

1. for 循环结构

for 循环结构是 Java 三个循环语句中功能较强、使用较广泛的一个，结构上可以嵌套。for 循环需要在执行循环体之前测试循环条件，其一般语法格式如下：

```
for（初值表达式；boolean 测试表达式；改变量表达式）{
    语句或语句块
}
```

for 循环中包含三个表达式，它们之间用分号隔开，这三个表达式意义分别为：

- 初值表达式：完成循环变量和其他变量的初始化工作。
- boolean 测试表达式：返回布尔值的条件表达式，用于判断循环是否继续。
- 改变量表达式：用来修整循环变量，改变循环条件。

以下代码片段打印出 Java 的 main() 方法接受的参数。

```
for( i=0; i<args.length; i++ )
{
    System.out.println("arg["+i+"] = "+args[i]);
}
```

2. while 循环结构

执行 while 语句，当它的控制表达式为真时，while 语句重复执行一个语句或语句块，它的通用格式如下：

```
while （条件表达式）{
    语句或块
}
```

其中，条件表达式的返回值为布尔型，循环体可以是单个语句，也可以是复合语句块。while 执行时先判断条件表达式的值，值为真则执行循环体，循环体执行完后再无条件转向条件表达式进行判断。若判断条件表达式的值为假，则跳过循环体转为执行 while 语句后面的语句，反之，若判断条件表达式的值为真，则继续执行下一次循环。

以下代码片段使用 while 循环接受并输出从键盘输入的字符，直到输入的字符为回车为止。

```
char ch='a';
while (ch!='\n'){
    System.out.println(ch);
    ch= (char)System.in.read() ;   // 接收键盘输入
}
```

3. do-while 循环结构

有时需要在一次循环结束后再判断终止表达式，而不是在循环开始时就对条件进行判断，do-while 语句是很好的选择，do-while 一般语法结构如下：

```
do {
    语句或块；
} while （条件表达式）;
```

do-while 的使用与 while 语句很类似，不同的是它首先无条件地执行一遍循环体，再计算并判断循环条件，若结果为 true，则重复执行循环体，反复执行这个过程，直到条件表达式的值为 false 为止；反之，若结果为 false 跳出循环，则执行后面的语句。

以下代码片段把 1～10 个数相加求和，每执行一次循环，将当前的 i 值累加到 sum 中，i 在原来基础上也加 1。

```
do {
    sum+=i;
    i++;
} while(i<=10);
System.out.println("sum="+sum);
```

以上执行过程显示，do-while 循环至少执行了一次，执行完毕才判断条件表达式。

4. foreach 语句

除了前面介绍的三种传统循环语句，Java 还支持一种 foreach 循环语句，foreach 语句是 for 语句的特殊简化版本，利用这种 foreach 语句，可遍历数组和集合。语法上只需给出元素

类型、循环变量及集合即可,简化了代码。foreach 的语法格式如下:

```
for( 元素类型 t 元素变量 x : 遍历对象 obj){
    引用了 x 的 java 语句;
}
```

以下是采用 foreach 语句遍历数组的代码片段:

```
public void test1() {
    //定义并初始化一个数组
    int arr[] = {1, 3, 2};
    for (int x : arr) {
        System.out.println(x); //逐个输出数组元素的值
    }
}
```

2.6.3 中断结构

Java 支持 3 种中断语句:break、continue 和 return。这些语句实现把控制转移到程序的其他部分。

1. break 语句

break 语句不单独使用,通常运用于 swtich、while、do-while 语句中,使程序从当前执行中跳出,不再执行剩余部分,转移到其他部分。

break 语句在 for 循环及 while 循环结构中,用于终止 break 语句所在的最内层循环。示例代码片段如下:

```
int i = 0;
while(i < 10){
    i++;
    if(i == 5){
        break;
    }
}
```

该循环在变量 i 的值等于 5 时,执行 break 语句,结束整个循环,接着执行循环后续的代码。

与 C/C++ 不同,Java 提供了一种带标签的 break 语句,用于跳出标号标识的循环。这种 break 语句多用于跳出多重嵌套的循环语句,适合需要中断外部的循环,即采用标签语句来标识循环的位置,然后跳出标签对应的循环。示例代码片段如下:

```
label1:
for(int i = 0; i < 10; i++){
    for(int j = 0; j < 5; j++){
        System.out.println(j);
        if(j == 3){
            break label1; //中断外部循环
        }
    }
}
```

这里的 label1 是标签的名称,可以用任意的标识符定义,放在对应的循环语句上面,以冒号结束。在该示例代码中,label1 在外循环上面,将会中断外循环,实现时在需要中断循环的位置,采用 break 后面跟着标签。

2. continue 语句

continue 语句必须用于循环结构中,功能是跳过该次循环,继续执行下一次循环。在 while 和 do-while 语句中,continue 语句跳转到循环条件处开始继续执行,而在 for 语句中,continue 语句跳转到 for 语句处开始继续执行。和 break 语句类似,continue 语句也有两种使用格式:不带标签的 continue 语句和带标签的 continue 语句,不带标签的 continue 语句将终止当前这一轮的循环,不执行本轮循环的后一部分,直接进入当前循环的下一轮。下面以 while 语句为例,说明不带标签的 continue 语句用法,代码片段如下:

```
int i = 0;
while(i < 4){
    i++;
    if(i == 2){
        continue;
    }
    System.out.println(i);
}
```

在 i 值等于 2 时,执行 continue 语句,则后面未执行完的循环体将被跳过,不会执行 System.out.println(2);而是直接回到 while 处,进入下一次循环,所以打印结果没有 2。

带标签的 continue 语句将使程序跳出多重嵌套的循环语句,直接跳转到标签标明的循环层次,标签必须放置在最外层的循环之前,紧跟一个冒号。和 break 类似,这种语句用于跳过外部的循环,需要使用标签来标识对应的循环结构,代码片段如下:

```
label1:
for(int i = 0; i < 10; i++){
    for(int j = 0; j < 5; j++){
        System.out.println(j);
        if(j == 3){
            continue label1;
        }
    }
}
```

这样在执行 continue 语句时,直接跳转到 i++ 语句,而不再跳转到 j++ 语句。

3. return 语句

return 语句总是用在方法中,有如下两个作用:

- 返回方法指定类型的值,格式为:

   return 表达式;

- 结束方法的执行并返回至调用这个方法的位置,格式为:

   return;

以下是一个返回 String 类型的例子,代码片段如下:

```
public    String test() {
    if(true){
        return " 返回一个字符串 ";
    }
    else{
        return " 返回空 ";
    }
}
```

return 语句在 void 方法中，也可以用到 return，作用是终止方法的执行，示例代码如下：

```java
public void test(){
    for(int i=0;; i++){
        if(i==5) return;
        System.out.println("i= "+i);
    }
}
```

这段代码当 for 循环执行到 i 等于 5 时，退出方法 test 的执行。

使用 return 需要注意的是，return 在非 void 的方法中，返回值可以为 8 种基本数据类型、数组和引用类型；return 的返回值类型必须与方法声明中的返回值类型相同。

【例 2-11】随机产生若干字母，判断是元音还是辅音，然后对这些字母进行排序。

```java
//Ex2_11.java
import java.util.*;
public class Ex2_11 {
    public static void main(String[] args) {
        char arr[] =new char[15];//定义一个数组放置15个字母

        for(int i = 0; i < 15; i++) {
            // 随机产生26个字母中的一个
            char c = (char)(Math.random() * 26 + 'a');
            System.out.print(c + ": ");
            switch(c) {
            case 'a':
            case 'e':
            case 'i':
            case 'o':
            case 'u':
                    System.out.println(" 元音 ");
                    arr[i]=c;
                    break;
            case 'y':
            case 'w':
                    System.out.println(" 有时作为元音 ");
                    arr[i]=c;
                    break;
            default:
                    System.out.println(" 辅音 ");
                    arr[i]=c;
            } //end of switch
        }//end of for
        Arrays.sort(arr);// 对15个字母排序
        System.out.println(" 排序后的字母： "+Arrays.toString(arr));
    }
}
```

输出结果如下：

```
s: 辅音
j: 辅音
r: 辅音
c: 辅音
i: 元音
q: 辅音
y: 有时作为元音
```

```
j: 辅音
n: 辅音
j: 辅音
p: 辅音
h: 辅音
p: 辅音
h: 辅音
s: 辅音
```
排序后的字母为：[c,h,h,i,j,j,j,n,p,p,q,r,s,s,y]

此例中用到了 Math.Random() 方法产生随机数，它的返回值是一个 double 类型的伪随机选择的数，其值为 0～1，该值乘以需要获得的最大随机数，即可得到随机数的平均分布范围，这里想获得英语字母，最大随机数字是 26，乘以 26，再加上一个偏移量，得到最小的随机数。此外，Java 还提供了另外一种产生随机数的方法，java.util.Random 类对象能够产生不同数据类型的随机数。程序最后采用 Arrays 类提供的 sort() 方法对字母进行排序。

本章小结

本章讲述了 Java 的基础语法知识，内容包括 Java 的基本元素：保留字、标识符、变量及常量；Java 支持的两种数据类型：基本数据类型和引用类型；基本数据类型的封装类；运算符及流程控制语句。Java 语言兼容了 C/C++ 语法基础，如果学习过 C/C++ 语言，需要掌握 Java 语言的一些特性。

Java 除了 8 种基本数据类型外，还提供了引用类型，引用类型有类类型、接口（后面章节会讲述）、枚举、数组。作为一种引用类型，数组的使用与 C/C++ 是不同的。特别提到基本数据类型的封装类，Java 把 8 种基本数据类型也做成了引用类型，提供了丰富的一系列方法以方便实现某些功能。

运算符及表达式基本上沿用 C/C++ 语言，需要注意一些细节，比如 "+" 运算符可以对 String 及其他基本类型进行连接操作。

Java 的控制语句也和 C++ 语言大致相同，有些地方细化了，比如 switch 语句允许使用 String 类型；break 和 continue 语句增加了标签；增添了 foreach 循环语句。

习题

1. int 类型与 Integer 类型的区别是什么？它们之间如何转换？
2. switch 语句中的分支判断条件表达式的值是否可以是 long、byte 或 String 类型？
3. String 是基本数据类型吗？
4. 编写一个简单程序模拟掷骰子 (dice) 游戏，掷一次骰子可能随机得到 1，2，3，4，5，6 中的任意一个数，一个人可以掷两次，要求程序计算出两次的平均值，输出结果如下：

   ```
   The first die comes up 3
   The second die comes up 5
   Your total roll is 8
   The average roll is 4
   ```

5. 编改写掷一对骰子的游戏，计算出现两个骰子的值都是 1（此时称为 snake eyes）时，至少要掷多少次？打印出需要掷的次数。

6. 编写程序实现从键盘输入年份与月份，由程序判别该年的那个月有多少天？并且声明一个数组来存放 12 个月的英文名称，键盘输入的月份用数字表示，如输入 8，程序的输出结果应是相应的月份名称：August。其运行结果如下：

   ```
   Input year: 2004
   Input the moth: 8
   August, 2004 has 31days
   ```

7. 编写一个玩"石头、剪子、布"的游戏，可以是人机玩或者两个人玩。

8. 某公司需要计算合同员工的工资，工作时间在 40 个小时（包括 40 小时）的计算规则为：员工工资 = 工作小时 * 基本工资。超过 40 个小时时，工资计算规则为：超时工资 = 基本工资 * 1.5。基本工资不能少于 8 元/每小时，如果小于 8 元/每小时，则打印出错误。工作时间也不能超过 60 小时，否则出错。创建一个 Corporation 类，编写一个以基本工资和工作小时为参数的方法，计算出工资总数或错误信息。在 main() 方法中每一个员工调用这个方法。

	基本工资（RMB）	工作时数（小时）
员工 1	7.50	35
员工 2	8.20	47
员工 3	10.00	73

9. 编写程序验证由几个数组成的数列，从键盘输入若干连续的数，要求彼此相邻的两个数的差值最大不能超过指定值（如 r）。比如指定值 r 为 4，那么 21、23、25、29 这四个数中，连续的两个数差值都没有超过 4，满足条件。否则，需要指出从第几个数开始数列被中断，差值大于 r，比如 8、9、16、18，那么 9 和 16 的差值大于 4，输出结果显示从第 2 个数开始数列中断。示例输出结果如下：

   运行结果 1：

   请输入数的个数及差值：6 3

   输入 6 个整数：7 10 8 9 12 12

   这是 6 个数组成的连续数列，差值为 3

   运行结果 2：

   请输入数的个数及差值 4 10

   输入 4 个整数：55 66 60 52

   数列从第 1 个数开始中断

第 3 章　类 与 对 象

在第 1 章我们介绍了面向对象编程的两个核心概念——类与对象，本章将在理解类与对象基本概念的基础上，深度分析程序层面的类与对象。这部分基础语法知识的学习是 Java 面向对象编程的基石，一定要扎实学习！我们将从设计一个类开始，从类创建该类的对象，进而实现通过对象访问其数据成员及方法，完成一个面向对象程序的实现过程，整个过程还涉及一些相关的语法细节，包括类的访问控制权限、static 数据与成员、this 指针、final 修饰符、方法重载等。最后介绍 Java 基础类库的组成，学习并灵活应用 Java API 是写好 Java 程序的关键。

3.1　类与对象的创建

第 1 章以小鸟 Bird 类为例来说明如何从程序角度模拟真实世界，并根据现实中的类演变为程序里的类，接下来分步详细分析从代码层面如何完成一个类的设计以及对象的创建。

1. 类的定义

"类"（class）是 Java 提供的一种抽象的数据类型，一个 Bird 类的定义如下：

```
class  Bird                    ────────►  类名
{
    String breed;
    boolean isMale;
    String  color;                         数据成员
    double weight;
    int numChirps;

    void chirp() {
        numbChirps++;
        System.out.println(''What's up？buddy''+numbChirps);
    }
    void fly(){
        System.out.println(''I can fly");             成员方法
    }
    void strike(){
        System.out.println(''beat you,beat you…'');
    }
}
```

这是一个能表示出 Bird 属性与行为特征的类，一个类由两部分构成：数据成员和成员方法，类的定义格式如下：

```
class Classname{
    数据成员
    成员方法
}
```

在类里，属性称为类的数据成员，方法称为类的成员方法。

类似地，现实世界中的种类都可以由 Java 程序中的"class"模拟出来，下面再举一个现实生活中的钟表例子，所有的钟表都具有以下共同特征：

数据（属性）
　　小时，分钟，秒
方法（行为）
　　显示时间；
　　设置时间；
Java 程序中的钟表类可定义为：

```
class Clock{
    int   hour;
    int minute;
    int second;
    void setTime(int hh, int mm, int ss){
        hour = hh;
        minute = mm;
        second = ss;
    }
    void showTime(){
            System.out.println("current time is: "+hour +":"+minute+":"+second);
    }
}
```

在面向对象程序开发中，从现实生活的角度，将需要处理的事物根据各自特征及功能分门别类，抽象为程序中的类，再进一步找出名词性的属性定义为类的数据成员，找出动词性的行为定义为类的方法。

2. 对象的创建

定义好的类只是一个抽象的概念，属于一种自定义的数据类型，如同一个空的模板，类只有在创建了其具体实例（一个类类型的变量），才是实实在在看得见摸得着的事物，类的实例也称之为对象。通过对象调用类的数据成员，能够展现出类的特征；调用类的方法，使之具有一定的行为。以下代码显示了创建对象，调用类方法的代码片段：

```
Bird red = new Bird();      // 创建了一个 red 对象
Bird white = new Bird();    // 创建了一个 white 对象
red.chirp();                // 调用 Bird 的方法
```

凡是对象的创建都采用 new 关键字实现，这里 red 就是 Bird 类的一个对象，创建对象格式如下：

```
Classname objectname = new Classname();
```

此语句中内存里为对象分配了内存空间。

Bird 的对象 red 通过调用方法 chirp() 具备了鸣叫的行为，对象调用方法的格式如下：

对象名.方法名；

3. 定义 main() 方法

一个完整的 Java 程序除了有对象与类以外，还需要一个 main() 方法作为程序的入口，使程序能够运行起来，通常将 main() 方法也放在类里，然后为文件命名，Bird 类命名为 Bird.java。

类 与 对 象

```java
//Bird.java
public class Bird
{
        String breed;
        boolean isMale;
        String  color;
        double weight;
        int numChirps;

        void chirp() {
            numbChirps++;
            System.out.println("What's up? buddy "+numbChirps);
        }
        void fly(){
            System.out.println("I can fly");
        }
        void strike(){
            System.out.println("beat you,beat you…");
        }
        public static void main(String args[])
        {
            Bird red =new Bird();
            red.chirp();
            red.fly();
            red.strike();
        }
}
```

如果需要实现的功能比较多，则最好把 main() 与类体分离，按照面向对象程序设计的原则，一个类负责一项功能，依据功能的不同，可分别定义为多个类，但一个工程 project 中最多只能有一个 public 类，一个 main() 方法，通常 main() 方法放在 public 类中，每一个独立的类定义为一个 .java 文件。例如 Bird 类的定义放在 Bird.java 里，对象的声明及 main() 方法放在 BirdDemo.java 里，运行时，两个文件放在同一路径下。

接下来改写 Bird.java，实现类体与 main() 的分离，这样一来 Bird.java 只包含 Bird 的定义，没有定义任何具体的对象。

```java
//Bird.java   类的定义
class Bird
{
    String breed;
    boolean isMale;
    String  color;
    double weight;
    int numChirps;

    void chirp() {
        numbChirps++;
        System.out.println("What's up? buddy "+numbChirps);
    }
    void fly(){
        System.out.println("I can fly");
    }
    void strike(){
        System.out.println("beat you,beat you…");
    }
}
```

然后编写一个 BirdDemo.java，此文件包含创建 Bird 的对象 red，red 调用 Bird 类方法以及 main() 方法，BirdDemo.java 定义如下：

```java
//BirdDemo.java
public class BirdDemo
{
    public static void main(String args[])
    {
        Bird red =new Bird();
        red.chirp();
        red.fly();
        red.strike();
    }
}
```

这样一来，从程序设计的角度将类的设计者与类的使用者分开，设计者只负责定义类，如 Bird.java；而使用者不必关心类是如何封装定义的，仅通过定义类的对象就可访问到类的属性和方法，使代码清晰，可读性强，容易修改维护。这种封装好的类可以重用到各种项目中，也可被继续扩展。试想，如果同一个项目组的某个成员想要使用到其他成员定义的类，只需要 import 导入类，而无须知道具体类是如何定义的。同时，这种设计方式也有利于日后的功能扩展，我们将在后面的章节中，慢慢体会面向对象程序带来的好处。

Java 编程小提示：类的设计遵循"单一责任原则"（在第一章里阐述过），尽可能地让类各司其职，仅"单一负责"某类功能。一个类定义为一个 .java 文件，不要将多个类定义在一个 .java 文件中，多个 .java 文件集合为一个工程 project，一个工程仅有一个 main() 方法作为整个工程程序的入口。这种类之间的松耦合方式使类的结构保持灵活，方便修改，不至于牵一发而动全身，尽量避免少量功能的改进而导致整个代码结构的变化。

3.2 对象的初始化

在 Bird 例子中通过以下语句创建一个 Bird 类的对象 red：

```java
Bird red = new Bird( );
```

然而，red 的品种、重量、颜色等属性应该如何赋值呢？采用赋值语句是最直接的方式，可为 red 的属性赋值如下：

```java
red.breed="AngryBird";
red.isMale=true;
red.color="red";
red.weight=12;
red.numChirps=3;
```

这种逐个对象赋值的方式显然不适合较多数量的对象，因此 Java 提供了一种特殊的方法，称为构造方法（constructor），专门用于对象的初始化，负责为每个属性指定初值。构造方法是一种以类名来命名的特殊方法，没有返回值，可以带参数或不带参数，一个类可以有多个构造方法，构造方法在类中的定义格式如下：

```java
public class Classname{
    Classname( ) {}                    // 无参构造方法
    Classname( [arguments] ) {}        // 有参构造方法
}
```

类 与 对 象

构造方法的调用方式与普通成员方法的调用方式不同，不必通过对象来调用，而是在创建对象时自动调用，格式如下：

```
Classname obj1 = new Classname( );
Classname obj2 = new Classname ( [arguments] )
```

以 Bird 类为例，Bird 类构造方法定义如下：

```
class Bird
{
    String breed;
    boolean isMale;
    String  color;
    double weight;
    int numChirps;
    Bird( String brd, boolean isM1, String clr, double wgt, int numChps( {   //构造方法的定义
        breed = brd;           // 以参数 brd 对 breed 赋值
        isMale = isM1;         // 以参数 isM1 对 isMale 赋值
        color = wgh;           // 以参数 wgh 对 color 赋值
        weight = wgt;          // 以参数 wgt 对 weight 赋值
        numChirps = numChps;   // 以参数 numChps 对 numChirps 赋值
    }
}
```

在 main() 中创建一个 Bird 对象 red 的同时，传入实参，系统将自动完成构造方法的调用如下：

```
Bird  red = new Bird("AngryBird",true, "red",12,3);
```

从而实现对象 red 的创建。

以一个电子产品为例，具体讲解构造方法的使用，此例子将在后面的章节里随着内容的深入不断扩展、逐步完善。

【例 3-1】一个电子产品 Product 类里定义了多个数据成员和一个构造方法，Product 类的对象及 main() 方法放在 Samples.java 里。

首先定义一个 Product 类，具体代码如下：

```java
//Product.java
package Ex3_1;
public class Product {
    int ID;
    String name;
    String categories;
    double productPrice;

    Product(int id, String nm, String categ,double price)
    {
        ID =id;
        name=nm;
        categories = categ;
        productPrice = price;
    }
    Product(){}
}
```

然后在 Samples.java 里定义 main() 方法，并创建多个 product 对象，具体代码如下：

```java
//Samples.java
package Ex3_1;
public class Samples{
    public static void main(String args[]){
        Product iphone = new Product();
        Product ipad = new Product(10,"ipad2","computer",5000);
        Product macbook = new Product(11,"apple","computer",9999);

        System.out.println("ipad price is: "+ipad.productPrice);
        System.out.println("macbook price is: "+macbook.productPrice);
    }
}
```

运行结果如下：

```
ipad price is: 5000.0
macbook price is: 9999.0
```

此例的 main() 里创建了三个 Product 对象，其中后面两个对象 ipad 和 macbook 的创建通过调用带参数的构造方法 Product(…) 来实现，而且系统是自动调用此构造方法，而不需要显式地调用它，ipd.Product(…) 这种语句不允许出现在程序中。

Product 类中还有一个不带参数的构造方法：Product(){}，称为默认构造方法，用于生成不带参数的对象或对象数组，对象 iphone 的创建就是调用了默认构造方法来完成的。实际上每一个程序都隐藏有一个系统提供的默认构造方法，然而若程序里包含有一个或多个带参数的构造方法，系统则不再提供这个默认构造方法了，需要定义无参对象或对象数组时，只能自己手工加上。此例中，假如将语句 Product(){} 删掉，执行语句 Product iphone=new Product(); 时则将报错，提示缺少一个默认构造方法，无法编译通过。

构造方法的特点总结如下：

1）一种和类同名的特殊方法，一个类中可以有多个构造方法。
2）用来完成对象的初始化工作。
3）无返回类型、无修饰符 void，通常被声明为公有的（public）。
4）一个构造方法可以有任意多个参数。
5）不能在程序中显式调用，在生成一个对象时，系统会自动调用该类的构造方法。
6）如果没有写构造方法，系统会自动提供一个默认构造方法 Classname(){}。
7）一旦类中已有带参数的构造方法，系统则不会再提供默认构造方法。

3.3 数据成员及方法

数据成员及成员方法是类的两个组成部分，下面介绍它们在使用方面的语法知识。

3.3.1 访问数据成员及方法

对象可以访问类里非私有的数据成员及方法，在 Java 中采用点操作符对数据成员及方法进行操作。

访问数据成员格式：

　　对象.属性名

访问成员方法格式：

类 与 对 象

　　对象.方法名

例如，在前面的 Bird 类中，可以通过对象 red 访问其数据成员：

```
System.out.println("red color: "+red.color);
```

也可以通过对象访问其公有成员方法：

```
red.fly();
```

　　需要注意的是，对象不能直接访问私有的数据成员，必须间接地通过公有成员方法，在公有成员方法中调用私有数据成员。

3.3.2　方法中参数传递的问题

　　方法中不可避免使用到参数，接下来具体分析 Java 方法中的参数是如何传递的。
　　Java 参数可以是基本数据类型，也可以是引用（类）类型。在 Java 语言中，基本数据类型作为参数时，均采用传值（passing-by-value）的方式完成，对形参的任何改动都不会影响到实参。而引用类型变量作为参数传递时，采用的是引用传递（passing-by-reference）的方式，在方法体中对形参的改动将会影响到实参。
　　简单解释一下实参和形参的概念，实参是在调用时传递给方法的实际参数；形参是在定义方法名和方法体时使用的参数，目的是接收调用该方法时传入的参数。实参可以是常量、变量、表达式、方法等，无论实参采用何种类型，在调用方法时，它们都必须具有确定的值，以便把这些值传送给形参，因此应预先用赋值、输入等办法使实参获得确定值。

　　【例 3-2】在例 3-1 的基础上修改，Product.java 代码保持不变，在 Samples.java 中添加两个方法，分别以传值和传引用方式实现。changValue(int len) 以整型为传递的参数；changeName(Product ss) 以类类型 Product 为传递的参数。

```java
//Samples.java
package Ex3_2;
public class Samples {
    void changeValue(int len)
    {
        len += len;
        System.out.println("inside changeValuemethod, length value is:"+len);
    }

    void changeName(Product ss)
    {
    ss.name = "superIPad";
        System.out.println("inside changePrice method, Product name is:"+ss.name);
    }

    public static void main(String[] args)
    {
        int length =10;
        Product ipad = new Product(10,"ipad2","computer",5000);
        Samples obj = new Samples();

        System.out.println("before change value,length is:"+length);
        obj.changeValue(length);
        System.out.println("after change value,length still is:"+length);
```

```
            System.out.println("before changing name,product name:"+ipad.name);
            obj.changeName(ipad);
            System.out.println("after changing name,product name has been changed
to:"+ipad.name);
        }
}
```

运行结果如下：

```
before changing value,length is:10
inside changeValuemethod, length value is:20
after changing value,length still is:10
before changing name,product name:ipad2
inside changeName method, Product name is:superIPad
after changing name,product name has been changed to:superIPad
```

运行结果显示，方法 changeValue() 的参数为基本数据类型 int，传入的实参值为 10，虽然在 changeValue() 中，形参 len 改变为 20，但是，最终实参并没有得到改变，仍然为 10；而方法 changeName() 的参数是引用类型 Product 对象，传入了实参值为对象"ipad"，在 changeName() 中，形参 ss 的 name 改变为"superIPad"，最终实参"ipad"的名字也从"ipad2"改变为了"superIPad"。分析一下其实不难理解，当以基本数据类型为参数时，采用传值方式实现，形参仅是实参的一个拷贝，它们的值相同，但是各自占有独立的内存地址空间，任何对形参的更改都不会影响到实参。而当以引用类型数据为参数时，采用引用传递方式实现，形参即为实参的别名，形参指向实参的内存地址空间，使用时便如同使用实参一样，任何对形参的更改都是对实参的更改。在实际开发中，常常会遇到需要改变对象数据的问题，这时应该考虑使用引用传递的方式来完成。

然而 String 类型虽然属于引用类型，但作为参数时采用的是传值方式来完成。String 类型对象一旦创建后就不可更改，重新赋予新值实际上是另外开辟内存地址进行存储，相当于创建了两个对象。所以方法中传递的参数类型为 String 时，形参和实参是两个对象，它们值相同，但各占一份独立的内存地址空间，对形参的任何更改都不会影响到实参，实际为传值效果，使用时需要注意。

3.3.3　toString() 方法

C/C++ 只允许将基本数据类型数据输出到屏幕，而 Java 这点比较有优势，允许将对象如同基本数据类型一样，使用 System.out.println() 语句直接输出到屏幕。

在例 3-1 的 Sample.java 中添加三条 System.out.println() 语句，将对象 iphone、ipad、macbook 作为 println() 的参数，代码如下：

```
//Samples.java
package Ex3_3;
public class Samples{
    public static void main(String args[]){
        Product iphone = new Product();
        Product ipad = new Product(10,"ipad2","computer",5000);
        Product macbook = new Product(11,"apple","computer",9999);

        System.out.println("ipad price is: "+ipad.productPrice);
        System.out.println("macbook price is: "+macbook.productPrice);
        System.out.println(ipad);
```

类与对象

```
        System.out.println(macbook);
        System.out.println(iphone);
    }
}
```

运行结果如下:

```
ipad price is: 5000.0
macbook price is: 9999.0
Product@19efb05
Product@723d7c
Product@22c95b
```

此运行结果并没有如我们期望的那样输出三个对象的值，而是对象的地址。由于程序中的对象调用了 toString() 方法，即 System.out.println(ipad) 语句等价于 System.out.println(ipad.toString())，toString() 方法是 Java 的每个类都默认带有的方法，Java 程序中的所有类都直接或间接继承于 Object 类，因此 Object 类的 toString() 方法自然被其子类继承。如果直接调用默认的 toString()，返回结果形式为：

对象类的名字 @ 对象的地址

如何才能通过 toString() 输出对象的数据？答案就是重写 toString() 方法的实现部分，"覆盖"掉从 Object 继承来的 toString()，将对象的内容转换为字符串。具体代码实现时只需为 Product 类里添加一个 toString() 方法，就可以直接输出对象。关于方法"覆盖"的知识，会在继承章节里详细讲解，这里只需要记住在类里添加一个 toString() 的方法就行了。

【例 3-3】为 Product.java 添加新的 toString() 方法。

```java
//Product.java
package Ex3_3;
public class Product {
    int ID;
    String name;
    String categories;
    double productPrice;

    Product(int id, String nm, String categ,double price)
    {
    ID =id;
    name=nm;
    categories = categ;
    productPrice = price;
    }
    Product(){}
    public String toString(){   //toString() 方法
    return ("Product "+ ID+","+ name + ","+categories+","+productPrice);
    }
}
public class Samples{
    public static void main(String args[]){
        Product iphone = new Product();
        Product ipad = new Product(10,"ipad2","computer",5000);
        Product macbook = new Product(11,"apple","computer",9999);

        System.out.println("ipad price is: "+ipad.productPrice);
        System.out.println("macbook price is: "+macbook.productPrice);
        System.out.println(ipad);
```

```
            System.out.println(macbook);
            System.out.println(iphone);
    }
}
```

例 3-3 输出结果如下：

```
ipad price is: 5000.0
macbook price is: 9999.0
Product 10,ipad2,computer,5000.0
Product 11,apple,computer,9999.0
Product 0,null,null,0.0
```

可见，在 Product 类中添加并重写了 toString()，只需要简单地添加一句 return 语句，即可在 main() 里完成对象的输出。使用 toString() 简化了代码，不必再用多个 println 把对象的数据一一打印出来。

使用 toString() 时需要注意以下事项：

1）toString() 必须为 public。

2）返回类型为 String。

3）方法的名称必须为 toString，且没有参数。

4）在方法体中不要使用输出方法 System.out.println()。

在开发中，toString() 是一个使用频率很高的方法，使用它确实带来编程上的方便，一定要熟练掌握。

3.4 类的使用

接下来，讲解关于类使用方面的语法知识，具体包括 static 静态数据及方法、类的访问控制、static 数据与成员、this 指针、final 修饰符、包及其使用、方法重载等。这些内容都是 Java 编程中不可缺少的部分，一个 Java 程序至少会涉及其中一部分乃至所有的内容，因此学好这些语法知识点很重要。

3.4.1 static 数据

前面提到过类的封装特性使每一个对象都有属于自己的一份数据，但有时希望能有一个表示类中所有对象共有的数据，如对象的总数，这个数据不是某一个类所有对象都各有一个，而是"每个类只有一个"并且"只使用一次"。

Java 类中有一种特殊的数据成员，它不属于某个对象，不能通过某个对象来引用。在声明前加上关键字 static，static 数据也称为类数据，顾名思义是属于类范围的，所有对象共享的，如图 3-1 所示。static 变量生命周期从创建开始到程序运行结束，可直接通过类名访问，格式为：

类名 . staticVarible

以下类里定义了 static 变量：

```
class Classname{
    int val1;
    int val2;
```

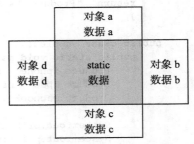

图 3-1 static 变量示意图

```
        String str1;
        static int total;  // 静态变量 total
    }
```

想一想，对象除了自己的数据外，什么情形下需要所有对象共享的数据？比如班级的总人数、总成绩、平均分等，这些数据是大家共用的，不属于某一位同学的私有数据，需要 static 数据成员来表示。

【例 3-4】static 变量的使用，在电子产品类里添加统计产品总数以及总价格的功能，产品总数及总价格均可定义为 static。

```java
//Product.java
package Ex3_4;
public class Product {
    int ID;
    String name;
    String categories;
    double productPrice;
    static double totalPrice;  // 产品总价格
    static int totalNumber;    // 产品总数

    Product(int id, String nm, String categ, double price)
    {
        ID =id;
        name=nm;
        categories = categ;
        productPrice = price;
        totalPrice=totalPrice+productPrice;  // 计算总价格
            totalNumber++;  // 创建一个 product 对象,totalNumber 增加 1
    }
    Product(){}

    public String toString(){
        return ("Product "+ ID+","+ name + ","+categories+","+productPrice);
    }
}
//Samples.java
package Ex3_4;
public class Samples{
    public static void main(String args[]){
        Product iphone = new Product();
        Product ipad = new Product(10,"ipad2","computer",5000);
        Product macbook = new Product(11,"apple","computer",9999);

        System.out.println("ipad price is: "+ipad.productPrice);
        System.out.println("macbook price is: "+macbook.productPrice);
        System.out.println(ipad);
        System.out.println(macbook);
        System.out.println(iphone);

        System.out.println("Total price of products is: "+Product.totalPrice);
        System.out.println("Total number of Products is: "+Product.totalNumber);
    }
}
```

运行结果如下：

```
ipad price is: 5000.0
```

```
macbook price is: 9999.0
Product 10,ipad2,computer,5000.0
Product 11,apple,computer,9999.0
Product 0,null,null,0.0
Total price of products is: 14999.0
Total number of Product is: 2
```

static 数据只要不是私有的，就可以直接用类名访问，而不需通过对象访问，原因很简单，因为它本身就是一个类数据。例如在例 3-4 中，用类名 Product 直接访问 totalNumber。语法上也允许用对象访问 Static 数据，但是这种引用形式容易产生概念上的混乱，误认为是普通数据成员，最好不这样使用。

3.4.2 static 方法

类里同样可以定义一个 static 方法，也称之为类方法，该方法属于类所有，可直接通过类名来访问，Java 主程序的入口 main() 方法就是一个 static 方法：

```
public static void main(String[] args)
```

任何方法只要不需要通过对象调用，都可以定义为 static，使用时如同普通方法一般调用。Java 类库中不少方法都定义为 static，这样开发者就可以在应用程序里直接调用了。比如在 java.lang.math 中，所有的方法都是 static 的，查阅 java API，会看到方法前都注明为 static，例如：

```
static double abs(double a)
```

需要注意的是 static 方法不属于类的某个对象，所以它们只能引用 static 数据或其他的 static 方法，非静态的方法可以调用静态的方法，反之则不可行。Java 语言规范规定：永远不要通过特定的对象调用 static 方法。static 方法的调用与 static 数据的调用类似，通过类名来调用，格式如下：

类名.staticMethod

【例 3-5】static 方法的应用示例，类里定义的所有数据和方法都是 static，这样一来，在 main 里直接调用即可，不必通过对象调用。

```
//Ex3_5.java
public class Ex3_5
{
    static int sRec;
    static int vRec;

    static void area(int a,int b)
    {
        sRec=a*b;
    }
    static void volume(int a, int b, int c)
    {
        vRec=a*b*c;
    }
    public static void main(String args[])
    {
        area(4,6);
        volume(4,6,8);
```

```
            System.out.println("the rectangle area is: "+sRec);
            System.out.println("the rectangle volume is: "+vRec);
    }
}
```

运行结果如下：

```
the rectangle area is: 24
the rectangle volume is: 192
```

可见，static 方法 area()、volume() 可以不通过对象，在 main 里直接调用，这样一来显然失去了封装的意义及面向对象特征。可以想象，如果类中的所有方法都定义为 static，就仅仅是用 Java 语言实现了功能，而不是面向对象的程序了。

Java 编程小提示：程序中通过类名而不是对象访问 static 数据和方法。不要为了暂时的方便，定义过多的静态方法，尽可能将方法定义为类的成员方法，对象作为方法的参数传递，从而实现对象与成员方法的相互通信。

3.4.3 终态 final

final 修饰符可以用在数据成员、方法、对象、类之前，这意味着是一种终结状态，即给定数值后就不能再做任何更改，例如：

```
final static int mynumber= 36;    //定义一个final变量
final Time today = new Time(12, 21,12); //定义一个final对象
final int dd = 42;    //定义一个final变量
```

final 修饰符放在类、方法、变量前表示的意义不同：
- final 在类之前：表示该类是终结类，不能再被继承。
- final 在方法之前：表示该方法是终结方法，该方法不能被任何派生的子类覆盖。
- final 在变量之前：表示变量的值在初始化之后就不能再改变，相当于定义了一个常量。

对于 final，需要牢记以上放在不同实体前表示的意义，在程序设计时不至于造成不必要的麻烦。

终结类允许使用，但不允许在此基础上有所扩展，比如 Java 类库里的 Math 类是终结类，不能再派生出子类；类似地，终结方法也只允许子类使用，但不能重写。从安全的角度考虑，一旦杜绝了继承（或方法覆盖），黑客就无法创建一个新类（或方法）来代替原来的类（或方法），以达到破坏的目的了。

3.4.4 方法重载

方法重载的概念很好理解，即多个方法可以享有相同的名字，但它们的参数表必须不同，参数表是指参数个数和参数类型。参数个数不同或者参数类型不同，满足其中一种条件就是重载。常用的 println() 方法就是一个重载的方法，我们已经充分体验到它的好处了，可以很方便地输出包括对象在内的各种类型的数据，。前面讲到的构造方法也是重载的方法，一个类中允许有多个构造方法，不带参数的、带一个参数的和带多个参数的。

假设需要输出不同类型的数据：int、float、String，如果 Java 不提供方法重载，就可能需要定义几个不同名的方法：

```
printInt(int);
```

```
printFloat(float);
printString(String);
```

有了方法重载，则只需定义一个统一的方法名：println()，就可以接收不同类型的参数，实现输出相应类型的数据。

```
println(24);
println(24.5);
println("Happy new year");
```

【例 3-6】 方法重载的例子，此例定义了三个同名的重载方法 repchar。调用时，系统能根据参数个数的不同自动识别出不同的方法，输出不同的结果。

```java
//Ex3_6.java
class Displaychar{
    // 打印 45 个 *
    void repchar()
    {
        for(int j=0; j<45; j++)         // 循环 45 次
            System.out.print( '*');     // 打印 *
        System.out.println();
    }
    // 打印 45 个指定字符
    void repchar(char ch)
    {
        for(int j=0; j<45; j++)         // 循环 45 次
            System.out.print(ch);       // 打印不同的字符
        System.out.println();
    }
    // 打印一定数目的指定字符
    void repchar(char ch, int n)
    {
        for(int j=0; j<n; j++)          // 循环 n 次
            System.out.print(ch);       // 打印指定字符 ch
        System.out.println();
    }
}
public class Ex3_6{
    public static void main(String[] args){
        Displaychar dp = new Displaychar();
        dp.repchar();
        dp.repchar('#');
        dp.repchar('.', 30);
    }
}
```

运行结果如下：

```
*********************************************
#############################################
..............................
```

3.4.5　this 指针

每一个方法内都有一个隐含的指针，指向"调用该方法的当前对象"，称为 this 指针。this 指针只能在方法内部使用，通俗地解释就是，这个 this 指针是每一个方法内置的，当对象调用某一个方法时，它的 this 指针就指向该对象了，如果不用它，就感觉不出它的存在。这个指针有什么用途呢，你想想，既然它能指向对象，效果就如同一个普通的指向对象的指针，可以用来代替这个对象进行操作。因此，this 指针常用于访问对象的数据、方法，也可以作为引用类型的返回值使用。

1）this 指针的用法 1：代替对象，访问对象的数据。

【例 3-7】在 Product 类的构造方法中把隐藏的 this 指针显式地写出来，使其指向调用此方法的对象。

```java
//Product.java
package Ex3_7;
public class Product {
    int ID;
    String name;
    String categories;
    double productPrice;

    Product(int id, String nm, String categ,double price)
    {
    this.ID =id;     //this 指针指向了调用此构造方法的对象
    this.name=nm;
    this.categories = categ;
    this.productPrice = price;
    }
    Product(){}
}
//Samples.java
package Ex3_7;
public class Samples{
    public static void main(String args[]){
    Product iphone = new Product();
    Product ipad = new Product(10,"ipad2","computer",5000);
    Product macbook = new Product(11,"apple","computer",9999);
    System.out.println("ipad price is: "+ipad.productPrice);
    System.out.println("macbook price is: "+macbook.productPrice);
    }
}
```

运行结果如下：

```
ipad price is: 5000.0
macbook price is: 9999.0
```

此例中，当系统自动调用构造方法生成对象 ipad 时，构造方法里的 this 指针便指向了 ipad，此时，this.id 等同于 ipad.id，this.name 等同于 ipad.name，如此看起来，代码表示的意义更加清晰。

2）this 指针的用法 2：作为返回值使用，当需要返回一个对象时，可以在 return 语句里返回 this。

【例 3-8】为例 3-7 中的 Product.java 添加一个返回类型为 Product 的 increment() 方法，返回一个 this 指针，main() 中的 ipad 对象连续调用三次 increment()。

```java
//Product.java
package Ex3_8;
public class Product {
```

```java
        int ID;
        String name;
        String categories;
        double productPrice;
        int i;

        Product increment() {
                i++;
            return this;
        }
        void print() {
                System.out.println("i = " + i);
        }
        Product(int id, String nm, String categ,double price)
        {
        this.ID =id;        //this 指针指向了调用此构造方法的对象
        this.name=nm;
        this.categories = categ;
        this.productPrice = price;
        }
        Product(){}
}
//Samples.java
package Ex3_8;
public class Samples{
    public static void main(String args[]){
        Product ipad = new Product();
            ipad.increment().increment().increment().print();
    }
}
```

运行结果如下：

i = 3;

结果表明，简单写一句 return this 能够返回 Product 对象，确实很方便，省去了传递参数或者定义临时变量的麻烦，ipad.increment() 返回一个 this 指针，相当于返回一个 Product 对象，变量 i 值增加 1。因此，ipad 对象每调用一次 increment()，皆返回一个 Product 对象，i 值随着递增 1，最后 i 值为 3。

3）this 指针的用法 3：在构造方法中调用另一个构造方法。

可以使用 this 关键字在一个构造方法中调用另外一个构造方法，通常用参数个数比较少的构造方法调用参数个数多的构造方法。

【例 3-9】在不带参数的默认构造方法里调用了带参数的构造方法，调用时，语句 this(...) 等价于 Product(...)。

```java
//Product.java
package Ex3_9;
public class Product {
    int ID;
    String name;
    String categories;
    double productPrice;

    Product(int id, String nm, String categ,double price)
    {
```

类与对象

```
            this.ID =id;     //this指针指向了调用此构造方法的对象
            this.name=nm;
            this.categories = categ;
            this.productPrice = price;
        }
        Product(){
        //this指针调用带参数的构造方法
            this(2,"iphone","cellphone",3000);
            System.out.println("in Product()");
        }
    }
//Samples.java
package Ex3_9;
public class Samples{
    public static void main(String args[]){
        Product phone = new Product();
        System.out.println("product "+phone.ID+"\tname"+phone.name+"\tcategories"+phone.categories+"\tproductPrice"+phone.productPrice);
    }
}
```

运行结果如下：

```
in Product()
product 2  nameiphone       categoriescellphone     productPrice3000.0
```

有经验的开发者通常喜欢使用 this 指针，用来指代对象，作为返回值使用提供了不少方便。

Java 编程小提示：在 eclipse 开发环境下，在方法中，如果直接键入 this 后面加上圆点符号，界面中立刻弹出一个列表，列出 this 指代的对象能够访问的所有数据成员及成员方法以供选用。

3.4.6 对象的回收

与其他语言相比，Java 受到广大开发者青睐的一个关键的原因在于可以任意创建对象，不必考虑不使用时怎样回收。

内存是一种紧缺的资源，对象不再使用时应当尽快释放掉。在 C 语言中，通过调用 malloc() 与 free() 实现内存动态分配和释放；在 C++ 语言中，则通过 new() 与 delete() 来分配和释放内存空间；而 Java 只需用 new 分配内存空间，程序员不必考虑释放空间的问题。图 3-2 显示 C/C++、Java 中的所有对象一律在内存的堆中分配空间，对象不再使用时，应该释放所占有的内存空间。

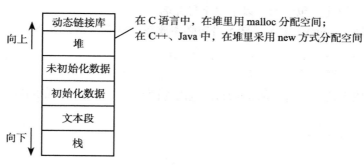

图 3-2 对象在内存中分配空间

与 C/C+ 需要手工释放对象空间不同，Java 额外提供了垃圾回收器（garbage collector），由它负责释放不再使用的内存资源。那么垃圾回收器是如何知道什么时候应该释放资源了呢？垃圾回收器会跟踪每一块分配出去的内存空间，自动扫描对象的动态内存区，对不再使用的对象做上标记，当 Java 虚拟机处于空闲循环时，垃圾回收器会检查已分配的内存空间，然后自动回收每一块无用的内存块，通常垃圾回收器周期性地释放无用对象使用的内存。

对象都是在内存的堆（Heap）中分配所需的存储区域，如图 3-2 所示，操作结束后，释放这些空间，但由于这些操作没有固定的顺序，因而容易导致内存产生很多碎片。例如一个对象在完成使命后不能确保立刻清除，甚至有可能当程序结束后，该对象仍然占用内存，成为了内存垃圾。垃圾回收器也不能保证及时清除无用的内存垃圾，当碎片太多时，占满了内存空间，程序也会出现内存不足的情况，这时就需要借助于手工释放资源，Java 提供了 finalize() 方法来承担这一任务，当资源可能被某些对象占用，Java 的内存管理系统无法直接访问，又不能自动释放时，finalize() 方法手工释放内存无疑是最佳选择。程序员大部分时间都不会用到此方法，而运行程序库通常会用这种方式控制某些资源。

finalize() 方法在类 java.lang.Object 中声明，因此 Java 中的每一个类都自动继承了该方法，方便程序释放系统资源，在关闭打开的文件或 socket 等情况下，都可能会手工调用 finalize() 方法。finalize() 声明格式如下：

```
protected void finalize() throws throwable
```

3.4.7 包

文件一般放在哪儿？按照常规，放在某一个目录下。Java 里的"包"(package) 很好理解，可看作 Java 文件目录，是一种文件保存方式，类似于 Windows 的文件组织形式。

程序运行时，每一个 Java 文件都需要放在一个指定的包里。一个包可以包含若干类文件，以及其他的子包，包与下一级包之间用一个圆点连接。同一个包里的类可以相互调用，不同包里的类调用时需要借助 import 导入，这感觉类似于 C/C++ 中的头文件引用。包的定义格式如下：

```
package path.to.package.foo;
class Foo {
    ……
}
```

package 关键字后面跟着逐级包名，Java 包的这种定义形式和我们熟悉的 Windows 的文件保存方式非常相似，只不过 Windows 用"\"分隔目录，如 C:\path\to\package.foo，而 Java 包使用圆点。记住，包名通常以小写字母命名。

包使用时，通过 import 导入，导入语句必须放在文件首，格式如下：

```
import path.to.package.foo.Foo;    // 导入包
import path.to.package.foo.*;
```

以下代码片段创建一个包 parenttools，包内含两个类 Babyfood 和 Baby。

```
package parenttools;
public class Babyfood {
    ……
}
public class Baby {
```

......
}

接下来创建另一个包 adult，在其下创建一个 Java 文件 Parent.java，为了使 Parent 类能够引用到 Baby 和 Babyfood 的公有方法和数据成员，Parent 类中再导入 parenttools 包，代码片段如下：

```java
package adult;
import parenttools.Baby;
import parenttools.Babyfood;
public class Parent {
    public static void main (String[] args){
        Baby baby = new Baby();
        ......
        ......
    }
}
```

在 eclipse 环境下，通常创建包不需要手工写代码，由 eclipse 提供图形用户界面完成，创建过程步骤如下：

1）建立包 package parenttools：在已有工程如 myproject 下，单击鼠标右键，选中 new → package，输入包名 parenttools，单击 Finish 按钮，如图 3-3 所示。

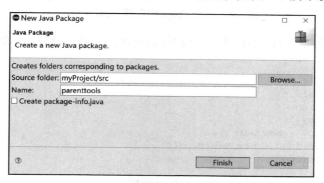

图 3-3　创建一个 package

2）在 parenttool 下创建 Babyfood 类和 Baby 类：在 parenttools 单击鼠标右键，选中 class，创建 Babyfood.java 和 Baby.java 文件，输入如下代码：

```java
//Babyfood.java
package parenttools;   //eclipse 自动加入
public class Babyfood {
    public Babyfood() {
        System.out.println("Babyfood constructor");
    }
    void tasty() { System.out.println("yummy,yumy");
    }
}
//Baby.java
package parenttools;
public class Baby{
    public Baby() {
        System.out.println("Baby constructor");
    }
```

```
    public void cry(Babyfood corn) {
        System.out.println("I am hungry");
    }
}
```

  如果没有为创建的 class 文件指定所属的包，eclipse 会自动将文件放在一个默认的包 Default package 下。若文件放在一个指定的 package 下，eclipse 会在创建 class 文件时，在文件首自动加上所属包，如此例中的 package parenttools; 语句。class 文件创建完毕如图 3-4 所示，parenttools 包下有两个 class 文件 Babyfood.java 和 Baby.java。

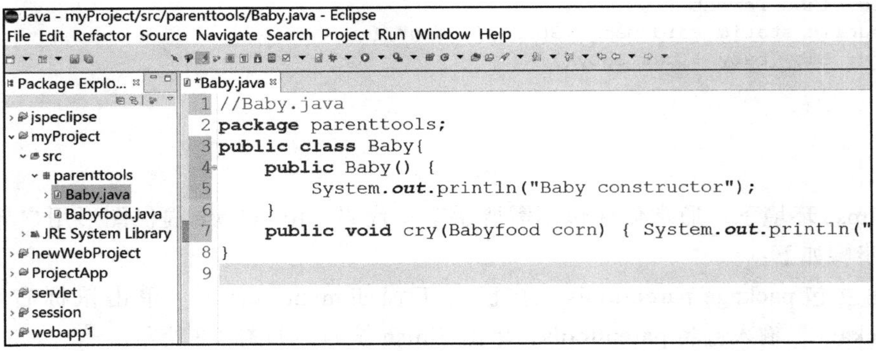

图 3-4　在 package 中创建 class 文件

  3）接下来创建另一个包 adult 以及此包下的 class 文件 Parent.java，如图 3-5 所示。

```
//parent.java
package adult;
import parenttools.*;
public class Parent {
    void feedBaby(){
        Baby baby = new Baby();
        Babyfood food = new Babyfood();
        baby.cry(food);
    }
    public static void main (String[] args){
        Parent mom = new Parent();
        mom.feedBaby();
    }
}
```

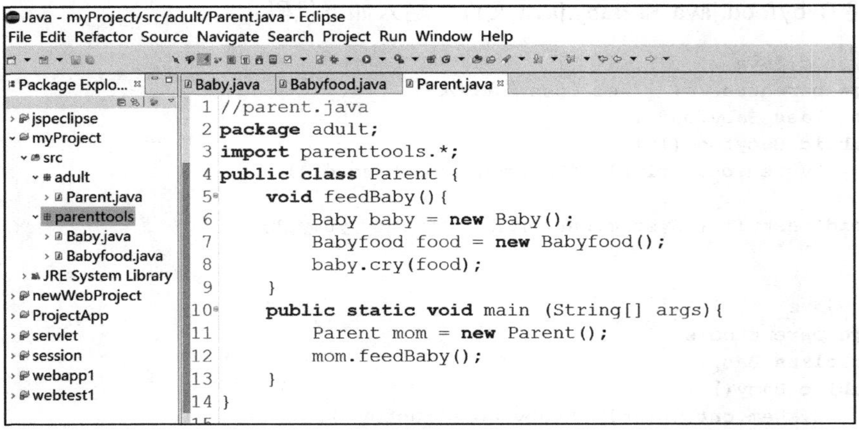

图 3-5　创建 adult 包及 Parent.java

运行结果如下：

```
Baby constructor
Babyfood constructor
I am hungry
```

以上过程表明，若要实现不同包中的方法能够互相调用，如本例中 adult 包的 Parent 类方法 feedBaby() 调用 parenttools 包的 cry() 方法，首先需要将欲调用方法及所在的类设置为 public，即 parenttools 包中的 Baby、Babyfood 及方法 cry() 设为 public，然后在 adult 包中导入 parenttools 包，才能够使用 parenttools 包的 Baby 类和 Babyfood 类。需要注意非公有方法在其他包里是不可见的，比如 parent 类不可以调用 Babyfood 的非公有方法 tasty()，因为这涉及访问权限，将在接下来的 3.4.8 节 "类的访问控制" 中详细介绍。

除了程序中自己创建的包以外，Java 还提供了一套标准包，它是各种功能类的集合，形成一个程序库，相当于其他语言中的库函数，称为 Java API 或 Java Doc。J2SE 中的常用程序类库（包）包括：java.lang、java.io、java.applet、java.awt、java.net 等，这些包只需导入类中即可使用。例如，语句 import java.util.*; 将整个实用程序（utility）库引入程序中，可调用其提供的所有方法。Java 类库的相关知识将在 3.5 节详细介绍。

3.4.8 类的访问控制

Java 提供了访问权限修饰词，用于直观地反映出类、类的数据以及成员方法的封装程度，指明其可访问程度。访问控制权限分为不同等级，从最大权限到最小权限依次为：

public → protected → 包访问权限（没有关键字）→ private

对于类的访问控制只提供了 public（公共类）及包（默认类）两种权限，对于类成员的访问控制权限有以下几种：

- 公有（public）：可以被其他任何对象访问（前提是对类成员所在的类有可访问权限）。
- 保护（protected）：只可被同一类及其子类的对象访问。
- 私有（private）：只能被这个类本身方法访问，在类外不可见。
- 包访问权限：不加任何修饰符，默认访问权限，仅允许同一个包内的成员访问。

对于同类、同包及其子类情形下，访问权限修饰符表示的封装程度如表 3-1 所示。

表 3-1 访问权限

修饰符	同类	同包	子类	不同包之间的通用性
公有	是	是	是	是
保护	是	是	是	否
默认（包）	是	是	否	否
私有	是	否	否	否

在程序中，假设将类、数据成员以及成员方法一律定义为 public，则失去了封装的意义了；反之，都定义为 private，数据得到了保护，但无法使用，这个类就没有存在的意义了；若仅将所有数据成员定义为私有，则需要通过公有的方法（接口）才能访问这些数据，也比较麻烦。一般而言，如没有特殊需要，数据成员采用默认即包访问权限为妥，当然开发中根据实际情况采用适当的访问权限方式。

需要指出的是，Java 和 C++ 访问权限修饰符有明显的区别。Java 访问权限修饰符 public、protected 以及 private 都置于类中每个成员的定义之前，无论它们是一个数据成员，还是一个方法，每个访问权限修饰符仅对它后面修饰的指定成员有效。而在 C++ 中，访问权限修饰符控制它后面的所有语句，直到另一种类型的访问权限修饰符出现。

下面用实例来探讨访问权限的设置问题。

1）默认访问权限的使用范围。

修改图 3-4 中的 Baby.java，去掉 cry() 方法前的 public 修饰符后，cry() 方法的访问权限仅限于包 parenttools。代码如下：

```
//Baby.java
package parenttools;
public class Baby{
    public Baby() {
        System.out.println("Baby constructor");
    }
    void cry(Babyfood corn) {
        System.out.println("I am hungry");
    }
}
```

仍然在 Parent.java 里通过对象 baby 调用 cry()，发现编译无法通过，错误信息显示 cry() 在 Parent 类里不可见，这是由于 cry() 方法采用默认访问权限，仅限于在 parenttools 包内，其他的包无权访问。

2）私有数据成员或方法，只能通过公有方法来访问。

若将 Baby 类中的公有构造方法改为 private，则发现无法再创建 Baby 对象，解决方案只有在 baby 类中添加一个 public 且 static 的方法 babyBorn() 来访问私有的构造方法。代码如下：

```
//Baby.java
package parenttools;
public class Baby{
    private Baby() {
        System.out.println("Baby constructor");
    }
    public static Baby babyBorn() {
        return new Baby();
    }
    void cry(Babyfood corn) {
        System.out.println("I am hungry");
    }
}
```

Parent 类中创建 Baby 对象的代码也随之更改为直接调用 static 方法 babyBorn() 实现，代码如下：

```
//parent.java
package adult;
import parenttools.*;
public class Parent {
    void feedBaby(){
        //Baby baby = new Baby(); // 无法再通过构造方法创建对象
        Baby baby = Baby.babyBorn();// 创建 baby 对象
        Babyfood food = new Babyfood();
        baby.cry(food);
    }
    public static void main (String[] args){
        Parent mom = new Parent();
        mom.feedBaby();
    }
}
```

以上证明了构造方法一定要定义为 public，否则无法创建对象。由此也能看出有时过度的封装也会给自己带来不必要的麻烦。

在实际开发中，程序员在编写代码之前，应根据项目的实际需求合理地设置数据成员及方法的访问权限，既要保证数据的隐蔽性，又需要充分考虑到适度的开放性，这就是软件需要体现面向对象程序设计的"开放—封闭原则"。

3.5　Java 基础类库

学习 Java 语言首先要理解设计理念，再学习基础语法知识，要想写出高效的好程序，还要熟练运用 Java 提供的类库。在程序设计中，合理和充分利用类库提供的类和接口，不仅可以完成字符串处理、图形用户界面、绘图、数据库连接、网络应用、数学计算等多方面的工作，而且可以大大提高编程效率，使程序简练、易懂。

Java SE 提供了一套完整的标准类集合——Java 基础类库（Java Foundational Class，JFC），也称为 Java 应用程序编程接口（Application Programming Interface，API）。Oracle 官方网站可供下载最新的版本 JavaSE8 Documentation（JavaSE8 doc）技术文档，简称 Java Doc 或 Java API，下载后进入 docs 目录，打开 index（HTML）文件，展示如图 3-6 所示的 JavaSE8 doc 组成结构图。程序员比较关注的是其中的 JavaSE API 部分，这部分包含了开发中常用的功能模块：图形用户界面工具（User Interface Toolkits）、数据库连接（JDBC）、输入/输出（Input/Output）、语言及工具库（Lang and Utill）、集合（Collections）、并发（Concurrency Utilities）、正则表达式（Regular Expressing）等，这些功能模块都将在后面的章节中逐步讲解，单击其中的任一模块可进一步查看其包括的所有包，每一个包的内容包含接口（Interface Summary）、类（Class Summary）、枚举（Enum Summary）、异常（Exception Summary）、错误（Error Summary）、注释类型（Annotation Type Summary），当然包中如果没有某一方面的内容，就不包含在内。

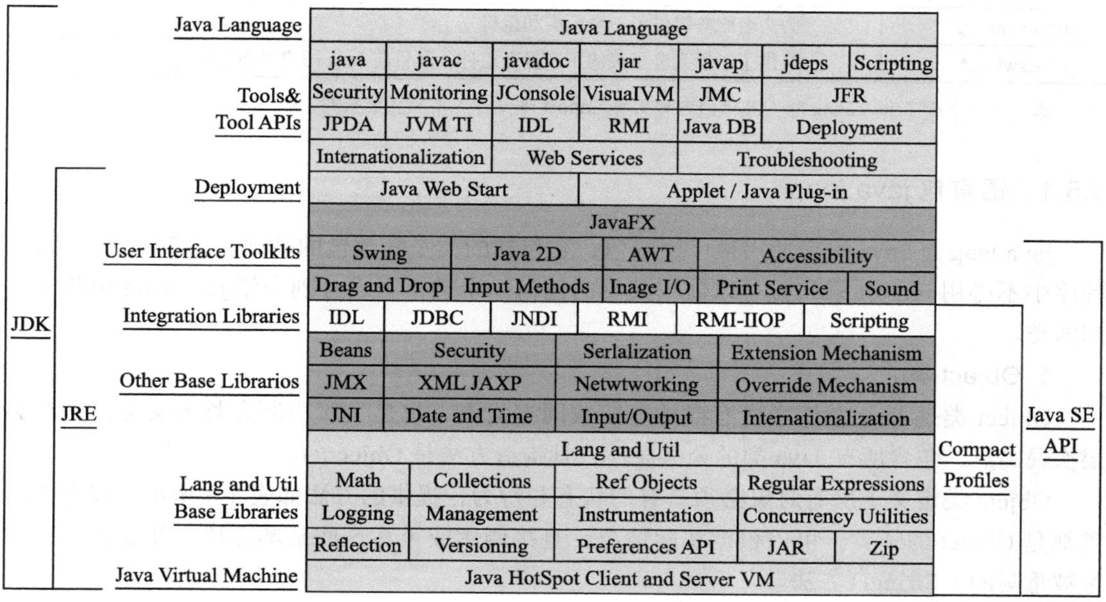

图 3-6　JavaSE8 doc 的组成结构

Java API 提供了极其完善的技术文档。我们只需了解其格式就能方便地查阅文档。若想直接查询某个指定包的具体内容及使用说明，也可进入 docs 目录下的 api 目录，打开 index（HTML 文件），进入选择包的界面，选择一个包后，可以看到包的名称及简单描述，然后是包中的内容。如果想看包中各类的继承结构，选择最上面的菜单中的 tree，则可以了解包的总体结构。

Java API 比 C/C++ API 大得多，丰富得多，如何使用它写出好程序呢？类库的学习与语法是不同的，一定不要死记硬背，没有必要也不可能背下来，况且每个新版本的发布，类库功能也随着不断增强并扩大。Java API 是为程序员服务的工具，学会灵活运用是关键，学习中一定要养成查看 Java API 的好习惯，尽可能全面地了解提供的功能，需要时知道从何处入手查询。Java API 提供的常用包如表 3-2 所示。

表 3-2 Java API 提供的部分常用包

包名	主要功能
java.applet	提供了创建 applet 需要的所有类
java.awt.*	提供了创建用户界面以及绘制和管理图形、图像的类
java.beans.*	提供了开发 Java Beans 需要的所有类
java.io	提供了通过数据流、对象序列以及文件系统实现的系统输入、输出
java.lang.*	Java 编程语言的基本类库
java.math.*	提供了简明的整数算术以及十进制算术的基本函数
java.rmi	提供了与远程方法调用相关的所有类
java.net	提供了用于实现网络通信应用的所有类
java.security.*	提供了设计网络安全方案需要的一些类
java.sql	提供了访问和处理来自于 Java 标准数据源数据的类
java.test	包括以一种独立于自然语言的方式处理文本、日期、数字和消息的类和接口
java.util.*	包括集合类、时间处理模式、日期时间工具等各类常用工具包
javax.accessibility	定义了用户界面组件之间相互访问的一种机制
javax.naming.*	为命名服务提供了一系列类和接口
javax.swing.*	提供了一系列轻量级的用户界面组件，是目前 Java 用户界面常用的包

注：程序中除了 java.lang 外，其他的包都需要 import 语句导入之后才能使用。

3.5.1 语言包 java.lang

java.lang 是 Java 语言使用最广泛的包，它包括的类是其他包的基础，由系统自动引入，程序中不必用 import 语句就可以使用其中的任何一个类，下面分别介绍 java.lang 中几个常用的类。

1. Object 类

Object 类是 Java 程序中所有类的直接或间接父类，也是类库中所有类的父类，处在类层次最高点，包含所有 Java 类的公共属性，其构造方法是 Object( )。

Object 类定义了所有对象必须具有的状态和行为，提供的方法如表 3-3 所示。程序中的类都是 Object 的子类，可以根据实际情况，直接调用或重写这些基本方法，如前面提到的常被重写的 toString() 方法。

表 3-3 Object 类的方法

方法	说明
public final Class getClass()	获取当前对象所属的类信息，返回 Class 对象（主要为系统编程人员提供）
public String toString()	返回当前对象本身的有关信息，按字符串对象返回
public boolean equals(Object obj)	比较两个对象是否是同一对象，是则返回 true
protected Object clone( )	生成当前对象的一个拷贝，并返回这个复制对象
public int hashCode()	返回该对象的哈希代码值
protected void finalize() throws Throwable	定义回收当前对象时所需完成的资源释放工作
public void notify()	唤醒一个处于等待状态的线程
public void notifyAll()	唤醒所有处于等待状态的线程
public void wait()	设置当前线程为等待状态，直到被其他线程 notify()、notifyAll() 唤醒
public void wait(long timeout)	设置当前线程为等待状态，直到其他线程 notify()、notifyAll() 唤醒，或者设置的等待时间 timeout 超时
public void wait(long timeout,int nanos)	设置当前线程为等待状态，直到其他线程 notify()、notifyAll() 唤醒，或者设置的等待时间 timeout 超时，或者被其他线程中断

2. 字符串类 String

Java 提供了两种处理字符串的类 String 和 StringBuffer。Java 将 String 类作为字符串的标准格式，Java 编译器把字符串转换成 String 对象。

（1）字符串声明及初始化

Java 中的字符串分为常量和变量两种，常量初始化可由直接给一个 String 对象赋值完成，字符串变量在使用前同样要声明和初始化，初始化过程一般有下面几种形式。

1）直接用字符串常量来初始化字符串：

```
String s3 = "Hello! Hello";
```

2）由字符数组创建字符串：

```
char ch[ ] = {'s', 't', 'o', 'r', 'y'};
```

3）创建一个 String 类对象并赋值：

```
String s2 = new String("Hello");
```

4）字符串数组形式：

```
String[] strArray;
strArray = new String[8] ;
strArray[0]= "Hello" ;
strArray[1]= "World";
……
```

Java 创建 String 类的目的在于提供功能化的字符串操作，轻松实现字符串的比较、替换、字符检索、查找子串、连接等功能，简化程序开发。String 类的常用方法如表 3-4 所示。

表 3-4 String 类的常用方法

名称	解释
int length( )	返回字符串中字符的个数
int indexOf(String s)	返回子串 s 在字符串对象中的开始位置
String substring(int begin, int end)	返回序号从 begin 开始到 end-1 的子字符串

（续）

名称	解释
public String[] split(String regex) public String[] split(String regex,int limit)	以指定字符为分隔符，分解字符串
String concat(String s)	返回字符串与参数字符串 s 进行连接后的字符串
String replace(char oldChar, char newChar);	将字符串的 oldChar 替换为 newChar
int compareTo(String s);	将对象与参数对象进行比较
boolean equals(String s);	将对象与参数对象的值进行比较
String trim( );	将字符串两端的空字符串都去掉
String toLowerCase()	将字符串中的字符都转为小写
String format(Locale l,String format, Object… args)	使用指定的语言环境、格式字符串和参数

【例 3-10】定义一个 String 数组，调用 String 类的 toUpperCase() 方法将数组里的字符串转化为大写字母。

```
//Ex3_10.java
public class Ex3_10
{ public static void main(String[] args)
    {
        String[] anArray ={ "welcome ", "to ", "java"};
        for (int i = 0; i < anArray.length; i++)
        {
            System.out.print(anArray[i].toUpperCase());
        }
    }
}
```

运行结果如下：

```
WELCOME TO JAVA
```

（2）字符串连接

String 类的 concat() 方法可将两个字符串连接在一起：

```
string1.concat(string2);
```

string1 调用 concat() 将返回一个 string1 和 string2 连接后的新字符串。

字符串连接通常还有另一种更为简洁的方式，通过运算符 + 连接字符串：

"abc" + "def" = "abcdef";

"+" 不仅可以连接多个字符串，而且可以连接字符串和其他的基本数据类型，只要 + 两端其中一个是字符串，另一个非字符串的数据也会被转换为字符串，然后进行字符串连接运算。

【例 3-11】用运算符 + 连接多个字符串，以及连接字符串和其他基本数据类型。

```
//Ex3_11.java
public class Ex3_11
{
    public static void main(String[] args)
    {
        String str = new String("Hello! ");
        String[] anArray ={ "welcome ", "to ", "java"};
```

```java
        double pi= 3.1415926;
        //字符串连接
    str = str+anArray[0]+anArray[1]+anArray[2];
        System.out.println(str.toUpperCase());
        //字符串和其他基本数据类型连接
        String str1 = anArray[0]+3+pi;
        System.out.println(str1);
    }
}
```

运行结果如下：

```
HELLO! WELCOME TO JAVA
welcome 33.1415926
```

【例3-12】String 类的常用方法示例，实现字符串替换、单个字符检索、查找子串、比较、去空格等功能。

```java
//Ex3_12.java
public class Ex3_12{
    public static void main(String[] args){
        String str = "Welcome to Java";

        System.out.println(str +" 的字符长度为: "+ str.length());
        System.out.println(str +" 中第5个字符为: "+ str.charAt(5));
        System.out.println(str + ' 中 'm' 在字符串的第 "+ str.indexOf("m") +" 位 ");
        System.out.println(str +" 与 hello world 不相同 :"+ str.equalsIgnoreCase("hello world"));
        System.out.println(str +" 用 'L' 替换 'l' 后为: " + str.replace("l","L"));
        System.out.println(str +" 以 'J' 结尾 :"+ str.endsWith("J"));
        System.out.println(str +" 从第5个字符开始的子串为: " + str.substring(5));
        System.out.println("    Thanks    "+" 去掉开头和结尾的空格为 :"+"    Thanks    ".trim());
    }
}
```

运行结果如下：

```
Welcome to Java 的字符长度为: 15
Welcome to Java 中第5个字符为: m
Welcome to Java 中 'm' 在字符串的第5位
Welcome to Java 与 hello world 不相同 :false
Welcome to Java 用 'L' 替换 'l' 后为: WeLcome to Java
Welcome to Java 以 'J' 结尾 :false
Welcome to Java 从第5个字符开始的子串为: me to Java
    Thanks        去掉开头和结尾的空格为 :Thanks
```

3. 字符串类 StringBuffer

StringBuffer 类也是用来处理字符串的，它提供的功能很多与 String 类相同，但比 String 更丰富些。两者的内部实现方式不同，String 类对象创建后再更改就产生新对象，而 StringBuffer 类的对象在创建后，可以改动其中的字符，这是因为改变字符串值时，只是在原有对象存储的内存地址上进一步操作，不生成新对象，内存使用上比 String 有优势，比较节省资源。所以在实际开发中，如果经常更改字符串的内容，比如执行插入、删除等操作，使用 StringBuffer 更合适些，但 StringBuffer 不支持单个字符检索或子串检索。StringBuffer 类的常用方法如表3-5所示。

表 3-5　StringBuffer 类的常用方法

名称	解释
StringBuffer()	生成初始容量为 16 的字符串对象
StringBuffer(int size)	生成容量为 size 的字符串对象
StringBuffer(String aString)	生成 aString 的一个备份，容量为其长度 +16
int length ( )	返回字符串对象的长度
int capacity( )	返回字符串对象的容量
void ensureCapacity(int size)	设置字符串对象的容量
void setLength(int len)	设置字符串对象的长度。如果 len 的值小于当前字符串的长度，则尾部被截掉
char charAt(int index)	返回 index 处的字符
void setCharAt(int index, char c)	将 index 处的字符设置为 c
void getChars(int start, int end, char [ ] charArray, int newStart)	将接收者对象中从 start 位置到 end-1 位置的字符拷贝到字符数组 charArray 中，从位置 newStart 开始存放
StringBuffer reverse( )	返回将接收者字符串逆转后的字符串
StringBuffer insert(int index, Object ob)	将 ob 插入 index 位置
StringBuffer append(Object ob)	将 ob 连接到接收者字符串的末尾
StringBuffer replace(int start, int end, String str)	用 str 替换字符串中的子串

【例 3-13】StringBuffer 类的常用方法使用示例，实现字符串的内容替换、反转等功能。

```java
//Ex3_13.java
public class Ex3_13 {
    public static void main(String[] args) {
        String str1="Welcome to Java";
        StringBuffer sb1 = new StringBuffer();
        sb1.append(str1);
        System.out.println(" 字符串 sb1 为: "+sb1);
        System.out.println(" 字符串 sb1 的长度为 "+sb1.length());
        System.out.println(" 字符串 sb1 的容量为 "+sb1.capacity());

        sb1.setCharAt(2, 'E');// 更改字符串中的字母
        System.out.println(" 修改后的字符串为: "+sb1);

        sb1.reverse();
        System.out.println("reverse 后的字符串为: "+sb1);

        sb1.replace(0, 5, "hello");
        System.out.println(" 用 hello 替代后的字符串为: "+sb1);
    }
}
```

输出结果如下：

```
字符串 sb1 为: Welcome to Java
字符串 sb1 的长度为 15
字符串 sb1 的容量为 16
修改后的字符串为: WeEcome to Java
reverse 后的字符串为: avaJ ot emocEeW
用 hello 替代后的字符串为: helloot emocEeW
```

4. 数学（Math）类

Math 类提供了用于几何学、三角学以及其他数学运算的方法。Math 类定义的所有变量

和方法都是公有静态的，并且是终结类（final），不能从中派生其他的新类，可以通过类名直接调用，不必通过对象来调用。常用功能有 E 和 PI 常数，基本的指数、平方根、求绝对值的 abs 方法，计算三角函数的 sin 方法和 cos 方法，求最小值、最大值的 min 方法和 max 方法，求随机数的 random 方法等。Math 类的常用方法如表 3-6 所示。

表 3-6　数学类的常用方法

方法	说明
三角函数	
public static double sin(double a)	三角函数正弦
public static double cos(double a)	三角函数余弦
public static double tan(double a)	三角函数正切
public static double asin(double a)	三角函数反正弦
public static double acos(double a)	三角函数反余弦
public static double atan(double a)	三角函数反正切
指数函数	
public static double exp(double a)	返回 exp(a) 的值
public static double log(double a)	返回 ln(a) 的值
public static double pow (double y,double x)	返回以 y 为底数，以 x 为指数的幂值
public static double sqrt(double a)	返回 a 的平方根
舍入函数	
public static int ceil(double a)	返回大于或等于 a 的最小整数
public static int floor(double a)	返回小于或等于 a 的最大整数
以下三个方法都有其他数据类型的重载方法	
public static int abs(int a)	返回 a 的绝对值
public static int max(int a, int b)	返回 a 和 b 的最大值
public static int min(int a, int b)	返回 a 和 b 的最小值
其他数学方法	
public static double random( )	返回一个伪随机数，其值介于 0 和 1 之间
public static double toRadians(double angle)	将角度转换为弧度
public static double toDegrees (double angle)	将弧度转换为角度

5. 系统和运行时 (System、Runtime) 类

System 类是一个特殊类，它是一个公共最终类，不能被继承，也不能被实例化，即不能创建 System 类的对象。System 类功能强大，与 Runtime 类一起可以访问许多有用的系统功能，System 类定义的方法丰富并且实用。System 类中的所有数据成员和方法都是静态的，使用时以 System 作为前缀，用点操作符调用数据成员及方法，即形如"System.数据成员"和"System.方法名"。

System 类有三个数据成员：in、out 和 err，分别表示标准的输入、输出和 Java 运行时的错误输出，具体如下：

```
System.in         // 标准输入，表示键盘
System.out        // 标准输出，表示显示器
System.err        // 标准错误输出
```

System 类提供的处理运行环境和访问系统资源的常用方法如表 3-7 所示。

每个 Java 应用程序都含有一个 Runtime 类的对象，其作用在于使应用程序与运行时环

境之间能够交互，可直接访问运行时资源，Runtime 类的主要方法如表 3-7 所示。

表 3-7　System 类和 Runtime 类的主要方法

类名	方法	功能
System	static void arraycopy()	将一个任意类型的数组快速地复制给另一个数组
	static void exit()	结束当前运行的 JVM
	static String getenv()	获取当前的系统环境变量
	static long currentTimeMillis()	获得系统当前日期和时间等，单位为毫秒，可用于记录程序执行的时间
Runtime	long totalMemory()	返回系统内存总量
	long freeMemory()	返回内存的剩余空间
	void gc()	运行垃圾回收器
	void halt(int status)	强行停止 JVM
	void maxMemory()	返回 JVM 运行所需的最大内存
	static Runtime getRuntime()	返回当前应用程序的 Runtime 对象

6. 类操作（Class）类

Class 类提供类运行时信息，如名称、类型、数据成员、方法、父类名称等，Class 类的对象用于表示当前运行的 Java 应用程序中的类和接口。Class 类提供的主要方法如表 3-8 所示。

表 3-8　Class 类的主要方法

方法	说明
static Class<?> forName(String className)	返回名称为 className 的 Class 对象
String getName()	返回当前对象所在的类名
Method[] getMethod()	返回包含所有类方法的数组
Fields[] getFields()	返回包含所有数据成员的数组
Package getPackage()	返回类的 Package
Class<? super T> getSuperclass()	返回类的父类
Constructor<?>[] getConstructors()	返回类的所有构造方法
int getModifiers()	返回类名前的限定符
Annotation[] getAnnotations()	返回类元素前的注释

以下代码片段实现通过 Class 对象显示一个对象的类名。

```
void printClassName(Object obj){
System.out.println("The class of " + obj +" is " + obj.getClass().getName());
}
```

7. java.lang 的子包

Java.lang 下还有一些常用的子包。

- java.lang.annotation：为 Java 语言的注释工具提供库支持。
- java.lang.management：用于监管 JVM 及在其运行的操作系统。
- java.lang.ref：对垃圾回收处理提供更加灵活的控制。
- java.lang.reflect：提供获得一个类的构造方法、方法和限定符的功能，还可以动态创建和访问数组。

java.lang.reflect 中涉及 Java 语言的反射机制（reflection），反射机制使 Java 具有动态语言的特征，允许程序在运行时通过 Reflection APIs 取得任何一个指定名称类的内部信息，通俗地解释就是，正常的编程思维方式是先构建一个类，然后再通过对象获取它的数据及操作，反射机制思维方式则相反，在程序的运行中，通过对象反过来得出其类的相关信息，包括限定符（诸如 public、private、static 等）、它的父类、接口以及数据成员及方法的所有信息。java.lang.reflect 主要有以下几个类：

- Class 类：代表一个类。
- Field 类：代表类的数据成员。
- Method 类：代表类的方法。
- Constructor 类：代表类的构造方法。
- Array 类：提供了动态创建数组，以及访问数组元素的静态方法。

具体方法及使用说明可参考 Java API。

3.5.2 实用包 java.util

java.util 是 Java 语言中另一个使用广泛的包，它包括集合框架、事件模型、日期和时间工具和各种实用工具类（字符串标记生成器、随机数生成器和属性文件读取类、日期 Date 类），这些类极大地方便了编程。其中的集合框架将在第 7 章对象的集合中详细讲解，事件模型将在第 10 章图形用户界面程序中的事件响应章节讲解。

此外，java.util 下还包含以下几个子包：

- java.util.concurrent（Java 高级并发类）：是一个多线程程序中用到的重要类，将在第 11 章多线程中讲解。
- java.util.regex（Java 正则表达式）：是一个用正则表达式订制的模式来对字符串进行匹配工作的类库包，正则表达式使用单个字符串来匹配一系列符合某个句法规则的字符串，正则表达式在基于文本的编辑器和搜索工具中占据非常重要的地位，这方面的知识本书不做进一步讲解，感兴趣的读者可以阅读其他相关书籍学习。
- java.util.logging：提供记录日志，但在一些测试性的代码中，大家普遍使用 Apache 开源项目 log4j 替代 java.util.logging.logger。
- java.util.jar：提供读写 JAR（Java ARchive）文件格式的类。
- java.util.zip：提供用于读写标准 ZIP 和 GZIP 文件格式的类。
- java.util.Stream: JDK8 的新特性，实现对集合对象的各种非常便利、高效的聚合操作，或者大批量数据操作。它更像迭代器 Iterator 的一个高级版本，Stream 在集合内部遍历元素时，能够隐式地执行一些诸如过滤之类的操作，并做出相应的数据转换。Stream 的另一个优势在于可以并行化操作，当并行地遍历时，数据会被分成多个段，其中的每一段都在不同的线程中处理，然后将结果一起输出，在编写高性能的并发程序时，这种方式极大地提高了编程效率。

Java 中描述日期和时间的类主要有三种：描述日期和时间有 Date、Calendar、DateFormat。其中 java.util 提供了 Date 类和 Calendar 类，而 DateFormat 是 java.text 包中的一部分。

1. Date 类

提供操纵日期和时间各组成部分的方法，时间上的表示可以达到毫秒，使用时需要将 Date 对象转换为字符串，才能将其输出。

2. Calendar 类

Calendar 类适用于设置或改变一个 Date 对象的日期，它用于日期计算，用日历记号表示日期，提供了表述日历规则的方法。Calendar 是抽象类，无法像 Date 类一样实例化，通常通过它的子类 GregorianCalendar 创建对象，"Gregorian Calendar" 是现在最为通用的日历，即我们在讲述年份时常用"公元××××年"。

3. DateFormat 类

DateFormat 类不属于 java.util 包，它是 java.text 包中的一部分。DateFormat 对象能够存储任何格式的具体日期，可以采用不同的格式显示日期，适用于编辑日期格式。

4. java.time 类

JDK 8 发布了新的 Date-Time API 来进一步加强对日期与时间的处理，新的 java.time 包涵盖了所有处理日期、时间、日期/时间、时区时刻、过程与时钟的操作。

新版 Date-Time API 主要类有 Clock 类、LocalDate 类、LocalTime 类和 LocalDateTime 类，它们的说明如下：

- Clock 类：通过指定一个时区，即可获取当前的时刻、日期与时间，并且 Clock 可以替换 System.currentTimeMillis() 与 TimeZone.getDefault()。
- LocalDate 类：持有 ISO-8601 格式且无时区信息的日期部分。
- LocalTime 类：持有 ISO-8601 格式且无时区信息的时间部分。
- LocalDateTime 类：把 LocalDate 与 LocalTime 的功能合并起来，它持有 ISO-8601 格式无时区信息的日期与时间。
- ZonedDateTime 类：可显示特定时区的日期/时间，它持有 ISO-8601 格式具有时区信息的日期与时间。

【例 3-14】以上几种日期和时间类的综合使用示例。

```
//Ex3_14.java
import java.text.SimpleDateFormat;
import java.util.*;
import java.time.*;
public class Ex3_14 {

    public static void main(String[] args){
        //Date 的用法
        Date d=new Date();
        System.out.println(" 现在的时间是: "+d);

        //Calendar 的用法
        Calendar c = Calendar.getInstance();
        System.out.println(" 今天是 :"+c.get(Calendar.YEAR )+" 年 "+c.get(Calendar.MONTH)+" 月 "+c.get(Calendar.DATE)+" 日 ");
        System.out.println(" 今天在今年中是第 "+c.get(Calendar.DAY_OF_YEAR)+" 天 ");//返回这一天在这一年中是第几天

        //GregorianCalendar 的用法
        GregorianCalendar ca = new GregorianCalendar();
        System.out.println("Gregorian 时间是: "+ca.getTime());

        //SimpleDateFormat 的用法
        SimpleDateFormat myFormat=new SimpleDateFormat("yyyy年MM月dd 日 HH:mm:ss");
        System.out.println(" 格式化时间: "+myFormat.format(new Date()));

        //clock 的使用
```

```java
        final Clock clock = Clock.systemUTC();
        System.out.println( "Clock 获得的当前时间: "+clock.instant() );

        //Localdate 和 Localtime 的使用
        final LocalDate date = LocalDate.now();
        final LocalDate dateFromClock = LocalDate.now( clock );
        // 获取当前日期
        System.out.println( "Localedate 获得当前日期: "+date );
        System.out.println( "Localedate 从 Clock 获得的当前时间: "+dateFromClock );

        // 获取当前时间
        final LocalTime time = LocalTime.now();
        final LocalTime timeFromClock = LocalTime.now( clock );

        System.out.println( "Localetime 获得当前时间: "+time );
        System.out.println("Localtime 从 Clock 获得的当前时间: "+timeFromClock );

        // Localdatetime 的使用
        final LocalDateTime datetime = LocalDateTime.now();
        final LocalDateTime datetimeFromClock = LocalDateTime.now( clock );
        System.out.println( "Localdatetime 获得当前时间: "+datetime );
        System.out.println( "Localdatetime 从 Clock 获得的当前时间: "+ datetimeFromClock );

        //ZonedDateTime 的使用
        final ZonedDateTime zonedDatetime = ZonedDateTime.now();
        final ZonedDateTime zonedDatetimeFromClock = ZonedDateTime.now( clock );
        final ZonedDateTime zonedDatetimeFromZone = ZonedDateTime.now( ZoneId.of("America/Los_Angeles" ) );

        System.out.println(" 当前时区时间: " +zonedDatetime );
        System.out.println( " 从 Clock 获得的当前时区时间: "+zonedDatetimeFromClock );
        System.out.println( " 美国 Los_Angeles 时间: "+zonedDatetimeFromZone );
    }
}
```

运行结果如下:

现在的时间是: Sun Apr 03 16:58:10 CST 2016
今天是: 2016 年 3 月 3 日
今天在今年中是第 94 天
Gregorian 时间是: Sun Apr 03 16:58:10 CST 2016
格式化时间: 2016 年 04 月 03 日 16:58:10
Clock 获得的当前时间: 2016-04-03T08:58:10.572Z
Localdate 获得当前日期: 2016-04-03
Localdate 从 Clock 获得的当前时间: 2016-04-03
Localtime 获得当前时间: 16:58:10.686
Localtime 从 Clock 获得的当前时间: 08:58:10.686
Localdatetime 获得当前时间: 2016-04-03T16:58:10.687
Localdatetime 从 Clock 获得的当前时间: 2016-04-03T08:58:10.687
当前时区时间: 2016-04-03T16:58:10.688+08:00[Asia/Shanghai]
从 Clock 获得的当前时区时间: 2016-04-03T08:58:10.688Z
美国 Los_Angeles 时间: 2016-04-03T01:58:10.690-07:00[America/Los_Angeles]

3.6 Java 注释

Java 注释（Annotation）是 JDK 5 后增加的特性，现在越来越流行并且广为使用，通过在代码中不改变原有逻辑的前提下,增加一些特殊的标记(即 Annotation)来实现,这些标记可以在编译、类加载、运行时通过 Java 反射机制获取,然后把标记提供的信息自动注射到程序中,程序做出相应的处理。这样,可使代码运行中动态地完成系统的一些处理工作,从而省去之前诸多的配置和冗余代码。

3.6.1 Annotation 的定义

Annotation 分为 Java 系统默认提供和程序员自定义的两类。自定义新的 Annotation 类型使用 @interface 关键字来实现,Annotation 的定义方式与接口的定义方式类似,格式如下:

```
public @interface Test{
}
```

然后就可以在程序中使用该 Annotation 了,Annotation 使用时如同 public、final 等语法限定符一样,用于修饰包、类型、构造方法、成员方法、数据成员、参数等,JDK8 又扩展了注释的范围,几乎可以为任何程序元素添加注释:局部变量、接口及其实现类,甚至是方法中抛出的异常。使用时采用 @+Annotation 的类型名称就可以直接使用,通常把 Annotation 另放一行,并放在所有修饰符之前。例如:

```
@Test
public class MyAnnotation{
}
```

Annotation 定义中可以有成员变量,成员变量采用无参的方法形式来声明,例如:

```
public @interface MyAnnotation{
    String name();
    int age();
)
```

使用时应该为成员变量指定值。例如:

```
public class Test{
    @MyAnnotation(name="Tom",age=20)
    public void func(){
        ……
    }
```

当 Annotation 修饰了类、方法等程序元素后,Annotation 并不会自己生效,必须由程序员提供相应的代码提取并处理信息。Java 提供了两个类 java.lang.annotation 和 java.lang.reflect 配合使用来完成 Annotation 的提取,为了获取注释信息,必须采用反射机制。

其中 java.lang.annotation 类中的 java.lang.annotation.Annotation 接口提供的主要方法 annotationType( ),用于返回该注释的 java.lang.Class。

java.lang.reflect 类的 java.lang.reflect.AnnotatedElement 接口提供了三个主要方法:

- isAnnotationPresent():判断该程序元素上是否存在指定类型的注释,如果存在,则返回 true,否则返回 false。
- getAnnotation():返回该程序元素上存在的指定类型的注释,如果该注释不存在,则返回 null。
- Annotation[] getAnnotations():返回该程序元素上存在的所有注释。

在信息提取过程中，程序通过反射机制获取某个类的 AnnotatedElement 对象，然后调用该对象的 isAnnotationPresent( )、getAnnotation( ) 等方法来访问注释信息。

3.6.2 基本 Annotation

Annotation 的类型由 JDK 默认提供，JDK 默认提供的基本 Annotation 如下：

1. @Override

作用于子类中的方法，检验被 @Override 修饰的子类方法，如果不存在对应的被重写的父类方法，则报错。例如：

```
public class AnnotationOverrideTest {
    @Override
    public String toString() {
    ……
    }
}
```

这里 @Override 让编译器检查 toSring() 方法是否覆盖了基类的方法。

2. @Deprecated

用于表示某个类或方法等已被弃用，如果使用被 @Deprecated 修饰的类或方法等，编译器会发出警告，该方法名称上会被划上一条横线。

3. @SuppressWarning

抑制编译器警告。表示被 @SuppressWarning 修饰的类以及该类中的方法取消显示指定的编译器警告。例如，常见的 @SuppressWarning（value="unchecked"）。

4. @SafeVarargs

这是 JDK 7 专门为抑制"堆污染"警告提供的。

3.6.3 Annotation 的用途

Annotation 在 Java 中主要用于以下几个方面：

1. 生成文档

通过 @Documented 来标注是否需要在 Javadoc 中出现，@Documented 会被 Javadoc 工具提取生成文档，这是最常见也是 Java 最早提供的注释，常用的还有 @see、@param、@author 等。

2. 检查格式

使编译器提供更多的代码错误检验，如 @Override、@SuppressWarning 等。

3. 替代配置文件

采用注释方式取代配置文件的目的是减少配置文件的数量，在 J2EE 应用程序中，各种架构如 SSH（Spring+Struts+Hibernate）大都采用这种配置。

编程中自己定义 Annotation 的情形并不多，通常 Annotation 用在项目设计、J2EE 应用程序及架构中，不希望程序中有过多的配置文件时。例如，若在 J2EE 的 Servlet 中采用资源注释 @resource 的方式，不需要 Servlet 程序主动读取资源，Tomcat 启动时会把 web.xml 配置的信息主动注射到 servlet 中。但是也需要注意过多地使用 Annotation 会导致代码的可读性差。

3.6.4 Java 文档生成器

Javadoc 是用于提取注释的工具,能从 Java 源文件中读取格式为 /**…*/ 的注释,并能识别注释中用 @ 标识的一些特殊变量,产生 HTML 格式的类说明文档。Javadoc 不但能对一个 Java 源文件生成注释文档,而且能对目录和包生成交叉链接的 HTML 格式的类说明文档,十分方便。

Javadoc 可以为类、接口、方法、变量添加注释,但只能为 public 和 protected 成员进行文档注释,private 及包内访问权限成员的注释会被忽略,生成的文档为 HTML 文件,可通过浏览器查看。

Javadoc 的每个注释由 Javadoc 标签和描述性文本组成。描述性文本不但可以用普通文本,还可以使用 HTML 文本。Javadoc 标签一般以 @ 为前缀,有的也以 {@ 为前缀,以 } 结束,如 {@value }。

例如:

```
/ * * @see javadoc.tool.Car
 * @version 1.0, 2012-09-12
 * @author RedWolf
 * @since JDK1.3
 **/
```

该注释显示了版本、作者、开始支持的版本和可查看的相关内容。Javadoc 常用标签及说明如表 3-9 所示。

表 3-9 Javadoc 标签及说明

标签	说明	标签类别
@author 作者	作者标识	包、类、接口
@version 版本号	版本号	包、类、接口
@param 参数名 描述	方法的形参名及描述信息,如形参有特别要求,可在此注释	方法
@return 描述	对函数返回值的注释	方法
@deprecated 过期文本	标识随着程序版本的提升,当前 API 已经过期,仅为了保证兼容性依然存在,以此告之开发者不应再用这个 API	包、类、接口、值域、方法
@throws 异常类名	构造函数或方法抛出的异常	方法
@exception 异常类名	同 @throws	方法
@see 引用	查看相关内容,如类、方法、变量等	包、类、接口、值域、构造方法、方法
@since 描述文本	API 在什么程序的什么版本后开始支持	包、类、接口、值域、方法
{@link 包.类#成员 标签}	链接到某个特定的成员对应的文档中	静态值域

下面修改 Product.java,分别为类、构造方法及方法返回值添加注释,具体如例 3-15 所示。

【例 3-15】为 product 类加上注释并创建文档。

```
//Ex3_15.java
/** @see javadoc.tool.
 * @version 1.0, 2008-09-12
 * @author RedWolf
 * @since JDK1.3**/

class Product {
```

```java
        int ID;
        String name;
        String categories;
        double productPrice;

    /**
                        * 构造一个 Product 实例。设定 Product 的名字和性别。
                * @param ID int
                    * @param name String 名字
                    * @param categories String 类别
                * @param productPrice 产品价格
                    * @throws ProductArgumentException
                    * @see javadoc.tool
                */
            Product(int id, String nm, String categ,double price)
            {
            ID =id;
            name=nm;
            categories = categ;
            productPrice = price;
            }
            /**
            * 获取姓名
            * @return String
            */
            public String getName()
            {
            return name;
            }
            /**
            * 获取类别
            * @return String
            */
            public String getcategories()
            {
            return categories;
            }

            /**
            * 获取产品价格
            * @return double
            */
            public double productPrice()
            {
            return productPrice;
            }
            /**
            * toString 方法
            * @return String
            */
        public String toString(){
        return ("Product "+ ID+","+ name + ","+categories+","+productPrice);
        }
    }

public class Ex3_15{
    public static void main(String args[]){
        Product   iphone =new Product(20,"iphoneplus","cellphone",7000);
```

```
        System.out.println("iphone:"+iphone);
    }
}
```

代码注释以后，使用 eclipse 生成 HTML 文档主要有以下三种方法：

1）在 product.java 所在的 Project 列表中单击鼠标右键，选择 Export（导出），然后在 Export（导出）对话框中选择 java 下的 javadoc，单击 Next 按钮，进入 Javadoc 对话框，在 Javadoc Generation 对话框中需要注意，javadoc command 应该选择 jdk 的 bin/javadoc.exe，destination 为生成文档的保存路径，可自己设定，单击 Finish（完成）按钮即可开始生成文档。

2）选择 File → Export（文件→导出）命令，剩下的步骤和第一种方法一样。

3）选择 Project → Generate Javadoc 命令直接进入 Javadoc Generation 对话框，选中要生成文档的项目以及下面的 Java 文件，剩余的步骤和第一种方法在 Javadoc Generation 对话框中的操作是一样的。用 eclipse 的 Javadoc 生成的 HTML 文档如图 3-7 所示。

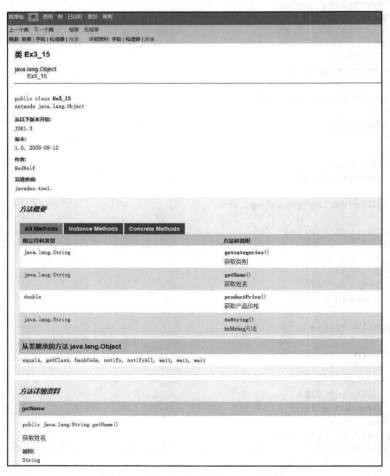

图 3-7　例 3-15 生成的 HTML 文档

Javadoc 文档格式看起来很美观，比简单的 Word 文档规范，编写 Java 文档需要掌握简单的 HTML 编写知识以及 Javadoc 标签的知识。

本章小结

本章讲述了类与对象的 Java 语法知识，内容包括类与对象的创建、访问控制权限、static 静态数据、静态方法、类的重载、对象的回收、final 终态、this 指针，最后详细分析 Java 基础类库组成结构及 Java 注释。

类是一种自定义的抽象数据类型，使用时必须声明它的对象，只有通过对象才能访问类的数据成员及成员方法。

static 静态数据与静态方法皆属于类范围概念，不属于某一个对象所有，归所有类共有，通过类名即可使用它们（public 类型）。静态方法只能访问静态数据和其他静态方法。

this 指针是成员方法里隐含的特殊指针，指向调用该成员方法的对象，常用于返回一个对象或者代替对象，访问对象的数据。

方法重载可以看作是同名称的若干方法，只要参数表不同，即不同的参数个数或参数类型，就可以被编译器识别为不同的方法。

类的访问控制符有 public 或默认（包），类成员的访问控制符有 public、private、protected 及默认。

final 修饰符放在类、方法及变量前表示不同的意义。

对象通过构造方法来初始化，当它不再使用时，可以通过 Java 的垃圾回收机制自动处理。

Java 基础类库组成元素比较丰富，其中较常用的有 java.lang、java.util 等包，Java 类库提供的包不必一一牢记，但需要理解并会查找使用。

最后介绍了程序中常见的 Java 注释，包括如何定义 Java 注释、注释的用途以及 Java 文档生成器。

习题

1. 面向对象的三大特征是什么？
2. 以现实世界中的类为例，创建程序中的类，并找出可能用到的对象，列出可能的属性及行为，以及类与类之间的关系。
   （1）模拟一个医院的病人、医生的关系。
   （2）模拟学院、系、教师、学生的关系。
3. 建立一个公交管理系统，帮助公交管理部门监督管理公交日常运营情况，根据公交线路、车辆情况、工作人员、乘客等信息，先从构建基本类开始入手。整个系统分为以下四个基本模块：
   Bus 汽车管理模块：允许用户添加、删除、查询、更改 Bus 基本信息。定义一个 Bus 类，此类对象应包括 type(string)、engine numbe(int)、seating capacity(int) 和 route(int) 等信息。
   Route 线路管理模块：允许用户添加、删除、查询、更改公交线路基本信息。定义一个 Route 类，此类对象应包括 the number of stops(int)、starting station(String)、destination (String)、running time(string) 等信息。
   Employee 员工管理模块：允许用户添加、删除、查询、更改员工信息。定义一个 Employee 类，此类对象应包括 name(String)、ID(int)、age(int)、salary(double)、department (String) 等信息。

Passenger 顾客管理模块：允许用户添加、删除、查询、更改投诉乘客信息。定义一个 Passenger 类，此类对象应包括 name(String)、sex(char)、age(int)、message(String) 等信息。

为每个模块构造一个类，定义相应的构造方法，最后定义一个测试类，生成四个类对象，用数组保存对象信息，并把打印结果显示在屏幕上。

4. 建立一个航空订票系统，用户可以预订机票，查看航班及订单信息。整个系统分为以下四个基本模块：

Ticket booking 订票管理模块：允许用户输入起始地、目的地、出发时间、返回时间、人数、经济舱（或头等舱）等信息。

Order 订单管理模块：用于保存并显示用户的订单信息，包括订单号、订单状态、航班号、起飞时间、到达时间、价格等。

Route 航线管理模块：用于查询并显示航线信息，显示信息包括航班号、航空公司、机型、载人数、起飞时间、到达时间以及空余位数等。

Passenger 乘客管理模块：用于记录乘客信息，包括姓名、身份证号、电话、住址、积分等。

为每个模块构造一个类，定义相应的构造方法，完成增删查改操作，最后定义一个测试类，生成四个类对象，用数组保存对象信息，并把打印结果显示在屏幕上。

5. 用面向对象程序编程思想替红太狼编写一个自动提醒及监测灰太狼抓羊的会说话闹钟，在一天的某个时间段都能自动说话提醒灰太狼。比如，早上 6 点，闹钟会说："6 点了，还不快点起来抓羊！"，下午 5 点，闹钟会说："下午 5 点了，还没抓到羊！"……其实现步骤如下：

1）保存多个闹钟将会说出的语句。
2）随机产生 24 个数字表示一天 24 小时。
3）分别在不同的时间段显示不同的语句。
4）用系统真实的时间替代随机产生的时间。

6. 编写一个"文件压缩"的程序，要求具有压缩以及解压缩文件的功能，需要使用 GZIP 算法。提示：查看 java.util.Zip.GZipInputStream 的使用方法。

7. 已知一个字符串，返回将字符串中的非字母字符都删除后的字符串。

8. 把两个字符串"Hi"和"mom"连接在一起，并分别把你名字中姓和名中的第一个字母打印出来。

9. 实现把字符串颠倒的功能，比如"software"输出为"erawtfos"，并能判断一个字符串是其中的子串，比如"soft"是"software"的子串。

10. 要把两个字符串拼接在一起，使用 String 类和 StringBuffer 类实现有什么区别？

11. 如何把当前时间按字符串"yyyy-MM-dd HH:mm:ss"的形式打印出来？

12. 输入一行字符，分别统计出其中英文字母、空格、数字和其他字符的个数。

第4章 异常处理

C/C++等语言对于运行过程中出现的错误，如内存越界、无法打开文件等问题，往往只弹出一个灰色的对话框显示"运行时错误"，不会提示任何具体的错误信息。Java语言在这方面提供了完善的异常处理机制，能够直观地告知发生了什么错误，为程序员顺利检查出错误提供了便捷。异常处理机制是Java非常重要的功能，是Java语言的一大特色，Java API的几乎每一个类库包都包含异常类，程序中使用异常处理有利于提高程序的健壮性。

本章主要讲述异常的概念、异常的分类、异常的处理、异常的捕获、异常的声明抛出、生成异常对象、自定义异常类。

4.1 异常的概念

任何一个程序都不可能是完美的，尤其是软件产品在使用过程中往往出现各种各样无法预测的错误，比如手机会出现死机现象或丢失联系人数据，这些现象都属于异常。异常（exception）即程序运行过程中发生的错误，应用程序中常见的如除0溢出、数组越界、文件找不到，等等，需要注意异常一定是发生在运行时，而不是编译时产生。在程序设计时，应当尽量避免异常的发生，尽可能地考虑到可能造成异常的种种事件，给出异常发生时的处理方案，对于不可预测的情况则考虑在异常发生时如何提示用户。

在C/C++语言中，常规异常处理方式是对异常造成的情况使用if语句来判断，同时，用函数的返回值来表示产生的异常事件并进行处理。以下是一段对数据库进行操作过程的伪码，没有经过错误处理，可以看出，这段程序的每一步皆存在潜在隐患，可能在连接数据库时失败，也可能在进行数据操作时出错，断开数据库时也可能出错。

```
{
    connectDB;
    fetchData;
    getResult;
    disconnectDB;
}
```

如果采用C/C++常规处理方式，则使用if语句对几种异常情况进行判断，并通过返回值作为错误代码提示出错。

```
if (failed to connectDB)
{
    return errorCode1;
}
if (failed to fetchData)
{
    return errorCode2;
}
if (failed to getResult)
{
```

```
        return errorCode3;
}
if (failed to disconnectDB)
{
        return errorCode4;
}
```

可见以常规方法处理异常，往往要依赖于人工尽可能地考虑到出错情况，因此在软件开发中，程序员会要求对每一个函数的返回值进行判断处理，尽可能全面地考虑异常发生的情况。但即便如此，也不可避免地会遗漏一些无法预测的情况，而且出错返回的信息比较少，无法准确了解错误原因，这种处理方式重复使用 if 语句，代码看起来也比较繁琐。

因此，程序员希望能够有一种自动检测出异常，并及时提示出错信息的方法。Java 异常处理机制提供了解决方案，以其全面的自动检测异常兼处理功能，减少了人工操作带来的片面性和不确定性。

Java 采用面向对象的方式来处理异常（exception），Java 把程序中可能出现的各类异常封装为类，定义了诸多异常类，每种异常类代表了一种类型的运行错误，类中包含了运行错误信息及处理方法等，Java 程序运行出错时，系统会相应地创建一个或若干异常类的对象，系统通过处理这些异常对象，确保系统安全运行。

以下是经过 Java 异常处理机制的代码：

```
try
{// 常规代码段
    connectDB;
    fetchData;
    getResult;
    disconnectDB;
}
catch(FailedtoConnectDB)               { dosomething }
catch(FailedtoFetchData)               { dosomething }
catch(FailedtoGetResult)               { dosomething }
catch(FailedtoDisconnectDB)            { dosomething }
```

程序中把常规代码和异常处理代码分开。可能出现异常情况的代码都放在一个 try 引导的大括号里，紧跟其后的是异常处理代码，catch 里接收的参数是 Java 异常类对象，代表 try 代码中可能出现的异常情况。针对每一种异常，catch 后面有相应处理异常的代码块，称为 exception handler，这部分代码由用户程序自行编写。

4.2 异常的分类

Java API 的每个类库包中几乎都定义有异常类，如图形用户界面 AWTException、输入/输出异常类 IOException、数据库异常类 SQLException、运行时异常类 RuntimeException、算术运算异常类 ArithmeticException 等。

java.lang 下的 Throwable 类是所有异常和错误的父类，它包含两个子类 Error 和 Exception，分别表示错误和异常。

错误 Error 类用于处理致命性的、用户程序无法处理的系统程序错误，如硬件故障、虚拟机运行时错误（VritualMachineError）、线程死亡（ThreadDeath）、动态链接失败（LinkageError），这些错误用户程序是不需要关注的，一旦运行时出错，就由系统自动报错处理。Error 类与 Exception 类的继承关系如图 4-1 所示。

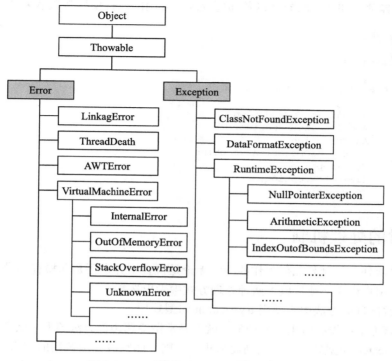

图 4-1　Error 类与 Exception 类继承关系

Java 的异常类总体上可以分为两类：非检查型异常（non-checked exception）和检查型异常（checked exception）。

非检查型异常继承自 RuntimeException 运行时异常，这类异常是不需要检测的，由系统自动检测出异常，自动报错，提供默认的异常处理程序。程序中可以选择捕获处理，也可以不处理。这类异常一般是由程序逻辑错误引起的，应该从逻辑角度尽可能避免这类异常的发生，常见的如数组越界、除零等。常用的非检查型异常继承关系如下：

```
java.lang.Object
    java.lang.Throwable
        java.lang.Exception
            java.lang.RuntimeException
                ArithmeticException
                IllegalArgumentException
                    - IllegalThreadStateException
                    - NumberFormatException
                FileSystemNotFoundException
                EventException
                BufferOverflowException
                ArrayStoreException
                NullPointerException
                ……
```

检查型异常要求用户程序必须处理，属于 Exception 类及其子类，需要手动标示在什么位置可能出现异常、如何捕获异常以及如何处理。常用的检查型异常继承关系如下：

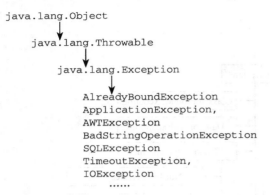

4.3 异常的处理机制

Java 的异常处理机制是如何工作的呢？无论是检查型异常还是非检查型异常，针对可能出现的异常，用户程序必须从以下两种处理方式中做出选择：

1）在异常出现的方法中主动用 try…catch 句型处理。

2）如果该方法中没有做出任何处理，就把异常抛给调用该方法的上一层方法，如果上一层方法由 try…catch 句型处理了，则到此为止，否则继续顺着方法调用的层次逐级向上抛出，沿着被调用的顺序往前寻找，直到找到符合该异常种类的处理程序，交给这部分程序处理，如果抛到了程序调用顶层，main() 还没有被处理，则程序执行停止，main() 方法发出错误信息。

图 4-2 展示了 cat() 方法中出现了被零除的异常，该异常在 cat() 方法里没有得到处理，因此，运行时该异常会被抛给调用 cat() 的上一级方法 pets()，顺着方法调用的层次逐级向上寻找 try…catch…的处理代码，直到顶层 main() 方法，此时仍然没有找到匹配的处理程序，程序的执行终止，同时给出错误信息。这种情形可以看作 Java 在 main() 程序入口处设置有默认的 catch 代码块，该代码块的功能是捕获异常，打印错误信息并退出程序。

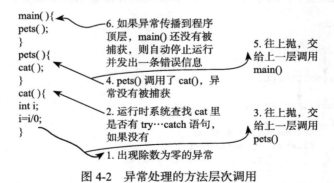

图 4-2　异常处理的方法层次调用

接下来分析 Java 异常处理机制是如何处理非检查型异常及检查型异常的。

4.3.1　非检查型异常处理

非检查型异常属于系统定义的运行异常，由系统自动检测并做出默认处理，用户程序不必做任何事情。

【例 4-1】 处理数组越界出现的异常。

```
//Ex4_1.java
import java.io.*;
public class Ex4_1{
    public static void main (String args[ ]) {
        int a[]=new int[5];
        a[6]=5;
    }
}
```

运行结果如下：

```
Exception in thread "main" java.lang.ArrayIndexOutOfBoundsException: 6
    at Ex4_1.main(Ex4_1.java:5)
```

此程序中用户并没有对程序做出任何的异常处理，运行时系统自动提示错误信息，访问数组下标越界，抛出 ArrayIndexOutOfBoundsException 异常，因为该异常是由系统定义的，属于系统可以识别的错误，所以程序执行会被中止，并创建一个该异常类的对象，即抛出数组出界异常，并显示错误信息。

【例 4-2】 除数为零的异常处理。

```
//Ex4_2.java
public class Ex4_2
{
    public static void main(String args[])
    {
        int a = 0;
        System.out.println(2/a);
    }
}
```

运行结果如下：

```
Exception in thread "main" java.lang.ArithmeticException: / by zero
    at Ex4_2.main(Ex4_2.java:11)
```

除数为零，导致抛出 java.lang.ArithmeticException 异常。

需要注意的是，非检查型异常也可以用 try...catch... 句型手工捕获，从而由用户程序选择某种方式进行处理。

【例 4-3】 非检查型异常用 try...catch 句型处理。

```
//Ex4_3.java
import java.io.*;
public class Ex4_3 {
    public static void main (String args[ ]) {
        int a[]=new int[5];
        try{
            a[6]=5;
        }
        catch(ArrayIndexOutOfBoundsException e){
            System.out.println(" 数组下标越界 ");
        }
    }
}
```

运行结果如下：

数组下标越界

4.3.2 检查型异常处理

对于检查型异常，Java 要求用户程序必须进行处理，根据具体情况判断在代码段何处处理异常，处理方法包括两种：捕获异常和声明抛出异常。对于前者，使用 try{…}catch(…){} 块，捕获到发生的异常，并进行相应的处理；对于后者，不在当前方法内处理异常，而是把异常抛出到调用方法中由上层方法处理。

1. 捕获异常

这种处理方式通常是在发生异常的方法内捕获该异常，并立即进行处理，语法格式如下：

```
try {
    statement()    // 可能产生异常的代码块
} catch (exceptiontype objectname) {
    statement()    // 处理代码块
}
finally {
    statement()    // 必须执行的代码
}
```

将可能产生异常的代码块放在 try{} 中，每个 try 语句必须伴随一个或多个 catch 语句，用于捕获 try 代码块产生的异常并做相应的处理。catch 语句可以接受一个参数，即异常类型的对象，exceptiontype 必须是一个从 Throwable 类派生出来的异常类的类型。

有时，需要执行 finally 语句，finally 语句用于执行收尾工作，为异常处理提供一个统一的出口。无论程序是否抛出异常，也无论 catch 捕获到的异常是否正确，finally 指定的代码都要被执行，并且这个语句总是在方法返回前执行，目的是给程序一个补救的机会。通常在 finally 语句中可以清除除了内存以外的其他资源，如关闭打开的文件、删除临时文件等。

注意事项：try、catch、finally 三个语句块必须组合起来使用，三者可以组成 try...catch...finally、try...catch 和 try...finally 三种结构，catch 语句可以有一个或多个，finally 语句最多一个。异常处理的查找遵循类型匹配原则，一个异常在匹配到其中一种异常类型后接着执行 catch 块代码，一旦第一个匹配的异常处理被执行，则不会再执行后面的 catch 块。异常处理执行完毕，程序接着最后一个 catch 代码段后的语句继续执行。

【例 4-4】为电子商店例子里隐含出错的代码段添加异常处理，如果输入的 ID 类型不是整数，则提示错误信息。

```java
//Ex4_4.java
import java.io.*;
class Product {
    int ID;
    String name;
    String categories;
    double ProductPrice;
    int getID(){
        return ID;
    }
    String getName(){
        return name;
    }
```

```java
    String getCategories(){
        return categories;
    }
    double getPrice(){
        return ProductPrice;
    }
}
public class Ex4_4{
    public static void main(String args[]) {
    Product ipad = new Product();
    BufferedReader in =new BufferedReader(new InputStreamReader(System.in));
        try{
            System.out.println(" 请输入 product ID:" );
            ipad.ID =Integer.parseInt(in.readLine());
            }catch(NumberFormatException e){
                System.out.println("ID 输入有误，必须输入数字 ");
                e.printStackTrace();
                System.exit(-1);
            } catch (IOException e) {
                System.out.println(" 标准输入 ID 有误 ");
                    e.printStackTrace();
                }
            System.out.println(" 请输入 product name:" );
            try {
            ipad.name =in.readLine();
                } catch (IOException e) {
                    System.out.println(" 标准输入 name 有误 ");
                    e.printStackTrace();
                }

            System.out.println(" 请输入 product categories:" );
            try {
                    ipad.categories=in.readLine();
                } catch (IOException e) {
                    System.out.println(" 标准输入 categories 有误 ");
                    e.printStackTrace();
                }
        }
    }
```

此例中的 BufferedReader in 属于标准 I/O 输入，要求必须捕获 IOException 异常，否则编译无法通过，因此每一次从键盘输入信息时，in.readLine() 皆需要进行异常捕获。输入产品 ID 时可能会因输入类型不符合而出现异常，应放入 try{} 中，随后对输入类型和标准 I/O 输入两种异常——NumberFormatException 和 IOException 进行捕获，当用户输入的产品 ID 类型不符合要求时，比如输入了字母，则程序终止，并打印错误信息。程序运行示例如下：

```
请输入 product ID:
ww
ID 输入有误，必须输入数字
java.lang.NumberFormatException: For input string: "ww"
    at java.lang.NumberFormatException.forInputString(NumberFormatException.java:48)
    at java.lang.Integer.parseInt(Integer.java:447)
    at java.lang.Integer.parseInt(Integer.java:497)
    at Product_exception.main(Product_exception.java:30)
```

此例里使用了一个常用的方法 printStackTrace()，它是从 Throwable 类中继承而来的，调用此方法将会打印出"从方法调用处直到异常抛出处"的方法调用序列。

捕获异常的顺序会影响到异常的处理，在类层次结构中，一般的异常类型要放在后面，特殊的放在前面。例如，NumberFormatException 要放在 Exception 前面，否则特殊类型将永远不会被执行。

以上处理异常方式仅仅提示出错误信息，程序执行被迫中断，显然不尽人意，我们期望的结果应该是不仅提示错误信息，而且程序应该继续执行，再次提醒用户输入正确的类型。因此程序设计时，应该将 try…catch 语句放在一个循环里，如果输入类型不正确，可反复输入，直到输入正确的类型为止。

【例 4-5】正确处理异常的程序例子。如果输入的 ID 类型不是整型，则不退出程序，可以反复提示用户输入，直到输入正确为止。

```java
//Ex4_5.java
import java.io.*;
class Product {
    int ID;
    String name;
    String categories;
    double ProductPrice;
    int getID(){
        return ID;
    }
    String getName(){
        return name;
    }
    String getCategories(){
        return categories;
    }
    double getPrice(){
        return ProductPrice;
    }
}
public class Ex4_5{
    public static void main (String args[]) {
        Product ipad = new Product();
        boolean valid = false;

        BufferedReader in =new BufferedReader(new InputStreamReader(System.in));
        while(!valid){
            try{
                System.out.println(" 请输入 product ID:" );
                ipad.ID =Integer.parseInt(in.readLine());
                valid=true;
            }catch(NumberFormatException e){System.out.println("ID 输入有误，必须输入数字，请再输入一次 ");}
            catch(IOException e){
                e.printStackTrace();
                System.out.println(" 标准输入 ID 有误 ");
            }
        }
        try{
            System.out.println(" 请输入 product name:" );
            ipad.name =in.readLine();
        }catch(IOException e){
            e.printStackTrace();
```

```
                System.out.println("标准输入product name 输入有误 ");
            }
        try{
                System.out.println("请输入product categoriese:" );
                ipad.categories=in.readLine();
            }
        catch(IOException e){
                e.printStackTrace();
                System.out.println("标准输入product categoriese 输入有误 ");
            }
    }
}
```

运行结果如下：

```
请输入product ID:
we
ID 输入有误,必须输入数字,请再输入一次
请输入product ID:
are
ID 输入有误,必须输入数字,请再输入一次
请输入product ID:
12
请输入product name:
ipad
请输入product categoriese:
Computer
```

Java 编程小提示：为了程序的稳定性，尽可能全方面地考虑到可能出现的异常，不仅需要提示错误信息，而且应该提供正确的解决方案，保证程序正常运行。

2. 声明抛出异常

如果在一个方法中生成了异常，但是该方法并不采用 try…catch 语句处理产生的异常，而是沿着调用层次向上传递，交给调用它的上一层方法来处理，这就是声明抛出异常。

声明抛出异常的方法是在产生异常的方法名后面加上关键字 throws，后面接上所有可能产生异常的异常类型，语法格式如下：

```
void func() throws ExceptionA, ExceptionB, ExceptionC{
……
}
```

下面是一个除数为零时的例子，这里没有在产生异常的方法里用 try…catch 语句对异常进行处理，而是抛给了调用该方法的上一层方法来处理。

```
public int cat(int x) throws ArithmeticException   //抛出异常给pets()处理
{
    int z = 10/x;     // 出现异常,cat()没有对异常做任何处理
    return z;
}
public pets()
{
    int x;
    BufferedReader in =new BufferedReader(new InputStreamReader(System.in));
    try{
        x = Integer.parseInt(in.readLine());
        cat(x);   //pets()把对cat(x)方法的调用放在了try里
```

```
        }catch(IOException io e){              // 捕获异常并进行处理
            System.out.println("read error");
        }catch(ArithmeticException e){
            System.out.println("devided by 0");
        }
    }
}
```

类似地，用声明抛出异常的方式修改例 4-5，产品 ID 类型输入异常和标准 I/O 输入异常由 try…catch 改为 throws 方式，在方法调用的顶层，main() 抛出了两种异常 NumberFormatException 和 IOException，由 main() 捕获，打印错误信息并退出程序。

【例 4-6】使用 throws 处理电子产品商店标准 I/O 输入异常。

```
//Ex4_6.java
import java.io.*;
class Product {
    int ID;
    String name;
    String categories;
    double ProductPrice;
    int getID(){
        return ID;
    }
    String getName(){
        return name;
    }
    String getCategories(){
        return categories;
    }
    double getPrice(){
        return ProductPrice;
    }
}
public class Ex4_6{
    public static void main (String args[])throws NumberFormatException,IOException
{   //在 main 里抛出异常
        Product ipad = new Product();
        BufferedReader in =new BufferedReader(new InputStreamReader(System.in));

        System.out.println(" 请输入 product ID:" );
        ipad.ID =Integer.parseInt(in.readLine());

        System.out.println(" 请输入 product name:" );
        ipad.name =in.readLine();

        System.out.println(" 请输入 product categoriese:" );
        ipad.categories=in.readLine();

    }
}
```

如果输入的 ID 类型是字母，则运行结果如下：

```
请输入 product ID:
er
Exception in thread "main" java.lang.NumberFormatException: For input string: "er"
    at java.lang.NumberFormatException.forInputString(Unknown Source)
    at java.lang.Integer.parseInt(Unknown Source)
```

```
        at java.lang.Integer.parseInt(Unknown Source)
        at Ex4_6.main(Ex4_6.java:29)
```

这里用 throws 代替了 try…catch 语句，没有把异常可能产生的代码段放在 try 里，也并没有 catch 操作，一旦有异常产生，main() 方法后面做出异常抛出处理，程序会打印错误信息并退出运行。两种方式相比，标准 I/O 输入异常统一采用 throws 方式，代码处理上相对简洁，然而对于产品 ID 类型输入异常则只能抛出，无法进一步提供合理的处理，因此最好两种方式配合使用，产品 ID 类型输入异常仍然保持 try…catch 方式执行，允许用户在输入错误时可重复输入。在实际开发中通常也是两种方式并用。

4.4 自定义异常类

原则上，异常处理的过程应该分为三步：首先，将产生异常的代码段放在 try{} 里，然后抛出（throw）异常，最后捕获（catch）异常。前面提到的 try…catch 方式，实际上省略了其中的抛出步骤，try…catch 方式处理的异常通常由 Java JVM 产生，或者由 Java 类库中的某些异常类产生，然后隐式地在程序里被抛出，JVM 已经替程序完成了抛出异常的操作，而程序中只需执行 try 和 catch 两步即可。

然而，有些情形下三个步骤是缺一不可的，例如程序中仅仅使用 Java 类库提供的异常类不能够满足要求时，需要自己定义异常类，当然这些异常 JVM 是不可能识别的，只能由用户程序手动引发，通过 new 生成自定义的异常对象，然后将它抛出来（注意：这里是 throw 而不是 throws）。throw 语法格式如下：

```
throw new ThrowableObject();
```

或者先自定义一个异常类，然后抛出其对象：

```
myException  e = new myException();
throw e;
```

抛出的异常必须是 Throwable 或其子类的对象，throw 语句常用于异常产生语句块中，与 try…catch 语句配合使用。

throws 与 throw 仅一个字母的差别，却是两种完全不同的概念。throws 写在方法的后面，抛出异常交给上级方法或类，即抛给调用它的方法进一步处理；而 throw 多用来抛出自定义的异常类对象，这类异常必须是 Throwable 类的子类，需要用户自己手工进行捕获。

首先看看程序中如果显式地将 Java 类库提供的异常类对象通过 throw 抛出，这有助于理解异常处理的三个步骤。

【例 4-7】使用 try、throw、catch 处理三种情形：无异常、除数为零、数组越界可能产生的异常。

```
//Ex4_7.java
class Process{
    void Proc( int sel )
    {
        System.out.println("*****in case " + sel + " *****");
        if( sel==0 )    // 没有异常
        {
            System.out.println("no Exception caught");
```

```java
            return;
        }
        else if( sel==1 )
        {
            try{
                int i=0;
                int j=5/i;   // 除数为零
                throw new ArithmeticException();
// 显式地抛出异常 ArithmeticException 对象
            }
            catch(ArithmeticException e)
            {
                System.out.println( e.toString() );
            }
        }
        else if( sel==2 )
        {
            try{
                int iArray[]=new int[4];
                iArray[10]=5;        // 数组越界
                throw new ArrayIndexOutOfBoundsException();
// 显式抛出异常 ArrayIndexOutOfBoundsExceptionn 对象
            }
            catch(ArrayIndexOutOfBoundsException e)
            {
                System.out.println( e.toString() );
            }
        }
    }
}
public class Ex4_7{
    public static void main( String args[] )
    {
        Process pp = new Process();
        try
        {
            pp.Proc( 0 );     // 调用 proc
            pp.Proc( 1 );
            pp.Proc( 2 );
        }catch( ArithmeticException e ){
            System.out.println("Catch: " + e + "; Reason: " + e.getMessage());
        }catch( ArrayIndexOutOfBoundsException e ){
            System.out.println("Catch: " + e + "; Reason: " + e.getMessage());
        }catch( Exception e ){
            System.out.println("Will not be executed");
        }finally{
            System.out.println("must go inside finally");}
    }
}
```

运行结果如下：

```
*****in case 0 *****
no Exception caught
*****in case 1 *****
java.lang.ArithmeticException: / by zero
*****in case 2 *****
java.lang.ArrayIndexOutOfBoundsException: 10
```

must go inside finally

此例中一旦有异常产生，就创建异常类 ArithmeticException 或者 ArrayIndexOutOfBoundsException 对象，并执行 throw new ArithmeticException() 语句抛出一个 ArithmeticException 类异常对象，或者执行 throw new ArrayIndexOutOfBoundsException() 语句抛出 ArrayIndexOutOfBoundsException 类异常对象。一般而言，当抛出 Java 类库定义的异常时，JVM 会自动识别，程序里往往可以省略 throw 步骤。

接下来分析如何抛出一个自定义的异常类对象。Java 允许用户自行设计异常类，以便处理运行中可能出现的逻辑错误。比如学生年龄为 20 是一个整数，如果不小心给学生年龄赋值为 200，编译时不会有语法错误，但不符合常识，这时，可以自定义一个 AgeException 异常类来表示这种异常。在软件开发中，需要自定义异常类的情形有很多，尤其是大型项目开发，开发人员通常预定义好一些异常类，这些异常类可以如同 Java 类库的异常类一样使用，方便项目组同事共享，在有异常隐患的程序中调用，以提高项目的整体稳定性及协调性。

声明自己的异常时，所有异常类都必须是 Exception 的子类，声明格式如下：

```
class MyException extends SuperclassOfException
{
    ...
}
```

其中 SuperclassOfException 可以为 Exception、ArithmeticException、IOException……

【例 4-8】 以电子产品商店为例，假设产品价格少于 100 元则不合理，可以自定义一个异常类来描述这种异常。

异常类 PriceException 定义如下：

```
class PriceException extends Exception {
    public PriceException(){
        System.out.println("the price is too low!!!");
    }
}
```

PriceException 类从 Exception 类派生出来，继承了 Exception 类的属性、方法以及抛出异常的功能，PriceException 类只定义了一个构造函数，在创建对象异常时输出提示信息。完整代码如下：

```
//Ex4_8.java
class Product {
    int ID;
    String name;
    String categories;
    double ProductPrice;
    int getID(){
        return ID;
    }
    String getName(){
        return name;
    }
    String getCategories(){
        return categories;
    }
    double getPrice(){
```

```
        return ProductPrice;
    }
}
class PriceException extends Exception {
    public PriceException(){
    System.out.println("the price is too low!!!");
    }
}
public class Ex4_8{
    public static void main(String args[]) {
        Product ipad = new Product();
        ipad.ID =123;
        ipad.name = "ipad2";
        ipad.ProductPrice = 50;//Price<100
        try{
            if(ipad.ProductPrice<100)
                throw new PriceException();// 抛出异常 PriceException 类对象
        }catch(PriceException e)
        {e.getMessage();}
    }
}
```

运行结果如下：

```
the price is too low!!!
```

在 main() 中创建了一个 ipad 对象，其价格为 50，在 try 块中判断 ProductPrice 的价格，小于 100，则抛出自定义的 PriceException 对象，紧跟着的 catch 语句捕获到对象 e 后，调用构造方法输出错误信息"the price is too low!!!"。

Java 编程小提示：程序里尽可能多地使用异常处理机制，在后面的学习中，每一项新内容都应学会使用类库提供的异常处理方法，比如学习 JDBC 则应学会使用 SQLException。

本章小结

本章介绍了 Java 异常处理的特色，讲述了 Java 的异常处理机制、Java 异常类库的分类及处理方法，以及自定义异常类库的定义方法及使用。

Java 异常类库分为非检查型异常和检查型异常，非检查型异常即程序在运行时经系统自动检测出并进行处理，程序不必理会；而检查型异常是程序必须捕获并自行处理的。

检查型异常的处理方式一般有两种：

1) try...throw...catch 形式。将隐藏异常的代码放在 try{} 里，一旦运行中有异常发生，则 throw 一个异常对象，如果该异常属于 Java 类库提供的异常类，可以省略 throw 这个步骤，即直接使用 try...catch 方式，这在 Java 程序中比较常用。接下来捕获（catch）异常，捕获异常后再自行决定处理方法。

2) throws 形式。这种方式程序在隐藏异常代码的方法中不进行 try...catch 处理，而是向上抛给调用该方法的上一层方法，依次按照程序调用方法的层次往上抛，直到有方法提供 try...catch 处理，如果直到顶层 main() 方法异常仍然没有被处理，则程序自行停止运行，并抛出错误信息。

自定义异常类提供了一种手动创建并使用异常类的机制，通常用来捕获程序的逻辑错误，一般必须采用 try…throw…catch 形式来处理，且不能够省略 throw。

习题

1. 修改例 4-6，产品 ID 类型输入异常采用 try…catch 方式执行，允许用户重复输入产品 ID。
2. 进一步完善第 3 章的第 3 或第 4 题，从键盘输入所需信息，对于从键盘输入的数据采用异常处理机制进行处理，并为不同的模块添加适当的自定义异常类。
3. throws 和 throw 的区别是什么？
4. 简述 Java 异常处理机制。
5. Java 语言如何进行异常处理？ throws、throw、try、catch、finally 分别代表什么意义？
6. 如果 try() 里有一个 return 语句，紧跟在 try 后的 finally{} 里的代码会不会被执行？如果被执行，是在 return 前还是后？

第 5 章 类的重用

代码重用是 Java 最引人注目的功能之一，在程序开发中占有非常重要的地位，是面向对象编程的精髓。

代码重用的重要性主要体现在两个方面，一方面，有利于维护代码结构，代码结构需要有效管理，否则程序会变得十分臃肿，开发逻辑混乱，后期难以维护，代码重用可以减少冗余，使代码结构更加清晰，提高效率。另一方面，有利于程序的可扩展性及灵活性，代码重用可以使一些比较实用的类在其他新类或项目中重新发挥作用，而不必再从头开始编写代码。

本章讲述 Java 中类重用的两种方式——继承和组合。在当前类的基础上派生出新类，添加新代码，这种方式称为继承；在当前类中加入其他类的对象，从而使用到其数据成员及方法，这种方式称为组合。

下面将从软件设计角度详尽分析继承与组合的语法特点、实现方式、使用情形及效果。

5.1 类的重用概述

前面曾经提到，养成良好的面向对象编程习惯至关重要，例如一个类定义在一个 .java 文件里，避免将所有类都定义在一个 .java 文件中。这种设计方式的目的是使类之间能够保持在"松耦合"的状态，"松耦合"有助于更新和进一步扩展类的部分，促进类与类之间的更好交互，增强程序的灵活性与可扩展型。在"松耦合"结构中，若只对其中某个类的功能进行变更和扩展，则不会影响到其余的类，这就是"松耦合"的优势，充分体现出在第 1 章介绍的面向对象程序设计原则之一的"开放-封闭原则"中"开放"性。

假设你负责"愤怒的小鸟"项目，分别创建了一个"小鸟"类（定义在 Bird.java 中）和一个"绿猪"类（定义在 Pig.java 中），实现了"小鸟"攻击"绿猪"的功能。如果从"小鸟"派生出一个子类"蓝鸟"（定义在 Blue.java 中），攻击时一只蓝鸟会分裂出 3 只小蓝鸟，增添了新的攻击功能，而"小鸟"类代码保持不变，"绿猪"类代码将不受任何影响。这说明类的封装（封闭原则）保证了原有的代码不被更改，在此基础上又依据类的继承（开放原则）添加了新的代码。因此，如果说封装是面向对象的基石，类的重用就是面向对象的核心，它使封装好的类得到真正意义上的扩展，这正是面向对象的目的所在。

除了继承以外，类重用还有另一种实现方式——组合。即一个类 B 被另一个类 A 所用，A 在保持原有功能不变的基础上，又增添了 B 的功能，性能得到了扩展，充分体现了程序设计中的"开放"原则。此外，类的重用也使一个类更加多功能化，比如车轮类的对象用于自行车类中，为自行车提供了行动的功能；类似地，若将车轮类的对象用于汽车类中，汽车就有了行驶的功能。在代码层面上，往往将 B 的对象作为 A 的一个成员变量，或者将 B 的对象作为 A 方法的一个参数。在第 1 章里分析过类与类之间的几种关系：依赖、聚合、关联、组合。这 4 种关系只是语义理解上不同，在代码实现上都是相同的，皆采用"组合"的方式。

5.2 重用方式之———继承

继承的根本出发点是若干类存在相似点，共享相同的属性和方法，这样一来，相似处能够提取出来重用，不必重复编写代码。

继承是在一个类（父类）的基础上扩展新的功能而实现的，父类定义了公共的属性和方法，而其子类自动拥有了父类的所有功能，在此基础上，又可以增添自己特有的新的属性和方法进行扩展。

在 Java 创建一个新类时，总是在继承，除非指明继承于一个指定类，否则都是隐式地从 Java 的根类 Object 中派生出来的子类，即 Object 类是所有类的"祖先"，Java 中的类一律继承了 Object 类的方法，这是 Java 的一大特色。

需要注意的是，Java 只支持类的单继承，每个子类只能有一个直接父类，不允许有两个以上的父类，这样使 Java 的继承方式很直接，代码简洁，结构清晰。

5.2.1 父类与子类

接下来从代码层面学习继承的语法知识。

父类（base class）：被直接或间接继承的类。

子类（derived-class）：子类将继承所有祖先的状态和行为，可以增加新的变量和方法，也可以覆盖（override）所继承的方法，赋予新的功能。

仍然以电子产品商店为例，Product 类可以作为一个父类，具备了普通 Product 的特性，它派生出三个子类 Computer、Stereo、Software，继承关系如图 5-1 所示。由于 Java 只支持单继承，因此若想从 Computer 和 Stereo 共同派生出一个 Computer-Stereo 类是不允许的。这点与 C++ 不同，C++ 支持多重继承，允许一个子类有两个以上的父类，但多重继承会导致类与类之间的交互关系错综复杂，代码混乱，不利于代码的管理及后期维护。

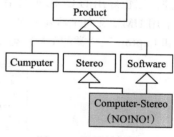

图 5-1 继承的例子

在继承关系下，子类和父类之间是一种 is-a（或 is kind of）的关系，如图 5-2 所示。这可以作为判定继承关系的一个基准。父类与子类之间必然是有共同点的，子类可看作是父类的一种特例，比如 Computer 类是 Product 类的一种特例。

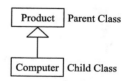

图 5-2 继承的 is-a 关系

5.2.2 继承的语法

在类的定义中，通过关键字 extends 来表示子类对父类的继承，继承的语法格式为：

```
class childClass extends parentClass
{
// 类体
}
```

以上格式说明子类 childClass 从父类 parentClass 派生出来，并继承了父类的非私有的数据成员和方法。下面在电子产品商店的基础上，按照图 5-2 的继承关系进行扩展，具体分析继承实现的过程。

一个电子产品商店里卖各种电子产品，如 Computer、Stereo、Software 等，以下是几种产品类信息。

产品 Product 的属性信息包括：
　　产品号（number）
　　种类（category）
　　名称（name）
　　价格（price）

计算机 Computer 除具有产品基本信息外，还可能具有以下的属性：
　　内存（memory）
　　处理器（ProcessorName）

笔记本电脑 Laptop 除具有产品基本信息外，还可能具有以下的属性：
　　厚度（thickness）
　　重量（weight）

根据以上信息，首先抽象出类 Product，它派生出子类 Computer，Computer 类又派生出它的子类 Laptop，这三个类的关系图如图 5-3 所示。

为了便于分析，采用 UML 类图，在 eclipse 中添加 UML 插件，比较好用的 UML 插件有 Together for eclipse 或者 UML2，可采用 UML 反向工程由代码生成 UML 类图。Product、Computer 和 Laptop 三个类的 UML 类图如图 5-4 所示。

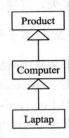

图 5-3　Product、Computer、Laptop 继承关系

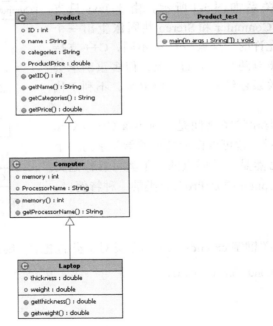

图 5-4　Product、Computer、Laptop 的 UML 类图

UML 类图能够反映出几种类之间的关系：泛化（继承）、实现、关联、聚合、组合、依赖。例如，在继承关系中，带三角箭头的实线指向父类；在实现关系中，带三角箭头的虚

线指向接口。通常一个类图的组成包括类名、数据成员和成员方法三部分，图 5-4 不但反映出父类和子类之间的关系，而且很清晰地表示出每个类的数据成员、方法以及方法的返回值。例如，从图 5-4 中可以看出，在 Laptop 类中，thickness 和 weight 是 double 类型，getthickness() 和 getweight() 方法的返回值是 String 类型。在以后的例子中都会继续使用 UML 类图来协助分析代码。

【例 5-1】实现 Product、Computer 和 Laptop 三个类的继承关系。

首先分别创建三个类：

```java
//Product.java
package Ex5_1;
public class Product {
    protected int ID;
    protected String name;
    protected String categories;
    protected double ProductPrice;

    int getID(){
        return ID;
    }
    String getName(){
        return name;
    }
    String getCategories(){
        return categories;
    }
    double getPrice(){
        return ProductPrice;
    }
}
//Computer.java
package Ex5_1;
public class Computer extends Product
{
    protected int memory;
    protected String ProcessorName;

    int memory()
    {
        return memory;
    }
    String getProcessorName()
    {
        return ProcessorName;
    }
}
//Laptop.java
package Ex5_1;
public class Laptop extends Computer
{
    double thickness;
    double weight;

    double getthickness()
    {
        return thickness;
```

```
    }
    double getweight()
    {
        return weight;
    }
}
```

然后创建一个测试类 Product_test.java，类中声明一个 Computer 类对象 apple 和一个 Laptop 类对象 mac，并对这两个对象赋值。具体代码如下：

```
//Product_test.java
package Ex5_1;
public class Product_test{
    public static void main(String args[]){
        Computer apple = new Computer();
        apple.ID = 123;
        apple.name = "MacBook";
        apple.categories = "laptop";
        System.out.println(apple.getName());
        System.out.println(apple.getCategories());

        Laptop mac = new Laptop();
        mac.name = "myMacbook";
        mac.weight = 20;
        mac.thickness = 1.3;
        System.out.println(mac.getName());
        System.out.println(mac.getProcessorName());
        System.out.println(mac.getthickness());
    }
}
```

运行结果如下：

```
MacBook
laptop
myMacbook
null
1.3
```

此例把几个父类的数据成员皆定义为 protected，protected 的访问权限范围是本类、子类，这样一来，即使父类和子类放在不同的包里，子类的方法仍然可以访问到从父类继承而来 protected 的数据成员。然而需要注意，这种情况下，若想通过子类的对象访问从父类继承 protected 的数据成员是不可行的，因为子类的对象并不属于子类，不在 protected 的访问权限范围之内，只有定义为 public 的父类数据成员，才能被不同包中的子类对象访问。

Java 编程小提示：面向对象程序设计时，什么情形使用继承？需要考虑以下因素：
- 寻找类之间的共同点，只要两个以上的类有共同的属性和方法，应用继承就是可行的。
- 类之间有"直系亲戚"关系，应满足 is-a 或 is kind of 关系。
- 为方便子类继承并使用到父类的所有东西，因此最好不要把父类属性设为私有。

5.2.3 子类的数据成员

一个对象从其父类中继承数据成员和方法，但不能直接访问从父类中继承的私有数据及方法，必须通过公有（及保护）方法进行访问。示例代码如下：

```
public class A {
    public int puba;
    private int priv;
    protected int protect;
    public int getpriv()   { return priv; }
}
public class B extends A {
    public int pubb;
    public void tryVariables() {
        System.out.println(puba);         //允许
        System.out.println(priv);         //不允许
        System.out.println(getpriv());    //允许
        System.out.println(pubb);         //允许
    }
}
```

如果子类中定义有与父类中相同的成员变量名，那么从父类继承而来的同名变量将被隐藏。例如以下代码显示由 Parent 类派生出 Child 类。

```
class Parent {
    String name;
}
class Child extends Parent {
    String name;
}
```

父类与子类都定义有相同名字的成员变量 String name，Child 中的 name 将会覆盖从 Parent 继承而来的 name。

5.2.4 子类的方法

与数据成员的继承方式相同，子类也只继承父类中非 private 的成员方法，当子类中定义有和父类同名的成员方法时，从父类中继承而来的成员方法会被子类中的同名成员方法覆盖（Override），方法覆盖即在子类中重新定义（重写）父类中同名的方法。

【例 5-2】父类 Bike 派生出子类 SpeedBike，并重写了父类中的方法 speedup()，main() 方法中子类的对象 abike 调用同名的方法 speedup()。

```
//Bike.java
package Ex5_2;
class Bike
{
    int colornum;
    int brand;
    int speed;
    public void speedup()
    {
        speed = 0;
        System.out.println("too slow......");
    }
    public void presshorn() {System.out.println("beep......"); }
}

//SpeedBike.java
```

```
package Ex5_2;
class SpeedBike extends Bike
{
    public void ride() {System.out.println("I am riding the bike"); }
    public void speedup()   //重写了父类的speedup()
    {
        speed = speed +10;
        System.out.println("So fast!, my speed is:"+speed+"now");
    }
}
//DemoBike.java
package Ex5_2;
public class DemoBike
{
    public static void main( String args[ ] )
    {
        SpeedBike abike = new SpeedBike( );
        abike.presshorn();
        abike.ride();
        abike.speedup();
    }
}
```

输出结果如下：

```
beep......
I am riding the bike
So fast!, my speed is:10now
```

从运行结果可以看出，当 SpeedBike 类对象 abike 调用 speedup() 时，SpeedBike 中的 speedup() 方法覆盖了从父类 Bike 类中继承而来的 speedup() 方法，因此，此时调用的是子类 SpeedBike 中的 speedup()，而不是父类 Bike 的 speedup()。

那么在子类中如何才能访问到被隐藏的父类方法？Java 提供了一个重要的关键字 Super 来实现。例如，在 SpeedBike 子类的 speedup() 方法中添加一句 super.speedup();，修改后的 speedup 方法如下：

```
public void speedup()
{
    super.speedup(); //通过Super关键字调用父类的speedup()
    speed = speed +10;
    System.out.println("So fast!, my speed is:"+speed+"now");
}
```

然后重新运行 DemoBike，输出结果显示调用了父类的 speedup() 版本。

```
beep......
I am riding the bike
too slow......
So fast!, my speed is:10now
```

Super 除了可以调用父类的方法外，还可以调用父类中的数据成员及构造方法。下面举例说明在继承关系下，如何在子类中调用父类的构造方法。

【例 5-3】在例 5-2 的基础上，为 Bike 类和 SpeedBike 类添加构造方法，SpeedBike 类的构造方法通过 super 调用父类 Bike 的构造方法和数据成员。

```java
//Bike.java
package Ex5_3;
class Bike
{
    int colornum;
    int brand;
    int speed;

    Bike(){ System.out.println("call Bike constructor");}
    public void speedup()
    {
        speed = 0;
        System.out.println("too slow......");
    }
    public void presshorn() {System.out.println("beep......");  }
}

//SpeedBike.java
package Ex5_3;
class SpeedBike extends Bike
{
        SpeedBike(){   //子类构造方法
        super();    //调用父类的构造方法
        super.colornum =12; //调用父类的数据成员
        super.presshorn();
        System.out.println("call Speed Bike constructor");
    }
    public void ride() {System.out.println("I am riding the bike");}
    public void speedup()
    {
        super.speedup();   //调用父类的 speedup()
        speed = speed +10;
        System.out.println("So fast!, my speed is:"+speed+"now");
    }
}
//DemoBike.java
package Ex5_3;
public class DemoBike
{
    public static void main( String args[ ] )
    {
        SpeedBike abike = new SpeedBike( );
        abike.presshorn();
        abike.ride();
        abike.speedup();
    }
}
```

运行结果如下：

```
call Bike constructor
beep......
call Speed Bike constructor
beep......
I am riding the bike
too slow......
So fast!, my speed is:10now
```

以上结果表明在子类构造方法 **SpeedBike()** 中可以通过 super() 语句调用父类的构造方法

Bike()，需要注意的是 super() 语句必须是子类构造方法的第一条语句。

5.2.5 继承关系下的构造方法

在继承关系下，在子类中调用父类的构造方法有两种途径，一种是在子类构造方法中显式地通过 super() 调用；另一种是在子类的构造方法中，即使没有明确指明调用父类的默认构造方法（无参的构造方法），该方法也会自动调用。

举例验证默认父类构造方法在子类中会被自动调用，以下例子有三层继承关系，Cat 类派生出 CartoonCat 子类，CartoonCat 类又派生出 SuperStar 子类，每个类里均定义有一个无参的构造方法，在 main() 方法中创建了一个 SuperStar 的对象 garfield。

```java
class Cat {
    Cat() {    // 默认构造方法
        System.out.println("Cat constructor"); }
}
class CartoonCat extends Cat {
    // 默认构造方法
    CartoonCat(){ System.out.println("CartoonCat constructor"); }
}
class SuperStar extends CartoonCat{
    // 默认构造方法
    SuperStar() { System.out.println("SuperStar constructor");}
}
public class OnShow{
    public static void main(String[] args) {
        SuperStar garfield = new SuperStar();
    }
}
```

该程序的输出显示了默认构造方法会被自动调用：

```
Cat constructor
CartoonCat constructor
SuperStar constructor
```

输出结果显示，当创建 Superstar 对象 garfield 时，执行了 SuperStar 的构造方法，该方法自动依次调用三个默认构造方法，最先调用父类 Cat 的构造方法，其后调用子类 CartoonCat 的构造方法，最后才是 CartoonCat 的子类 SuperStar 的构造方法。即便没有给这三个类创建任何构造方法，编译器也会自动为它们提供默认构造方法，并发出对父类构造方法的调用。

继承关系下的构造方法应遵循以下原则：
- 在子类的构造方法中调用其父类的构造方法时，调用语句必须出现在子类构造方法的第一行，并使用 super 关键字完成。
- 如果子类构造方法中没有明确指明调用父类构造方法，则系统在执行子类的构造方法时，自动调用父类的默认构造方法（即无参的构造方法）。
- 在子类中若想调用一个带参数的父类构造方法，就必须用关键字 super 显式地完成。

下面是电子产品商店继承关系下的综合实例，采用 super 实现了对父类构造方法和 toString() 方法的调用。

【例 5-4】在 Product、Computer 以及 Laptop 三个类中添加构造方法和 toString() 方法，

子类中均通过 super 调用父类的构造方法和 toString() 方法。

```java
//Product.java
package Ex5_4;
public class Product {
    protected int ID;
    protected String name;
    protected String categories;
    protected double ProductPrice;

    public Product(){ this(0, "","",0);}
    public Product(int aID, String aname, String acategories, double aPrice)
    {
        ID=aID;
        name=aname;
        categories=acategories;
        ProductPrice=aPrice;
    }
    public String toString()
    {
    return ("Product ID:"+ID +"\n"+"Product name:"+name+"\n"+"Productcategory:'
'+categories+"\n"+"Product Price:"+ProductPrice+"\n");
    }
    int getID(){
        return ID;
    }
    String getName(){
        return name;
    }
    String getCategories(){
        return categories;
    }
    double getPrice(){
        return ProductPrice;
    }
}
//Computer.java
package Ex5_4;
public class Computer extends Product
{
    protected int memory;
    protected String ProcessorName;

    public Computer(){
        //此处隐含调用构造方法 Product()
    }
    public Computer(int aID, String aname, String acategories, double aPrice, int amemory,String aProcessorName)
    {
        super(aID, aname, acategories,aPrice);
        memory=amemory;
        ProcessorName = aProcessorName;
    }
    public String toString(){
        return (super.toString()+"memory:"+memory+"\n"+"ProcesssorName:"+ProcessorName+"\n");
    }
    int memory()
```

```java
        {
            return memory;
        }
        String getProcessorName()
        {
            return ProcessorName;
        }
}
//Laptop.java
package Ex5_4;
public class Laptop extends Computer
{
        double thickness;
        double weight;

        public Laptop(int aID, String aname, String acategories, double aPrice, int amemory,String aProcessorName,double athickness,double aweight) {
                super(aID,aname,acategories,aPrice,amemory,aProcessorName);
                thickness = athickness;
                weight = aweight;
        }
    public String toString(){
    return(super.toString()+"thickness"+thickness+"\n"+"weight"+weight+"\n");
        }
        double getthickness()
        {
            return thickness;
        }
        double getweight()
        {
            return weight;
        }
}
//Product_test.java
package Ex5_4;
public class Product_test{
    public static void main(String args[]){
        Product tt = new Product(11,"lenovo","desktop",5000);
        Computer ter = new Computer(123,"dell","desktop",3000,516,"hp");
        Laptop mac = new Laptop(456,"apple","laptop",3456,516,"hp",1.3,26);
        System.out.println(tt);
        System.out.println(ter);
        System.out.println(mac);
    }
}
```

运行结果如下：

```
Product ID:11
Product name:lenovo
Product category:desktop
Product Price:5000.0
Product ID:123
```

```
Product name:dell
Product category:desktop
Product Price:3000.0
memory:516
ProcesssorName:hp

Product ID:456
Product name:apple
Product category:laptop
Product Price:3456.0
memory:516
ProcesssorName:hp
thickness1.3
weight26.0
```

子类的构造方法必须使用 super 显式地调用父类的构造方法；同样地，子类的 toString() 方法也可以通过 super 调用父类的 toString() 方法。

5.3 抽象类与抽象方法

有时，在继承关系下的多个子类需要实现相似的功能，例如在前面提到的电子产品商店例子中，若为 Computer 和 Laptop 等产品添加广告功能，虽然它们的广告内容各不相同，但是功能类似，为方便起见，可考虑把这些个性化的广告功能抽象为一个统一的方法并命名为 ads()，在父类 Product 中放置方法 ads() 的声明，而广告功能的具体实现分别在各个子类中完成。这种在父类中声明在子类中实现的方法 ads() 称为抽象方法，含有抽象方法的父类 Product 类称为抽象类。

这里引入了"抽象类"的概念，即用 abstract 关键字来修饰的类。Product 类就是一个抽象类，Product 本身属于一个抽象的概念，不能当作真正需要的实体，类似这样的抽象概念，如"水果"类、"谷物"类，等等。抽象类不能创建对象，它只能作为其他类的父类，这一点与 final 类正好相反，它的存在仅仅是为了继承而用。因此，抽象类是一个具有抽象结构的父类，一个可以被它的子类通用的类模式，里面包含子类共同的方法声明，方法的具体实现放在子类里，并且这个类本身没有实际使用意义，不必实例化。

"抽象方法"是抽象类中的一种特殊的方法，用 abstract 关键字来修饰。在抽象类中，抽象方法只有声明，不能有定义，也就是仅有方法头，而没有方法体或操作实现，它的方法体放在子类里，因此抽象方法必须在子类中重写，否则没有意义。含有抽象方法的类必定是抽象类，抽象类中除了抽象方法，还可以包含其他普通的方法。

抽象类与抽象方法的声明格式如下：

```
abstract class <类名>{
        数据成员;
        方法( ){方法体};        // 一般方法
        abstract 方法( );       // 抽象方法声明
}
```

【例 5-5】定义一个抽象类 Shape，Shape 派生出两个子类 Circle 和 Rectangle。Shape 中声明了抽象方法 area()，该方法分别在两个子类中实现，程序的 UML 类图如图 5-5 所示。

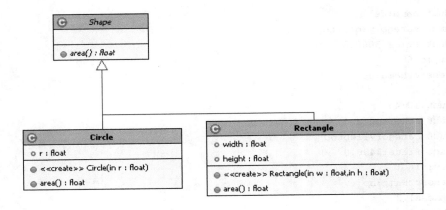
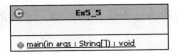

图 5-5 抽象类 Shape 及子类的 UML 类图

```java
//Ex5_5.java
//定义一个抽象类 Shape
abstract class Shape
{
    abstract float area();//方法声明
}
//定义一个子类 Circle
class Circle extends Shape
{
    float r;
    Circle(float r)
    {
        this.r = r;        //this 指 " 这个对象的 "
    }
    public float area()    //方法实现
    {
        return (float) (3.14*r*r);
    }
}
//定义一个子类 Rectangle
class Rectangle extends Shape
{
    float width;
    float height;
    Rectangle (float w, float h)
    {
        width = w;
        height = h;
    }
    public float area()    //方法实现
    {
        return width*height;
    }
}
public class Ex5_5 {
```

```
    public static void main(String args[]){
        Circle cir = new Circle(3);
        Rectangle rec = new Rectangle(2,5);
        System.out.println(cir.area());
        System.out.println(rec.area());
    }
}
```

运行结果如下：

```
28.26
10.0
```

Shape 类只为了继承而定义，类里只有一个抽象方法 area() 的声明，没有方法定义，而又不得不在 Shape 里声明它，否则子类们的 area() 将无从继承，area() 真正的实现分别放在子类 Circle 和 Rectangle 中。

【例 5-6】为电子产品商店的产品添加广告功能，将 Product 类设计为一个抽象类，在每个子类通过 ads() 方法实现了广告功能，程序的 UML 类图如图 5-6 所示。

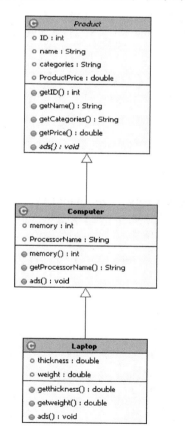
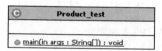

图 5-6 电子产品商店抽象类的 UML 类图

```
//Product.java
package Ex5_6;
abstract public class Product {
    protected int ID;
```

```java
    protected String name;
    protected String categories;
    protected double ProductPrice;

    int getID(){
        return ID;
    }
    String getName(){
        return name;
    }
    String getCategories(){
        return categories;
    }
    double getPrice(){
        return ProductPrice;
    }
    abstract void ads();
}
//Computer.java
package Ex5_6;
public class Computer extends Product
{
    protected int memory;
    protected String ProcessorName;

    int memory()
    {
        return memory;
    }
    String getProcessorName()
    {
        return ProcessorName;
    }
    void ads(){
    System.out.println("This is the best you've ever seen!");
    }
}
//Laptop.java
package Ex5_6;
public class Laptop extends Computer
{
    double thickness;
    double weight;
    public double getthickness()
    {
        return thickness;
    }
    double getweight()
    {
        return weight;
    }
    void ads(){
    System.out.println("Your best choice!");
    }
}
//Product_test.java
package Ex5_6;
public class Product_test{
```

```java
    public static void main(String args[]){
        Computer apple = new Computer();
apple.ID = 123;
apple.name = "MacBook";
apple.categories = "laptop";
System.out.println(apple.getName());
System.out.println(apple.getCategories());
apple.ads();

Laptop mac = new Laptop();
mac.name = "myMacbook";
mac.weight = 20;
mac.thickness = 1.3;
System.out.println(mac.getName());
System.out.println(mac.getweight());
System.out.println(mac.getthickness());
mac.ads();
    }
}
```

运行结果为：

```
MacBook
laptop
This is the best you've ever seen!
myMacbook
20.0
1.3
Your best choice!
```

Java 编程小提示：定义有多个抽象方法时要注意，一个抽象类的子类如果不是抽象类，则它必须为父类中的所有抽象方法写出方法体，即重写父类中的所有抽象方法。

5.4 重用方式之二——类的组合

类的组合是类重用的另一种方式。继承仅适用于有共同点的父类与子类之间，而组合并不要求类与类之间一定有直接的联系，一个类通过将其他类的对象加入自己的类中，从而使用其资源。需要注意的是，这里的"组合"表示代码层面的实现方式。第 1 章里提到了类与类之间的依赖、聚合、关联、组合关系，这几种类关系都有一个共同点，即一个类 A 使用到另一个类 B，它们的区别在于 A 与 B 的依赖程度不同，可以是临时的或永久的，也可以是局部与整体的关系，这几种关系仅仅是语义上的不同而已，在代码层面都可以用"组合"方法实现。

5.4.1 组合的语法

Java 类中的数据成员可以是其他类的对象，例如程序中常定义有 String 类型的成员变量，这便是类的组合。组合并不是面向对象语言特有的，在 C 语言的一个结构体中也常常用到其他结构体类型的变量。事实上，Java 类库某种意义上也是组合的实现，只不过采用的是 import 方式，把系统提供的类导入程序中，然后定义一个该类的对象来使用它的方法、属性等。

组合的语法很简单，将组合类的对象作为数据成员加入当前类中作为数据成员，而当前类的代码无需做任何修改。组合是 has-a 或 is part of 的包含关系，可简单理解为一个类里包含了另一个类的对象，在程序设计时，判断是否采用组合的几点技巧如下：

- 类之间没有"直系亲属"关系，是一种从属的依赖关系，这种关系可以是长期的（关联）、临时的（依赖）、整体与局部的（聚合），还可以是相互依存的（组合）。
- 当一个类需要使用到两个以上类的所有功能时，包括它们的属性和方法。
- 类与类之间是拥有 has-a 或 is part of 关系。

以车的组成为例，一辆车由车身、发动机、车轮、车窗、车门等部件组成。我们很自然地表述为"This car" has "body"，"engine"，"wheel"，"windows" and "doors"。因此，代码实现上可简单地把各个部件的对象放在类 Car 中，形成一个 Car 的组成部分。格式如下：

```
class Body{        // 类的语句   }
class Engine{      // 类的语句   }
class Wheel{       // 类的语句   }
class Windows{     // 类的语句   }
class Doors {      // 类的语句   }
class Car{
    Body bb;    //bb 为数据成员
    Engine ee; //ee 为数据成员
    Wheel wh;   //wh 为数据成员
    Window win;//win 为数据成员
    Doors dd;   //dd 为数据成员
}
```

这样一来，在 Car 这个类中通过对象 bb、ee、wh、win 和 dd 可使用到多个类中的数据。

Java 编程小提示：组合与继承最直接的区别是包含 (has-a) 关系用组合来表达，属于 (is-a) 关系用继承来表达。在组合关系下，A 类使用 B 类时，B 类的对象不仅可以作为 A 类数据成员，还常常作为参数传递给 A 类的方法。

在更多的时候，组合比继承更能使系统具有高度的灵活性和稳定性，有助于提升整个系统的可重用性，因此设计时可以优先考虑组合。

下面从代码层面探讨组合实现方式。如果类里有构造方法，当这个类的对象作为数据成员被组合到另一个类里时，如何对类类型数据成员进行初始化呢？

【例 5-7】实现由两个点连成一条线，类 Point 的对象采用组合方式，在类 Line 中用作数据成员。

```
//Ex5_7.java
class Point
{
    int x, y;   // 坐标
    public Point(int x, int y) // 方法
    {
        this.x = x;
        this.y = y;
    }
}
class Line
{
    Point p1,p2;
    Line(Point a, Point b)     // 构造方法
    {
        p1 = new Point(a.x,a.y);
```

```
            p2 = new Point(b.x,b.y);
        }
    }
    public class Ex5_7{
        public static void main(String[] args){
            Point one = new Point(4,2);
            Point two = new Point(6,3);
            Line lineone = new Line(one, two);
            System.out.println(" 点A: "+one.x+","+one.y);
            System.out.println(" 点B: "+two.x+","+two.y);
        }
    }
```

运行结果如下：

点A: 4,2
点B: 6,3

此例中 Line 的构造方法以两个 Point 对象为参数，方法中调用了 Point 的构造方法对两个 Point 对象 p1、p2 进行了初始化。

还可以考虑另外一种实现方式，在 Line 的构造方法直接以 Point 类的数据成员为参数，方法中同样调用 Point 的构造方法来完成对 p1、p2 的初始化。

```
class Line
{
    Point p1, p2;
    Line(int x1,int y1, int x2,int y2){
        p1 = new Point(x1,y1);
        p2 = new Point(x2,y2);
    }
}
public class Ex5_7{
    public static void main(String[] args){
        Line lineone = new Line(4,2,6,3);
    }
}
```

这两种实现方式一种以对象为参数，另一种以类的数据成员为参数，都能够对类类型数据成员进行初始化。编程时，根据具体情况任选其一即可。

5.4.2 组合与继承的结合

在实际开发中，有时仅使用组合或继承无法满足需要，往往需要将两种技术结合起来使用，创建为一个更复杂的类，使其既能够在原有类基础上得到适当的扩展，增添一些新特性和功能，又能将某些实用的功能融合到程序中，改进程序层次结构，从整体上大幅度提高程序的性能。但是，程序设计中继承和组合也各有不足之处，继承中父类和子类之间高度紧耦合，一旦父类的数据成员或方法有变化，其子类也要做相应的更改；组合太多的对象容易造成代码混乱，不易维护，因此设计时需要权衡考虑，合理使用。

【例 5-8】在上述的电子产品商店例子中，类的层次结构是一种继承的关系，此例中综合运用继承与组合关系，创建一个 HomeTheater 类，以组合的方式把 Computer、Stereo、Laptop 作为类类型的数据成员放置于 HomeTheater 中。

```java
//Product.java
package Ex5_8;
abstract public class Product {
    protected int ID;
    protected String name;
    protected String categories;
    protected double ProductPrice;

    int getID(){
        return ID;
    }
    String getName(){
        return name;
    }
    String getCategories(){
        return categories;
    }
    double getPrice(){
        return ProductPrice;
    }
    abstract void ads();
}
//Computer.java
package Ex5_8;
public class Computer extends Product
{
    protected int memory;
    protected String ProcessorName;

    Computer(int a){System.out.println("Computer Constructor...");}
    Computer(){} // 默认构造方法，生成 new computer() 必需
    int memory()
    {
        return memory;
    }
    String getProcessorName()
    {
        return ProcessorName;
    }
    void ads(){
    System.out.println("This is the best computer you've ever seen!");
    }
}
//Laptop.java
package Ex5_8;
public class Laptop extends Computer
{
    double thickness;
    double weight;

    Laptop(int b){
        super(b);
        System.out.println("Laptop Constructor...");
    }
    Laptop(){}   // 默认构造方法，生成 new Laptop() 必需
    public double getthickness()
    {
        return thickness;
```

```java
        }
        double getweight()
        {
            return weight;
        }
        void ads(){
        System.out.println("Laptop,Your best choice!");
        }
}
//Stereo.java
package Ex5_8;
public class Stereo extends Product
{
        int speaker;            //扬声器个数
        int watts;              //功率

        Stereo(int c){System.out.println("Stereo Constructor...");}
        Stereo(){}     //默认构造方法，生成new Stereo() 必需
        public int getNumSpk()
        {
            return speaker;
        }
        public int getWatts()
        {
            return watts;
        }
        void ads(){System.out.println("Stereo,This is awful!");}
}
//HomeTheater.java
package Ex5_8;
public class HomeTheater{
        Computer lenovo;
        Stereo sharp;
        Laptop apple;

        HomeTheater(int i){
            lenovo = new Computer(i);
            sharp = new Stereo(i+2);
            apple = new Laptop(i=3);
        }
        public static void main(String args[]){
            HomeTheater mytheater = new HomeTheater(3);
            mytheater.lenovo.ads();
            mytheater.sharp.ads();
            mytheater.apple.ads();
        }
}
```

运行结果如下：

```
Computer constructor...
Stereo constructor...
Computer constructor...
Laptop constructor...
This is the best computer you've ever seen!
Stereo,This is awful!
Laptop,Your best choice!
```

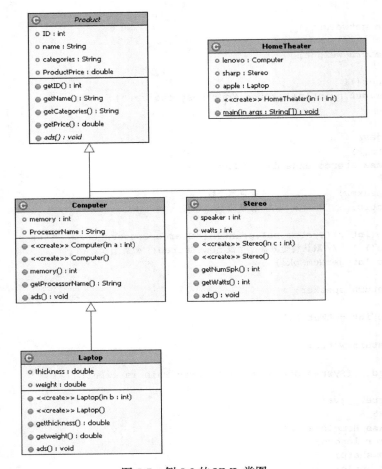

图 5-7 例 5-8 的 UML 类图

这个例子很好地体现了组合和继承的综合运用，Product 类派生出 Computer、Stereo，Computer 派生出 Laptop，Computer、Stereo 和 Laptop 三个类的对象又组合起来共同创建了一个多功能的 HomeTheater。

本章小结

本章首先分析了类重用的必要性，阐述了类重用的两种实现方式：继承与组合。

Java 只支持单继承，即一个子类只能继承于一个父类，子类与父类之间是 is-a 的关系。子类继承了父类所有非 private 的数据成员及方法，子类的方法可以覆盖父类同名的方法。子类通过 super 关键字调用父类的数据成员、构造方法和一般成员方法，在子类的构造方法中通过 super 调用父类构造方法时，super 语句必须放在第一句。

抽象类是一种不能实例化的类，它的产生仅仅是为了继承的需要，包含一个以上的抽象方法，抽象方法只有方法声明，具体的实现放在了该抽象类的子类里。

组合是代码重用的另一种方式，即一个类被另一个类使用，代码实现上通常把一个类的对象作为另一个类的数据成员，或者作为参数传递方法来使用。

习题

1. 举例说明继承与组合的应用。
2. 什么是抽象类？什么是抽象方法？什么时候需要抽象类？
3. 修改例 5-5，为每个类添加 toString() 方法。
4. 方法覆盖与方法重载有何区别？
5. 定义一个父类 A，它只有一个带参数的构造方法；再定义一个 A 的子类 B，在 B 的带参数构造方法中调用 A 的构造方法。测试类中创建一个 B 的对象，形式为 B bb，会有什么结果？
6. 定义一个 Pets 类，派生出子类 Cat 和 Dog 两类，在类中分别定义构造方法和 toString() 方法，并在测试类中创建子类对象验证程序。
7. 定义一个 Clothing 类，具有 type(String)、color（String）、size（int）三种数据成员，一个带有三个参数的构造方法和一个 toString() 方法。定义一个 Wardrobe 类，具有 contents(Clothing 数组) 和 capacity(int) 两种数据成员；一个 put() 方法，实现把衣服放入 Wardrobe 内，如果 Wardrobe 满了，提示信息"衣柜已满，不能再放衬衫"；一个 searchfor() 方法，可以根据衣服颜色或种类查找符合条件的衣服。定义测试类，创建 Wardrobe 对象实现 Wardrobe 方法。
8. 在完成第 4 章异常处理的基础上对公交管理系统进行扩展，要求如下：

   1）对 Route 线路管理模块进行扩展：Route 类派生出一个 Local 类和 LongDistance 类，Local 类负责市内或近郊线路；LongDistance 类负责长途客运。自行设计两个子类属性和相关操作。这两个类里都具有一个 Bus 类对象作为数据成员，用于记录运行于这两种公交线路的所有 bus 信息。

   2）对 Employee 员工管理模块进行扩展：Employee 类派生出 Manager 类，Manager 具有职务、管理部门、职责等特性。

   在保持已有增、删、查、改功能的基础上，自行设计子类相关操作，定义测试类，以继承和组合两种方式实现以上模块。

9. 在完成第 4 章异常处理的基础上，对航空订票管理系统进行扩展，要求如下：

   1）扩展 Order 订单管理模块：Order 类派生出一个 GroupOrder(团购) 子类，此类包含一些新特性，如团购号、团购票数（不能少于 25）、总价格等。

   2）扩展 Passenger 乘客管理模块：Passenger 类派生出一个 VIP Passenger 子类，该类乘客的积分需要达到一定数目（如 50000），才能购买一定折扣的机票（如 9 折），并享受其他 VIP 服务。

   允许每一位乘客查看自己的订单信息，以组合方式实现 Order 对象添加在 Passenger 类里。在保持已有增、删、查、改功能的基础上，自行设计子类相关操作，定义测试类，以继承和组合两种方式实现以上模块。

第 6 章 接口与多态

继承和组合是代码重用的两种实现方式，另外，Java 还提供了一种间接的代码重用方式——接口，Java 不支持多重继承，因而采用接口取而代之。接口方式建立了类与类之间的"通道"，一个类能够通过接口间接地使用其他类的资源，接口将多个类有机地组织在一起，既保持了类的独立性，又保证了类之间的交互性。此外，接口屏蔽了类功能的实施细节，类与类之间的通信仅通过接口完成，一个类在使用其他类的功能时，无须了解其实现细节。

多态是面向对象程序设计的三大特征之一，是指不同类的对象对相同的消息做出不同的反应，即针对不同的发送对象，对同一种消息采用不同的实现方式。多态以封装和重用为基础，可简化程序，使程序架构具有更大灵活性、可扩展性、可维护性。

本章内容涉及接口、多态和内部类，首先介绍接口，从软件设计的角度出发，分析接口设计的必要性及其语法要点，然后详细讲解多态的概念及实现方法，最后是内部类语法及其应用。

6.1 接口的概念及用途

我们知道继承方式允许子类在父类的基础上得以扩展功能，组合方式允许一个类使用组合类的功能，这两种重用方式的目的都是为当前类添加新特性、新功能。假设一个已有父类的当前类想再次继承另一个父类，在单继承的限定下，这是不允许的，怎么办呢？Java 的设计以简单实用为导向，不允许直接多重继承，而采用间接多重继承，于是接口顺应这样的需求产生了。接口使多重继承效果变成现实，尤其在当前类的组合类种类已经较多，程序结构复杂的情形下，接口可以继续为类增加所需的新功能并在此基础上进一步扩展，与组合方式相比，接口方式的程序结构更为清晰、直观、灵活。

从字面上解释接口是类与类之间连接的通道，类之间没有直接接触，它们通过接口互通信息，从而实现类与类之间的资源交互。

接口的用途之一是实现多重继承，一个类通过接口使用其他多个类的资源。生活中也有不少接口的例子，比如厨房里的一个电源插线板类似于一个接口，插线板上的电源线可连接微波炉、烤箱、电磁炉等，通过插线板便可使用不同的电器设备。同样道理，类也以接口方式将其他不相关的类整合到自己类中，并在此基础上进一步扩展，集合而成一个新的、可操作的新系统，实现了多重继承。这原理如同儿童的积木玩具，每一个独立的类就像一块积木，几块积木组合在一起可以搭建一座房子，积木重新拼搭又可以形成一座小桥。因此，接口方式可增强程序的灵活性和扩展性。

接口的用途之二在于它是一种规范，它规定了一组类在实现某些功能时必须拥有的统一规则，它屏蔽了相关功能的实施细节，以一种标准模式即接口方式提供给外部类或系统使用。接口的实现方式体现了第 1 章介绍的面向对象设计的"依赖倒转原则"，该原则是传统的面向过程设计模式的"倒转"。在传统模式中，功能（或函数）往往与程序系统牢固绑定，必须依赖于程序系统，一个系统使用的功能不经更改很难再用于其他系统，这样一来必须为每个系统定制相配套的功能，即使这些功能都很相似。接口方式打破了传统模式，实现了功能与系统的分离，将所有相似功能的实现细节部分对外屏蔽，仅抽象出这些功能的标准模式统一命名后，以接口的形式与外部系统打交道，而不同的系统只需经接口传递所需的功能类型，即可使用匹配的功能，而不必知道功能的具体实现。

这里举一个实际开发中使用接口的案例，某公司具有语音识别技术，有两家客户有意向购买该技术，一家客户准备在此技术基础上研发一套支持少数民族语言语音识别功能的手机软件，另一家客户需要将语音识别技术用于车载导航系统。通常，公司不会提供所有的相关源代码给用户，如何既能不泄露语音识别技术，又不妨碍客户的正常使用功能，支持他们在此基础上进行二次开发？可以考虑接口的解决方案，公司针对不同的客户，先分别实现语音识别个性化功能，然后将这些相似功能抽象为统一的方法声明，客户只能通过接口调用需要的功能，整合到自己的系统中，但无法得知功能实现的细节。这样一来，公司采用接口方式和多家客户合作，业务灵活许多，既能够将技术卖给多家客户，又保证了技术的保密性。

在代码层面，接口要求方法定义与方法调用分离，接口以方法的形式定义了所提供的一组功能，这些功能用于不同类中具有一定的相似性，但具体的实现方式又各有千秋，外部类对功能的使用皆通过接口间接调用来完成。

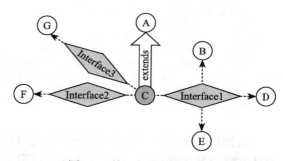

图 6-1 接口与类关系示意图

图 6-1 比较全面地诠释了接口与类的关系，以及接口在程序架构中的作用，图 6-1 中有 A～G 总共 7 个类，体现了基于接口的程序架构的以下两个特点：

- 接口的屏蔽功能，类 B、D、E 中一些相似的功能被抽象为统一的方法，声明在接口 Interface1 中，而功能的实现细节分别在这几个类中以不同的方式完成。类 C 通过接口 Interface1 使用到 B、D、E 中的功能，但无需知道方法的实现细节。
- 多重继承性，Java 允许一个类实现多个接口，与多个类通信。类 C 直接继承于类 A，同时又通过接口方式间接地使用到类 B、D、E、F 和 G 中的功能，从而实现了多重继承。

这样的程序架构充分体现了类的"松耦合"机制，类与类之间通过接口连接，每个类作为独立模块，保持其完整性，通过适当的整合又可以赋予它新的功能，最终程序中类与类通过接口连接形成一种灵活的、可"组装"的网状层次架构。

6.2 接口的声明及实现

作为一种规范，接口与抽象类有相似之处，可将其想象为一个纯抽象类，即只有抽象方法，没有一般方法的抽象类，而且这种抽象类中只包含抽象方法的声明和常量，没有方法定义。

接口只提供一种方法声明的形式，并不提供实施的细节，实现接口的每一个具体类可以自由地根据需求实现各自的实施细节。接口的声明格式与类很相似，格式如下：

```
[public] interface 接口名称{
    返回类型  方法名(参数列表);
    ……
    类型  常量名=值;
    ……
}
```

例如，声明一个接口 Driver：

```
public interface Driver{
    int age = 30;            // 常量
    void driverTest();
    void driverCar(String name);    // 抽象方法的声明
}
```

以上 Driver 接口中的常量 age 隐含修饰符为 public static final；方法 driverCar() 隐含修饰符为 public abstract，还需要注意接口与类不同，接口没有构造方法，不能被直接实例化。

JDK 8 对接口声明进行了补充，允许包含默认方法与静态方法，如：

```
public interface Driver{
    int age = 30;            // 常量
    void driverTest();
    void driverCar(String name);    // 抽象方法的声明
    default  String required () {
        return "default implementation"; }
    static String  route () {
        return " a static function is defined."}
}
```

与抽象方法不同，接口中的静态方法可以实现，默认方法不要求必须实现，实现接口的具体类将会默认继承它，如果需要也可以覆盖这个默认实现。

以示例说明接口的定义与实现方式，首先定义一个网上购物的接口 OnlineShopping，与网购相关的一系列操作放在接口中，定义如下：

```
public interface OnlineShopping {
    void addtoShoppingCart();
    void orderItem();
    void payment();
    void shipping();
}
```

接口中包含了 4 种网购操作方式，OnlineShopping 接口适用于各种商品购物，商品类可采用不同的方式实现这个接口。

接口通过定义具体类来实现，不能采用 new 运算符创建对象方式生成，而是在类里使用 implements 关键字实现接口。一个类实现接口的语法如下：

```
[public] class 类名称 implements 接口名1,接口名 2 {
    ……
    /*接口的方法体实现部分 */
    /*类本身的数据和方法 */
    ……
}
```

当实现一个接口时，它的所有方法都必须在类里实现，并且这些方法必须显式地定义为 public，不同的商品类如食品、衣物、家具、电子产品等，均可实现 OnlineShopping 接口，其中实现过程代码片段如下：

```
class Food implements OnlineShopping
{
    public void addtoShoppingCart ( )
    {
        ......
    }
    public void orderItem ( )
    {
        ......
    }
    public payment ( )
    {
        ......
    }
}
class  Clothing implements OnlineShopping
{
    public void addtoShoppingCart ( )
    {
        ......
    }
    public void orderItem ( )
    {
        ......
    }
    public payment ( )
    {
        ......
    }
}
class  Furniture implements OnlineShopping
{
    public void addtoShoppingCart ( )
    {
        ......
    }
    public void orderItem ( )
    {
        ......
    }
    public payment ( )
    {
        ......
    }
}
```

【例 6-1】两个类实现三个接口的实例，本例实现展示歌星和影星的各种才艺，首先定义三个接口：CanDance()、CanPerform() 和 canSing() 表示明星们共有的演技行为，明星类 Star 派生出两个子类：歌星 SingerStar 类和电影明星 MovieStar 类，其中 SingerStar 实现其中的两个接口 CanDance() 和 CanPerform，MovieStar 实现三个接口，UML 类图如图 6-2 所示。

```
//CanDance.java
package Ex6_1;
```

```java
public interface CanDance {
    void dance();
}
//CanPerform.java
package Ex6_1;
public interface CanPerform {
    void perform();
}
//CanSing.java
package Ex6_1;
public interface CanSing {
    void sing();
}
//Star.java
package Ex6_1;
public class Star {
    String name;
    int age;
    char sex;
    public Star(String nm,int ag,char ss)
    {
        name=nm;
        age=ag;
        sex=ss;
    }
    public String toString()
    {
        return ("name: "+name+"\n"+"age: "+age+"\n"+"sex: "+sex+"\n");
    }
    void show(){
        System.out.println("I am famous...");
    }
}
//Singer.java
package Ex6_1;
public class Singer extends Star implements CanDance,CanPerform{
    String famousSong;
    public Singer(String nm,int ag,char se,String fmssong) {
        super(nm,ag,se);
        famousSong=fmssong;
    }
    void sing(){
        System.out.println("Singer: Sing a song!");
    }
    public void dance()
    {
        System.out.println("Singer: I Can Dance...!");
    }
    public void perform()
    {
        System.out.println("Singer: I CanPerform...!");
    }
    public String toString(){
        return (super.toString()+"famous song: "+famousSong);
    }
}
//MovieStar.java
package Ex6_1;
```

接口与多态

```java
class MovieStar extends Star implements CanDance,CanPerform,CanSing{
    String famousMovie;
        public MovieStar(String nm,int ag,char se,String fmsmv) {
            super(nm,ag,se);
            famousMovie=fmsmv;
        }
        public void dance(){System.out.println("MovieStar:I Can Dance...");}
        public void perform(){System.out.println("MovieStar: I Can perform...");}
        public void sing(){System.out.println("MovieStar:I Can Sing...");}
        public String toString(){
            return (super.toString()+"famous movie: "+famousMovie);
        }
}
//SuperStar.java
package Ex6_1;
public class SuperStar {
    public static void main(String[] args) {
        Singer swift= new Singer("Taylor Swift",25,'f',"change");
        System.out.println(swift);
        swift.show();     // 调用 Star 中的 show()
        swift.sing();     // 调用 Singer 中的 sing()
        swift.dance();    // 调用 Singer 中实现的 dance
        swift.perform();  // 调用 Singer 中实现的 perform
        System.out.println("**************************************");
        MovieStar chan = new MovieStar("Jackie Chan",62,'m',"policeman story");
        System.out.println(chan);
        chan.show();          // 调用 Star 中的 show()
        chan.perform();       // 调用 MovieStar 中实现的 perform()
        chan.sing();          // 调用 MovieStar 中实现的 sing()
        chan.dance();         // 调用 MovieStar 中实现的 dance()
    }
}
```

运行结果如下：

```
name: Taylor Swift
age: 25
sex: f
famous song: change
I am famous...
Singer: Sing a song!
Singer: I Can Dance...!
Singer: I CanPerform...!
**************************************
name: Jackie Chan
age: 62
sex: m
famous movie: policeman story
I am famous...
MovieStar: I Can perform...
MovieStar:I Can Sing...
MovieStar:I Can Dance...
```

图 6-2 的 UML 类图清晰地表示了类与接口的关系，虚线表示接口的实现，箭头指向接口，实线表示继承。此例中类 Star 的两个子类 Singer 和 MovieStar 都继承了 Star 的 show() 方法，分别以不同的方式实现了接口 CanDance、CanPerform，并且 MovieStar 还实现了接

□ CanSing。

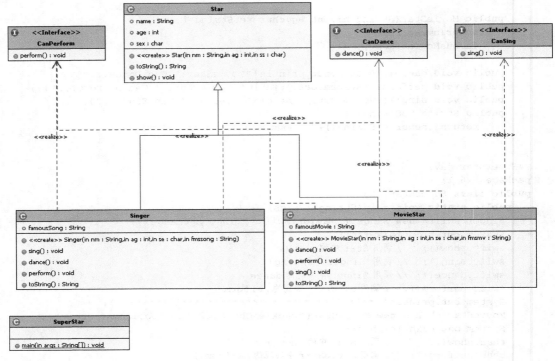

图 6-2 例 6-1 的 UML 类图

Java 编程小提示：在具体类中实现的接口方法必须显式地定义为 public 的，因为接口方法声明默认为 public abstract 的，否则无法编译通过，而且实现一个接口，必须实现接口中的所有抽象方法。

接口也如同类一样具有继承的功能，派生出子接口，与类不同的是，接口允许多重继承，父接口与父接口中间用逗号隔开，接口扩展的语法如下：

```
interface 子接口名 extends 父接口名1,父接口名2,…
{
    … …
}
```

当具体类实现一个子接口时，需要实现子接口连同其所有父接口的全部抽象方法。

【例 6-2】子接口的实现示例。在例 6-1 的基础上从接口 CanDance 派生出一个包含抽象方法 putonaShow() 的子接口 TvShow，类 Singer 和 MovieStar 在实现 TvShow 时，也必须实现它的父接口 CanDance 的抽象方法 dance()，UML 类图如图 6-3 所示。

```
//CanDance.java
package Ex6_2;
public interface CanDance {
    void dance();
}
//TvShow.java
package Ex6_2;
public interface TvShow extends CanDance{
```

```java
    void putonTvShow();
}
//CanPerform.java
package Ex6_2;
public interface CanPerform {
    void perform();
}
//CanSing.java
package Ex6_2;
public interface CanSing {
    void sing();
}
//Star.java
package Ex6_2;
public class Star {
    String name;
    int age;
    char sex;
    public Star(String nm,int ag,char ss)
    {
        name=nm;
        age=ag;
        sex=ss;
    }
    public String toString()
    {
        return ("name: "+name+"\n"+"age: "+age+"\n"+"sex: "+sex+"\n");
    }
    void show(){
        System.out.println("I am famous...");
    }
}
public class Singer extends Star implements TvShow,CanPerform{
    String famousSong;
    public Singer(String nm,int ag,char se,String fmssong) {
        super(nm,ag,se);
        famousSong=fmssong;
    }
    void sing(){
        System.out.println("Singer: Sing a song!");
    }
    public void dance(){
        System.out.println("Singer: I Can Dance...!");
    }
    public void putonTvShow(){
        System.out.println("Singer: I am on Tv Show...!");
    }
    public void perform(){
        System.out.println("Singer: I CanPerform...!");
    }
    public String toString(){
        return (super.toString()+"famous song: "+famousSong);
    }
}
//MovieStar.java
package Ex6_2;
class MovieStar extends Star implements CanPerform,CanSing,TvShow{
    String famousMovie;
```

```java
    public MovieStar(String nm,int ag,char se,String fmsmv) {
        super(nm,ag,se);
        famousMovie=fmsmv;
    }
    public void dance(){System.out.println("MovieStar:I Can Dance...");}
    public void perform(){System.out.println("MovieStar: I Can perform...");}
    public void sing(){System.out.println("MovieStar:I Can Sing...");}
    public void putonTvShow(){System.out.println("MovieStar:I am on Tv show...");}
    public String toString(){
        return (super.toString()+"famous movie: "+famousMovie);
    }
}
//SuperStar.java
package Ex6_2;
public class SuperStar {
    public static void main(String[] args) {
        Singer swift= new Singer("Taylor Swift",25,'f',"change");
        System.out.println(swift);
        swift.show();      // 调用 Star 中的 show()
        swift.sing();      // 调用 Singer 中的 sing()
        swift.dance();     // 调用 Singer 中实现的 dance
        swift.perform();   // 调用 Singer 中实现的 perform
        swift.putonTvShow(); // 调用 Singer 中实现的 TvShow
        System.out.println("****************************************");
        MovieStar chan = new MovieStar("Jackie Chan",62,'m',"policeman story");
        System.out.println(chan);
        chan.show();        // 调用 Star 中的 show()
        chan.perform();     // 调用 MovieStar 中实现的 perform()
        chan.sing();        // 调用 MovieStar 中实现的 sing()
        chan.dance();       // 调用 MovieStar 中实现的 dance()
        chan.putonTvShow(); // 调用 MovieStar 中实现的 TvShow
    }
}
```

运行结果如下：

```
name: Taylor Swift
age: 25
sex: f
famous song: change
I am famous...
Singer: Sing a song!
Singer: I Can Dance...!
Singer: I CanPerform...!
Singer: I am on Tv Show...!
****************************************
name: Jackie Chan
age: 62
sex: m
famous movie: policeman story
I am famous...
MovieStar: I Can perform...
MovieStar:I Can Sing...
MovieStar:I Can Dance...
MovieStar:I am on Tv show...
```

以上两个例子从代码层面展现了接口的用法，然而，也许会产生疑问，接口仅仅包含方法声明，没有实现，直接在类中完成实现方法岂不是更便捷？的确如此，在类数量比较少，继承关系比较单一的情况下，就像这两个例子中仅 SingerStar 和 MovieStar 两个类使用到了接口，使用接口的意义不太大。但是，在实际开发中，如果类数量比较多，有几十个类，而且继承关系比较复杂，在多层次继承的情况下，一次次地在每个类中反复实现相似的方法，方法必须考虑不能够重名，那么采用接口无疑更有优势，抽象出它们中类似的方法并赋予统一的方法名在接口中声明，个性化的实现分别在类中完成。外部类仅从接口得知系统提供的功能，对方法的使用一律通过接口实现，程序结构整体清晰，而且从接口也可反映出系统提供的功能。

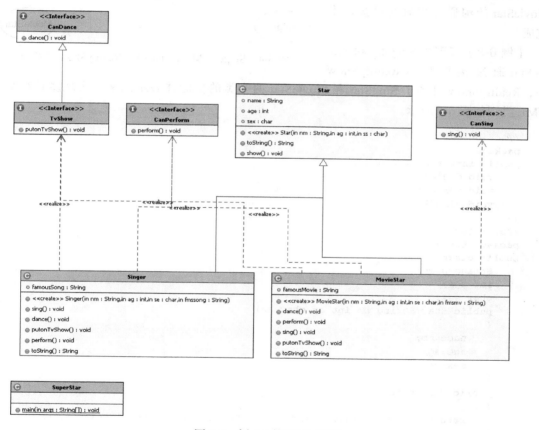

图 6-3 例 6-2 的 UML 类图

前面提到接口的用途之一是实现类的多重继承，即当前类通过接口能够访问到实现接口的具体类提供的特定功能，在代码层面该如何实现呢？仍然以例 6-1 为例，假设将邀请明星们参加真人秀节目，于是需要在真人秀类 RealityShow 中增添歌星 Singer 的对象或者影星 MovieStar 的对象，并且要求他们在 RealityShow 中展示各自的才艺。为编程方便，首先将三个接口 CanDance、CanPerform、CanSing 合并为一个新的接口 Actions，Actions 接口中仍然包含了明星们的三种才艺方法声明：dance()、sing() 和 perform()，这三个方法将以不同的方式在类 Singer 和类 MovieStar 中实现，更改后的类与接口的关系如图 6-4 所示。接下来如何让 Singer 对象或 MovieStar 对象加入 RealityShow 中并能展示才艺（调用 Actions 中的方法）呢？可以在 RealityShow 中定义一个方法 joinShow(Actions act)，将接口类型作为方法参数，在使用时再将实现接口的具体类（这里是 SingStar 或 MovieStar）对象传递给方法，通过传入对象实际调用的是实现类中的方法，这样便根据传入参数的不同而实现不同的功能，从而在 RealityShow 类中展现 SingStar 和 MovieStar 的各项才艺。然而 RealityShow 并不需要关心 SingStar 和 MovieStar 对象们的才艺是如何得以练成的，它与 SingStar 和 MovieStar 的沟通过程只通过接口来完成。

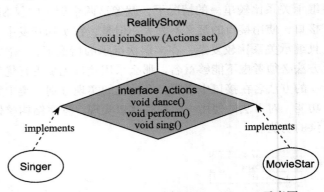

图 6-4　Singer、MovieStar 加入 RealityShow 示意图

【例 6-3】实现类 SingStar 和 MovieStar 通过接口加入 RealityShow 中，RealityShow 具备了 SingStar 和 MovieStar 两个类的功能并展示出来，实现多重继承。UML 类图如图 6-5 所示。

```java
//Action.java
package Ex6_3;
public interface Actions {
    void dance();
    void perform();
    void sing();
}
//Star.java
package Ex6_3;
public class Star {
    String name;
    int age;
    char sex;
    public Star(String nm,int ag,char ss)
    {
        name=nm;
        age=ag;
        sex=ss;
    }
    public String toString()
    {
        return ("name: "+name+"\n"+"age: "+age+"\n"+"sex: "+sex+"\n");
    }
    void show(){
        System.out.println("I am famous...");
    }
}
//Singer.java
package Ex6_3;
public class Singer extends Star implements Actions{
    String famousSong;
    public Singer(String nm,int ag,char se,String fmssong) {
        super(nm,ag,se);
        famousSong=fmssong;
    }
    public void sing(){
        System.out.println("Singer: Sing a song!");
```

```java
    }
    public void dance(){
        System.out.println("Singer: I Can Dance...!");
    }

    public void perform(){
        System.out.println("Singer: I CanPerform...!");
    }
    public String toString(){
        return (super.toString()+"famous song: "+famousSong);
    }
}
//MovieStar.java
package Ex6_3;
class MovieStar extends Star implements Actions{
    String famousMovie;

    public MovieStar(String nm,int ag,char se,String fmsmv) {
        super(nm,ag,se);
        famousMovie=fmsmv;
    }
    public void dance(){System.out.println("MovieStar:I Can Dance...");}
    public void perform(){System.out.println("MovieStar: I Can perform...");}
    public void sing(){System.out.println("MovieStar:I Can Sing...");}
    public String toString(){
        return (super.toString()+"famous movie: "+famousMovie);
    }
}
//RealityShow.java
package Ex6_3;
public class RealityShow {
    String showName;

    public RealityShow(String sName){
        showName=sName;
    }
    void joinShow(Actions act){
        System.out.println("let's join our "+showName+" adventrure...");
        act.dance();
        act.perform();
        act.sing();
    }
}
//SuperStar.java
package Ex6_3;
public class SuperStar {
   public static void main(String[] args) {
    RealityShow ourShow = new RealityShow("China Talent");

    Singer swift= new Singer("Taylor Swift",25,'f',"change");
    System.out.println(swift);
    //Singer 对象加入到RealityShow中
    ourShow.joinShow(swift);

    System.out.println("*****************************************");
    MovieStar chan = new MovieStar("Jackie Chan",62,'m',"policeman story");
    System.out.println(chan);
    //MovieStar 对象加入到RealityShow中
```

```
            ourShow.joinShow(chan);
        }
}
```

运行结果如下：

```
name: Taylor Swift
age: 25
sex: f
famous song: change
let's join our China Talent adventrure...
Singer: I Can Dance...!
Singer: I CanPerform...!
Singer: Sing a song!
******************************************
name: Jackie Chan
age: 62
sex: m
famous movie: policeman story
let's join our China Talent adventrure...
MovieStar:I Can Dance...
MovieStar: I Can perform...
MovieStar:I Can Sing...
```

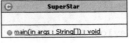

图 6-5 例 6-3 的 UML 类图

6.3 接口与抽象类的比较

抽象类和接口在定义方面具有一定的相似性，都含有抽象方法，抽象方法的实现都放在

接口与多态

其他类中实现。两者看起来功能也很相似，但还是有区别的。最大的区别是抽象类除了有抽象方法外，还可以有一般方法的实现，而接口除了允许静态和默认方法外，只能是"纯抽象方法"，两者的主要区别如表 6-1 所示。

表 6-1 接口与抽象类的区别

抽象类	接口
抽象类必须被继承，是一种继承关系	接口具有多重继承共享，一个类可以实现多个接口
抽象方法和成员变量可以是 public、protected 和默认 package 权限	接口方法和常量是 public 的

在一般的应用程序设计中，往往会将抽象类和接口结合起来应用，这样代码结构更加清晰，容易扩展。采用何种技术要根据应用场景来决定，通常可遵循的规则如下：

- 首先定义接口。接口是系统的核心，定义了要完成的功能，包含主要的方法声明，因此最顶级采用接口。
- 其次定义抽象类。如果某些类实现的方法有相似性，则可以抽象出一个抽象类包含方法声明；如果顶级接口有共同部分要实现，则定义抽象类实现接口。
- 最后才是由抽象类的具体类各自实现个性化的方法。

Java API 中的集合框架就很好地体现了这种设计规则，集合框架将在第 7 章对象的集合中详细讲解。根据这种设计规则，在采用抽象类的例 5-6 基础上做一些修改，首先为电子产品增添接口 OnlineShopping，该接口作为顶级接口实现主要网购功能，如前面所述，OnlineShopping 还可以适用于其他的商品类，这里仅用于电子产品。然后定义了抽象类 Product，类中有通用的添加广告的抽象方法 ads()，最后在具体类 Computer 和 Laptop 中以不同的方式分别实现 OnlineShopping 中的所有方法和抽象方法 ads()。

【例 6-4】修改例 5-6，添加并实现接口 OnlineShopping，在具体类中实现个性化方法。UML 类图如图 6-6 所示。

```java
//OnlineShopping.java
package Ex6_4;
public interface OnlineShopping {
    void addtoShoppingCart();
    void orderItem();
    void payment();
    void shipping();
}
//Product.java
package Ex6_4;
abstract public class Product implements OnlineShopping{
    protected int ID;
    protected String name;
    protected String categories;
    protected double ProductPrice;

    int getID(){
        return ID;
    }
    String getName(){
        return name;
    }
    String getCategories(){
        return categories;
```

```java
    }
    double getPrice(){
        return ProductPrice;
    }
    abstract void ads();
}
//Computer.java
package Ex6_4;
public class Computer extends Product
{
    protected int memory;
    protected String ProcessorName;

    int memory()
    {
        return memory;
    }
    String getProcessorName()
    {
        return ProcessorName;
    }
    void ads(){
    System.out.println("This is the best you've ever seen!");
    }
    // 实现OnlineShopping的4个方法
    public void addtoShoppingCart() {
        System.out.println("Computer:Add your selected item into the shoppingCart...");
    }
    public void orderItem() {
        System.out.println("Computer:Please order now...");
    }
    public void payment() {
        System.out.println("Computer:Please input your credit/debit card number...");
    }
    public void shipping() {
        System.out.println("Computer:Please select shipping...");
    }
}
//Laptop.java
package Ex6_4;
public class Laptop extends Computer
{
    double thickness;
    double weight;
    public double getthickness()
    {
        return thickness;
    }
    double getweight()
    {
        return weight;
    }
    void ads(){
    System.out.println("Your best choice!");
    }
    // 重写从computer继承而来的4个OnlineShopping方法
    public void addtoShoppingCart() {
        System.out.println("Laptop:Add your selected item into the shoppingCart...");
```

```java
    }
    public void orderItem() {
        System.out.println("Laptop:Please order now...");
    }
    public void payment() {
        System.out.println("Laptop:Please input your credit/debit card number...");
    }
    public void shipping() {
        System.out.println("Laptop:Please select shipping...");
    }
}
//Product_test.java
package Ex6_4;
public class Product_test{
    public static void main(String args[]){
        Computer apple = new Computer();
        apple.ID = 123;
        apple.name = "MacBook";
        apple.categories = "laptop";
        System.out.println(apple.getName());
        System.out.println(apple.getCategories());
        apple.ads();
        apple.addtoShoppingCart();
        apple.orderItem();
        apple.payment();
        apple.shipping();

        Laptop mac = new Laptop();
        mac.name = "myMacbook";
        mac.weight = 20;
        mac.thickness = 1.3;
        System.out.println(mac.getName());
        System.out.println(mac.getweight());
        System.out.println(mac.getthickness());
        mac.ads();
        mac.addtoShoppingCart();
        mac.orderItem();
        mac.payment();
        mac.shipping();
    }
}
```

运行结果如下：

```
MacBook
laptop
This is the best you've ever seen!
Computer:Add your selected item into the shoppingCart...
Computer:Please order now...
Computer:Please input your credit/debit card number...
Computer:Please select shipping...
myMacbook
20.0
1.3
Your best choice!
Laptop:Add your selected item into the shoppingCart...
```

```
Laptop:Please order now...
Laptop:Please input your credit/debit card number...
Laptop:Please select shipping...
```

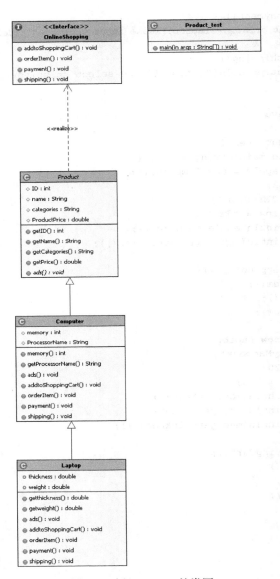

图 6-6　例 6-4 UML 的类图

6.4 多态

多态是面向对象的第三大特征，它的实现实质上是由向上转型（Upcasting）也称为向上映射）和动态绑定（Dynamic Binding）机制结合完成的，只有理解了这两个机制，才能明白多态的意义。

在探讨多态原理之前，先讲解向上转型与动态绑定，然后从程序设计角度分析何时需要多态。

6.4.1 向上转型的概念及方法调用

子类的对象可以赋值给父类的对象，即子类对象可以向上转型为父类类型，这符合第一章提到的面向对象程序设计原则中的"里氏代换原则"。向上转型是安全的，这是因为任何子类都继承并接受了父类的方法，子类与父类的继承关系是 is-a 的关系。这个道理很好理解，比如所有的猫属于猫的父类——猫科动物，属于向上转型，这是成立的，但是向下转型则不行，如果说所有的猫科动物都是猫就不成立了。

例如，Cat 类派生出子类 CartoonCat，然后创建一个 Cat 类对象 mycat 和一个 CartoonCat 类对象 garfield，代码如下：

```
Cat mycat = new Cat();
CartoonCat garfield = new CartoonCat();
```

garfield 可以向上转型为 Cat 类型，向上转型代码表示为：

```
mycat = garfield;
```

由于 CartoonCat 可以看作是 Cat 的一种，所以这种转型是成立的，但是反之则不然，如果说所有的 Cat 都是 CartoonCat 是不成立的，以下语句不可行：

```
CartoonCat garfield = new Cat();   //NO! NO!
```

子类对象（garfield）转型为父类对象（mycat）以后，mycat 只能调用父类定义的方法，不能调用父类没有而子类有的方法。例如，CartoonCat 中定义了一个 showonTV() 方法，一旦 garfield 向上转型为 mycat 后再调用 showonTV()，执行以下的调用则无效：

```
mycat.showonTV();   //NO！NO！
```

考虑一种特殊情况，假设父类中也有一个相同名称的方法 showonTV()，这时再次用 mycat 对象调用 showonTv()，结果将如何？

```
mycat.showonTV();   // 调用 CartoonCat 类中的 showonTV();
```

这时 mycat 不但可以调用 showonTV()，而且调用的是子类中的 showonTV()，这意味着在父类和子类含有同名的方法时，子类对象向上转型而生成的父类对象能自动调用子类的方法，这是由于 Java 提供的动态绑定机制能识别出对象转型前的类型，从而自动调用该类的方法。动态绑定是实现多态的第二个重要机制，接下来讲解什么是动态绑定。

6.4.2 静态绑定和动态绑定

什么是绑定？将一个方法调用同一个方法所在的类关联在一起就是绑定，绑定分为静态绑定和动态绑定两种。

1）静态绑定：即在编译时，编译器就能准确判断应该调用哪个方法，绑定是在运行前完成，也称为前期绑定。

2）动态绑定：程序在运行期间由 JVM 根据对象的类型自动判断应该调用哪个方法，也称为后期绑定。

以愤怒的小鸟为例，依次解释静态绑定和动态绑定。创建一个抽象类 AngryBird，类中声明两个抽象方法 chirp() 和 shoot()，AngryBird 类派生出 BlueBird、WhiteBird、RedBird 三个子类。

```
abstract class AngryBird {
    abstract void chirp();
    abstract void shoot();
}
```

子类 BlueBird、WhiteBird 和 RedBird 分别实现抽象方法 chirp() 和 shoot() 方法。具体代码如下：

```
// 类 BlueBird
class BlueBird extends AngryBird {
    void chirp() {
        System.out.println("Blue bird chirp...");
    }
    void shoot() {
        System.out.println("spawn 3 children bird...");
    }
}
// 类 WhiteBird
class WhiteBird extends AngryBird {
    void chirp() {
        System.out.println("White Bird chirp");
    }
    void shoot() {
        System.out.println("bomb bomb...");
    }
}
// 类 RedBird
class RedBird extends AngryBird{
    void chirp() {
        System.out.println("Red Bird chirp");
    }
    void shoot() {
        System.out.println("shoot shoot...");
    }
}
```

接下来定义类 Hitgreenpig，类中定义每个子类对象，以静态绑定方式调用方法 chirp()、shoot()，代码如下：

```
public class Hitgreenpig{
    public static void main(String[] args) {
        BlueBird one = new BlueBird();
        one.chirp();      // 通过对象调用方法，属于静态绑定
        one.shoot();

        WhiteBird two = new WhiteBird();
        two.chirp();
        two.shoot();

        RedBird three = new RedBird();
        three.chirp();
        three.shoot();
    }
}
```

代码里定义了 BlueBird 类对象 one，WhiteBird 类对象 two 和 RedBird 类对象 three，三个对象分别调用各自类中的成员方法。这种调用方式是在代码里指定的，编译时编译器就知

接口与多态

道 one 调用的是 BlueBird 的 shoot()，two 调用的是 WhiteBird 的 shoot()，到目前为止，程序中采用的这种通过对象调用方法的方式皆属于静态绑定。

接下来模拟动态绑定方式实现的过程，在 main() 里稍作改动，改动部分如下：

```java
public class Hitgreenpig {
    public static void main(String[] args) {
        AngryBird[] s = new AngryBird[3]; // 生成父类对象数组
        int n;
        for(int i = 0; i < s.length; i++) {
            n = (int)(Math.random() * 3);// 随机产生 0～2 中的一个数
            switch(n) {
                case 0: s[i] =  new BlueBird(); break;
                case 1: s[i] =  new WhiteBird(); break;
                case 2: s[i] =  new RedBird();
            }
        }
        for(int i = 0; i < s.length; i++)    s[i].shoot();
    }
}
```

在 main() 的循环体中，每次随机产生 0～2 中的任意一个数，赋值给循环变量 n，根据 n 值可生成一种子类对象，该对象向上转型为父类 AngryBird 类型。由于 n 值只有在运行时才能随机产生，当向上转型后的对象调用 shoot() 方法时，从 s[i].shoot() 语句并不能看出具体调用的是哪一个类的 shoot()，编译时也无法知道 s 数组元素的具体类型。直到运行时，才根据产生的随机数 n 值确定 s[i] 代表的子类对象，最终决定 s[i].shoot() 调用的是哪一个子类的 shoot() 方法，这种在运行时才能把方法调用与方法所属类关联在一起的方式就是动态绑定。

动态绑定有什么好处呢？试想一下，在继承关系中，如果父类和每个子类中皆定义有一个同名称但实现功能不相同的成员方法，当通过父类对象调用此方法时，JVM 能够自行判断，自动调用子类的成员方法，而不必事先在程序里指定，岂不是很便捷。

6.4.3 多态的实现

多态按字面的意思就是"多种状态"，面向对象的多态指的是在继承的关系下，对于相同的消息，不同类采用不同的实现方式，即不同类的对象调用同名的方法，产生不同的行为。

多态原理是基于前面讲述的向上转型和动态绑定实现的。前提条件是在继承关系下，每个子类都定义有重写的方法，首先利用向上转型机制，将子类的对象可以转化为父类的对象，然后转型后的父类对象通过动态绑定机制自动调用转型前所属子类同名的方法，实现了多态。

下面具体分析如何用多态实现愤怒的小鸟程序。

【例 6-5】用多态方式实现愤怒的小鸟，BlueBird、WhiteBird、RedBird 三个类的定义与前面相同，main() 里做了如下改动：

```java
public class Hitgreenpig {
    public static void main(String[] args) {
        AngryBird[] s = new AngryBird[3];
        s[0] = new BlueBird();
```

```java
        s[1] = new WhiteBird();
        s[2] = new RedBird();

        for(int i = 0; i < s.length; i++){
          s[i].chirp();
          s[i].shoot();
        }
    }
}
```

Hitgreenpig 类定义了三个子类对象 BlueBird、WhiteBird、RedBird，第一步利用向上转型机制，将三个对象转化成父类 AngryBird 类型并存放在数组中 s 中。第二步一律由转型后的父类对象 s[i] 调用同名的方法，程序运行时通过动态绑定机制，s[i] 会自动调用转型前三个子类里的 chirp() 和 shoot() 方法。

运行结果如下：

```
Blue Bird chirp...
spawn 3 children birds...
White Bird chirp
bomb bomb...
Red Bird chirp
shoot shoot...
```

多态程序中父类不要求一定为抽象类，定义为普通类时，同名的方法必须在父类中实现，可以采用空实现的方式，也就是什么也没有做，用空的大括号表示。AngryBird 类可重新定义为：

```java
class AngryBird {
    void chirp(){}
    void shoot(){}
}
```

总结一下多态原理：在继承关系下，利用向上转型，子类的对象转化为父类的对象，与动态绑定相结合，通过父类对象调用具有相同名称的子类方法，JVM 能够自动分辨出对象调用的方法所属的子类，从而调用相应子类的方法。Java 与 C++ 的多态原理相同，不同的是在实现时语法上更方便了，C++ 把同名称的函数，如此例中的 chirp()、shoot()，称为虚（virtual）函数，Java 省略了 virtual 关键字，实际上已经自动实现了 virtual 方法的功能。

6.4.4　多态的应用

到目前为止，看起来采用多态编写的代码除了相对简洁以外，并没有太多优势，似乎不用多态也能达到同样的目的，直接静态绑定，使用子类对象调用子类方法岂不是更便捷？到底多态能为程序设计带来什么样的好处，何时需要多态呢？

为了更清楚地分析程序结构，重新以另一种形式改写 Hitgreenpig。

```java
public class Hitgreenpig {
    public static void show(AngryBird i) {
        i.chirp();
        i.shoot();
    }
    public static void main(String[] args) {
        AngryBird[] s = new AngryBird[3];
        s[0] = new BlueBird();
        s[1] = new WhiteBird();
```

```
            s[2] = new RedBird();
            for(int i = 0; i < s.length; i++){
                show(s[i]);
            }
        }
    }
```

  Hitgreenpig 中定义了一个 public static 的方法 show(AngryBird i)，该方法以父类 AngryBird 对象 i 为参数，由 i 调用 chirp() 和 shoot() 两个方法，实际上调用的是子类的方法，这种方式是否似曾相识？和例 6-3 的实现方式非常相似，在这里，show(AngryBird i) 方法的功能形同于一个接口，它屏蔽了子类中方法实现的差异，仅允许父类对象调用同名的方法，在 main() 中，经转型为父类类型的三个子类对象以参数形式传递给方法 show()，即可调用到对应子类提供的方法，而无需知道方法的具体实现。这种代码形式有助于我们分析多态的应用功能。

  分析一种情形，假设为程序添加新品种的小鸟，如 BlackBird、OrangeBird……对于类的创建者而言，在继承关系下，继续增添新类，重写 chirp() 和 shoot() 方法。而对于类的使用者而言，除了在 main() 中定义新类型对象，完成向上转型以外，其余不必再做什么了。因此，多态的优势就体现出来了，这种设计方式可以达到分离方法实现与方法调用的目的，即将功能实现与程序系统隔离，这点与接口的功效有异曲同工之处。一方面创建者负责添加新类，重写方法的具体实现，另一方面使用者（系统）只需创建新类对象并向上转型，一律由接口 show() 通过父类对象动态绑定后调用新类提供的方法，至于新类的 shoot() 和 chirp() 功能具体是如何实现的，这些细节完全被屏蔽起来，使用者没有必要知道。

  再看看另一种情形，假设准备为所有的类添加某些新功能，比如新版愤怒太空小鸟里可以朝反方向发射功能等，创建者在每个类中添加另一个同名称的方法 reverseShoot()，分别实现反方向的发射功能。而使用者在实现上简单多了，只需记住这个新方法名，在 show() 方法里添加一条语句调用 i.reverseShoot() 即可，这也同样实现了方法实现与方法调用的分离，如果没有多态，每个子类的方法命名不同，使用者就得牢记诸多不同的方法名了。

  由此可见，在类的层次比较多，继承关系比较复杂的情况下，多态对于程序的扩展性太有帮助了。多态实际上是接口的一种特例，两者都需要重写方法，使方法实现与方法调用分离。与普通接口的区别在于，多态必须在继承关系下实现，而接口实现的具体类可以是无关联的；另外多态的优势在于借助于动态绑定机制，而接口的实现属于静态绑定。多态使封装和继承发挥得淋漓尽致，优化了代码结构，尤其在大项目开发里，遵循接口模型，系统一律由父类对象通过接口自动调用到不同的功能，从而隔离了功能的具体实现，大大简化了程序，方便项目管理。

  最后对多态机制作总结如下：

  1）多态实现的前提必须是在继承关系下，重写方法。

  2）多态实现遵循两个要点，其一把子类对象向上转型为父类类型，其二采用父类对象调用同名的方法，系统则可通过动态绑定自动识别调用方法所属的类。

  3）多态是一种继承关系下，基于动态绑定机制的接口特例。

6.5 内部类

  前面全面讲解了面向对象程序设计理念，首先根据事物属性和行为抽象封装成类，类功能扩展时有几种方式可供考虑，若需要在当前类基础上扩展，新类和当前类有共性，采用继承机制；若新类和当前类没有任何关联，采用组合方式把新类对象作为成员变量加进来；如果组合类太多导致程序结构臃肿、不方便扩展，就再考虑使用接口方式引入新功能，在继承关系比较复杂的情况下，多态的使用可以达到接口的功效，然而借助于动态绑定比接口更便捷灵活。总之，面向对象程序设计时，围绕这几种设计方式来思考：继承、组合、接口、多态，大型程序中这几种方式都能够使用到。除此之外还有别的方式可选吗？Java 确实还提供了另一个选择——内部类。

6.5.1 内部类的概念

简单地说，内部类是在另一个类或方法的定义中定义的类，形式如下：

```
class OuterClass{
......
    class InnerClass{
        ......
    }
}
```

在类中定义内部类有何作用？内部类有三种功效：

1）实现了类的重用功能，把"类的组合"实现更换为一种更直观的方式。即将一个类的定义全部放入了类体中，可供直接使用，不必通过定义对象来使用，实现了类的重用。

2）实现了多重继承，在程序设计中，如果一个类本身继承于一个类，同时这个类的内部类可以再继承于另一个类，这个类相当于继承于两个类，以另一种方式实现了多重继承。

3）增强封装性，可以把不打算公开的某些数据隐藏在内部类中，使用时，不必声明该内部类的具体对象，而通过外部类对象间接调用到内部类数据。另外，内部类可访问其外部类中的所有数据成员和方法成员，类似于 C++ 中的友元函数。

如此看来，内部类能同时实现多重继承、组合、封装的功能，作为 Java 编程的高级境界，它的使用使程序设计达到一种优美的境界，缺点是代码不太容易理解，而且比较繁琐，等等。

实例化内部类，首先必须实例化外部类，语法如下：

```
OuterClass.InnerClass innerObject = outObject.new InnerClass( );
```

与外部类不同，内部类的访问权限可以为 private、public、protected 或默认包权限。

【例 6-6】定义两个内部类 Pencil 和 Paper。

```
//Ex6_6.java
public class Ex6_6{
    class Pencil { // 内部类
        private int i = 10;
        public int value() { return i; }
    }
    class Paper { // 内部类
        private String line;
        Paper(String str)    {   line = str;      }
        String mark() { return line; }
    }
    public void Writing(String story) {
```

```
            Pencil pen = new Pencil();
            Paper pa = new Paper(story);
            System.out.println(pa.mark());
        }
    public static void main(String[] args)  {
        Ex6_6  p = new Ex6_6();
        p.Writing("Little red riding hood");
        }
}
```

运行结果如下：

```
Little red riding hood
```

此例中定义了两个内部类 Pencil 和 Paper，外部类的 Writing(String story) 方法中分别定义了这两个内部类的对象 pen 和 pa，对象 pa 调用 Paper 的方法 mark()。而 main() 中只定义了外部类 Ex6_6 的对象 p，通过 p 调用 Writing(String story)，间接使用了内部类 Paper 的 mark() 方法，可见内部类 Paper 和 Pencil 被很好地隐蔽了。这样一来 Ex6_6 类既具备了两个内部类特性，从另一种角度实现了类的多重继承，又达到了良好的封装效果。

6.5.2 静态内部类

如果不希望内部类与其外部类对象之间有联系，可以把内部类声明为 static，它可以不依赖于外部类实例被实例化，而通常的内部类需要在外部类实例化后才能实例化。静态内部类定义语法如下：

```
OuterClass.StaticNestedClass nestedObject =New OutClass.StaticNestedClass();
```

静态内部类只能访问外部类的静态成员，包括静态变量和静态方法，甚至私有成员。因为静态内部类是 static 的，与外部类的对象无关，故没有 this 指针指向外部类的对象，也就是静态内部类不能直接访问其外部类中的任何非静态数据，若要想访问，只能先在静态内部类中创建一个外部类对象，然后通过该对象来间接访问。静态内部类访问外部类中的数据的代码如下：

```
public class Outer{
    int i;
    static class StaticInner{
        Outer o = new Outer();
        void pp(){
        O.i =4;
        }
    }
}
```

6.5.3 内部类实现接口及抽象类

内部类最主要的一个用途是实现接口或继承抽象类，目的是把内部类和接口（或抽象类）结合起来使用，更好地实现多重继承的效果，同时保证了数据的隐蔽性。

【例 6-7】Pencil 类定义为抽象类，Paper 定义为一个接口，在类 WriteStory 中定义了一个内部类 MyPencil 继承于 Pencil 类，另一个内部类 MyPaper 实现了接口 Paper。

```
//Ex6_7.java
abstract class Pencil{
    abstract public int value();
```

```java
}
interface Paper{
    String mark();
}
class WriteStory {
    private class MyPencil extends Pencil {
//定义一个private类继承自抽象类
        private int i = 5;
        public int value() { return i; }
    }
    protected class MyPaper implements Paper{//实现了接口Paper
        private String line;
        private MyPaper(String str) { line= str;}
        public String mark() { return line; }
    }
    public Paper writeDown(String s) {
        return new MyPaper(s);
    }
    public Pencil pen() { return new MyPencil(); }
}
public class Ex6_7{
    public static void main(String[] args) {
        WriteStory w = new WriteStory ();
        Paper c = w.writeDown("Happy lamb and grey wolf");
        System.out.println(c.mark());
        Pencil d = w.pen();
        System.out.println(d.value());
    }
}
```

运行结果如下:

```
Happy lamb and grey wolf
5
```

private 的内部类 MyPencil 继承于抽象类 Pencil，protected 内部类 MyPaper 实现了接口 Paper。外部类 WriteStory 定义了两个方法 pen() 和 writeDown()，分别返回两个内部类对象。main() 方法中不能直接定义具有私有访问权限的内部类 MyPencil 对象，从而隐藏了 MyPencil 类的数据，但可以通过外部类 WriteStory 的对象 w 调用方法 pen() 和 writeDown() 间接访问内部类 MyPencil 和 MyPaper 的方法，这样，结合了抽象类和接口功能的双重功能，既实现了多重继承，而且又保证了数据的隐蔽性。

6.5.4 方法中的内部类

内部类除了在类中定义以外，也可以在方法内定义，称为局部内部类（local inner class）。有时需要使用到实现某个接口的具体类对象，而又不方便用外部类实现这个接口，则可以在方法中创建一个内部类，通过这个内部类实现接口，解决复杂的问题，同时又不让它为外界所用。这种方式通常是在方法中定义一个内部类实现某个接口，创建并返回一个对象，然后在外部类里使用到这个对象，从而通过该对象间接访问到内部类。

【例 6-8】在方法中用内部类 MyPaper 实现接口 Paper。

```java
//Ex6_8.java
public class Ex6_8{
```

```java
    public Paper pp(String s) {
        class MyPaper implements Paper //方法内部类
        {
            private String line;
            MyPaper() {}
            public String mark(){
                line =s;
                return line;
            }
        }// 内部类定义结束
        return new MyPaper();
    }
    public static void main(String[] args) {
        Ex6_8 one = new Ex6_8();
        Paper dd = one.pp("Happy lamp and grey wolf");
        System.out.println(dd.mark());
    }
}
```

运行结果如下：

```
Happy lamp and grey wolf
```

此例方法 pp 中定义了一个局部内部类 MyPaper 实现了 Paper 接口，在 main() 中通过对象 one 调用方法 pp，间接使用了隐藏的内部类 MyPaper 的方法 mark()，返回值 dd 必须为接口 Paper 类型，不能为 MyPaper 类型，因为 MyPaper 的作用域只在方法 pp 内部。

6.5.5 匿名的内部类

匿名内部类（anonymous inner class）顾名思义是省略了内部类的名字，通常在方法中使用，即方法中定义的省略了名字的内部类。其实现方式比以上直接在方法中添加内部类简洁些，语法上在 new 关键字后声明内部类，并立即创建一个对象，匿名内部类可以访问所有外部类的方法变量。

匿名内部类虽说代码简洁，但可读性较差，概念上不容易理解，常用于在图形用户界面中实现事件处理，是 Java 语言实现事件驱动程序设计最重要的机制。所以理解匿名内部类的代码结构非常重要，有助于学习后面的图形用户界面中的事件处理机制。

【例 6-9】用匿名内部类实现接口 Paper。

```java
//Ex6_9.java
public class Ex6_9 {
    public Paper pp(String s) {
        // 内部类定义开始
        return new Paper() {
            private String line;
            public String mark(){
            line=s;
            return line;
            }
        }; // 分号在这里是必需的，标记表达式的结束
    }
    public static void main(String[] args) {
        Ex6_9 p = new Ex6_9();
        Paper c = p.pp("Happ lamp and grey wolf");
        System.out.println(c.mark());
```

```
        }
    }
```

运行结果如下：

```
Happy lamp and grey wolf
```

在匿名内部类尾的分号，并不是用来标记此内部类结束的，实际上，它标记的是表达式的结束，与别处分号的使用相同。

此例事实上隐式地定义了实现接口 Paper 的一个类 MyPaper，但是 MyPaper 名字被隐藏了，上述匿名类的语法等同于：

```
class MyPaper implements Paper{
    private String line;
    public String mark(){
        line = s;
        return line;
    }
    return new MyPaper();
}
```

在程序中直接用 return new Paper() 代替 return new MyPaper()，代码简洁了许多。

本章小结

本章涉及接口、多态和内部类三个概念。首先讲述了接口的用途及基础语法，然后阐述了多态机制的原理及应用，最后介绍了内部类。

接口是 Java 实现多重继承的方式，接口为类的使用提供了多重途径，接口将方法的实现与调用分离，类通过接口调用方法使用到功能。从语法上，接口只包含抽象方法声明和常量，一个类可以实现多个接口，接口也可以像类一样被继承，实现一个接口需要定义它声明的所有方法。

多态是接口的一种特例，必须在继承的关系下，父类和子类皆定义有重写的方法，通过向上转型机制，子类的对象转为父类类型的对象，转型后的父类对象会通过动态绑定机制识别子类类型，自动完成对子类方法的调用。

内部类集封装、继承、组合、多重继承的多重功效为一体，能使程序的代码结构非常优雅，缺点是代码不容易理解。匿名内部类被广泛适用于实现图形用户界面程序事件驱动。

在程序设计中应该灵活运用 Java 提供的继承、组合、多态、接口、内部类机制，使程序架构易于扩展、适用性强、性能优化并且代码优雅。

习题

1. 举例说明匿名内部类如何实现接口，如何继承一个抽象类。
2. Java 如何实现多态机制？
3. 解释接口和多态。
4. 什么是静态内部类？
5. 修改例 6-4，使其增加网上购物的品种，如食品、衣服等。

6. 如果例6-4中电子产品商店系统需要添加客户信息，而且有的客户是VIP会员，该怎样设计程序结构？
7. 用多态实现第5章第8题公交管理系统或第5章第9题航空订票系统，为每一个类添加一项广告功能，可以是输出简单文本，也可以是图片、语音。
8. 参考例6-3，在第5章第8题的基础上扩展程序，如果你是公交公司CEO，准备开展一项新业务——自行车租赁业务，为减少开支，打算从车辆租赁公司直接租车，使用其已有的数据信息，如该公司已有的Bicycle类及其功能。两家公司最终达成协议，公交公司通过以下接口：

```
Interface BicycleRenting{
    void GetBicycles();
}
```

使用车辆租赁公司的自行车租赁信息，实现新业务功能的整合。

9. 参考例6-3，在第5章第9题的基础上扩展航空订票系统程序，该系统准备为经常出差人士推出一项"商务旅行套餐"，该套餐可以享受机票旅店订购一条龙服务，价格优惠。除了机票信息外，还需要与某一个酒店管理系统联营，获取旅店的信息，如旅店的Hotel类，最终航空订票系统通过以下接口：

```
Interface DiscountPlan{
    void DiscontPackage();
}
```

访问酒店管理系统的信息，实现商务套餐业务。

第 7 章 Java 集合框架

计算机科学研究的一个重点就是如何合理有效地组织数据，尤其是大量的数据，采用何种数据结构、算法优化操作数据，在开发中非常重要。

与大多数语言一样，Java 语言也支持管理数据常用的基本数据结构和算法。与 C/C++ 不同的是，针对计算机科学中的 20 多个标准的数据结构，如链表、二叉树、栈和散列表等，Java 以面向对象的思想，以类库形式为几种常用数据结构及其操作算法提供了方法调用，程序中大量使用的数据结构都可以在这里找到对应的实现。每一种数据结构可以形象地称为集合，提供以对象方式存储并有序操作数据的功能，这套具备表示和操作集合的统一标准类库称为 Java 集合框架。

首先需要理解集合框架层次结构，掌握几种常用集合类型，在此基础上，再把重点放在如何充分利用集合框架提供的集合类及方法调用为程序开发服务。

本章详细讲述 Java 集合框架的层次结构、常用集合类型、方法调用及使用方式。除此之外，还将详细讲解集合操作中必不可少的泛型，以及集合框架提供的一些辅助工具，如迭代器、Collections 类、比较器。

7.1 集合框架概述

数据结构和类库统称为 Java 的集合框架（Java Collections Framework）。集合框架由一组操作对象的接口、接口的实现以及对集合运算的算法构成。这些接口定义了不同的数据结构类型，这些数据结构的基本功能相似，只不过具体实现方式不同，所有接口都定义了关于数据插入、删除等基本操作的一系列通用方法。

Java 集合框架包括两个通用的接口——java.util.Collection 和 java.util.Map，这两个接口是独立的，它们之间没有任何联系，包含了常用的数据结构及其操作方法。不同的集合可以存放不同类型的对象（如果是基本数据类型的数据，则需要转化为对应封装类的对象），有的书上也常把集合形象地称为"容器"。集合框架支持的 6 种基本集合类型如图 7-1 所示。

6 种基本集合的说明如下，其中 List、Set、Map 集合的示意图如图 7-2 所示。

1）List：对象按照一定次序排列，对象之间有次序关系，允许出现重复的对象。

2）Set：无序的、没有重复元素的对象集。

3）SortedSet：元素按照升序排列的 Set 对象集。

4）Queue：以先进先出（First In First out，FIFO）的方式存储需要暂存的数据元素。

List、Set、SortedSet 和 Queue 这 4 种集合均实现了 Collection 接口。

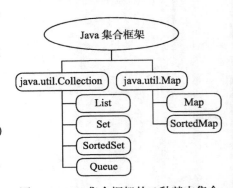

图 7-1 Java 集合框架的 6 种基本集合

5) Map：用于存储一群成对的对象，这些对象各自保持着"键－值"（key-value）的对应关系。即一个是键（如人名），另一个是与键对应的值（如电话号码），通常适用于以某一个对象查找与它相关的另一类对象。

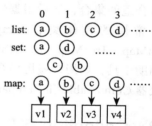

6) SortedMap：按键升序排列的 Map。

Java Collection 框架层次如图 7-3 左半部分所示，主要包括 5 个接口、5 个抽象类及 6 个具体类。

Java 的集合架构设计采用了接口和抽象类相结合的方式。最顶级的 5 个接口 Collection、List、Queue、Set 和 SortedSet 是整个架构的核心，定义了所有集合类型必需的增、删、查、改等功能，包含了主要方法声明；下面的 5 个抽象类 AbstractCollection、AbstractList、AbstractQueue、AbstractSet、AbstractSequentialList 是对接口某些共同部分的实现；底层由抽象类派生出 6 个具体子类 Vector、ArrayList、HashSet、TreeSet、LinkedList 和 Stack，它们分别实现个性化的方法。

图 7-2　List、Set、Map 集合示意图

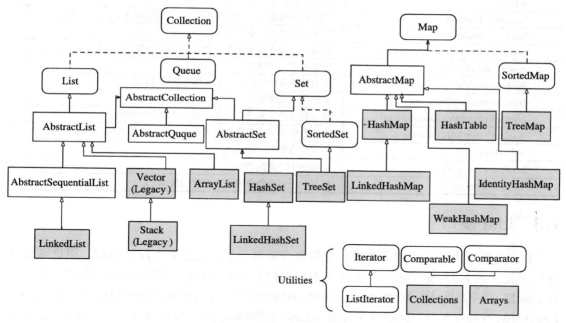

图 7-3　集合框架类层次图

注：虚线连接表示接口

Java Map 框架层次如图 7-3 右半部分所示，同样采用接口和抽象类相结合的方式。架构顶级定义了 Map 和 SortedMap 两个接口；抽象类 AbstractMap 实现了 Map 的部分方法；底层定义了 6 个具体类，分别是 HashMap、HashTable、TreeMap、LinkedHashMap、Identity-HashMap、WeakHashMap。Map 适用于存储"键－值"对应关系的元素对，每一个关键字映射到一个值，一般用于通过关键字实现快速查找、存取。

整个集合架构形成一种网状层次结构，充分发挥"松耦合"机制特点，灵活方便，有利于日后的扩展。

在 Java 程序开发中，首先应该从 List、Set、SortedSet、Queue、Map 和 SortedMap 中选出合适的集合，然后根据性能和其他必要的特性，从集合的具体类中挑选一个来操作数据，常用的具体类有 ArrayList、LinkedList、Stack、HashSet、TreeSet、LinkedHashSet、HashMap、TreeMap、HashTable。此外，Java 集合架构中还提供了一些方便集合使用的功能性辅助工具，如用来遍历集合的 Iterator、搜索查询的 Collections 类以及比较集合中元素的比较器 Comparable 和 Comparator，这些将在本章后面讲述。

7.2 Collection 接口

java.util.Collection 接口声明了十几个抽象方法，覆盖了对数据结构的一些通用操作——增加、删除、修改及查询，这些抽象方法在具体类 ArrayList、HashSet、LinkedList 和 Stack 中以不同的方式实现。Collection 接口的常用方法如表 7-1 所示。

表 7-1 Collection 接口的常用方法

方法	说明
int size()	返回集合对象中包含的元素个数
boolean isEmpty()	判断集合对象中是否还包含元素，如果没有任何元素，则返回 true
boolean contains(Object obj)	判断对象是否在集合中
boolean containsAll(Collection c)	判断方法的接收者对象是否包含集合中的所有元素
boolean add(Object obj)	向集合中增加对象
boolean addAll(Collection c)	将参数集合中的所有元素增加到接收者集合中
boolean remove(Object obj)	从集合中删除对象
boolean removeAll(Collection c)	将参数集合中的所有元素从接收者集合中删除
boolean retainAll(Collection c)	在集合中保留参数集合中的所有元素，其他元素都删除
void clear()	删除集合中的所有元素
boolean equals(Object o)	比较两个对象是否相同
Object toArray()	返回一个包含集合中所有元素的数组

7.3 List 接口

List 是程序中较为常用的集合，允许包含重复元素，元素是有序排列的，用户可以通过每个元素的 index 值（标明元素在列表中的位置）放置元素，并查找 List 中的元素。实现 List 接口的具体类有 AbstractList、AbstractSequentialList、ArrayList、AttributeList、CopyOnWriteArrayList、LinkedList、RoleList、RoleUnresolvedList、Stack、Vector。程序中常用到其中的 4 个类：Vector、ArrayList、Stack 和 LinkedList。这里只详解 LinkedList 和 ArrayList，Stack 用法相对简单，Vector 由于执行效率慢，如今基本上已由 ArrayList 替代。

List 接口在实现 Collection 接口定义的方法基础上又增加了大约 10 个基本的数据访问方法，具体如表 7-2 所示。

表 7-2 List 接口的方法

方法名	说明
Object get(int index)	返回 List 中位于 index 位置的元素
Object set(int index, E element)	用 element 替代 List 中位于 index 的对象
Object add(int index, E element)	把 element 添加到 List 中的 index 位置
Object addAll(int index, Collection)	把某个 collection 中的所有元素添加到 List 中的 index 位置

(续)

方法名	说明
Object remove(int index)	删除 List 中位于 index 的元素
int indexOf(Object o)	返回 List 中首次出现指定元素的位置，如果不存在，则返回 −1
int lastIndex(Object o)	返回 List 中最后一次出现指定元素的位置，如果不存在，则返回 −1
ListIterator<E> listIterator()	返回 List 的迭代器
ListIterator<E> listIterator(int index)	返回起始位置位于 index 的 List 的迭代器
List<E> subList(int from, int to)	返回 from ～ to 的部分 List

7.3.1 LinkedList

LinkedList 是一种由双向链表实现的 List，LinkedList 和 ArrayList 都实现了 List 接口，无论使用哪一种，程序效果都差别不大。但 LinkedList 适用于在 List 集合中频繁地进行插入和删除操作，只不过随机访问速度相对较慢。具体而言，LinkedList 提供了插入某个元素或获取、删除、更改和查询元素的功能。在 List 集合中，若查询元素可以从列表的头部或尾部开始找到元素，则显示该元素当前所在的位置。除了实现 Collection、List、Queue 接口的方法以外，LinkedList 还提供了自身特有的 addFirst()、addLast()、getLast()、removeFirst() 和 removeLast() 等方法，这些方法使 LinkedList 可被用作栈（stack）、队列（queue）或双向队列（deque）。LinkedList 的常用方法如表 7-3 所示。

表 7-3 LinkedList 的方法

方法名	说明
void addFirst(E e)	在 List 首添加一个数据类型为 E 的元素
void addLast(E e)	在 List 尾添加一个数据类型为 E 的元素
element()	获取（不删除）List 中的第一个元素
get(int index)	获取 List 中位于 index 的元素
getFirst()	获取 List 中的第一个元素
getLast()	获取 List 中的最后一个元素
peekFirst()	得到（不删除）List 中的第一个元素，如果 List 为空，则返回 null
peekLast()	得到（不删除）List 中的最后一个元素，如果 List 为空，则返回 null
pollFirst()	获取并删除 List 中的第一个元素，如果 List 为空，则返回 null
pollLast()	获取并删除 List 中的最后一个元素，如果 List 为空，则返回 null
pop()	从栈中弹出元素
push(E e)	把数据类型为 E 的元素压入栈中
removeFirst()	删除 List 中的第一个元素
removeFirstOccurrence(Object o)	删除 List 中第一次出现的指定元素
removeLast()	删除 List 中的最后一个元素
removeLastOccurrence(Object o)	删除 List 中最后一次出现的指定元素

7.3.2 ArrayList

ArrayList 是由数组实现的一种 List，它的随机访问速度极快，但是向 List 中插入与删除元素的速度很慢，可以把它理解为一种没有固定大小限制的数组。每个 ArrayList 对象都有一个容量（capacity），即用于存储元素的数组的大小，这个容量可随着不断添加新元素而自动增加。

1. ArrayList 的创建

由 ArrayList 的构造方法创建一个 ArrayList 对象，ArrayList 的常用方法同样适用于 Vector，构造方法与 Vector 也类似，ArrayList 的三个构造方法如下：

```
ArrayList myList = new ArrayList();// 初始化容量为 10 的一个 List
ArrayList myList = new ArrayList(int cap);// 初始化容量为 cap 的一个 List
ArrayList myList = new ArrayList(Collection col);// 以参数 col 中的元素进行初始化
```

2. 添加对象到 ArrayList 中

1）void add(Object obj)：添加一个对象到 ArrayList 中，例如：

```
ArrayList teamList = new ArrayList();
teamList.add("Tom");
teamList.add("Jerry");
```

2）boolean addAll(Collection col)：添加整个集合到 ArrayList 中，例如：

```
ArrayList teamList = new ArrayList();
teamList.add("Happy lamb");
teamList.add("Slowly lamb");
ArrayList yourList = new ArrayList();
yourList.addAll(teamList);
```

ArrayList 类实现了 List、AbstractList、Collection 的方法，自身新增加的方法不多，主要有两个方法：ensureCapacity(int minCapacity) 用于增加 ArrayList 的容量；trimToSize() 用于调整 ArrayList 的容量。ArrayList 和 LinkedList 两种集合的使用示例将在 7.4 节中结合泛型一起讲解。

Stack 是 Vector 的子类，它是一种仅在一端进行插入或删除操作的线性表，以先进后出的方式执行，Stack 自身定义的方法并不多，方法基本上和栈的特点有关。例如，pop() 方法把栈顶的元素去掉，push() 方法添加元素到栈顶，peek() 方法得到栈顶的元素，empty() 方法测试栈是否为空，search() 方法检测一个元素在栈中的位置。具体可参看 Java API。

Java 编程小提示：程序中如果数据量不确定，应该建立一个 LinkedList 来保存数据，为了方便遍历，可以将 LinkedList 转换成 ArrayList 来操作。反之，如果数据量确定，可以先建立一个 ArrayList 来保存，当需要频繁增删时，则转换为 LinkedList。

7.4 泛型

多数集合的操作都离不开泛型，在继续讲解 Set 和 Map 集合之前，有必要对泛型有基本的了解，掌握如何在集合中应用泛型。这里将结合 LinkedList 和 ArrayList 的应用讲解泛型，在接下来的 Set 和 Map 集合中都会用到泛型。

7.4.1 泛型的定义及实例化

Java 泛型（generic）等同于模板或参数多态，很多语言都支持泛型，如 C++、Microsoft 的 C#，泛型是 JDK 1.5 引入的影响最大的特性。泛型本质上就是数据类型参数化，允许将任意数据类型指定为一个参数。泛型的目的是通过为类或者方法声明一种通用模式，使类中的某些数据成员或者成员方法的参数、返回值可以取任意类型，从而采用统一的方法或者类即可处理不同的数据类型。泛型把数据类型作为参数传递，就像把数值作为函数的参数传递一样。通俗地说，泛型就如同一种形参，只不过它表示的不是数值，而是某种数据类型。需要注意的是，泛型的数据类型必须是引用类型，如果是基本数据类型，就需要转化为对应的封装类类型。

泛型是以什么样的方式实现的？在程序中可以定义泛型类、泛型方法，甚至泛型接口。首先，在定义类、接口、方法时用一个通用名称（如 type，E）代替操作的具体数据类型，即把具体数据类型指定为一个参数，在实例化时再把这个参数用实际的类型名称替换。这就是所谓的参数化类型，这和 C++ 的 Template class（类模板）具有异曲同工之功效。这样做的结果是简化代码并且增强安全性。

定义泛型通常有以下两种格式：

- 泛型类，定义在类名后面：

```
public class TestClassName<T, S extends T>{}
```

- 泛型方法，定义在方法修饰符后面：

```
public <T, S extends T> T testMethod(T t, S s){}
```

T 和 S 为通配符，以上表示定义泛型 T、S，并且 S 继承于 T。

实例化泛型类时，以实际类名替代通配符，如 TestClassName<String> list；实例化泛型方法时，编译器会自动对类型参数进行赋值，当不能成功赋值时，报编译错误。

以下示例为泛型类和泛型方法的定义及实例化。

【例 7-1】 在 Product 类中用 T 和 V 代替具体数据类型 String 和 Integer，直到声明对象时，才赋予实际的类型名称。

```
//Ex7_1.java
class Product<T,V> {      //声明一个为类型参数通配符的类,这里的 <T,V> 是必需的
    private T type;       //在本例中,T和V最后被 String 和 Integer 分别替换
    private V ID;
    Product(T ty, V id)   //方法的参数类型用通配符代替
    {
        this.type = ty;
        this.ID = id;
    }
    public T getType(){
        return type;
    }
    public V getID(){
        return ID;
    }
}
public class Ex7_1{
    public static void main(String[] args){
        // 创建对象时指定 Product 具体类型
Product<String, Integer> apple = new Product<String,Integer>("ipad2",12);
        System.out.println("Product type:"+apple.getType());
        System.out.println("Product ID:"+apple.getID());
    }
}
```

运行结果如下：

```
Product type:ipad2
Product ID:12
```

此例中定义泛型类 Product 时，类名后面必须紧跟着通配符 <T，V>，以代替实际的数据类型。Product 类的数据成员形参类型用 T 和 V 表示，用于接收外部传入的类型实参。构造方法是一个形参为 T 和 V 的泛型方法，泛型方法 getType() 和 getID 返回值分别以 T 和 V 表示。在定义数据成员和成员方法时，并不知道 T、V 表示的数据类型是什么，直到实例化一个 Product 对象 apple 时，才指明 T 真正替代的是 String 类型，V 表示 Integer 类型集合，通过 apple 对象调用方法时，方法返回值会自动被具体化，被赋予实际的数据类型。

接下来解释泛型类定义格式 public class TestClassName<T, S extends T>{}，其中 extends T 表示对泛型类范围加以限制，限定范围通过 extends 关键字实现，这种方式称为限定泛型，比如 < S extends Collection> 表示 S 限定范围为 Collection 接口的具体类，实例化时，如果传入非 Collection 接口的具体类，则编译会报错。关键字 extends 其后可以是类或者接口，因此 extends 已不仅仅是继承的含义了，对上例而言应该理解为 S 类型是实现 Collection 接口的任意一个具体类，如果 S 后面是一个类名，那么 S 类型就是该类的子类。

另外，实例化泛型类或方法时，赋值的都是指定的具体类型，当赋值的类型不确定时，用通配符（?）代替。例如：

```
List<?> aList;
List<? extends Number> aNumberList;
```

若没有 extends，只指定了 <?>，即为默认情况，意味着凡是 Object 及其子类，都可以用来实例化。通配符既可以向下限制（通配符下限），例如，<? extends Collection> 表示接受 Collection 及其实现的具体类；通配符也可以向上限制（通配符上限），例如，<? super Double> 表示类型只能接受 Double 及其上层父类类型如 Number、Object 的实例。

从例 7-1 的程序结构可以总结出泛型编程通常遵循以下 3 个步骤：

1）定义一个用通配符作为类型参数的泛型类或泛型方法。
2）实例化泛型类的对象，把实际数据类型赋予对象。
3）实例化泛型方法，编译器自动对类型参数赋值，赋值不成功，则编译报错。

按照惯例，类型通配符命名为一个大写字母，Java API 中常用的通配符名称如下：

- E：Element，表示类型形参，可以接受具体的类型实参。
- K：Key，键。
- N：Number，数。
- T：Type，类型。
- V：Value，值。
- S、U、V 等：第二、第三、第四个类型等。

7.4.2 泛型在集合中的应用

在实际开发中，集合中大量用到泛型。JDK 1.4.2 和更早版本的集合都有一个共同的安全隐患：一旦将某个对象添加到一个集合中，该对象便失去了其原有的类型信息，成为 Object 对象，也就是集合只保存没有任何特定类型特征的对象。这就意味着集合可以容纳任意数据类型的对象，可以将任意类型的对象添加到同一集合中。从集合中取出对象时，不清楚它到底是什么类型，必须显式或强制类型转换，转换要求开发者预先知道实际的数据类型，一旦没有强制类型转换或者转换出错，编译器也不会报错，直到运行时出现异常，这种方式存在潜在的安全隐患。例 7-2 是一个需要强制类型转换的例子，此例中包含了 ArrayList 的使用方法。

【例 7-2】 将 Chicken 类对象放入一个 ArrayList 集合中，再从中取出来。

```java
//Ex7_2.java
import java.util.*;
class Chicken {
    int chickenNum;
    public Chicken(int i) { chickenNum = i; }
    public void show() {
        System.out.println("Chicken id:" + chickenNum);
    }
}
public class Ex7_2{
    public static void main(String[] args) {
        ArrayList animals = new ArrayList(); //定义一个ArrayList animals
        for(int i = 0; i < 5; i++)
            animals.add(new Chicken(i));    // 把5只chicken放入animals里
        for(int i = 0; i < 5; i++){         // 取出5只chicken
            ((Chicken)animals.get(i)).show();
        }
    }
}
```

运行结果如下：

```
Chicken id:0
Chicken id:1
Chicken id:2
Chicken id:3
Chicken id:4
```

Ex7_2 创建了一个名为 animals 的 ArrayList 集合来存放对象，接着添加 5 个 Chicken 对象到集合 animals 里，这些对象在集合中都转换成了 Object 类型。当把对象从 animals 中取出来时，需要强制类型转换恢复成原有类型。若在 JDK 1.5 及以上版本运行此程序，如不进行强制类型转换，则编译无法通过。

针对这种隐患，JDK 1.5 引入了泛型，其目的在于增强集合使用的灵活性，把隐患控制在编译阶段，编译时自动检测类型安全，若有类型不匹配，则及时给出编译警告，并且自动进行隐式强制类型转换。泛型要求创建一个集合时，给出所能放置对象类型的通用名称，以代替对象具体的数据类型，或者直接指明对象的具体类型名称，泛型使程序明确告知编译器，每个集合能够放置的特定类型是什么。下面用泛型修改例 7-2，在创建 ArrayList 集合时，设定其放置 Chicken 类型对象。

【例 7-3】 泛型版本的例 7-2，无须强制类型转换。

```java
//Ex7_3.java
import java.util.*;
class Chicken {
    int chickenNum;
    public Chicken(int i) { chickenNum = i; }
    public void show() {
        System.out.println("Chicken id:" + chickenNum);
    }
}
public class Ex7_3{
```

```java
    public static void main(String[] args) {
        ArrayList<Chicken> animals = new ArrayList<Chicken>();  // 定义一个 ArrayList animals
        for(int i = 0; i < 5; i++)
            animals.add(new Chicken(i));  // 把 5 只 chicken 放入 animals 里
        for(int i = 0; i < 5; i++){       // 取出 5 只 chicken
            animals.get(i).show();
        }
    }
}
```

此例中在创建 ArrayList 时，即指定所放置对象的类型为 Chicken，若添加对象类型不匹配，编译时会及时报错，把潜在的错误限制在了编译阶段。程序中凡是定义集合的语句，如果没有配合使用泛型，如此例中去掉 <Chicken>，编译器将给出警告。

例 7-4 是一个使用泛型实现的 LinkedList 集合示例，此例中创建集合时以通配符作为对象的类型形参，直到向集合里添加对象时，再以实参形式指定其真正类型。

【例 7-4】用泛型实现一个 LinkedList 集合。

```java
//Ex7_4.java
import java.util.*;
public class Ex7_4<E>
{   // 创建一个 LinkedList，具体放置元素类型用 E 代替
    private LinkedList<E> list=new LinkedList<E>();
    public void push(E o)                    // 压栈
    {
        list.addFirst(o);
    }
    public E top()                           // 查询栈顶元素
    {
        return list.getFirst();
    }
    public E pop()                           // 出栈
    {
        return list.removeFirst();
    }
    public String toString()
    {
        return list.toString();
    }
    public static void main(String[] args)
    {
        // 给定具体放置元素类型为 String
        Ex7_4<String> sl=new Ex7_4<String>();
        for(int i=0;i<5;i++)
            sl.push(String.valueOf(i));
        System.out.println("sl="+sl);
    }
}
```

运行结果如下：

sl=[4, 3, 2, 1, 0]

总体而言，泛型在集合中使用时，无论是在创建一个集合时给出对象类型通配符，还是直接指明对象真正的类型名称，从集合中取出对象时不再需要强制类型转换，杜绝了运行时可能产生的潜在问题，保证程序运行的稳定性。

从前面讲述的通配符下限可推断出,在继承关系下,如果要把子类的对象添加到一个集合里,只需指定集合存放的对象类型为其父类类型,即只要是父子类关系的类型都允许放入集合中,取出对象时无须再进行强制类型转换。下面以电子产品商店为例,用集合代替数组,把对象添加到一个集合里。

【例7-5】修改例5-4的Product_test,用ArrayList代替数组,Product类及其子类Computer、Laptop的对象都可以添加到同一个ArrayList集合中,其余类的代码没有变动。

```java
package Ex7_5;
import java.util.*;
public class Product_test{
    public static void main(String args[]){
        ArrayList<Product> mylist= new ArrayList<Product>();
        Product tt = new Product(11,"lenovo","desktop",5000);
        Computer ter = new Computer(123,"dell","desktop",3000,516,"hp");
        Laptop mac = new Laptop(456,"apple","laptop",3456,516,"hp",1.3,26);
        mylist.add(tt);
        mylist.add(ter);
        mylist.add(mac);
        for(int i=0; i<mylist.size(); i++){
            System.out.println(mylist.get(i));
        }
    }
}
```

运行结果如下:

```
Product ID:11
Product name:lenovo
Product category:desktop
Product Price:5000.0

Product ID:123
Product name:dell
Product category:desktop
Product Price:3000.0
memory:516
ProcesssorName:hp

Product ID:456
Product name:apple
Product category:laptop
Product Price:3456.0
memory:516
ProcesssorName:hp
thickness1.3
weight26.0
```

此例定义了一个父类Product的集合ArrayList<Product> mylist,子类Computer和Laptop的对象都能够添加到mylist里,而从mylist中取出对象时,不需要强制类型转换。

7.5 迭代器

Iterator(迭代器)接口也是Java集合框架的成员,用于遍历并选择集合中的对象,形同指针的遍历功能,只不过这是一个用对象方式表示的"指针"。迭代器作为集合操作的辅助工具通常在 Set 和 Map 集合中使用，有必要掌握其使用方式。迭代器具有如下三个实例方法：

hasNext()：判断是否还有元素。

next()：取得下一个元素。

remove()：删除集合中上一次 next 方法返回的元素。

利用 Iterator 访问每个元素，代码片段示例如下：

```
List<double> cats = new ArrayList<double>();
Iterator e = cats.iterator();   //定义一个 Iterator 对象
while(e.hasNext())    //使用对象 e 访问集合 cats
    System.out.println("Cats  has "+e.next()); //输出集合里的元素
```

【例 7-6】用迭代器遍历 ArrayList 集合。

```
//Ex7_6.java
import java.util.*;
public class Ex7_6 {
    public static void main(String[] args) {
    {
        ArrayList<String> cartoons = new ArrayList<String>();
        cartoons.add("grey wolf");
        cartoons.add("little red riding hood");

        // 创建一个 cartoons 集合对应的迭代器
        Iterator<String> it = cartoons.iterator();
        while (it.hasNext())
        {
            String mm =(String)it.next();
            System.out.println("remove: "+mm);
            if(mm.equals("grey wolf"))
                it.remove();
            System.out.println("cartoons is: "+it.next());
        }
    }
  }
}
```

运行结果：

```
remove: grey wolf
cartoons is: little red riding hood
```

JDK 1.5 后，Iterator 的应用逐渐淡出。第 2 章介绍过使用 foreach 语句遍历数组，foreach 语句也可用于遍历整个集合，但需要给出元素类型、循环变量和需要操作的集合。使用 foreach 语句可以简化代码，示例如下：

```
for(Double d : c)
    System.out.println("C has " + d);
```

foreach 语句的格式与 for 语句类似，只不过括号里的写法更简化，此例括号中的 d 为循环变量，c 为集合，两者之间用冒号隔开。

【例 7-7】用 foreach 语句遍历整个集合。

```
//Ex7_7.java
import java.util.*;
public class Ex7_7
```

```java
{
    public static void main(String[] args) {
        int total=0;
        ArrayList<Integer> c=new ArrayList<Integer>();
        c.add(new Integer(1));
        c.add(new Integer(2));
        c.add(new Integer(3));
        for (Integer i:c)
            total+=((Integer)i).intValue();
        System.out.println(total);
    }
}
```

运行结果如下：

6

7.6 Set 接口

Set 接口是 Collection 的子接口，适用于不允许出现重复的元素。放入 Set 的元素必须定义 equals() 方法，以确保对象的唯一性。与 List 不同的是，Set 中元素的次序不能保持有序。Set 接口以普通的散列表数据结构实现，用于存储键–值数据对，能提供快速的查找功能。每个对象都作为数据存放在散列表中，由类库负责维护散列表，把对象存储到合适的位置。

Set 接口有一个子接口 SortedSet，它提供了保证迭代器按照元素递增顺序遍历的方法，可以按照元素的自然顺序排序，或者按照创建有序集合时提供的比较器 Comparator 进行排序。比较器可用于对象排序程序中，但它不负责排序，只比较两个对象，把结果传递给排序的方法，7.8 节讲解 Comparator 的具体用法。Set 接口的主要方法如表 7-4 所示。

表 7-4　Set 接口的方法

方法	说明
boolean add(E o)	如果 Set 中尚未存在指定的元素，则添加此元素
boolean addAll(Collection<? extends E> c)	如果 Set 中没有指定 Collection 中的所有元素，则将其添加到此 Set 中
void clear()	移除 Set 中的所有元素
boolean contains(Object o)	如果 Set 包含指定的元素，则返回 true
boolean containsAll(Collection<?> c)	如果 Set 包含指定 Collection 的所有元素，则返回 true
boolean equals(Object o)	比较指定对象与 Set 的相等性
int hashCode()	返回 Set 的散列码值
boolean isEmpty()	如果 Set 不包含元素，则返回 true
Iterator iterator()	返回在 Set 中的元素上进行迭代的迭代器
boolean remove(Object o)	如果 Set 中存在指定的元素，则将其删除
boolean removeAll(Collection<?> c)	移除 Set 中那些包含在指定 Collection 中的元素
boolean retainAll(Collection<?> c)	仅保留 Set 中那些包含在指定 Collection 中的元素
int size()	返回 Set 中的元素数（其容量）
Object toArray()	返回一个包含 Set 中所有元素的数组
T[] toArray(T[] a)	返回一个包含 Set 中所有元素的数组；返回数组的运行时类型是指定数组的类型

实现 Set 接口有以下三个主要具体类：

HashSet：使用散列表结构存储元素，可以随机访问，通常用于快速检索。它不保证集合的迭代顺序，特别是不保证该顺序恒久不变，此类允许使用 null 元素。

TreeSet：使用树结构来存储元素，此类保证排序后的 Set 按照升序排列元素，比 HashSet 检索慢。它实现了 SortedSet 接口，也就是加入了对象比较的方法，通过迭代集合中的对象，可以得到一个升序的对象集合。

LinkedHashSet：具有 HashSet 的查询速度，此实现与 HashSet 的不同之处在于，其内部使用链表维护元素的插入次序。此链表定义了迭代顺序，在使用迭代器遍历 Set 时，将按照元素插入集合中的顺序进行迭代。

下面举例说明三种 Set 的用途，它们都可以用来过滤重复元素。使用时首先实例化，然后把对象作为新元素添加到散列表中。

【例 7-8】将有重复元素的字符串添加到 HashSet、TreeSet 和 LinkedHashSet 集合中，在添加过程中，集合自动去掉重复的元素。

```java
//Ex7_8.java
import java.util.*;
public class Ex7_6 {
    public static void main(String[] args) {
    // 过滤重复元素，但不保证元素的迭代次序
    String[] strArray = new  String[]{"one", "world ", "one", "dream"};
        Set<String> s = new HashSet<String>();
        for (int i=0; i<4; i++)
            if (!s.add(strArray[i])) // 添加 strArray 元素到集合 s 中
                System.out.println("Duplicate detected: " + strArray[i]);
        System.out.println(s.size() + " distinct words: " + s);

        // 自动按升序排列内容，并过滤重复元素
        TreeSet<String> treeset=new TreeSet<String>();
        treeset.add("b");
        treeset.add("a");
        treeset.add("c");
        treeset.add("d");
        treeset.add("b");
        System.out.println("TreeSet:");
        System.out.println(treeset);
        System.out.println("the first element is: "+treeset.first());
// 返回第一个元素
        Iterator<String> iterator=treeset.iterator();
        while(iterator.hasNext()){
         System.out.print(iterator.next()+";");
        }

        // 过滤重复元素，保证元素的迭代次序
        LinkedHashSet<String> hashset=new LinkedHashSet<String>();
        hashset.add("b");
        hashset.add("a");
        hashset.add("c");
        hashset.add("d");
        hashset.add("b");
        System.out.println("\n"+"LinkedHashSet:");
        System.out.println(hashset);
        Iterator<String> iterator1=hashset.iterator();// 取出元素
        while(iterator1.hasNext()){
            System.out.print(iterator1.next()+";");
```

Java 集合框架

```
        }
      }
}
```

打印结果如下:

```
Duplicate detected: one
3 distinct words: [dream, one, world]
TreeSet:
[a, b, c, d]
the first element is: a
a;b;c;d;
LinkedHashSet:
[b, a, c, d]
b;a;c;d;
```

7.7 Map 接口

Map 提供了一个更通用的元素存储方法,Map 接口是 Map 集合框架的根接口,它不属于 Collection 接口。Map 集合类用于存储元素对(称为键–值对),其中每个键映射到一个值,而且不能有重复的键。每个键只能够映射到一个值,但是允许多个键映射到同一个值。这种键–值对的例子日常用到不少,如姓名与电话号码、书号和书名、宠物和主人等,Map 通常用于由某个对象查找另一类型对象。

几乎所有通用的 Map 都使用散列映射,这是一种将元素映射到数组的简单机制,通过散列函数将对象转换为一个适合内部数组的整数,期间会调用每个对象都包含的一个返回整数值的 hashCode() 方法,Map 的常用方法如表 7-5 所示。

表 7-5 Map 的常用方法

	方法	说明
更新方法,更改 Map 内容	void clear()	从此映射中移除所有映射关系,此调用返回后,该映射将为空
	V put(K key, V value)	将指定的值与此映射中的指定键关联
	void putAll(Map m)	从指定映射中将所有映射关系复制到此映射中
	V remove(Object key)	如果存在一个键的映射关系,则将其从此映射中移除
覆盖方法	boolean equals(Object o)	比较指定的对象与此映射是否相等。如果给定的对象也是一个映射,并且这两个映射表示相同的映射关系,则返回 true
	int hashCode()	返回此映射的散列码值
遍历或删除 Map 的元素,返回视图的 Map 方法	Set<Map,Entry><K,V> entrySet()	返回此映射包含的映射关系的 Set 视图
	Set<E> keySet()	返回此映射中包含的键的 Set 视图
	Collection<V> values	返回 Map 中包含的值的 Collection 视图。删除 Collection 中的元素还将删除 Map 中对应的映射(键和值)
Map 的访问和测试方法	V get(Object key)	返回指定键映射的值;如果此映射不包含该键的映射关系,则返回 null
	boolean containsKey(Object key)	如果 Map 中包含指定键的映射,则返回 true

方法		说明
Map 的访问和测试方法	boolean containsValue(Object value)	如果此 Map 将一个或多个键映射到指定值，则返回 true
	int size()	返回此映射中的键–值映射关系数

Map 接口提供 3 种可能的视图，允许以键集、值集或键–值对集的形式查看某个映射的内容，或者要遍历的所有元素。以下是三种可能的视图：

- 键–值对集：参见 entrySet()。
- 键集：参见 keySet()。
- 值集：参见 values()。

键–值对集和键集两个视图均返回 Set 对象，值集视图返回 Collection 对象，若要遍历，则需要获得一个 Iterator 对象。

Map 接口的一个重要子接口 SortedMap 提供排序功能，凡是实现此接口的具体类都属于排序的子类，比如 TreeMap 就是 SortedMap 的子类，具备排序功能。SortedMap 的常用方法如表 7-6 所示。

表 7-6 SortedMap 的常用方法

方法	说明
Comparator<? super K> comparator()	返回对此映射中的键进行排序的比较器；如果此映射使用键的自然顺序，则返回 null
Set<Map.Entry<K,V>> entrySet()	返回此映射中包含的映射关系的 Set 视图
K firstKey()	返回此映射中当前第一个（最低）键
SortedMap<K,V> headMap(Object toKey)	返回此映射的部分视图，其键值严格小于 toKey
Set<K> keySet()	返回此映射中当前最后一个（最高）键
SortedMap<K,V> subMap(Object fromKey, Object toKey)	返回此映射的部分视图，其键值的范围为 fromKey（包括）到 toKey（不包括）
SortedMap<K,V> tailMap(Object fromKey)	返回此映射的部分视图，其键大于等于 fromKey
Collection<V> values()	返回此映射中包含的值的 Collection 视图

Map 中比较常用的具体类有 HashMap、TreeMap、LinkedHashMap，它们在效率、排序等方面各不相同。

HashMap：使用对象的 hashCode() 实现快速查找，允许存储 null 值和 null 键，该类既不保证映射的顺序，也不保证该顺序持久不变。HashMap 不是线程安全的，即不适用于多线程同步；而 HashTable 是线程安全的，并且不允许 null 值，其余功能两者大致相同。

LinkedHashMap：类似于 HashMap，但是它采用链表维护内部排列顺序，效率比 HashMap 慢一点，在遍历时，取得键–值对的顺序遵循其插入顺序，或者使用最近最少使用（LRU）顺序。

TreeMap：采用红黑树结构实现，根据其键的自然顺序排序，或者根据创建映射时提供的 Comparator 排序。TreeMap 是实现 SortedMap 接口的具体类。

【例 7-9】使用 HashMap 修改例 7-5 的 Product_test.java，将几个 Product 对象添加到 HashMap 中，ProductID 作为 Map 的键，其余类的代码不变。

```
package Ex7_9;
```

```java
import java.util.*;
import Ex7_9.Computer;
import Ex7_9.Laptop;
import Ex7_9.Product;
public class Product_test {
    public static void main(String[] args){
        Product tt = new Product(11,"lenovo","desktop",5000);
        Computer ter = new Computer(123,"dell","desktop",3000,516,"hp");
        Laptop mac = new Laptop(456,"apple","laptop",3456,516,"hp",1.3,26);

        Map<Integer, String> map=new HashMap<Integer, String>();
        map.put(tt.getID(),tt.getName());
        map.put(ter.getID(),ter.getName());
        map.put(mac.getID(),mac.getName());

        Set<Integer> set=map.keySet();
        System.out.println("Map 集合中所有元素是: ");
        Iterator<Integer> it=set.iterator();
        while (it.hasNext()){
            Integer key=(Integer)it.next();
            String name=(String) map.get(key);
            System.out.println(key+" "+name);
        }
        map.remove(123); // 将 id 为 "123" 的对象从集合中删除。
        System.out.println("Map 集合中执行删除操作后所有元素是: ");
        Iterator<Integer> it2=set.iterator();
        while (it2.hasNext()){
            Integer key=(Integer)it2.next();
            String name=(String) map.get(key);
            System.out.println(key+" "+name);
        }
    }
}
```

运行结果如下：

```
Map 集合中所有元素是:
456 apple
11 lenovo
123 dell
Map 集合中执行删除操作后所有元素是:
456 apple
11 lenovo
```

Java 集合框架中各种集合的使用方法总结如下：

1）Collection、List、Set、Map 都是接口，不能实例化，只有实现它们的 ArrayList、LinkedList、HashTable、HashMap 这些常用具体类才可被实例化。

2）在各种 List 集合中，LinkedList 适用于快速插入、删除元素，可用于构建栈 Stack、队列 Queue；ArrayList 适用于快速随机访问元素。最好的做法是以 ArrayList 作为默认选择。

3）在各种 Set 中，HashSet 的插入、查找效率通常优于 TreeSet，一旦需要产生一个经过排序的序列，则可选用 TreeSet，因为它能够维护其内元素的排序状态。

4）在各种 Map 中，HashMap 的用途最为广泛，可提供快速查找，TreeMap 适用于需要排序的序列。

7.8　Collections 类

Java 的集合框架中还有一个重要的辅助工具类 java.util.Collections，它包含了各种有关集合操作的静态多态方法。此类不能实例化，用于对集合中的元素进行排序、查询以及线程安全等各种操作算法，为集合提供服务。Collections 类的方法有几十个，表 7-7 仅列出查找替换、排序的常用方法，其余详细用法可参考 Java API。

表 7-7　Collections 的常用方法

	方法	说明
查找替换	T max(Collection<? extends T> coll)	根据元素的自然顺序，返回给定 Collection 的最大元素
	T min(Collection<? extends T> coll)	根据元素的自然顺序 返回给定 Collection 的最小元素
	boolean replaceAll(List<T> list, T oldVal, T newVal)	使用另一个值替换列表中出现的所有某一指定值
	void fill(List<? super T> list, T obj)	使用指定元素替换指定列表中的所有元素
	int frequency(Collection<?> c, Object o)	返回指定 Collection 中等于指定对象的元素数
	int indexOfSubList(List<?> source, List<?> target)	返回指定源列表中第一次出现指定目标列表的起始位置；如果没有出现这样的列表，则返回 -1
	T binarySearch(List<? extends Comparable<? super T>> list, T key)	使用二分搜索法搜索指定列表，以获得指定对象
集合排序	reverse(List<?> list)	反转指定列表中元素的顺序
	reverseOrder(Comparator<T> cmp)	返回一个比较器，它强行逆转指定比较器的顺序
	shuffle(List<?> list)	使用默认随机源对指定列表进行置换
	sort(List<T> list)	根据元素的自然顺序，对指定列表按升序排序
	sort(List<T> list, Comparator<? super T> c)	根据指定比较器产生的顺序对指定列表进行排序
	void swap(List<?> list, int i, int j)	在指定列表的指定位置处交换元素

另外，Collections 类还提供了同步集合的功能，Collections 的 synchronizedXXX 系列方法（XXX 表示集合类型）会返回同步化集合类，如 synchronizedMap、synchronizedList、synchronizedSet 等，它们都是通过互斥机制来实现对集合操作的同步化。

【例 7-10】Collections 常用方法演示。

```java
//Ex7_10.java
import java.util.ArrayList;
import java.util.Collections;
import java.util.List;

public class Ex7_10 {
    public static void main(String args[]) {
        // 排序
        List<Double> list = new ArrayList<Double>();
        double array[] = { 245,656,12,67,56,890 };

        for (int i = 0; i < array.length; i++) {
            list.add(new Double(array[i]));
        }
        Collections.sort(list);
        System.out.println("sorted number:");
        for (int i = 0; i < array.length; i++) {
            System.out.println(list.get(i));
        }
```

```
            //逆转
            Collections.reverse(list);
            System.out.println("reversed number:");
            for (int i = 0; i < array.length; i++) {
                System.out.println(list.get(i));
            }
            System.out.println("min number is: "+Collections.min(list));
        }
    }
```

运行结果如下：

```
sorted number:
12.0
56.0
67.0
245.0
656.0
890.0
reversed number:
890.0
656.0
245.0
67.0
56.0
12.0
min number is: 12.0
min number is: 890.0
```

7.9 比较器

Java 的集合框架里有两类比较器：Comparable 和 Comparator，分别对应 java.util.Comparable 接口和 java.util.Comparator 接口，用于对集合对象进行排序。

Comparable 属于排序接口，即实现它的具体类都支持排序功能。假如这些具体类的对象存放于某种集合或数组中，则该集合或数组可以调用 Collections.sort() 或 Arrays.sort() 来进行排序。另外，TreeSet 和 TreeMap 本身具有排序功能，不需要比较器。

Comparable 接口只有一个方法：public int compareTo(T o)。如果要比较对象 a 和 b 的大小，则 a.compareTo(b)。返回值小于 0，表示 a 小于 b；返回值等于 0，表示 a 等于 b；返回值大于 0，表示 a 大于 b。

Comparator 是比较器接口，如果某个类的对象需要排序，而该类本身没有实现 Comparable 接口，则可以通过此类实现 Comparator 接口来为其创建一个比较器比较对象大小，然后通过比较结果排序。这和 Comparable 的具体类不同，Comparable 的具体类属于自身具备排序功能的排序类。

Comparator 接口有两个方法：int compare(T o1，T o2)；boolean equals(Object obj)。若一个类要实现 Comparator 接口，它一定要实现 compare(T o1，T o2) 方法，但可以不实现 equals(Object obj) 方法，因为所有类都已经默认继承了 java.lang.Object 中的 equals(Object obj)。int compare(T o1，T o2) 可以比较 o1 和 o2 的大小。返回值小于零，表示 o1 小于 o2；返回值为 0，表示 o1 等于 o2；返回值大于 0，表示 o1 大于 o2。

【例 7-11】 采用 Comparable 和 Comparator 两类比较器对 Product 类的 ID 和 name 排序。

```java
//Ex7_11.java
import java.util.*;
import java.lang.Comparable;

//Product 实现 Comparable 比较器,本身支持排序
class Product implements Comparable<Product>{
    int ID;
    String name;
    public Product(String name, int id) {
        this.name = name;
        this.ID = id;
    }
    public String getName() {
        return name;
    }
    public int getID() {
        return ID;
    }
    public String toString() {
        return name + " - " +ID;
    }
    // 重写 compareTo<T t> 函数,对 name 进行比较
    public int compareTo(Product ipad) {
        return name.compareTo(ipad.name);
    }
}
// 为 Product 创建一个升序比较器,根据 ID 升序排序
class AscComparator implements Comparator<Product> {
    public int compare(Product p1, Product p2) {
        return p1.getID() - p2.getID();
    }
}
// 为 Product 创建一个降序比较器,根据 ID 降序排序
class DescComparator implements Comparator<Product> {
    public int compare(Product p1, Product p2) {
        return p2.getID() - p1.getID();
    }
}

public class Ex7_11{
    public static void main(String[] args) {
        ArrayList<Product> list = new ArrayList<Product>();
        list.add(new Product("dphone", 12));
        list.add(new Product("cphone", 587));
        list.add(new Product("Bphone",34));
        list.add(new Product("Aphone", 108));
        System.out.printf("Original  sort, list:%s\n", list);

        // 对 list 进行排序,按照 Product 实现的 CompareTo() 进行排序
        Collections.sort(list);
        System.out.printf("Product ID sorted list:%s\n", list);

        // 通过比较器 Asccomparator,对 list 进行排序
        Collections.sort(list, new AscComparator());
        System.out.printf("Asc ID sorted, list:%s\n", list);
```

```
            // 通过比较器 DescComparator，对 list 进行排序
            Collections.sort(list, new DescComparator());
            System.out.printf("Desc ID sorted, list:%s\n", list);
    }
}
```

运行结果如下：

```
Original   sort, list:[dphone - 12, cphone - 587, Bphone - 34, Aphone - 108]
Product ID sorted list:[Aphone - 108, Bphone - 34, cphone - 587, dphone - 12]
Asc ID sorted, list:[dphone - 12, Bphone - 34, Aphone - 108, cphone - 587]
Desc ID sorted, list:[cphone - 587, Aphone - 108, Bphone - 34, dphone - 12]
```

此程序中的 Product 类首先通过实现 Comparable 比较器的 compareTo() 方法，具备了对 name 的排序功能，然后调用 Collections.sort() 即可对 Product 对象集合按照 name 排序。接下来又为 Product 类创建了两个 Comparator 比较器，实现了 compare() 方法，两个比较器分别具备对 ID 升序和降序排序功能，通过再次调用 Collections.sort()，实现对 Product 对象集合按照 ID 升降排序。

7.10 Lambda 表达式

作为 JDK 8 推出的一个重要特性，Lambda 表达式受到了广泛的关注，它是自 Java 增添泛型和注释之后又一个大的变化。Lambda 对集合框架进行了增强，添加了两个对集合数据操作的包：java.util.function 和 java.util.Stream。这里仅讲解 Lambda 表达式在集合框架中的基本应用方法。

Lambda 表达式提供了一个参数列表和一个使用参数的主体，该主体可以是表达式或代码块。Lambda 格式如下：

```
(parameters) -> expression    //主体为表达式
```

或

```
(parameters) ->{ statements; }    //主体为代码块
```

以下是 Lambda 表示式的简单例子：

```
(int x, int y) -> x + y     //接收两个 int 类型的参数，并返回它们的和
(String s) -> System.out.print(s) //接收一个 String 类型的对象 s，并打印
```

下面看看 Lambda 表达式在集合中的几种应用情形。

1. 对集合进行迭代

如果采用 foreach 语句迭代一个集合，代码片段如下：

```
String[] stars={"Jackie Chan","Jim","Steve Jobs","Harry potter", "Taylor Swift"};
List<String> movie= Arrays.asList(stars);
    for (String m : movie) {
        System.out.println(movie);
    }
```

改用 Lambda 表达式来实现，代码如下：

```
    String[] stars={"Jackie Chan","Jim", "Steve Jobs", "Harry potter", "Taylor
```

```
Swift"};
        List<String> movie= Arrays.asList(stars);
        movie.forEach(m -> System.out.println(m));//forEach()方法可以迭代所有对象
```

或者使用双冒号操作符，简写代码如下：

```
        movie.forEach(System.out::println);
```

可见，使用 Lambda 表达式能使代码更加紧凑、简洁。

2. 对集合进行过滤

Lambda 表达式和 Stream 结合使用会使操作简单易懂。Lambda 可以支持许多操作，例如过滤操作，Stream 提供的 filter() 方法允许传递一个 Lambda 表达式作为参数并对其进行过滤，代码片段如下：

```
        String[] stars={"Jackie Chan","Jim", "Steve Jobs", "Harry potter", "Taylor Swift"};
        List<String> movie= Arrays.asList(stars);
```

过滤掉 List 集合 movie 中长度为 3 及以下的元素：

```
        List<String> filtered = movie.stream().filter(x -> x.length()>3).collect(Collectors.toList());
        System.out.printf("filtered list : %s",filtered);
```

这段代码创建的新集合 filtered 包含了所有长度大于 3 的元素，过滤掉了 movie 中的 Jim。

3. 对集合中的元素进行 map 和 reduce 操作

程序中经常会给集合中的每个元素赋予一定的操作，如乘以或者除以某个数值，这类聚合操作（如平均值、总和、最小、最大和计数）可以由 Lambda 表达式传递给 Stream 的 map() 或 reduce() 方法进行处理，达到并行操作集合的效果。map 是对 Stream 对象的一种中间操作，通过指定的方法，它能够把 Stream 对象中的每一个元素对应到一个新对象上。reduce 是将多个值进行某种聚合操作后返回一个最终值。map() 示例代码如下：

```
        List<Integer> numbers = Arrays.asList(8, 3, 3, 6, 5, 7, 6);
        List<Integer> mult = numbers.stream().map( i->i*3).distinct().collect(Collectors.toList());
        System.out.printf("new List : %s",mult);
```

此例中采用 Stream 类的 distinct() 方法过滤集合中重复的数值，然后将每个数值乘以 3，最后输出结果为：24, 9, 18, 15, 21。

以上仅仅是 Lambda 表达式在集合中的几种基本用法，它还支持更多复杂的用法，如 limit、sorted、count、min、max、sum 和 collect 等操作。java.util.function 也包含了许多类和接口，如 Predicate 接口，它们也可以和 Lambda 表达式结合使用。此外，Lambda 表达式的另外一个重要用途是在图形用户界面 Swing 的事件响应中取代匿名的内部类，以及在比较器、多线程 Runnable 的实现中简化逻辑及代码。

Lambda 表达式的优势在于语法简洁，灵活，便于优化，以少量的代码实现相同的功能，减少变量的定义及控制语句，从而减少代码 bug，增强程序的稳定性。但缺点是代码不易理解，如果不熟悉，还是谨慎使用为妙。

本章小结

本章重点讲述了 Java 的集合框架。Java 以类库——集合框架的形式提供了数据的存储方式，实现了十几种集合及相应的操作。

Java 集合框架主要包括两个通用的接口——java.util.Collection 和 java.util.Map。Collection 包含 List、Set、Queue 等集合类；Map 包含 HashMap、TreeMap、LinkedHashMap 等集合类。

List 主要有 LinkedList 和 ArrayList，可以存储重复的元素，并且元素有序排列。其中 ArrayList 是由数组实现的一种 List，它的随机访问速度极快，但是插入与删除元素的速度很慢；LinkedList 适用于需要频繁进行插入和删除操作的集合，只不过随机访问相对较慢。

Set 是无序的对象集合，这些对象都是唯一的，不能重复。SortedSet 对象集合的元素按照升序排列，HashSet 的插入、查找效率通常优于 HashTree，可选用 TreeSet 产生一个经过排序的序列。

Map 用于存储一群成对的对象，这些对象各自保持着"键 – 值"（key-value）对应关系。HashMap 用途最为广泛，可提供快速查找，TreeMap 适用于需要排序的序列。

本章详细讲解了泛型。泛型把数据类型模板化，把数据类型作为参数传递。泛型广泛运用于集合中，要求在定义一个集合时，需要给定具体的对象类型，或者用通用符号代替。

本章还介绍了集合框架中需要用到的辅助工具：迭代器、Collections 类、比较器以及 JDK 8 重要的新特性 Lambda 表达式。

习题

1. Java 的集合框架支持哪些数据结构？
2. List、Set 和 Map 有何区别？
3. 编写程序测试 Collection 接口的应用，创建一个任意类型集合，添加 8 种基本数据类型的封装类对象，对集合进行添加、查找、删除操作。
4. 使用 Collection 接口及有关的实现类创建一个集合，添加几个字符串，使用 Iterator 实现元素的遍历，再使用 foreach 语句和 while 循环实现元素的遍历。
5. 如果将放置数据的集合由 ArrayList 转换为 LinkedList，应该怎样修改？由 LinkedList 转换为 ArrayList 又该怎样修改？
6. 创建一个 List，在 List 中添加 3 个学生信息（创建一个 Student 类），基本信息属性有姓名、年龄和分数等。实现如下操作：
   （1）在第二个学生前插入两个新学生。
   （2）删除最后一个学生的信息。
   （3）打印所有学生的信息。
7. 创建一个 HashSet 集合，存储学生信息（创建一个 Student 类），不允许有重复数据。
8. 使用集合替代数组改写第 6 章第 8、9 题。

第 8 章　输入 / 输出

大多数程序语言都具备输入 / 输出处理功能，比如从键盘读取数据、向屏幕输出数据、对文件进行读取操作、在网络上传送数据，等等。Java 的 I/O 类库包括 java.io 和 java.nio 两个包，提供了丰富强大的输入 / 输出处理功能，适用于标准输入 / 输出、文件读写以及网络数据读写等操作。

java.io 是标准 java I/O API，基于字节流、字符流及对象流进行操作，实现输入 / 输出处理。Java IO 内容涉及的领域很广泛，包括标准输入 / 输出、文件的操作、网络上的数据流、字符串流、对象流等。本章将讲述 Java.io 支持的功能，包括字节流、字符流、对象流三种 I/O 流的概念，标准输入 / 输出，文件的读写方式等。需要说明的是，Java I/O 虽然功能强大，但它缺乏直观性，代码非常繁琐。一个简单的键盘读取数据操作需要使用两到三个类的操作才能完成，与标准 C I/O 库相比复杂得多。

8.1　I/O 流的概念

在 Java I/O 中有一个描述字节序列的抽象概念——流（stream）。流是一组在两个介质间传输的有序、不间断、有起点和终点的字节组合。流可以形象地理解为如同水从源头通过管道流向目的地管口端，而其中流淌着数据，如字符串、文字、图像、声音等，任何数据都可看作抽象的数据流。Java 采用流的概念屏蔽了存储数据的起点和终点种类，文件、键盘、网络及其他设备都可以把它们抽象为流，通过流可以自由地控制文件、内存、I/O 设备等数据的流向。

I/O 流用于处理硬盘、内存、键盘等设备上的数据，根据流向 I/O 流可分为输入流和输出流两类，比如当程序从键盘录入数据时，键盘是一个输入流；当向屏幕写数据时，屏幕则是一个输出流。输入流是数据提供者，可从中读取数据；输出流则是数据接收者，可往其中写数据。当程序读取数据时，开启了一个通向起点数据源的输入流，这个起点可以是文件、内存、网络连接。类似地，当程序写入数据时，则开启了一个通向目的地的输出流，输入 / 输出流示意图如图 8-1 所示。

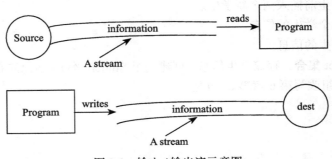

图 8-1　输入 / 输出流示意图

不论数据从哪来，到哪去，也不论数据本身是什么类型，读写数据的方法基本上都遵循三个步骤：打开一个流、读（或写）信息、关闭流。I/O 流类一旦被创建后，就会自动打开。

8.2 I/O 流的种类

如果从处理类型上区分，Java I/O 流可以分为两类，字节流 (byte oriented stream) 和字符流 (character oriented stream)。字节流以 8 位的字节为基本处理单位；字符流以 16 位的字节为处理单元。在 JDK 1.1 之前，java.io 包中的流只提供普通的字节流，这种流对于以 16 位 Unicode 码表示的字符流处理很不方便，比如中文对应的字节数是 2，所以又加入了专门用于处理字符流的类。通常文本类字符数据优先考虑使用字符流处理，而字节流可用于处理任何类型的数据，包括图片、语音、视频之类的二进制数据。

Java 的字节流由 InputStream、OutputStream 两个抽象类表示，字符流由 Reader、Writer 两个抽象类来表示，如图 8-2 所示，它们又派生出多种类型的子流类，以支持灵活多变的功能。

另外，java.io 还提供了以字节流为基础的、可用于持久化保存对象的机制——对象流 (object stream)，可以使对象的状态能够方便地永久保存下来。

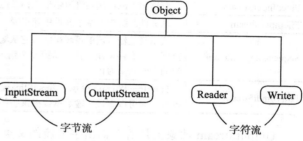

图 8-2 字节流和字符流

8.2.1 字节流

字节流处理单元为 8 位的字节，数据源中如果含有非字符数据的二进制数据，如音频文件、图片、歌曲，则采用字节流来处理输入 / 输出。

所有文件的储存都是字节（byte）的储存，因此字节流可用于任何类型的对象，包括文本和二进制。绝大多数数据都被存储为二进制文件，文本文件大约只能占到 2%，通常二进制文件要比含有相同数据量的文本文件小得多。开发中优先选用字节流，它的使用更加广泛，因为硬盘上的所有文件都是以字节的形式进行传输或者保存的，包括图片、语音等内容。

InputStream 和 OutputStream 是处理 8 位字节流的抽象基类，通常使用这两个类的子类来读写 8 位的字节信息，它们提供的子类如图 8-3 所示。

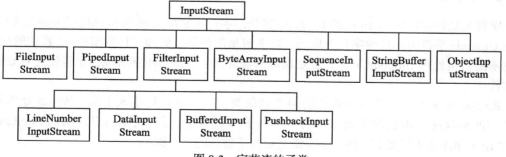

图 8-3 字节流的子类

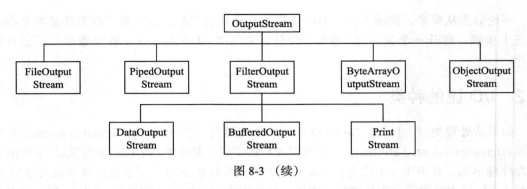

图 8-3 （续）

InputStream 抽象类是所有输入字节流的父类，其主要子类功能如表 8-1 所示。

表 8-1　InputStream 主要子类及其功能

类	功能
ByteArrayInputStream	包含一个内部缓冲区，该缓冲区包含从流中读取的字节
PipedInputStream	管道输入流连接到管道输出流；管道输入流提供要写入管道输出流的所有数据字节
FileInputStream	从文件系统中的某个文件中获得输入字节
SequenceInputStream	表示其他输入流的逻辑串联。它从输入流的有序集合开始，并从第一个输入流开始读取，直到到达文件末尾，接着从第二个输入流读取，以此类推，直到到达包含的最后一个输入流的文件末尾为止
FilterInputStream	FilterInputStream 继承于 InputStream，通过拥有其他一些输入流，将这些流用作其基本数据源，它可以直接传输数据或提供一些额外的功能

OutputStream 抽象类是所有输出字节流的父类，其主要子类功能如表 8-2 所示。

表 8-2　OutputStream 主要子类的功能

类	功能
ByteArrayOutputStream	此类实现了一个输出流，其中的数据被写入一个 byte 数组，缓冲区会随着数据的不断写入而自动增长
FileOutputStream	用于将数据写入 File 或 FileDescriptor
PipeOutputStream	可以将管道输出流连接到管道输入流来创建通信管道，管道输出流是管道的发送端
FilterOutputStream	此类是过滤输出流的所有类的父类，它继承于 OutputStream，同时通过另一个输出流添加一些额外的功能。派生出的过滤输出流有 DataOutputStream、BufferedOutputStream、PushbackOutputStream

8.2.2　字符流

字符流处理的单元为 16 位的 Unicode 字符，字符流是由 Java 虚拟机将字节转化为以 16 位的 Unicode 字符为单位的字符而成。字节流虽然提供了处理任何类型的 IO 操作的功能，但它不能直接处理 Unicode 字符，要处理多国语言文字，就得用字符流，字符流通常处理文本文件。

Reader 和 Writer 是处理字符流的两个抽象类，Reader 处理输入字符，Writer 处理输出字符，通常程序使用这两个抽象类的一系列子类来读入 / 写出文本信息，例如 FileReader/FileWriter 用来读 / 写文本文件。字符流主要的子类如图 8-4 所示。

Reader 抽象类是用于读取字符流的抽象类，其主要子类如表 8-3 所示。

Writer 抽象类是用于写入字符流的抽象类，其主要子类如表 8-4 所示。

输入/输出

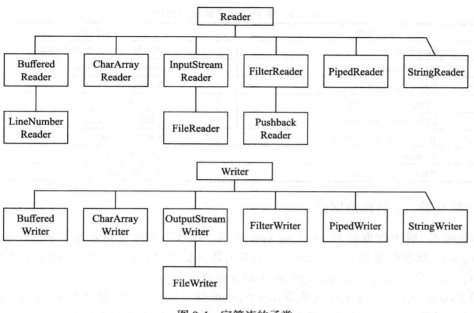

图 8-4 字符流的子类

表 8-3 Reader 的主要子类

类	功能
BufferedReader	从字符输入流中读取文本，缓冲各个字符，从而高效字符、数组和行，可以指定缓冲区的大小，或者使用默认的大小
InputStreamReader	InputStreamReader 是字节流通向字符流的桥梁，它使用指定的 charset 读取字节并将其解码为字符
CharArrayReader	实现一个可用作字符输入流的字符缓冲区
FileReader	用来读取字符文件
FilterReader	用于读取已过滤的字符流的抽象类
PushbackReader	允许将字符推回到字符流 reader
PipedReader	从管道中读取字符
StringReader	其源为一个字符串的字符流

表 8-4 Writer 的主要子类

类	说明
BufferedWriter	将文本写入字符输出流，缓冲各个字符，从而高效写入单个字符、数组和字符串
CharArrayWriter	此类实现一个可用作 Writer 的字符缓冲区，缓冲区会随着流中写入数据而自动增长
FilterWriter	用于写入已过滤的字符流的抽象类
OutputStreamWriter	OutputStreamWriter 是字符流通向字节流的桥梁，可使用指定的 charset 将要写入流中的字符编码成字节
PipedWriter	向管道中写入字符
PrintWriter	向文本输出流打印格式化对象
StringWriter	一个字符流收集其在字符串缓冲区中的输出，然后创建一个字符串

字节流类与字符流类在名称和功能上都有很多相似之处，这两个流类的子类对应关系如表 8-5 所示。

表 8-5　字节流与字符流的比较

字节流类	字符流类
InputStream	Reader、InputStreamReader
OutputStream	Writer、OutputStreamWriter
FileInputStream	FileReader
StringBufferInputStream	StringReader
ByteArrayInputStream	CharArrayReader
ByteArrayOutputStream	CharArrayWriter
PipedInputStream	PipedReader
PipedOutputStream	PipedWriter

8.2.3　标准输入 / 输出数据流

标准输入 / 输出数据流为 java.lang.system 包，标准数据流主要分为 3 种：标准的输入（System.in）、标准的输出 (System.out)、标准的错误输出 (System.err)。System 有三个成员 in、out、err，它们都是 java.lang.system 类的静态数据成员。

1）System.in：作为字节输入流类 InputStream 的对象，代表标准输入流，其中 read() 方法从键盘接收数据。这个流是已经自动打开了的，默认状态对应于键盘输入。

2）System.out：作为输出流类 PrintStream 的对象，代表标准输出。其中有 print() 和 println() 两个方法，这两个方法支持 Java 的任意基本类型作为参数，默认状态对应于屏幕输出。

3）System.err：与 System.out 相同，是 PrintStream 类的对象，代表标准错误信息输出流，默认状态对应于屏幕输出。

实现标准输入 / 输出有几种方式，主要涉及 java.util.Scanner、java.io.Console、java.util.Formatter 类，下面分别讲解这几种用法。

1. 直接采用 System.in 读入数据

以下是一个典型的从键盘读入信息并在显示器上显示的程序，该程序使用了 System.in 执行标准输入。

```
//Input.java
import java.io.*;
public class Input {
    public static void main(String[] args)  throws IOException {
        BufferedReader in = new BufferedReader(
            new InputStreamReader(System.in));
        String s;
        while((s = in.readLine()).length() != 0)
            System.out.println(s);
    }
}
```

分析实现从键盘输入的处理流程，完成这个简单的 I/O 操作调用了三个类：System.in、InputStreamReader、BufferedReader，其处理流程如图 8-5 所示。

当用户从键盘输入数据时，首先调用 System.in 实现标准输入，程序运行时，Java 系统自动创建的流对象是原始的字节流形式，需要对其进一步处理，才能读取出字符。

接下来执行 InputStreamReader（System.in)，InputStreamReader 是 Reader 类的子类，传

递 System.in 作为参数，创建一个 InputStreamReader 流对象，相当于字节流和字符流之间的一座桥梁，System.in 读取的字节转换成为字符形式。

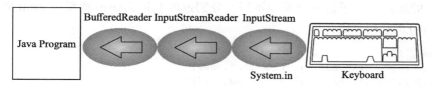

图 8-5　从键盘输入处理流程图

最后，将 InputStreamReader 作为参数，传递给 BufferedReader，创建一个 BufferedReader 对象，使经过 InputStreamReader 处理后的字符得到进一步缓冲，提高了输入效率。

需要注意的是，这种键盘输入方式需要捕获 I/O 异常，否则编译会出错。

2. java.util.Scanner 类

java.util.Scanner 类可以对字符串和基本数据类型的数据进行分析，用于扫描输入文本信息。采用 Scanner 类实现从键盘输入时，首先使用该类创建一个对象：

```
Scanner sc = new Scanner(System.in);
```

然后对象 sc 可以调用 nextXXX()（XXX 表示基本数据类型的封装类）中的一系列方法，抽取所读字符，把它们解释成整型、长整型、浮点型和字符串等。

```
public boolean nextBoolean();
public short nextShort();
public int nextInt();
public double nextDouble();
public float nextFloat();
public String next();
```

例如，从标准输入中读取 int 数据类型的操作。

```
System.println.out("请输入你的年龄: ");
int age = sc.nextInt();
```

3. io.Console 类

JDK 6 后的 java.io.Console 类专门用于访问基于当前 Java 虚拟机关联字符的控制台设备。Console 类除了具有标准流提供的大部分特性外，还提供了其他的功能，特别适用于输入安全密码，java.io.Console 类的主要方法如表 8-6 所示。

表 8-6　java.io.Console 类的主要方法

方法	说明
void flush()	刷新控制台，并强制立即写入所有缓冲的输出
Console format(String fmt, Object... args)	指定字符串格式和参数生成格式化的新字符串
Console printf(String format, Object... args)	使用指定格式字符串和参数将格式化字符串写入此控制台输出流
Reader reader()	获取与此控制台关联的唯一 Reader 对象
String readLine()	从控制台读取单行文本
String readLine(String fmt, Object... args)	提供一个格式化提示，然后从控制台读取单行文本
char[] readPassword()	从控制台读取密码，禁用回显
char[] readPassword(String fmt, Object... args)	提供一个格式化提示，然后从控制台读取密码，禁用回显
PrintWriter writer()	获取与此控制台关联的唯一 PrintWriter 对象

Console 类包含一个 printf() 方法，Java 的 printf() 使用方式如同 C 语言的 printf()，支持格式化输出。除此之外，java.io.PrintStream 和 java.io.PrintWriter 类中也各自有一个 printf() 方法，它们的区别仅在于返回值类型不同，分别返回 PrintStream 类型和 PrintWriter 类型。以下是 printf() 的代码片段：

```java
int age = 27;
System.out.printf("your age is: %d\n",age);
System.out.printf("Pi is %7.3f\n", Math.PI);
```

4. java.util.Formatter

java.util.Formatter 类提供了详细的格式定义符定义，支持 printf 风格的字符串格式。此类还支持布局对齐和排列，以及对数值、字符串和日期/时间数据的常规格式和特定语言环境输出，支持诸如 byte、BigDecimal 和 Calendar 等常见的 Java 类型。具体用法可以参考 Java API。

【例 8-1】综合运用 System.in、Scanner、printf 以及格式化输出的示例。

```java
//Ex8_1.java
import java.io.*;
import java.util.Scanner;

public class Ex8_1 {

    public static void main(String[] a)throws IOException {
        // 从键盘读入并输出到屏幕
        int age;
        String name;

        System.out.println("please enter your age:");
        Scanner sc = new Scanner(System.in);
        age = sc.nextInt();

        System.out.println("please enter your name:");
        BufferedReader in = new BufferedReader( new InputStreamReader(System.in));
        while((name = in.readLine()).length() != 0)
            System.out.println("Your name is: "+name);
        System.out.printf("Your age is: %d \n", age );

        // 格式化输出
        System.out.printf("Pi is %7.3f \n", Math.PI);
        // 输出当前系统日期及时间
        java.util.Calendar c = java.util.Calendar.getInstance();
        System.out.printf("%tD, %tT \n", c, c );
        System.out.printf("%1$tB %1$te, %1$tY \n", c);

        System.out.printf("%(d \n", -23);
        System.out.printf("**%2d**  \n", 0);

         String printableDate = String.format("%1$tB %1$te, %1$tY \n",java.util.Calendar.getInstance());
        System.out.printf(printableDate);
    }
}
```

输出结果如下：

```
please enter your age:
23
please enter your name:
lily
Your name is: lily

Your age is: 23
Pi is   3.142
01/20/16, 19:10:42
一月 20, 2016
(23)
** 0**
一月 20, 2016
```

8.3 文件输入/输出流

数据往往需要储存在文件里，也需要从文件中取出来进行处理。最基本的文件操作就是在文件中读写数据，文件内容可以按字节读取、按字符读取和随机读取，下面分别介绍这几种读取方式。

8.3.1 字符输出流

将文本数据存储到一个文本文件中，对字符流的操作采用字符输出方式，应用到的相关类有 FileWriter 和 BufferedWriter。

1. FileWriter 类

FileWriter 类是 Writer 的子类 OutputStreamWriter 下的子类，提供了一组 writer() 方法实现向文件中输出（写入）字符数组、字符串、整型数据，FileWriter 类继承了其父类 OutputStreamWriter 及上一级父类 Writer 类的所有方法。FileWriter 类的常用方法如表 8-7 所示。

表 8-7　FileWriter 类的方法

方法种类	方法说明
void close()	关闭此流，但要先刷新它
writer append()	将指定字符添加到此 writer
FileWriter(File file); FileWriter(File file, boolean append); FileWriter(FileDescriptor fd); FileWriter(String fileName); FileWriter(String file；Name, boolean append)	一组构造方法，根据给定的 File 对象、文件名或文件描述符构造一个 FileWriter 对象
void write(char[] cbuf),	写入字符数组
void write(char[] cbuf, int off, int len)	写入字符数组的某一部分
void write(int c)	写入单个字符
void write(String str)	写入字符串
void write(String str, int off, int len)	写入字符串的某一部分

【例 8-2】创建一个文件，采用 FileWriter 向文件中输出字符流数据。

```
//Ex8_2.java
import java.io.*;
class Ex8_2
```

```
{
    public static void main ( String[] args ) throws IOException
        //main 方法中声明抛出 IO 异常
    {
        String fileName = "C:\\myjava\\code\\Hello.txt" ;// 注意 '\' 是转义符,需要使用 '/' 或 '\\'
        FileWriter writer = new FileWriter( fileName );// 创建一个给定文件名的输出流对象
        writer.write( "I'm here \n");      // 往文件里写字符串
        writer.write( "This is my first text file\n" );
        writer.write(200);    // 写入整数
        writer.write( "You can see how this is done.\n" );
        writer.write(" 接受中文输入 \n");
        writer.close();      // 关闭流
    }
}
```

程序运行后,在指定目录下能看见新建的 Hello.txt 文本文件,文件中包含的写入内容如下:

```
I'm here This is my first text file?You can see how this is done.
接受中文输入
```

Java 编程小提示:文件的写入操作结束时,必须调用 close() 关闭流,否则无法继续从文件读出数据的操作。

2. BufferedWriter 类

如果需要输出的内容很多,则可以使用更为高效的缓冲器流类 BufferedWriter,BufferedWriter 继承于 Writer 类。FileWriter 和 BufferedWriter 类都用于输出字符流,包含的方法几乎完全一样,不过 BufferedWriter 增加了一个 newLine() 方法提供了换行功能,使写入的数据能够每行分隔开,清晰明了。

【例 8-3】创建一个文件,采用 BufferedWriter 向文件中输出字符流数据。

```
//Ex8_3.java
import java.io.*;
class Ex8_3 {
    public static void main ( String[] args ) throws IOException
    {
        String fileName = "C:\\myjava\\code\\newHello.txt" ;
        BufferedWriter out = new BufferedWriter(new  FileWriter( fileName ) );
        out.write( "Hello,I'm here" );
        out.newLine() ;
        out.write( "This is another text file" );
        out.newLine();
        out.write( " 写入中文 " );
        out.close();
    }
}
```

程序运行后,在指定目录下生成一个 newHello.txt 文件,打开后能看见文件的内容分行排列如下:

```
Hello,I'm here
This is another text file
写入中文
```

8.3.2 字符输入流

从文本文件中读取数据时，采用字符输入方式，应用到的相关类有 FileReader 和 BufferedReader。

1. FileReader 类

FileReader 继承自 Reader 抽象类的子类 InputStreamReader，该类提供了一组 read() 方法，可用于读取单个字符、字符串，或者读取一段字符放置于指定的字符数组中。FileReader 类的常用方法如表 8-8 所示。

表 8-8　FileReader 类的方法

方法种类	方法
int read()	读取单个字符
int read(char[] cbuf)	将字符读入数组
int read(char[] cbuf, int off, int len)	将字符读入数组的某一部分
int read(CharBuffer target)	将字符读入指定的字符缓冲区
boolean ready()	判断是否准备读取此流
void close()	关闭该流并释放与之关联的所有资源
FileReader(File file)	在给定从中读取数据的 File 的情况下，创建一个新 FileReader
FileReader(FileDescriptor fd)	在给定从中读取数据的 FileDescriptor 的情况下，创建一个新 FileReader
FileReader(String fileName)	在给定从中读取数据的文件名的情况下，创建一个新 FileReader

【例 8-4】使用 FileReader 从文件中读取字符流数据。

```
//Ex8_4.java
import java.io.*;
class Ex8_4 {
    public static void main(String[] args) throws IOException {
        String fileName = "C:\\myjava\\code\\Hello.txt";
        char[] buff = new char[256];// 定义数组用来保存每次读取到的字符
        int n;// 每次读取到的字符长度

        FileReader fr=new FileReader(fileName);
        while ((n= fr.read(buff)) != -1) {// 读取多个字符保存到数组中
            for (int i = 0; i < n; i++) {
                System.out.print(buff[i]);  // 输入读取的字符
            }
        }
        fr.close();
    }
}
```

从文件 Hello.txt 中读取的内容为：

```
I'm here
This is my first text file
?You can see how this is done.
接受中文输入
输出完毕
```

需要注意，使用 read() 方法时，一旦文件读完，或者碰到换行符时，读取操作就结束了。

2. BufferedReader 类

BufferedReader 类继承于 Reader 类，用于从字符输入流中读取文本、缓冲字符，从而实现字符、数组和行的高效读取。该类提供的 readLine() 方法可以鉴别换行符，逐行读取输入流中的内容。

【例 8-5】 使用 BufferedReader 从文件中逐行读取数据。

```java
//Ex8_5.java
import java.io.*;
class Ex8_5 {
    public static void main(String[] args)throws IOException {
        String fileName = "C:\\myjava\\code\\Hello.txt";
        String line;

        BufferedReader in = new BufferedReader(new FileReader(fileName));
        line = in.readLine(); // 读取一行内容
        while (line != null) {
            System.out.println(line);
            line = in.readLine();
        }
        in.close();
    }
}
```

从文件 newHello.txt 中读取数据后，输出文件内容如下：

```
Hello,I'm here
This is another text file
```

写入中文

8.3.3 字节输出流

如果把非文本数据储存到一个文件中，这些数据可以是文本格式文字和其他非字符信息格式、图像、音频、视频等，这时应该使用字节流的方式将数据输出到文件中，纯文本数据也可以采用字节输出方式完成。输出二进制文件操作应用到的相关类有 FileOutputStream、DataOutputStream 和 BufferedOutputStream。

1. FileOutputStream 类

FileOutputStream 类继承于抽象类 OutputStream，它将数据输出到 File 对象或 FileDescriptor 文件描述符中。FileOutputStream 类的常用方法如表 8-9 所示。

表 8-9 FileOutputStream 类常用方法

方法	说明
void close()	关闭此文件输出流并释放与此流有关的所有系统资源
void finalize()	清理到文件的连接，并确保在不再引用此文件输出流时，调用此流的 close 方法
FileChannel getChannel()	返回与此文件输出流有关的 FileChannel 对象，FileChannel 属于 NIO
FileDescriptor getFD()	返回与当前输出流有关的文件描述符
void write(byte[] b)	将 b.length 字节从指定 byte 数组写入此文件输出流中
void write(byte[] b, int off, int len)	将指定 byte 数组中从偏移量 off 开始的 len 字节写入此文件输出流
void write(int b)	将字节写入此文件输出流
FileOutputStream(File file)	构造方法，创建一个向指定 File 对象的 file 文件中写入数据的文件输出流
FileOutputStream(String name)	构造方法，创建一个向名称为 name 的文件中写入数据的输出文件流

2. DataOutputStream 类

DataOutputStream 继承于 FileOutputStream 类，是数据输出流，允许应用程序将基本 Java 数据类型写入输出流中。DataOutputStream 提供了一系列 writeXXX() 方法（XXX 表示基本数据类型的封装类）将不同基本数据类型写入输出流。DataOutputStream 的构造方法接受 OutputStream 类型输出流为参数，通常 DataOutputStream 与 FileOutputStream 一起配合使用，可实现输出数据至文件。常用的 DataOutputStream 类方法如表 8-10 所示。

表 8-10 DataOutputStream 类的常用方法

方法	说明
void flush()	清空此数据输出流
int size()	返回计数器 written 的当前值，即到目前为止写入此数据输出流的字节数
void write(byte[] b, int off, int len)	将指定 byte 数组中从偏移量 off 开始的 len 字节写入基础输出流
void write(int b)	将指定字节（参数 b 的 8 个低位）写入基础输出流
void writeBoolean(boolean v)	将一个 boolean 值以 1-byte 值形式写入基础输出流
void writeByte(int v)	将一个 byte 值以 1-byte 值形式写入基础输出流中
void writeBytes(String s)	将字符串按字节顺序写入基础输出流中
void writeChar(int v)	将一个 char 值以 2-byte 值形式写入基础输出流中，先写入高字节
void writeChars(String s)	将字符串按字符顺序写入基础输出流
void writeDouble(double v)	使用 Double 类中的 doubleToLongBits 方法将 double 参数转换为一个 long 值，然后将该 long 值以 8-byte 值形式写入基础输出流中，先写入高字节
void writeFloat(float v)	使用 Float 类中的 floatToIntBits 方法将 float 参数转换为一个 int 值，然后将该 int 值以 4-byte 值形式写入基础输出流中，先写入高字节
void writeInt(int v)	将一个 int 值以 4-byte 值形式写入基础输出流中，先写入高字节
void writeLong(long v)	将一个 long 值以 8-byte 值形式写入基础输出流中，先写入高字节
void writeShort(int v)	将一个 short 值以 2-byte 值形式写入基础输出流中，先写入高字节
void writeUTF(String str)	以与机器无关方式使用 UTF-8 编码将一个字符串写入基础输出流
DataOutputStream(Outputstream out)	创建一个新的数据输出流，将数据写入指定基础输出流

【例 8-6】DataOutputStream 与 FileOutputStream 配合使用，将不同类型数据写入文件。

```java
//Ex8_6.java
import java.io.*;
class Ex8_6{
    public static void main ( String[] args )throws IOException {
        String fileName = "c:\\myjava\\code\\data.dat" ;
        //写各种基本类型数据到文件
// 将 DataOutputStream 与 FileOutputStream 连接可输出不同类型的数据
        FileOutputStream fos = new FileOutputStream(fileName);
        DataOutputStream dos = new DataOutputStream (fos);

        dos.writeBoolean(true);
        dos.writeByte((byte)123);
        dos.writeChar('K');
        dos.writeDouble(3.141592654);
        dos.writeFloat(2.2345f);
        dos.writeInt(1234567890);
        dos.writeLong(1234567890123456789L);
        dos.writeShort((short)1234);
        dos.writeUTF("string string string");
```

```
            dos.close();
        }
}
```

运行后,在指定目录下生成一个二进制文件 data.dat,保存数据的文件不需要打开看见里面的文件内容,尤其是二进制文件是不可以用文本编辑器打开来显示内容的,只要从文件中读取出来的内容是正确的,就证明创建的文件是正确的。

3. BufferedOutputStream 类

BufferedOutputStream 继承于 FileOutputStream,它是实现缓冲的输出流,通过设置这种高效的输出流,应用程序在输出各字节前,先写入底层输出流中,最后再一次性输出,从而实现字节数据的高效输出。BufferedOutputStream 构造方法同样以 OutputStream 类型输出流作为参数。BufferedOutputStream 类的常用方法如表 8-11 所示。

表 8-11 BufferedOutputStream 的常用方法

方法	说明
void flush()	刷新此缓冲的输出流
void write(byte[] b, int off, int len)	将 byte 数组中从偏移量 off 开始的 len 字节写入此缓冲的输出流
void write(int b)	将字节 b 写入此缓冲的输出流
BufferedOutputStream(OutputStream out)	创建一个新的缓冲输出流,将数据写入指定的底层输出流
BufferedOutputStream(OutputStream out, int size)	创建一个新的缓冲输出流,将具有指定缓冲区大小的数据写入指定的底层输出流

【例 8-7】使用高效的 BufferedOutputStream 将不同数据类型输出到文件里。

```java
//Ex8_7.java
import java.io.*;
class Ex8_7{
    public static void main ( String[] args ) throws IOException {
        String fileName = "c:\\myjava\\code\\binary.dat" ;
        DataOutputStream dataOut = new DataOutputStream(
                        new BufferedOutputStream(
                            new FileOutputStream( fileName ) ) );
        dataOut.writeInt( 0 );
        System.out.println( dataOut.size()  + " bytes have been written.");
        dataOut.writeDouble( 31.2 );
        System.out.println( dataOut.size()  + " bytes have been written.");
        dataOut.writeBytes ("this is string");
        System.out.println( dataOut.size()  + " bytes have been written.");
        dataOut.close();
    }
}
```

程序运行后,在指定目录下生成一个二进制文件 binary.dat,屏幕输出结果为:

```
4 bytes have been written.
12 bytes have been written.
26 bytes have been written.
```

8.3.4 字节输入流

从文件中读取字节类似于写入字节操作,FileInputStream、DataInputStream、BufferedInputStream 三个类提供了以字节流方式从文件系统读取数据的方法。

1. FileInputStream 类

FileInputStream 类继承于 InputStream 类，适用于从文件系统中的某个文件中获得输入字节，用于读取二进制的原始字节流。FileInputStream 类的常用方法如表 8-12 所示。

表 8-12　FileInputStream 类常用方法

方法	说明
int available()	返回输入流中估计剩余的，实际可读取的字节数
void close()	关闭此文件输入流并释放与此流有关的所有系统资源
void finalize()	确保在不再引用文件输入流时调用其 close 方法
FileChannel getChannel()	返回与此文件输入流有关的唯一 FileChannel 对象，FileChannel 属于 NIO
FileDescriptor getFD()	返回当前 FileInputStream 所连接文件的 FileDescriptor 对象
int read()	从此输入流中读取一个数据字节
int read(byte[] b)	从此输入流中将最多 b.length 字节的数据读入一个 byte 数组 b 中
int read(byte[] b, int off, int len)	从此输入流中将最多 len 字节的数据读入一个 byte 数组 b 中
long skip(long n)	从输入流中跳过并丢弃 n 字节的数据
FileInputStream(File file)	通过打开与实际文件的连接来创建一个 FileInputStream，该文件通过文件系统中的 File 对象，即 file 指定
FileInputStream(String name)	通过打开一个与实际文件的连接来创建一个 FileInputStream，该文件通过文件系统中的路径名 name 指定

2. DataInputStream 类

DataInputStream 数据输入流类继承于 FileInputStream 类，允许程序从底层输入流中读取基本 Java 数据类型。通常应用程序先使用数据输出流写入文件，稍后由数据输入流读取数据进行操作。DataInputStream 类提供了一系列 readXXX() 方法（XXX 为基本数据类型的封装类）将不同基本数据类型从输入流中读出。DataInputStream 类的构造方法接受 InputStream 类型输入流为参数，通常 DataInputStream 与 FileInputStream 一起配合使用于从文件中以字节方式读取基本数据类型数据。DataInputStream 类的常用方法如表 8-13 所示。

表 8-13　DataInputStream 类的常用方法

方法	说明
int read(byte[] b)	从包含的输入流中读取一定数量的字节，并将它们存储到缓冲区数组 b 中
int read(byte[] b, int off, int len)	从包含的输入流中将最多 len 字节读入一个 byte 数组 b 中
boolean readBoolean()	从包含的输入流中读取 Boolean 类型数据
byte readByte()	从包含的输入流中读取 Byte 类型数据
char readChar()	从包含的输入流中读取 Char 类型数据
double readDouble()	从包含的输入流中读取 Double 类型数据
float readFloat()	从包含的输入流中读取 Float 类型数据
void readFully(byte[] b)	将 b.length 字节从此文件读入 byte 数组 b 中，并从当前文件指针开始
void readFully(byte[] b, int off, int len)	将正好 len 字节从此文件读入 byte 数组，读取位置从当前文件指针跳过 off 字节开始
int readInt()	从包含的输入流中读取 Int 类型数据
DataInputStream(InputStream in)	构造方法，使用指定的底层 InputStream 创建一个 DataInputStream

【例 8-8】以字节流方式从文件里读取基本数据类型数据。

```
//Ex8_8.java
import java.io.*;
```

```
class Ex8_8
{
    public static void main(String args[])
    {
        // 从文件读出存储的数据
        try
        {
            FileInputStream  fis = new FileInputStream("c:\\myjava\\code\\data.dat");
            DataInputStream dis = new DataInputStream(fis);

            System.out.println("Read from file data.dat");
            System.out.println();

            System.out.println("\t "+ dis.readBoolean());
            System.out.println("\t "+ dis.readByte());
            System.out.println("\t "+ dis.readChar());
            System.out.println("\t "+ dis.readDouble());
            System.out.println("\t "+ dis.readFloat());
            System.out.println("\t "+ dis.readInt());
            System.out.println("\t "+ dis.readLong());
            System.out.println("\t "+ dis.readShort());
            System.out.println("\t "+ dis.readUTF());
            dis.close();
        }
        catch (IOException ex) {
            System.err.println(ex);
        }
    }
}
```

程序从二进制文件 data.dat 中读取数据并输出到屏幕，结果如下：

```
Read from file data.dat
 true
 123
 K
 3.141592654
 2.2345
 1234567890
 1234567890123456789
 1234
 string string string
```

3. BufferedInputStream 类

BufferedInputStream 类继承于 FileInputStream 类，实现了通过缓冲区高效读取字节流数据，其常用方法如表 8-14 所示。

表 8-14　BufferedInputStream 类的常用方法

方法	说明
BufferedInputStream(InputStream in)	创建一个 BufferedInputStream 并保存其参数，即输入流 in，以便将来使用
BufferedInputStream(InputStream in, int size)	创建具有指定缓冲区大小的 BufferedInputStream 并保存其参数，即输入流 in，以便将来使用
int available()	返回输入流中实际可读的字节数
int read()	读出数据

方法	说明
int read(byte[] b, int off, int len)	从此字节输入流中给定偏移量处开始将各字节读取到指定的 byte 数组 b 中
void close()	关闭此输入流并释放与该流关联的所有系统资源

【例 8-9】使用高效 BufferedInputStream 以字节方式从文件中读取数据。

```java
//Ex8_9.java
import java.io.*;
class Ex8_9
{
    public static void main ( String[] args )
    {
        String fileName = " c:\\myjava\\code\\data.dat";
        int sum = 0;
        try
        {
            DataInputStream ins = new DataInputStream(
                new BufferedInputStream(new FileInputStream( fileName ) ) );
            System.out.println("\t "+ ins.readBoolean());
            System.out.println("\t "+ ins.readByte());
            System.out.println("\t "+ ins.readChar());
            System.out.println("\t "+ ins.readDouble());
            System.out.println("\t "+ ins.readFloat());
            System.out.println("\t "+ ins.readInt());
            System.out.println("\t "+ ins.readLong());
            System.out.println("\t "+ ins.readShort());
            System.out.println("\t "+ ins.readUTF());
            ins.close();
        }
        catch ( IOException iox )
        {
            System.out.println("Problem reading " + fileName );
        }
    }
}
```

从二进制文件 data.dat 中读取的数据如下：

```
true
123
K
3.141592654
2.2345
1234567890
1234567890123456789
1234
string string string
```

8.3.5 File 类

Java.io 包有一个重要的文件（File）类，它是文件和目录的抽象表示形式，即把文件及目录封装为类，定义了一些与平台无关的方法，方便程序通过面向对象的方式来操纵文件，如创建文件、删除文件、重命名文件、判断文件的读写权限及是否存在、设置和查询文件的最近修改时间等。需要注意的是，当创建一个新文件或目录时，并没有在硬盘上生成一个真正的文件，而是内存中的文件映射对象。File 类的常用方法如表 8-15 所示。

表 8-15 File 类的常用方法

方法	说明
boolean delete()	删除此抽象路径名表示的文件或目录
boolean equals(Object obj)	测试此抽象路径名与给定对象是否相等
boolean exists()	测试此抽象路径名表示的文件或目录是否存在
boolean isFile()	测试此抽象路径名表示的文件是否是一个标准文件
long length()	返回由此抽象路径名表示的文件的长度
boolean isDirectory()	测试此抽象路径名表示的文件是否是一个目录
String getName()	返回由此抽象路径名表示的文件或目录（物理真实文件）的名称
boolean renameTo(File name)	以 name 重命名当前文件名字
static String separator	Separator 和 pathSeparator 是两个常量，表示在不同的系统中斜杠的方向，在 Windows 中，斜杠是向右斜的 \\，在 Linux 中，斜杠是向左斜的 //
static String pathSeparator	

【**例 8-10**】File 类常用操作示例。

```java
//Ex8_10.java
import java.io.*;
public class Ex8_10
{
    public static void main(String args[]) throws IOException
    {
        // 创建一个文件
        System.out.println(" 创建一个文件 myfile.txt");
        File f = new File("c:\\myjava\\code\\myfile.txt");// 内存中创建 File 文件映射对象
        f.createNewFile();// 创建真实硬盘文件 f
        System.out.print(f.getName());
        System.out.println(" Exist?  " + f.exists());
        System.out.println();

        System.out.println(" 创建一个文件 myfile1.txt");
        File f1 = new File("c:\\myjava\\code\\myfile1.txt");
        System.out.print(f1.getName());
        System.out.println(" Exist?  " + f1.exists());
        System.out.println();

        System.out.println("myfile.txt 重命名为 myfile1.txt");
        f.renameTo(f1);
        System.out.print(f1.getName());
        System.out.println(" Exist?  " + f1.exists());
        System.out.println();

        System.out.println(" 删除文件 myfile1.txt");
        f1.delete();
        System.out.print(f1);
        System.out.println(" Exist?  " + f1.exists());

        // 列出目录下的所有文件
        System.out.println(" 列出目录下的所有文件： ");
        String fileName="c:\\myjava\\code"+File.separator;
        File f2=new File(fileName);
        String[] str=f2.list();
```

```java
        for (int i = 0; i < str.length; i++) {
            System.out.println(str[i]);
        }
    }
}
```

运行结果如下：

创建一个文件 myfile.txt
myfile.txt Exist?   true

创建一个文件 myfile1.txt
myfile1.txt Exist?   false

myfile.txt 重命名为 myfile1.txt
myfile1.txt Exist?   true

删除文件 myfile1.txt
c:\myjava\code\myfile1.txt Exist?   false

列出目录下的所有文件：

C++ 小程序.cpp
data.dat
Hello.txt
newHello.txt

8.3.6　随机文件的读写

前面介绍的 FileInputStream/FileOutputStream、FileReader/FileWriter，无论是字节流，还是字符流形式，它们的对象都是顺序访问流，即只能从文件首开始进行顺序读写。若要对文件内容的某一指定部分进行读写操作，则需要采用 RandomAccessFile 类提供的功能，RandomAccessFile 类直接继承于 object 类，并且同时实现了 DataInput 接口和 DataOutput 接口的方法。RandomAccessFile 类提供了一系列 readXXX() 方法和 writeXXX() 方法（XXX 为基本数据类型的封装类）来实现文件随机读写操作。RandomAccessFile 类的常用方法如表 8-16 所示。

表 8-16　RandomAccessFile 类的常用方法

方法	说明
int readInt()	从此文件中读取一个 int 型数据
float readFloat()	从此文件读取一个 float 型数据
char readChar()	从此文件读取一个字符
double readDouble()	从此文件读取一个 double 型数据
String readline()	从此文件读取下一行文本
String readUTF()	从此文件读取一个 String
void writeInt(int v)	向此文件写入一个 int 型数据
void writeFloat(float v)	向此文件写入一个 float 型数据
void writeLong(Long v)	向此文件写入一个 long 型数据
void writeChar(int v)	向此文件写入一个 char 型数据
void writeChars(String v)	向此文件写入一个 String
int skipBytes(int n)	将指针向下移动若干字节

(续)

方法	说明
long length()	返回文件长度
long getFilePointer()	返回指针当前位置
void seek(long pos)	将指针调到所需位置
RandomAccessFile(File file, String mode)	创建从中读取和向其中写入（可选）的随机访问文件流，该文件由 File 参数指定
RandomAccessFile(String name, String mode)	创建从中读取和向其中写入（可选）的随机访问文件流，该文件在 name 中指定名称

RandomAccessFile 类有两个 RandomAccessFile() 构造方法可用于生成随机文件对象，在生成一个随机文件对象时，除了要指明文件对象和文件名之外，还需要指明访问文件的模式，模式用一个 String 类型参数 mode 表示，mode 取值如下：

r：只读，任何写操作都将抛出 IOException。

rw：读写，文件不存在时会创建该文件，文件存在时，原文件内容不变，通过写操作改变文件内容。

rws：同步读写，等同于读写，但是任何写操作的内容都被直接写入物理文件，包括文件内容和文件属性。

rwd：数据同步读写，等同于读写，但任何写操作的内容都直接写入物理文件，不包括对文件属性内容的修改。

常用操作示例如下：

```
File f = new File("file.txt");
new RandomAccessFile(f, "r");
new RandomAccessFile(f, "rw");
new RandomAccessFile("file1.txt", "r");
new RandomAccessFile("file2.txt", "rw");
```

【例 8-11】把一个整型数组写入文件中，然后从文件末把数据读出来。

```
//Ex8_11.java
import java.io.*;
public class Ex8_11
{
    public static void main(String args[])
    {
        try
        {
            FileOutputStream fo = new FileOutputStream("c:\\myjava\\code\\newRAFile.ra");
            fo.close();
        }
        catch(Exception e)
        {
            System.out.println(e + " 无法创建文件 ");
        }
        try
        {   // 生成随机文件对象
            RandomAccessFile randf = new RandomAccessFile("c:\\myjava\\code\\newRAFile.ra", "rw");
```

```java
            int data[] = {23,46, 57, 89, 56, 67,34, 6,99, 100};
            System.out.print("写入的数据为: ");
            for (int i=0; i<data.length; i++)
            {
                System.out.print(data[i]+",");
                randf.writeInt(data[i]);// 写入 data_arr 数据
            }
            System.out.println();
            // 从文件里读出数据
            System.out.print("读出的数据为: ");
            for(int i=data.length-1; i>=0; i--)
            {
                // 将指针指向文件末，反方向逐次读出数据
                randf.seek(i*4L);    //int 数据占 4 字节
                System.out.print(randf.readInt() + ", ");
            }
            System.out.println();
            randf.close();
        }
        catch(Exception e)
        {
            System.out.println(e + "文件读写有误");
        }
    }
}
```

运行结果如下：

写入的数据为: 23,46,57,89,56,67,34,6,99,100,
读出的数据为: 100, 99, 6, 34, 67, 56, 89, 57, 46, 23,

8.4 对象序列化

除了字节流和字符流之外，java.io 包中还提供了另一种特殊的对象流（Object Stream），对象流是以字节流为基础，可持久化地保存对象。对象流采用面向对象的思想，把数据流看作是以对象为单位，并封装了对象内的具体数据类型。首先解释两个基本概念：对象序列化及对象反序列化。

- 对象序列化（Object Serialization）：把 Java 对象转换为字节序列的过程。
- 对象反序列化：把字节序列恢复为 Java 对象的过程。

对象序列化的过程是把对象写入字节流，该过程把 Java 对象和基本数据类型转换成一个适合于网络或文件系统的字节流；反之，对象反序列化是从字节流中读取对象，把字节流恢复为 Java 对象。对象序列化与反序列化实现了 Java 对象和一个二进制流之间的相互转换。

对象序列化主要有两种用途：

1）将对象的字节序列永久地保存到硬盘上，通常存放在一个文件中。

2）在网络上传送对象的字节序列：无论是何种类型的数据，皆能以二进制序列的形式上传，通常用于 Socket 网络通信中。

当用于网络上发送信息时，发送方需要把这个 Java 对象转换为字节序列，才能在网络上传送；接收方则需要把字节序列恢复为 Java 对象。对象序列化功能非常简单、强大，在 RMI、Socket、EJB 都有应用。

对象序列化通过对象输入类 ObjectInputStream 和对象输出类 ObjectOutputStream 实现对象的读写，ObjectOutputStream 类提供方法将对象写入文件，ObjectInputStream 类则负责将对象从文件中读取出。

对象序列化不保存对象的 transient 类型及 static 类型的变量，当序列化某个对象时，如果该对象的某个变量定义为 transient 变量，那么这个变量不会被序列化进去。对于需要屏蔽的数据，如密码，可以定义为 transient 变量。

对象若想实现序列化，其所属的类必须实现 Serializable 接口。ObjectOutputStream 类提供了一组 writeXXX() 方法（XXX 为基本类型的封装类）来实现向文件中写入对象的操作。ObjectOutputStream 类的部分常用方法如表 8-17 所示。

表 8-17 ObjectOutputStream 类的部分常用方法

方法	说明
Object replaceObject(Object obj)	在序列化期间，此方法允许 ObjectOutputStream 的子类使用一个对象替代另一个对象
void reset()	重置已写入流中的所有对象的状态
void writeObject(Object obj)	将对象 obj 写入 ObjectOutputStream
void writeChars(String str)	以 char 序列形式写入一个 String
void writeDouble(double val)	写入一个 64 位的 double 型值
void writeFloat(float val)	写入一个 32 位的 float 型值
void writeInt(int val)	写入一个 32 位的 int 型值
void writeLong(long val)	写入一个 64 位的 long 型值
void writeUTF(String str)	以 UTF-8 修改版格式写入此 String 的基本数据

类似地，ObjectInputStream 类提供了一组 readXXX() 方法（XXX 为基本类型的封装类）来实现从文件中读取对象的操作。ObjectInputStream 类的部分常用方法如表 8-18 所示。

表 8-18 ObjectInputStream 类的部分常用方法

方法	说明
void readObject()	从 ObjectInputStream 中读取一个对象
void readChar()	读取一个 16 位的 char 型值
void readDouble()	读取一个 64 位的 double 型值
void readFloat()	读取一个 32 位的 float 型值
void readInt()	读取一个 32 位的 int 型值
void readLong()	读取一个 64 位的 long 型值
void readUTF()	以 UTF-8 修改版格式读取一个 String

【例 8-12】以存储对象的方法，采取对象序列化方式将电子商店 Product 类产品数据写入文件中，然后采用对象反序列化方式把产品数据从文件中读取出来。

```java
//Ex8_12.java
import java.io.*;
//Product 类，必须实现 Serializable 接口
class Product implements Serializable
{
    int ID;
    String name;
    String categories;
    double productPrice;
```

```java
        Product(int id, String nm, String categ, double price)
        {
            ID =id;
            name=nm;
            categories = categ;
            productPrice = price;
        }
    }
    public class Ex8_12
    {
        public static void main(String args[])
        {
            Ex8_12 os = new Ex8_12();
            os.saveObj();
            os.readObj();
        }
        // 储存数据到文件中
        public void saveObj()
        {
            Product pro = new Product(1234, "apple", "computer", 9999);
            try
            {
                FileOutputStream fo = new FileOutputStream("o.ser");
                ObjectOutputStream so = new ObjectOutputStream(fo);
                so.writeObject(pro);
                so.close();
            }
            catch(Exception e)
            {
                System.err.println(e) ;
            }
        }
        // 从文件中读出数据
        public void readObj()
        {
            Product prod;
            try
            {
                FileInputStream fi = new FileInputStream("o.ser");
                ObjectInputStream si = new ObjectInputStream(fi);

                prod = (Product)si.readObject();
                si.close();

                System.out.println("ID: " + prod.ID);
                System.out.println("name: " + prod.name);
                System.out.println("age: " + prod.categories);
                System.out.println("dept.: " + prod.productPrice);
            }
            catch(Exception e)
            {
                System.err.println(e);
            }
        }
    }
```

运行结果如下:

```
ID: 1234
name: apple
age: computer
dept.: 9999.0
```

可见，采用对象序列化方式存储数据不必考虑对象数据的具体类型，无论是字节流，还是字符流数据，都只需要直接把数据以对象方式写入文件中，将对象转换为字节序列，取出数据时，再把字节序列恢复为 Java 对象。对于 Java 对象数据，在进行文件读写操作时，采用对象流方式比字节流或字符流方式要简单、便捷很多。

本章小结

本章内容主要包括三个部分：Java I/O 流的概念；3 种 I/O 流，即字节流、字符流以及对象流的使用方式；文件读写的 3 种方式：按字节读取、按字符读取、随机读取。

字符流专门用于文本类字符数据，字节流用于处理图片、声音之类的二进制数据。对象流可持久化地保存 Java 对象，用于将 Java 对象写入字节流或者从字节流中读取对象。Java 的字节流由 InputStream 和 OutputStream 两个抽象类表示，字符流由 Reader、Writer 两个抽象类表示，对象流由 ObjectInputStream 和 ObjectOutputStream 两个抽象类表示。

文件读写数据按字节方式读取，主要的类包括 FileOutputStream、FileInputStream。按字符方式读取，主要的类包括 FileReader 和 FileWriter。

I/O 类库非常复杂，需要在学习基本原理的基础上，掌握查询 Java API 解决问题的技能。

习题

1. 编写一个能读入一个英文字节数组，改变其大小写循环显示的程序。
2. 编写一个程序，将 100 000 个字母分别写入文件 one 和 two，one 用不加缓冲的文件输出流来写，two 用加缓冲的文件输出来写，比较用时的多少。
3. 编写一个程序，从键盘输入一段文字，分别用字符流和字节流两种形式写入两个文件中。
4. 编写一个有几十个单词的文本文件，要求把单词按照首字母排序后，从屏幕输出每个单词。
5. 创建一个员工类（包括 ID、年龄、部门、住址、电话），保存员工信息到一个文件中，然后从文件中读取信息后显示在屏幕上。
6. 在第 7 章第 8 题的基础上，把公交管理系统或者航空订票系统各模块信息保存到文件中，然后从文件中把信息读出后显示在屏幕上。

第 9 章 JDBC

信息化时代离不开数据库管理系统（DBMS）存储、维护和应用海量的业务数据，DBMS 提供了插入、存储、查询和修改等数据操作功能，当今主流的关系型 DBMS 有 Oracle、SQL Server、MySQL 等。大多数编程语言的应用程序中都可以从程序层面访问数据库中的数据，通过向数据库发送 SQL 语句来访问数据库，达到对数据执行相关操作的目的。Java 应用程序通过 JDBC（Java Database Connectivity）技术来访问数据库。

本章主要介绍 JDBC 技术的原理、JDBC API、通过 JDBC 访问数据库，实现与数据库的连接，以及访问数据库的一系列操作。

9.1 JDBC 简介

JDBC（Java Data Base Connectivity）是一套完整的基于 Java 语言实现的、执行 SQL 语句的 Java API。它屏蔽了与数据库服务器通信的细节，以 Java 类库的形式，提供了访问不同种类关系数据库的统一接口，Java 应用程序调用 JDBC API，即可发送 SQL 语句访问数据库。应用程序访问数据库的基本模式如图 9-1 所示。

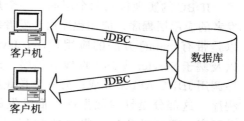

图 9-1 JDBC 应用程序访问数据库

以这种模式访问数据库时，Java 应用程序通过 JDBC 与所访问的数据库进行通信，应用的 SQL 语句被送往数据库中执行，操作完毕后，将其结果返回给应用程序。

JDBC API 屏蔽了数据库驱动程序之间的差别，为开发者提供一个标准的、纯 Java 的数据库程序设计接口。借助于 JDBC，需要连接任意一种数据库系统时，Java 应用程序只需调用统一的 JDBC API，即可完成向数据库发送 SQL 语句的操作。这就意味着，一个与 Oracle 数据库通信的 JDBC 应用程序，如果数据库系统改变为 MySQL，不必再重新编写通信代码。另一方面，JDBC 应用程序发挥了 Java 语言平台无关性的优势，同一个 JDBC 应用程序能够运行于不同的操作系统，即使数据库系统服务器的操作系统改变，JDBC 程序也仍旧适用。

JDBC API 提供了 java.sql 和 javax.sql 两个包，java.sql 包含 JDBC 基础功能，javax.sql 是 java.sql 的扩展，支持一些功能强大的新特性。

9.2 JDBC 架构

简单介绍 ODBC 到 JDBC 的发展历程。ODBC 是一种比较古老的数据库访问方式，由微软公司提出，是一套用 C 语言实现的访问数据库的 API。对于没有提供 JDBC 驱动的数据库，采用 JDBC-ODBC 桥来访问数据库是常用的方案。使用 JDBC-ODBC 方式时，用户首先需要装载一个 ODBC 驱动器，通过 ODBC 驱动器与数据库通信，应用程序由 JDBC

API 连接到 ODBC 驱动器，只有将 JDBC 调用转化为 ODBC 调用后，才能访问数据库。这种方式显然没有直接使用 JDBC 方便，所以 Oracle 公司认为 ODBC 难以掌握、使用复杂并且在安全性方面存在问题，因此采用了 JDBC，JDK 8 后已经取消了对 JDBC/ODBC 方式的支持。

首先了解 JDBC 架构，如图 9-2 所示，JDBC 体系结构由四层组成，自上而下分别为：

1）JDBC API：由应用程序调用，提供应用程序与 JDBC 驱动管理器之间的连接。

2）JDBC 驱动管理器（JDBC Driver Manager）Java.sql.DriverManager 类：由 Oracle 公司提供，负责装载特定的数据库驱动器，以及建立与数据库之间的连接。

3）JDBC 驱动器 API（JDBC Driver API）：负责 JDBC 驱动管理器到驱动器的连接，由 Oracle 公司制定，其中最主要的接口是 java.sql.Driver。

4）JDBC 驱动器（JDBC Driver）：由数据库供应商或其他第三方工具提供商创建，提供访问数据库的底层驱动程序，实现了 JDBC 驱动器 API，负责与特定的数据库连接。每个厂商提供各自的驱动器，这些驱动器对数据库的具体操作进行封装，开发者只需要针对所选用的数据库装载与其匹配的 JDBC 驱动器，然后在应用程序中通过调用驱动管理器（Driver Manager）来使用 JDBC 驱动器。

JDBC 的实现包括两个层面，一个是面向开发者的应用层程序，应用程序由开发者编写，可以是带有 main() 方法的应用程序、Java applet，以及基于 Servlet 或 JSP 的 Web 程序，这部分程序调用 JDBC API 来完成；另一个是底层的驱动程序，这部分是针对数据库厂商开发的底层驱动程序，通过调用 Java 驱动器 API 完成。JDBC 应用程序通过调用 JDBC API（面向开发者层面）发送与数据库连接请求和 SQL 操作语句，与底层的 JDBC 驱动管理器进行通信，经由 JDBC 驱动 API（面向底层的数据库驱动），传递 SQL 语句给数据库 JDBC 驱动器，直到数据库系统。

JDBC 驱动管理器采用两种方式和数据库进行通信：一种是通过 JDBC/ODBC 桥连接驱动程序的间接方式；另一种是通过 JDBC 驱动器的直接方式。

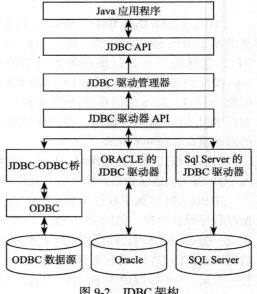

图 9-2　JDBC 架构

9.3　JDBC API

JDBC API 是 JDBC 应用程序直接使用的 Java 类库，包含 java.sql 和 javax.sql 两个包。java.sql 包提供基本的数据库操作，主要功能包括装载 JDBC 驱动器、实现与数据库的连接、发送 SQL 语句到数据库、返回结果集、返回数据库结构以及表信息的元数据等。javax.sql 包是 java.sql 包的扩展类，提供了一些新特性，包括可选择性的连接方式、对连接池的支持、分布式事务处理以及行集（rowset）等。JDBC API 的重要接口和类如表 9-1 所示。

表 9-1　JDBC API 重要的接口和类

名称	提供的方法	说明
Driver Manager 类（java.sql.DriverManager）：装载驱动程序，管理应用程序与驱动程序之间的连接	static void registerDriver(Driver driver)	在 DriverManager 中注册 JDBC driver
	static Connection getConnection(String url, String user, String pwd):	建立和数据库的连接，并返回表示数据库连接的 Connection 对象
	static int setLoginTimeOut(int seconds)	设定等待建立数据库连接的超时时间
	static Printwriter setLogWriter (PrintWriter out)	设定输出 JDBC 日志的 PrintWriter 对象
Driver 接口（java.sql.driver）：实现与数据库的连接	static Driver getDriver(String url)	获取位于 URL 下的 driver
	Connection connect(String url, Properties info)	与数据库连接
	int getMajorVersion()	获取驱动的最大版本号
	int getMinorVersion()	获取驱动的最小版本号
Connection 接口（java.sql.Connection）：应用程序连接并访问特定的数据库	Statement createStatement()	创建并返回 Statement 对象，以便发送 SQL 语句到数据库
	PreparedStatement prepareStatement(String sql)	创建并返回 PreparedStatement 对象，以便发送参数化的 SQL 语句到数据库
	CallableStatement prepareCall(String sql)	创建并返回 CallableStatement 对象，以调用存储过程
	DatabaseMetaData getMetaData()	返回表示数据库的元数据的 DatabaseMetaData 对象。元数据包含了描述数据库的相关信息
Statement 接口（java.sql.Statement）：在一个给定的连接中，用于执行一个静态的数据库 SQL 语句	boolean execute(String sql)	执行所给的 SQL 语句并返回多个结果
	int executeUpdate(String sql)	执行 SQL 中的 insert、update 和 delete 语句或者无返回值的 SQL DDL
	ResultSet executeQuery(String sql)	执行 SQL 语句并返回一个 ResultSet 对象
PreparedStatement 接口：Statement 接口的子接口，SQL 语句预编译(precompiled)后，存入一个 PreparedStatement 对象，该对象将带有一个或多个参数，能够被多次执行	继承了 statement 接口的方法	继承了 statement 接口的方法
CallableStatement 接口：Statement 接口的子接口，用于执行存储过程	继承了 statement 接口的方法	继承了 statement 接口的方法
ResultSet 接口（java.sql.ResultSet）：SQL 语句执行完后，返回的数据结果集（包括行、列），提供了一系列的 getxxx() 方法	int getRow()	获取当前的行号
	Statement getStatement()	获取产生该结果的 Statement 对象
	String getString(int columnIndex)	获取结果集当前行中指定列的值，返回一个 String 类型
	int getType()	返回 ResultSet 对象的类型
DatabaseMetadata 接口（java.sql.DatabaseMetadata）：表示关于数据库的元数据信息	ResultSet getTables()	返回数据库中符合参数给定条件的所有表
	int getJDBCMajorVersion()	获取 JDBC 最大版本号
	int getJDBCMinorVersion()	获取 JDBC 最小版本号
	int getMaxConnections()	返回 int 类型的数值，表示数据库允许同时建立连接的最大数目

(续)

名称	提供的方法	说明
	int getMaxStatements()	返回一个 Connection 对象允许同时打开的 Statement 对象的最大数目
ResultSetMetaData 接口 (java.sql. ResultSetMetadata)：表示查询结果集的元数据信息	int getColumnCount()	返回结果集包含的列数
	String getColumnLabel(int i)	返回结果集中第 i 列的字段名字
	int getColumnType(int i)	返回结果集中第 i 列字段的 SQL 类型

9.4 在 eclipse 环境下通过 JDBC 访问数据库

下面介绍如何在 eclipse 环境下编写 JDBC 应用程序访问数据库。

9.4.1 配置开发环境

在编写代码之前，首先需要设置好开发环境，在主机上安装数据库软件，如 mySQL、Oracle、SQLServer 2005。安装完毕后，建立数据库、创建数据表，并录入数据源。

然后下载与数据库匹配的 JDBC 驱动程序，以 MySQL 为例，下载较新版本的 MySQL 驱动程序，如 mysql-connector-java-5.1.29-bin.jar，放置于任意路径下。接下来可以开始 eclipse 中的操作。

1）在 eclipse 中为 MySQL 驱动器创建一个动态链接库 Library：单击 Windows → Preference → Java → Bulid Path → User Libraries 命令，出现一个窗口，提示定义一个新的 Library，单击 New 按钮，在弹出的对话框中键入新的 Library 名称，如 mysqlLib，单击 OK 按钮，关闭窗口，完成 mysqlLib 的创建。重新回到 User Libraries 界面，将发现"Defined user Libraries"下显示已经有一个新的 mysqlLib，接下来单击右边的"Add External JARs"，选中 mysql-connector-java-5.1.29-bin.jar 放置的路径，把驱动器加载到 mysqlLib 中，出现如图 9-3 所示的界面，单击 OK 按钮，创建动态链接库 mysqlLib 完成。

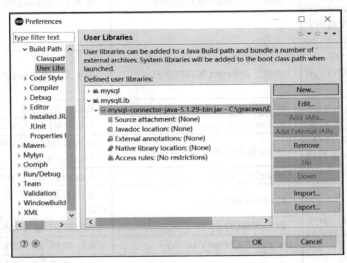

图 9-3　在 eclipse 里创建一个 MySQL 驱动器 Library

2）把刚创建的 mysqlLib 导入相关的 Project 中：创建一个 New Project, 右键单击新建的 Project 名字，单击 Build Path → Add libraries → User Library，直到出现图 9-4 所示的 Add Library 界面，选中 mysqlLib 复选框，单击 Finish 按钮完成导入。

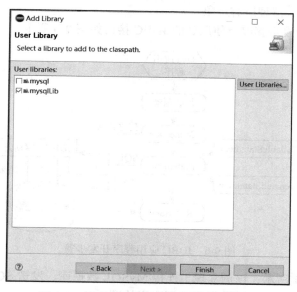

图 9-4　导入 MySQL Library 到 Project 中

3）可以看见在 Project 中生成一个 mysqlLib 目录，该目录下包含 mysql-connector-java-5.1.29-bin.jar，如图 9-5 所示，这样就完成了 MySQL 驱动器的导入。

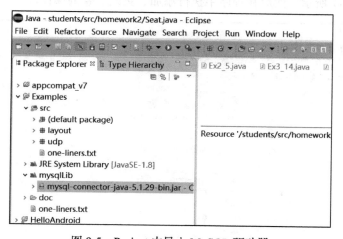

图 9-5　Project 中导入 MySQL 驱动器

9.4.2　调用 JDBC API 编写应用程序

成功导入 JDBC 驱动器后，就可以开始编写代码了，任何一个 JDBC 应用程序的编写都包含以下几个步骤：

1）选择并加载一个合适的 JDBC 驱动程序。
2）创建一个 Connection 对象，建立与数据库的连接。
3）创建一个 Statement 对象。

4）通过 Statement 对象执行 SQL 语句，进行数据库进行操作，返回 ResultSet 结果集。
5）从返回的 ResultSet 对象中获取相应的数据。
6）关闭相关连接，清理所有对象。
JDBC 应用程序开发步骤以及使用到的 JDBC 接口如图 9-6 所示。

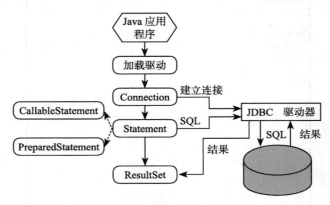

图 9-6　JDBC 应用程序开发步骤

示例代码如例 9-1 所示，该例实现了连接 MySQL 数据库、发送 SQL 语句、提取操作结果的过程，可以作为 JDBC 连接数据库应用程序的模板。

【例 9-1】JDBC 连接 MySQL 数据库应用程序，实现添加、更改、查询数据库中记录的操作。在 MySQL 数据库中创建一个表 person，包含 3 个字段 ID、Name 和 Department，并添加数据，如图 9-7 所示。然后在程序中执行添加、更改、查询操作。

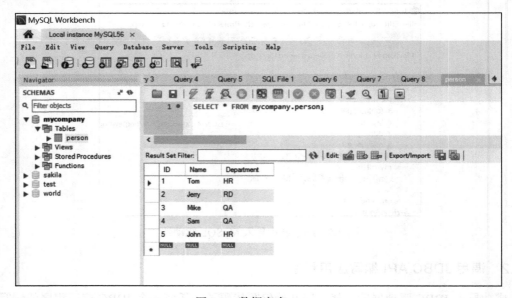

图 9-7　数据库表 person

```
//Ex9_1.java
import java.sql.*;
public class Ex9_1 {
    public static void main(String args[]) throws ClassNotFoundException
```

```java
        {
            // 连接MySQL数据库，连接其他的数据库需要改变格式
            String url = "jdbc:mysql://localhost:3306/mycompany";
            String user ="Herry";// 替换成你自己的数据库用户名
            String password = "654321";// 这里替换成你自己的数据库用户密码
            String sqlStr = "select ID,Name,Department from person";
            String sqlInsert = "insert into person " +"VALUES (88, 'May', 'R&D')";
            String sqlUpdate = "update person " +"set Department = 'Marketing' where ID in (1,3)";
            try{     // 异常处理语句是必需的．否则不能通过编译
                Class.forName("org.gjt.mm.mysql.Driver");
                System.out.println( "加载驱动成功！" );

                Connection con = DriverManager.getConnection(url, user, password);
                System.out.println( "连接数据库成功！" );
                Statement st = con.createStatement();
                System.out.println( "创建Statement成功！" );

                // 添加数据
                st.executeUpdate(sqlInsert);
                System.out.println("添加新数据成功");

                // 更新数据
                st.executeUpdate(sqlUpdate);
                System.out.println("更新数据成功");

                // 查询数据
                ResultSet rs = st.executeQuery( sqlStr );
                System.out.println( "查询数据操作成功！" );
                System.out.println( "----------------!" );

                while(rs.next())
                {
                  System.out.print(rs.getString("ID") + "   ");
                  System.out.print(rs.getString("Name") + "   ");
                  System.out.println(rs.getString("Department"));
                }

                rs.close();
                st.close();
                con.close();
            }
            catch(SQLException e){
                System.out.println("ErrorCode:"+e.getErrorCode());
                System.out.println("SQLState:"+e.getSQLState());
                System.out.println("reason:"+e.getMessage());
            }
        }
    }
```

运行结果如下：

加载驱动成功！
连接数据库成功！
创建Statement成功！
添加新数据成功
更新数据成功
查询数据操作成功！

```
-----------------!
1    Tom      Marketing
2    Jerry    RD
3    Mike     Marketing
4    Sam      QA
5    John     HR
88   May      R&D
```

运行完毕后再查看数据库，刷新后可验证数据已经得到了更新，与运行结果一致，如图 9-8 所示。

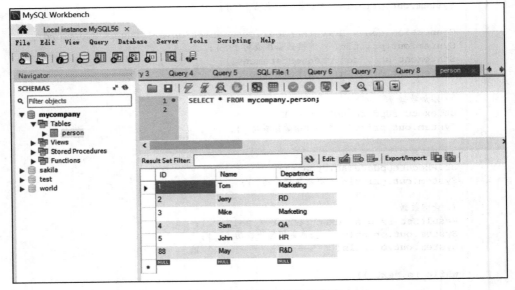

图 9-8　例 9-1 程序运行后的数据库表 person

接下来详细分析 JDBC 应用程序具体实现步骤，包括相关类和接口、调用方法的使用。

1）在 Java 应用程序中加载驱动程序。通过调用 Class 类的静态方法 forName() 实现，格式如下：

```
Class.forname("XXXDriver");//XXX 为数据库名
```

forname() 方法以一个字符串为参数，返回一个 Class 对象，采用不同的 JDBC 数据库驱动。XXXDriver 的值是不同的，下面是几种常用的 JDBC 驱动连接格式。

Sqlserver2005JDBC driver：
```
Class.forName("com.microsoft.sqlserver.jdbc.SQLServerDriver");
```

Oracle JDBC driver：
```
Class.forName("oracle.jdbc.driver.OracleDriver");
```

MySql driver：
```
Class.forName("com.mysql.jdbc.Driver");
```

执行上述代码时将创建一个驱动器类的对象，并自动调用驱动器管理器 DriverManager 类中的 RegisterDriver 方法来加载该对象。这里的 com.microsoft.jdbc.sqlserver.SQLServer-Driver 是驱动器类的名字，可以从驱动程序的说明文档中得到。

Java 编程小提示：需要注意的是，不同驱动器的连接格式是不同的。如果驱动器类不存在，使用此方法就可能会抛出 ClassNotFoundException 异常，因此需要捕获此异常。示例代码如下：

```
try{
    Class.forName("com.mysql.jdbc.Driver");
}
catch(ClassNotFoundException e)
{
    System.out.println(e.getMessage);
}
```

2）与数据库建立连接。使用 DriverManager 类的静态方法 getConnection() 来获得与特定数据库的一个 Connection 连接实例。

```
Connection con = DriverManager.getConnection(url, user, pass);
```

这里的 getConnection() 方法接受 3 个 String 类型参数，第一个参数表示所在数据库的 URL，后两个参数分别是登录数据库的用户名和密码。由于采用的驱动程序不同，与数据库建立连接时，URL 的内容是不同的，但其格式一致，皆由以下三部分组成：

```
jdbc:driverType:dataSource
```

对于 MySQL JDBC driver，在本地连接数据库的示例如下：

```
String url="jdbc:mysql://localhost:3306/databasename";
```

对于 SQLServer JDBC driver，在本地连接数据库的示例如下：

```
String url = "jdbc:microsoft:sqlserver://localhost:1433;DatabaseName=myDB";
```

对于其他类型的驱动程序，根据数据库系统的不同，driverType 和 dataSource 有不同的格式和内容，如果有跨网络连接，就需要把本地 localhost 更改为数据库所在服务器的 IP 地址。为方便编程，通常把 getConnection() 方法的三个参数预先定义为 String 类型，再传递给该方法使用。例如：

```
String url="jdbc:mysql://localhost:3306/databasename";
String user ="John";
String password ="666666";
Connectioncon=DriverManager.getConnection(url,user,password );
```

3）创建一个 Statement 对象。建立好与数据库的连接后，可以对数据库进行添加、查询、修改、删除数据操作。首先需要实现 Connection 接口的方法，并创建一个 Statement 对象。

创建 Statement 对象的 Connection 接口方法有以下 3 种。

方法 1：用 Statement createStatement() 方法创建一个 Statement 对象。该方法创建一个向数据库发送 SQL 语句的 Statement 对象，返回值为 Statement 对象。

```
Statement stmt = con.createStatement();
```

这是一种普遍采用的创建 Statement 对象的方法。

方法 2：用 PreparedStatement prepareStatement(String sql) 方法创建向数据库发送 SQL

语句的 PreparedStatement 对象。PreparedStatement 对象与 Statement 对象的不同之处在于前者适用于处理带有一个或多个参数的 SQL 语句，即 prepareStatement(String sql) 方法的参数 sql 可以接受一条带有多个参数的 SQL 语句，在 SQL 语句执行前，这些参数将被赋予真实值，在访问数据库时，这条 SQL 语句将根据具体参数值的设定执行多次。举例说明 PreparedStatement 的应用，以下有三条 select SQL 查询语句，分别从数据库 STUDENT 表中获取三个人的 ID、NAME、AGE 属性，这三条语句的操作方式都相同，只是属性数值不同而已。

```
select ID,NAME, AGE from STUDENT where NAME='John' and AGE=20
select ID,NAME, AGE from STUDENT where NAME='Mary' and AGE=19
select ID,NAME, AGE from STUDENT where NAME='Tom' and AGE=21
```

以上三条 SQL 语句若采用通配符"?"替代属性 NAME 和 AGE，则可用一种通用的格式简化为如下一条 SQL 语句：

```
select ID,NAME, AGE from STUDENT where NAME=? and AGE=?
```

可见，这种表示方法比三条 SQL 语句简化了不少，在程序中将该 SQL 语句赋给一个 String 类型 sql：

```
String sql = "select ID,NAME, AGE from CUSTOMER where NAME=? and AGE=?";
```

然后将对象 sql 传递到 Connection 的 prepareStatement(String sql) 方法中，生成 PreparedStatement 对象：

```
PreparedStatement stmt = con.prepareStatement(sql);
```

该语句将对 SQL 语句进行预编译处理，直到调用 PreparedStatement 的 setxxx() 方法时，才给参数赋予真实值，赋值语句如下：

```
stmt.setString(1, "John");      // 替换 SQL 语句中的第一个"?"
stmt.setInt(2,20);              // 替换 SQL 语句中的第二个"?"
stmt.setString(1, "Mary");      // 替换 SQL 语句中的第一个"?"
stmt.setInt(2,19 );             // 替换 SQL 语句中的第二个"?"
```

最后统一执行 SQL 语句：

```
ResultSet rs = stmt.executeQuery();
```

方法 3：用 CallableStatement prepareCall(String sql) 方法创建向数据库发送 SQL 语句的 CallableStatemen 对象，用于调用数据库中的存储过程（stored procedure）。使用方式如下：

```
CallableStatement cstm = con.prepareCall("{call showAll }");   //showAll 为存储过程名
```

4）使用 Statement 对象执行 SQL 语句。

Statement 接口提供了三种执行 SQL 语句的方法：executeQuery(), executeUpdate() 和 execute()，由 SQL 语句产生的内容决定应该使用哪一种方法，除此之外，Statement 接口还提供了可用于处理批量更新的 addBatch() 和 executeBatch() 方法。

- executeQuery()：用于产生单个结果集的语句，是使用最频繁的语句。但仅能执行查询语句，例如 SELECT 语句，返回包含查询结果的 ResultSet 对象。

```
ResultSet rs = stmt.executeQuery("Select * from Student");
```

- executeUpdate()：用于执行 INSERT、UPDATE 和 DELETE 语句和 CREATE TABLE，还适用于 SQL DDL（数据定义语言）。该语句作用于表中多行的一列或多列。返回值是一个整数，表示更新的行数，比如修改、删除了多少行等。对于 CREATE TABLE 等语句，因不涉及行的操作，所以 executeUpdate() 的返回值总为 0。例如：

```
stmt.executeUpdate("delete from STUDENT where NAME='John'");
```

- execute()：用于执行任何 SQL 语句，返回一个 boolean 值，表明执行该 SQL 语句是否成功返回 ResultSet。如果执行后第一个结果是 ResultSet，则返回 true，否则返回 false。execute() 尤其适合于返回多个结果集（ResultSet 对象）、多个更新计数或者两者组合的语句。例如，当执行某个存储过程或动态执行 SQL 时，有可能出现多个结果的情况。另外，execute() 也可用于执行 INSERT、UPDATE 和 DELETE 语句。

```
String sql = "insert into STUDENT(ID,NAME,AGE)values(?,?,?,)";
PreparedStatement stmt = con.prepareStatement(sql);
stmt.setInt(1,1);  // 赋值 ID
stmt.setString(2, "John");// 赋值 NAME
stmt.setInt(3,20);// 赋值 AGE
stmt.setInt(1,2);  // 赋值 ID
stmt.setString(2, "Mary");
stmt.setInt(3,19 );
stmt.execute();
```

- addBatch() 和 executeBatch()：如果数据量比较大，Statement 接口还提供了支持批量更新的两个方法：addBatch() 和 executeBatch()，这两个方法通常结合起来使用，适用于向数据库插入、更新和删除大批量数据。批量更新方式单次吞吐量大，执行效率高。

void addBatch(String SQL) 可以把若干 SQL 语句装载到一起，然后通过 executeBatch() 一次性地送到数据库执行，执行时间很短。若采用前面提到的 executequery()，需要把 SQL 语句逐条发往数据库执行，时间都消耗在数据库连接传输上了。

int[ ] executeBatch( ) 执行批量更新，返回一个 int 型数组，数组中的每个元素分别表示受每条 SQL 语句影响的记录数。

Java 编程小提示：需要注意，并不是所有的 JDBC driver 都支持批量更新，MySQL 的 JDBC 驱动就不支持批量更新。

执行 executeBatch() 时，务必将批量更新中的所有操作放在单个事务中。例如：

```
stmt.addbatch("delete from STUDENT");      // 添加一条 SQL 语句
stmt.addbatch("insert into STUDENT(ID,NAME,AGE)"+"values(1, 'John',20)");  // 再添加另一条 SQL 语句
stmt.addbatch(……);                         // 可以再添加更多
int[ ] updateCounts = stmt.executeBatch();
// 执行批量更新，一次性处理
```

批量更新中可以包括 SQL UPDATE、DELETE 和 INSERT、CREATE TABLE 和 DROP TABLE，但是不能包括 SELECT，否则 executeBatch() 将会抛出 BatchUpdateException 异常。

5）从前一步骤返回的 ResultSet 对象中提取执行结果。ResultSet 接口提供了两种常用的顺序查询并获取数据的方法 next() 和 getxxx() 系列方法。

- next() 方法：ResultSet 对象中含有检索出来的行，方法 next() 的功能就是遍历这个

ResultSet 结果集，结果集是指包含在 ResultSet 对象中的行和列的数据。结果集中有一个指针，指向当前可操作的行，结果集指针最初位于第一行之前，next() 方法将指针从当前位置下移一行，第一次调用 next() 方法时，第一行成为当前行；第二次调用时，第二行成为当前行，以后每一次成功调用 next() 都会将指针移向下一行，以此类推。

- getXXX() 方法：这里的 xxx 表示提取的数据类型，使用相应类型的 getXXX() 方法可以从当前行的指定列中提取不同类型的数据。例如，提取 VARCHAR 类型数据时，要使用 getString() 方法，而提取 FLOAT 类型数据要使用 getFloat() 方法，允许使用列名或列序号作为 getXXX() 方法的参数。例如：

```
String s = rs.getString("Name");
```

该语句提取当前行 Name 列中的数据，并将其从 SQL 的 VARCHAR 类型转换成 Java 的 String 类型，然后赋值给对象 s。

```
String s = rs.getString(2);
```

提取当前行的第 2 列数据，这里的列序号是指结果集中的列序号，而不是原表中的列序号。查询结果作为结果集（ResultSet）对象返回后，可以从 ResultSet 对象中提取结果。

JDBC 结果集除了可以顺序查询之外，还具有可滚动性和可更新性，需要时可以在结果集中前后移动，或者显示结果集中特定的某条记录。结果集的指针移动方向是由 ResultSet 属性决定的，在创建 ResultSet 时，可作必要的设置，JDBC 提供下列连接方法来创建所需的 ResultSet 语句：

- createStatement(int RSType，int RSConcurrency);
- prepareStatement(String SQL，int RSType，int RSConcurrency);
- prepareCall(String sql，int RSType，int RSConcurrency);

参数 RSType 表示 ResultSet 对象的类型，表明指针的移动方向，ResultSet 对象的三种类型如表 9-2 所示，如果不指定类型，ResultSet 对象默认采用 TYPE_FORWARD_ONLY。

表 9-2 ResultSet 对象类型

类型	说明
ResultSet.TYPE_FORWARD_ONLY	指针只能向前移动的结果集
ResultSet.TYPE_SCROLL_INSENSITIVE	指针可以向前和向后滚动，返回的结果集不再受数据库中之后的新数据变动影响，是不敏感的
ResultSet.TYPE_SCROLL_SENSITIVE	指针可以向前和向后滚动，返回的结果集一定程度上会受到数据库中之后的新数据变动的影响，是敏感的

参数 RSConcurrency 为并发类型，表示 ResultSet 是仅可读的或允许更新的，如表 9-3 所示。如果不指定任何并发类型，将自动默认为 CONCUR_READ_ONLY。

表 9-3 RSConcurrency 并发类型

并发	说明
ResultSet.CONCUR_READ_ONLY	创建结果集为只读
ResultSet.CONCUR_UPDATABLE	创建一个可更新的结果集

ResultSet 接口方法总体可归纳为三种类型：导航、获取和更新，常用方法及说明如表 9-4 所示。

表 9-4 ResultSet 接口常用方法

方法类型	方法	说明
导航方法：用于移动光标	boolean previous();	向前滚动
	boolean next()	向后滚动
	int getRow();	获得总行数
	boolean absolute(n);	游标定位到第 n 行
	boolean first();	将游标定位到结果集中的第一行
	boolean last();	将游标定位到结果集中的最后一行
	void beforeFirst()	将游标定位到结果集中的第一行之前
	void afterLast();	将游标定位到结果集中的最后一行之后
	void moveToInsertRow();	游标移到插入行
获取方法：用于获取光标所指向列中的数据，提供了几十种获取列数据的方法	int getXXX (String columnName)	返回 XXX 类型的当前行中名为 ColumnName 的列
	int getXXX (int columnIndex)	返回 XXX 类型的当前行中指定列的索引 XXX 为 8 种 Java 基本数据类型、String、对象、URL、java.sql 下的 Date、Time、Timestamp、Clob、Blob 等 SQL 类型
更新方法：更新结果集的数据，以及数据库中的行数据	void updateXXX(int column,xxx data);	更新结果集当前行，XXX 为 8 种 Java 基本数据类型、String、对象、URL、java.sql 下的 Date、Time、Timestamp、Clob、Blob 等 SQL 类型
	void deleteRow();	从数据库和结果集中删除当前行
	void updateRow()	通过更新数据库中相应的行更新当前行
	void insertRow();	把插入行加入数据库和结果集
	void refreshRow()	刷新结果集中的数据，以反映在数据库中的最新变化
	void cancelRowUpdates()	取消所做的当前行的任何更新

【例 9-2】导航、查看结果集、更新、添加数据库数据示例。此例采用与例 9-1 相同的数据库表 person，在程序中执行查询、添加、更新操作。

```
//Ex9_2.java
import java.sql.*;
public class Ex9_2 {
    public static void main(String args[]) throws ClassNotFoundException
    {
    // 连接 MySQL 数据库，连接其他的数据库需要改变格式
    String url = "jdbc:mysql://localhost:3306/mycompany";
    String user ="Herry";// 替换成你自己的数据库用户名
    String password = "654321";// 这里替换成你自己的数据库用户密码
    String sqlStr = "select ID,Name,Department from person";

    try{    // 异常处理语句是必需的. 否则不能通过编译
        Class.forName("org.gjt.mm.mysql.Driver");
        System.out.println( "加载驱动成功！" );

        Connection con = DriverManager.getConnection(url, user, password);
        System.out.println( "连接数据库成功！" );

        // 设置 ResultSet 结果集指针可以来回滚动，并且结果集是可更新的
        Statement st = con.createStatement(ResultSet.TYPE_SCROLL_INSENSITIVE,
            ResultSet.CONCUR_UPDATABLE);
        System.out.println( "创建 Statement 成功！" );
```

```java
            //查询数据
            ResultSet rs = st.executeQuery( sqlStr );
            System.out.println( "查询数据操作成功!" );
            System.out.println( "----------------!" );

            //光标移动到最后一行
            System.out.println("移动光标到最后一行...");
            rs.last();

            //提取最后一行数据
            int id   = rs.getInt("ID");
            String name = rs.getString("Name");
            String dept = rs.getString("Department");

            //显示结果
            System.out.print("最后一行记录......");
            System.out.print("ID: " + id);
            System.out.print(", name: " + name);
            System.out.println(", department:" + dept);

            System.out.println("显示所有记录......");
            printRs(rs);

            //添加新数据
            System.out.println("添加一个新记录......");
            rs.moveToInsertRow();
            rs.updateInt("id",104);
            rs.updateString("Name","Paul");
            rs.updateString("Department","HR");
            rs.insertRow();
            System.out.println("添加新记录后,读取出所有记录......");
            printRs(rs);

            //删除表中第二个记录
            //首先移动到第二行
            rs.absolute( 2 );
            System.out.println("删除前,列出第二行记录数据...");
            System.out.print(rs.getString("ID") + "    ");
            System.out.print(rs.getString("Name") + "    ");
            System.out.println(rs.getString("Department"));
            //执行删除操作
            rs.deleteRow();
            System.out.println("删除后,列出所有记录...");
            printRs(rs);

            rs.close();
            st.close();
            con.close();
        }
        catch(SQLException e){
            System.out.println("ErrorCode:"+e.getErrorCode());
            System.out.println("SQLState:"+e.getSQLState());
            System.out.println("reason:"+e.getMessage());
        }
    }
    public static void printRs(ResultSet rs) throws SQLException{
        //保证每次从头读取
        rs.beforeFirst();
```

```java
    while(rs.next()){
        System.out.print(rs.getString("ID") + "   ");
            System.out.print(rs.getString("Name") + "   ");
            System.out.println(rs.getString("Department"));
        }
        System.out.println();
    }//end printRs()
}
```

运行结果如下:

```
加载驱动成功!
连接数据库成功!
创建Statement成功!
查询数据操作成功!
----------------!
移动光标到最后一行...
最后一行记录......ID: 88, name: May, department:R&D
显示所有记录......
1    Tom     Marketing
2    Jerry   RD
3    Mike    Marketing
4    Sam     QA
5    John    HR
88   May     R&D

添加一个新记录......
添加新记录后,读取出所有记录......
1    Tom     Marketing
2    Jerry   RD
3    Mike    Marketing
4    Sam     QA
5    John    HR
88   May     R&D
104  Paul    HR

删除前,列出第二行记录数据...
2    Jerry   RD
删除后,列出所有记录...
1    Tom     Marketing
3    Mike    Marketing
4    Sam     QA
5    John    HR
88   May     R&D
104  Paul    HR
```

此例中createStatement()方法的两个参数设置为TYPE_SCROLL_INSENSITIVE 和CONCUR_UPDATABLE，表示ResultSet结果集指针可以来回滚动，并且结果集是可更新的，因此可便捷地实现查找、添加和更新操作。运行完毕后，查看数据库表person的变化，显示数据得到了更新，与运行结果一致，如图9-9所示。

6）关闭相关连接，清理JDBC对象。完成操作后，需要关闭所用的对象资源，关闭次序和声明次序相反，依次为：关闭ResultSet对象、关闭Statement对象、关闭Connection对象。

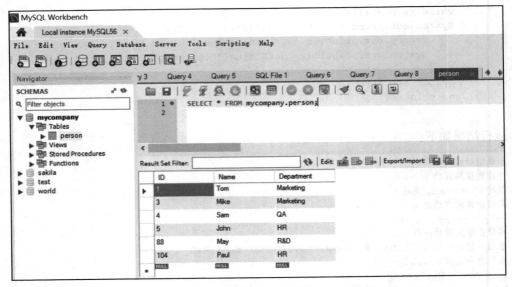

图 9-9 例 9-2 运行后的数据库表 person 数据

9.5 JDBC 处理存储过程

前面提到 Connection 对象创建 CallableStatement 对象用来执行调用数据库存储过程。存储过程是经过编译的，然后存放在数据库系统中的一组为了完成特定功能的 SQL 语句集，用户通过指定存储过程的名字并给出参数来执行它。存储过程的参数形式有输入（in 参数）、输出（out 参数）或输入和输出（inout 参数），这三种参数形式 CallableStatement 对象都可以使用。

JDBC 处理存储过程有 3 种形式：不带任何参数、带参数、返回结果参数。结果参数是一种输出（out）参数，是存储过程的返回值，这三种 JDBC 的存储过程处理方式的语法如表 9-5 所示。

表 9-5 JDBC 处理存储过程的方式

方式	语法
调用不带参数的储存过程	{call 过程名 }
调用带参数的储存过程	{call 过程名 [(?,?,...)]}
调用返回结果参数的存储过程	{?=call 过程名 [(?,?,...)]} 其中 ? 表示参数

以下是 JDBC 对于这三种类型存储过程的处理方式。

（1）不带任何参数

无返回值的存储过程。创建一个名为 getAll 的存储过程，从 person 表中提取所有的记录。

```
create procedure getAll
as
select * from person
```

通过调用 Connection.CallableStatement() 方法实例化基于上述存储过程的代码片段如下：

```
Connection con = this.getConnection();
```

```
    try {
        CallableStatement cstm = con.prepareCall("{call getAll }");
            ResultSet rs = cstm.executeQuery();
            ......
    } catch (SQLException e) {
            ......
        }
```

（2）带有 in 和 out 参数的存储过程

创建一个存储过程 getName，从 company 表中提取指定 id 的员工姓名。此存储过程带有一个输出参数 empName 和一个输入参数 id，查找 company 表中 id 为输入参数 id 的员工，并提取其姓名为结果传递给 empName 参数，保存在 getEmployeeName() 方法的变量 outName 中。存储过程 getName 的定义如下：

```
create procedure getName
@empName varchar(20) output,
@id      int
as
select @empName = name from company where id = @id
```

以下是在 getEmployeeName() 中调用 getName 存储过程的代码片段。

```
public void getEmployeeName(int inParam){
String outName;
Connection con = this.getConnection();
try {
    // 两个问号表示存储过程的两个参数  CallableStatement cstm = con.prepareCall("{call getName(?,?)}");
    // 注册第一个参数（输出）的类型
    cstm.registerOutParameter(1, Types.VARCHAR);
    // 给第二个参数（输入）赋值
    cstm.setInt(2, inParam);
    cstm.execute();;
    // 得到输出参数
    String outName = cstm.getString(2);
        ......
}catch (SQLException e) {
                ......
    }
}
```

（3）带返回结果参数的存储过程

创建一个存储过程 getCount 统计 company 表中的数据总数，并返回统计结果。存储过程 getCount 的定义如下：

```
create procedure getCount
as
declare @ret int
select @ret = count(*) from company
return @ret
declare @ret int
exec  @ret = getCount
```

以下是在方法 getReturn() 中调用 getCount 存储过程的代码片段。

```
public void getReturn(){
```

```
int ret;
Connection con = this.getConnection();
try {
    CallableStatement cstm = con.prepareCall( "{?=call getCount()}" );
    cstm.registerOutParameter(1, Types.INTEGER);
    cstm.execute();
    ret = cstm.getInt(1);    // 得到返回结果
    ......
} catch (SQLException e) {
    ......
}
```

9.6 SQLException

JDBC API 中的多数方法都会声明抛出 SQLException，在程序中需要捕获并处理异常。用于获取异常信息的方法有以下两个：

1) int getErrorCode(): 返回数据库提供的错误编号。
2) String getSQLState(): 返回数据库提供的错误状态。

当程序执行 SQL 语句失败时，将返回错误编号及错误状态。例如，数据表 person 中若没有 firstname 这一项，则执行以下 SQL 语句：

```
String sqlStr = "select ID,Name,firstname from person";
```

运行结果将打印如下数据库产生的错误信息：

```
ErrorCode:1054
SQLState:42S22
Reason: Unknown column 'FIRSTNAME'in'field list'
```

9.7 控制事务

事务（transaction）是对数据执行的一组操作，这些操作包括数据的增添、查询、删除、更改。事务的功能就是判断多个连续操作全部执行的结果，结果只有两种状况：事务完成（transaction commit）和事务失败（transaction abort），当事务失败或异常中断时，事务回滚（transacton roolback），回复到未执行任何数据操作的最初状态。

对于新建的 Connection 对象，默认情况下采用自动提交事务模式（auto commit），Connection 接口提供了以下可用于控制事务的方法：

```
void setAutoCommit(boolean autoCommit): 设置是否自动提交事务。
void commit(): 提交事务。
void rollback(): 撤销事务。
```

如果通过 setAutoCommit(false) 方法来设置手工提交事务模式，则需要最后手动调用 commit() 来整体提交事务。一旦一条 SQL 语句操作失败，程序将抛出 SQLException，并调用 rollback() 方法撤销事务。例如：

```
try {
    ......
    Connection con = DriverManager.getConnection( url, user, password );
```

```
            con.setAutoCommit(false);    // 设置手动提交事务
            stmt = con.createStatment();
            // 数据库更新操作 1
            stmt.executeUpdate("update STUDENT set  GRADE=90 where ID=1");
            // 数据库更新操作 2
            stmt.executeUpdate("update STUDENT set  GRADE=85 where ID=2");
            con.commit();           // 提交事务
    }
    catch(Exception e){// 捕获异常
        try{
            con.rollback();  // 撤销事务
        }catch(Exception ex)// 捕获 rollback() 时的异常
        {
            // 处理异常
            ……
        }
    }//catch 结束
    finally
    {
        try{
            stmt.close();
            con.close();
        }catch(Exception ex)  // 捕获 close() 时的异常
        {
            // 处理异常
            ……
        }
    }
```

9.8　JDBC 其他相关用法

1. 处理 Blob 和 Clob 类型数据

在数据库中有两种特殊的 SQL 数据类型：Blob 和 Clob。
- Blob（Binary Large Object）：存放大容量的二进制数据，如语音、动画图片等。
- Clob（Character Object）：存放大容量的由字符组成的文本数据。

下面简要说明它们的处理方法。

从数据库读取 Blob 数据时，首先调用 ResultSet 接口的 getBlob() 方法返回一个 Blob 对象，从 Blob 对象的 getBinaryStream() 方法可获得一个输入流，然后从这个输入流中读取 Blob 数据；反之，向数据库中写入 Blob 数据时，调用 PreparedStatement 接口中的 setBinaryStream() 来完成。

类似地，读取 Clob 数据时，首先调用 ClobResultSet 接口的 getClob() 方法获得 Clob 对象，然后调用 Clob 接口的 getCharacterStream() 方法返回一个 Reader 对象，用于读取 Clob 数据中的字符；反之，向数据库中写入 Clob 数据时，调用 PreparedStatement 接口的 setCharacterStream() 方法可以向数据库写入 Clob 数据。

2. 处理字符编码的转换

如果操作系统使用中文字符编码 GB2312，而 MySQL 使用字符编码 ISO-8859-1，当程序向数据库插入数据时，需要把字符串的编码由 GB2312 转换为 ISO-8859-1。

```
// 字符编码转换
```

```
String name1 = new String("喜羊羊",getBytes("GB2312", "ISO-8859-1"));
// 增添新记录
stmt.executeUpdate(……);
```

从表中读取数据时，则需要把字符串的编码由 ISO-8859-1 转换为 GB2312。

```
String name = rs.getString(2);
String address = rs.getString(4);
// 字符串编码转换
if(name!= null)
    name = new String(name.getBytes("ISO-8859-1", "GB2312"));
if(address !=null)
    address = new String(address.getBytes("ISO-8859-1", "GB2312"));
```

对于 MySQL，可以在连接数据库的 URL 中把字符串编码也设为 GB2312。

```
String dbUrl = "jdbc:mysql://localhost:3306/mycompany?useUnicode=true&characterEncoding=GB2312";
```

本章小结

本章首先介绍了 JDBC 的结构及实现方式，JDBC API 提供的重要类、接口及方法。然后重点讲解了通过 JDBC 访问数据库的具体实现过程，包括建立与数据库的连接、访问数据库、提取数据库操作结果的一系列操作以及处理存储过程。最后简要介绍了 JDBC SQLException、处理 Blob 和 Clob 类型数据，以及处理字符编码的转换。

习题

1. 简述 JDBC 访问数据库的主要步骤。
2. JDBC 访问数据库用到的类和接口有哪些？
3. 在数据库中建立一个"旅店"信息表，其结构为：旅店名称、地址、联系电话、房间类型、价格等。编写程序实现对旅店信息的查询和删除。
4. 在数据库中建立一个"图书"信息表，其结构为：编号、书名、作者、出版社。编写程序实现添加图书信息，根据书名查询指定书信息，删除其中一本书，显示出所有书本信息。如果删除的书本不存在，给出提示信息表明不存在该图书。
5. 为前面例题中电子产品商店的货物建立数据库，输入产品数据，编写程序实现对数据库的访问，进行添加、查询、更新、删除操作。
6. 在第 8 章第 6 题的基础上，继续扩展公交管理系统和航空订票系统，建立数据库数据表，编写 JDBC 应用程序，实现对两个系统信息的添加、查询、更新、删除操作。

第 10 章 Java 图形用户界面

图形用户界面（Graphics User Interface，GUI）是一种以图形的方式与用户交互的界面，即在屏幕上用形象的图标和窗口等来表示特定的功能。GUI 应用程序可以给人直观的视觉效果，使程序生动、美观。比如打开和关闭的窗口、按下按钮、输入文字的文本框，等等。我们使用的很多软件产品，如 office 软件，均为带有 GUI 的应用程序。

Java 提供了完善的 GUI 编程功能，用于开发界面友好的、美观、快捷、功能齐全的 GUI 应用程序。近年来，随着 Web 应用程序需求的不断扩大，基于单机的 GUI 运用渐渐淡出市场，Java 在 GUI 方向上的发展远不如 JSP 运用广泛。但是，作为一种安全可靠、使用方便的应用程序，GUI 的应用也是取代不了的，尤其是近年来随着 Android 移动平台的广泛推广，Java GUI 的应用重心已经逐渐转移到了手机用户界面，即 Android 手机界面，无论是普通 GUI 开发，还是 Android GUI 开发，其基本原理都是相同的，只不过提供的 API 不同。因此只要掌握了 Java GUI 开发基本原理及其 Swing API 或者其他 Java 界面 API，以后再学习 Android 界面开发就能够快速入手了。

本章主要介绍 GUI 应用程序开发的基础知识，内容涉及 Swing 用户界面的组件、容器、布局管理以及事件响应机制，并从面向对象程序设计理念出发，详尽分析如何使用接口、组合、内部类等机制处理事件响应。

10.1 Java 图形用户界面类库

Java 基础类（Java Foundation Classes，JFC）是开发 GUI 程序的 API，它包括抽象窗口工具包 AWT（Abstract Window Toolkit）、Swing 类库、支持二维模型的类库（Java 2D）、支持拖放的类库（Drag and Drop）、支持易用性的类库（Accessibility）等，其中使用广泛的 AWT 和 Swing 包含了实现图形用户界面的基本元素。

1. AWT

AWT（Abstract Window Toolkit）是最早的 GUI 编程类库（java.awt），它提供了构建 GUI 的基本组件，组件就是我们常用的菜单、按钮、文本框、列表、复选框等。AWT 组件被认为是重量级组件，因为它们必须与本地系统交互，依赖于本地系统来支持绘图和显示，每个 AWT 组件在本地窗口系统都有一个相关的组件，所以界面会随着操作系统平台的不同显示出不同的外观。这种交互需要相当大的额外开销，因而影响了系统的整体效率，现在基本上被淘汰了。

2. Swing

Swing（Javax.swing）是继 AWT 后改进的一套新类库，用纯 Java 代码编写的，称为轻量级组件，具有平台无关性，所以不必依赖于本地窗口系统，比 AWT 组件效率高得多。Swing 并没有完全替代 AWT，只是提供了更好的用户界面组件而已，如增加了裁剪板、鼠标提示、打印等功能，AWT 的组件仍然可以使用。

为了与 AWT 组件区别开，所有 Swing 组件的名字都是以字母 J 开头的，如 JButton、

JFrame 等，而 AWT 对应的组件为 Button、Frame 等。Swing 和 AWT 编写的程序兼容，Swing 的组件数量是 AWT 的两倍。

eclipe 也自带一套支持 Java 语言的 GUI 开发包——SWT（Standard Widget Toolkit），为 Java 程序员提供了 Swing 之外的一个更佳选择，而且使用 SWT 组件开发的界面比 Swing 开发的界面美观，灵活轻巧。读者如果有兴趣，也可以体验一下使用 SWT 开发 GUI。

10.2 Swing 的组件

Swing 是 AWT 的扩展，Swing 组件以 J 开头，除了拥有与 AWT 类似的按钮（JButton）、标签（JLabel）、复选框（JCheckBox）、菜单（JMenu）等基本组件外，它还增加了许多新的高层组件集合，如表格（JTable）、树（JTree）等，方便用户使用。

Swing 也沿用了 AWT 的底层组件、颜色、字体和工具包布局管理器，并且所有的 Swing 轻量级组件基本上是由 AWT 的 Container 类的子类 JComponent 衍生而来，而 4 个重量级组件 JFrame、JDialog、JWindow、JApplet 便是来源于原有的 AWT，Swing 中的 JFrame 继承原有 AWT 中的 Frame 类，同样，JDialog 继承原有 AWT 中的 Dialog 类，如图 10-1 所示。

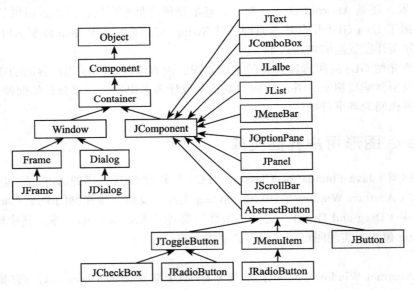

图 10-1 Swing 的组件

Swing 提供了功能丰富的包，表 10-1 列出了常用的包。

表 10-1 Swing 常用的包

包	描述
javax.swing	Swing 组件和使用工具
javax.swing.border	Swing 轻量级组件的边框
javax.swing.colorchooser	JColorChooser 的支持类 / 接口
javax.swing.event	事件和侦听器类
javax.swing.filechooser	JFileChooser 的支持类 / 接口
javax.swing.pending	未完全实现的 Swing 组件
javax.swing.plaf	抽象类，定义 UI 代表的行为

(续)

包	描述
javax.swing.plaf.basic	实现所有标准界面样式公共功能的基类
javax.swing.plaf.metal	用户界面代表类，实现 Metal 界面样式
javax.swing.table	JTable 组件
javax.swing.text	支持文档的显示和编辑
javax.swing.text.html	支持显示和编辑 HTML 文档
javax.swing.text.html.parser	HTML 文档的分析器
javax.swing.text.rtf	支持显示和编辑 RTF 文件
javax.swing.tree	JTree 组件的支持类
javax.swing.undo	支持取消操作

其中，javax.swing 是 Swing 提供的最大包，它包含将近 100 个类和 25 个接口，包含除 JTableHeader 和 JTextComponent 以外的所有 Swing 组件，JTableHeader 包含在 swing.table 中，而 JTextComponent 包含在 swing.text 中。

10.3 Swing 组件的层次结构

从结构上，通常将 javax.swing 中的 Swing 组件分为三个层次：顶层容器、中间层容器和原子组件。

容器（container）实际上是一种含有若干组件的屏幕窗口，容器是一种嵌套结构，一个容器还可以含有其他的容器。GUI 设计好比设计一栋楼房的结构，首先需要勾画出整体的钢筋混凝土架构，这就是程序中的一个顶层容器；然后钢筋混凝土架构再分出若干单元，每个单元中还包含多套住房，这就是程序中的中间层容器；而每套住房里包含的具体元素，如厨房、卧室、卫生间等，都是原子组件。

1. 顶层容器

每个 Java 的 GUI 程序都必须至少有一个顶层容器，其他组件都只有放在这个顶层容器上才能显现出来，顶层容器就是一个屏幕窗口，呈现图形的基本框架。Swing 提供了 4 种基本顶层容器的类：

- JFrame：用于框架窗口的类，此窗口带有边框、标题、用于关闭和最小化窗口的图标等。带有 GUI 的应用程序通常至少使用一个框架窗口。
- JDialog：用于对话框的类。
- JApplet：用于 Java Applet 的类。
- JWondow：是一个没有边框的空窗口，一般不直接使用。

2. 中间层容器

中间层容器是顶层容器中的二级窗口，用于存放各类组件，GUI 编程一般把组件先放在中间容器里，然后再添加到顶层容器。常用的中间层容器有如下几种：

- 面板（JPanel）：一种灵活、常用的中间容器，以容纳其他组件，实现容器的嵌套。
- 滚动窗口（JScrollPane）：与 JPanel 类似，但带有滚动条。
- 选项板（JTabbedPane）：提供一组可供用户选择的带有标签或图标的组件，但一次只显示一个组件，用户可在组件之间用鼠标单击方便地切换。

- 工具栏（JToolBar）：按行或列排列一组组件，用于显示常用工具控件。
- 分隔板（JSplitPane）：一次可将两个组件同时显示在两个显示区中，若需要同时在多个显示区中显示组件，可以同时使用多个 JSplitPane 组件。

3. 原子组件

原子组件是最基本的图形元素，不可以用来容纳其他组件，用于和用户直接进行信息交互。原子组件根据功能的不同，可分为三类：

- 显示不可编辑信息的 JLabel、JProgressBar、JToolTip。
- 有控制功能、可以用来输入信息的 JButton、JCheckBox、JRadioButton、JComboBox、JList、JMenu、JSlider、JSpinner、JTexComponent。
- 能提供格式化的信息并允许用户选择的 JColorChooser、JFileChooser、JTable、JTree。

各种组件的功能如表 10-2 所示。

表 10-2 原子组件及功能介绍

组件	功能描述
按钮（JButton）	按钮是一个常用组件，按下后响应一个事件，可以带标签或图像
标签（Jlabel）	显示文本信息，提供可带图形的标签
文本框（JText）	可输入文本信息
复选框（JCheckBox）	提供简单的 on/off 开关，旁边显示文本标签，可以多选
单选框（JRadioButton）	只能选一项
选择框（JComboBox）	每次只能选择其中的一项，但是可编辑每项的内容，而且每项的内容可以是任意类，不仅仅是 String
文件选择器（JFileChooser）	JFileChooser 内建有"打开""存储"两种对话框，还可以自己定义其他种类的对话框
列表（List）	适用于数量较多的选项以列表形式显示，里面的项目可以由任意类型对象构成，支持单选和多选
菜单（JMenu）	提供给用户多重选项
进程条（JProgressBar）	以直观的图形描述从"空"到"满"的过程
滑动条（JSlider）	使用户能够通过来回移动一个滑块来输入数据
表格（JTable）	表格是 Swing 新增的组件，主要功能是把数据以二维表格的形式显示出来
树（JTree）	用树状图表示一个层次关系分明的一组数据，展开树状结构的图表数据

三层容器在 eclipse 图形用户界面中的具体运用如图 10-2 所示。

10.4 Swing GUI 程序

GUI 界面通常按照 Swing 组件的三层结构层次来依次设计。如同盖楼房首先需要搭建钢筋混凝土的框架，接下来框架再分层，分出几个单元，一栋房子可以有若干单元，单元又有不同户型，每个户型里有各自的具体元素，如厨房、卫生间、卧室，等等。图形用户界面的设计也得先有一个足够大的特殊窗口（顶层容器）来容纳其他容器或界面组件，一个顶层容器可以包含若干中间容器，一个中间容器可以包含其他的容器，容器之间是一种嵌套关系，每个容器里可以放置其他容器或各种组件，然后通过合理地布局，在屏幕上显示出一系列控件，呈现出一个完整的图形用户界面。

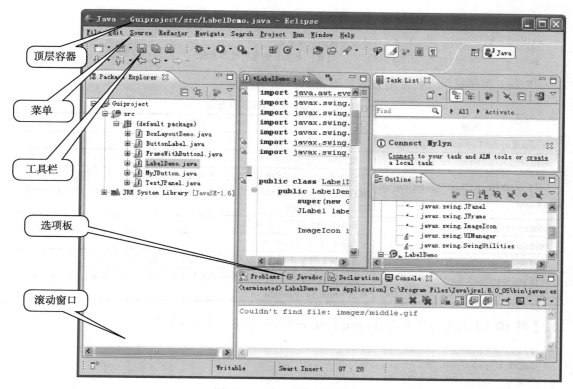

图 10-2 Swing GUI 示意图

整个 GUI 架构采用层次结构设计，从顶层容器到中间容器，从中间容器到原子组件，各类组件一一到位，呈现出外观后，最后还需要一个关键的步骤——事件响应，这一步使静态的界面能够"动"起来，响应事件，与用户交互。因而程序中需要实现事件处理程序，以便响应单击按钮、窗口缩放以及其他活动等。

编写 Swing GUI 程序的步骤如下：

1）创建一个应用程序框架，即选定顶层容器，如 JFrame、JApplet、JDialog、JWindow 等；

2）创建中间层容器，将组件加到中间层容器中或者直接加到顶层容器，组件包括按钮、菜单以及选项等，以及设置组件属性，包括字体、颜色、位置、外观等。

3）进行合理布局，在屏幕上显示出一系列控件。

4）实现事件处理程序，与用户交互，以便响应单击按钮、窗口缩放以及其他活动等。

10.4.1 顶层容器

GUI 程序编写的第一步——创建应用程序框架，即顶层容器，创建顶层容器有两种选择：选用 AWT 下的 Frame 类，或者 Swing 下的 JFrame 类。JFrame 类的层次结构如下：

```
java.lang.Object
    java.awt.Component
        java.awt.Container
            java.awt.Window
                java.awt.Frame
                    javax.swing.JFrame
```

以 JFrame 为例，JFrame 提供了两种创建顶层容器的构造方法。

```
public JFrame()   //创建一个没有标题的顶层容器
public JFrame(String title)   //创建一个带有标题的顶层容器
```

JFrame 类还提供一些常用方法，如表 10-3 所示。

表 10-3   JFrame 类的常用方法

方法	说明
void setLayout(LayoutManager mgr)	设置布局
void setSize(int width, int height)	设置框架大小尺寸
void setDefaultCloseOperation(int operation)	设置关闭窗口操作的默认值，参数 operation 取以下 4 个常量之一：DO_NOTHING_ON_CLOSE、HIDE_ON_CLOSE、DISPOSE_ON_CLOSE、EXIT_ON_CLOSE
void remove(Component comp)	从框架里删除某一个组件
void setVisible(boolean b)	在屏幕上显示出框架
void setLocation(int x,int y)	从 AWT 继承来的方法，可以将框架移至坐标 (x, y) 处
void setBounds(int x,int y, int width,int height)	从 AWT 继承而来，可以将框架的左上角移至屏幕坐标 (x, y) 处，宽设置为 width，高为 height

【例 10-1】调用构造方法 JFrame（String title）创建一个顶层容器。

```
//Ex10_1.java
import java.awt.*;
import java.awt.event.*;
import javax.swing.*;

public class Ex10_1{
    public static void main(String s[]) {
        JFrame frame = new JFrame("FrameDemo");//创建一个标题为 FrameDemo// 的顶层容器
        frame.setSize(200,300);//设置容器打开时的大小
        frame.setVisible(true);//显示出界面
    }
}
```

例 10-1 通过构造方法创建了一个简单的顶层容器，调用 setSize() 设置容器最初打开时的大小，如果不设置，默认值为 0，容器不会显示出窗口。setVisible() 设置容器是否可见的状态，true 表示容器为可见，false 可以将容器设置为不可见，如果不用 setVisible()，容器默认的状态为隐藏。程序运行结果产生一个带有标题的顶层容器，如图 10-3 所示。

图 10-3   一个标题为 FrameDemo 的顶层容器

10.4.2   中间层容器

顶层容器搭建好以后，可以往其中添加中间容器或直接添加组件。在添加组件之前，好的编程风格是把组件先添加到中间层容器里，然后再把中间层容器添加到顶层容器里。

常用的中间层容器有面板（JPanel）、滚动窗口（JScrollPane）、选项板（JTabbedPane）、工具栏（JToolBar）等。

在 JDK 1.5 以前，无论是中间层容器，还是 Swing 组件，都不能直接添加到顶层容

器（如 JFrame）中，必须通过 JFrame 的一个特殊中间容器——内容窗格 Content Pane 来完成，所有组件必须首先添加在这个内容窗格中，然后才能显示出来。JFrame 提供了两个方法 getContentPane() 和 setContentPane() 用于获取和设置其内容窗格，程序中只需要调用 getContentPane() 直接获取内容窗格来添加组件。JDK 1.5 后允许把 Swing 组件直接添加到顶层容器中，方便了许多，然而很多程序如今仍使用内容窗格来完成。例如，eclipse 中的可视化界面开发工具 Swing Designer，通过向导 wizard 创建一个顶层容器 JFrame，其自动生成的代码中就使用到了内容窗格来完成 JFrame 的创建，具体可参考 10.6 节中 Swing Designer 的用法讲解。

以普通面板 JPanel 为例，添加组件到面板，然后再把面板添加到顶层容器里。

图 10-4 用户信息提交界面

【例 10-2】显示如图 10-4 所示的用户信息提交界面。

此例首先定义一个 JPanel 类型中间容器——继承 JPanel 的子类 JPanelClass，在 JPanelClass 类中分别调用组件 JLable、JTextField、JButton 的构造方法创建了 6 个组件，并通过 add() 方法将 6 个组件添加到面板容器里。下面是 JPanelClass 的程序代码。

```java
//Ex10_2.java
import java.awt.*;
import java.awt.event.*;
import javax.swing.*;
class JPanelClass extends JPanel{// 创建一个继承于 JPane 类的子类 JPanelClass
    JLabel nameLabel, phoneLabel;   // 组件声明
    JTextField name;
    JTextField phone;
    JButton LoginButton, CancelButton;

    Font ffont=new Font("宋体", 1, 24);// 设置字体
    public JPanelClass(){
        // 创建 Label 组件
        nameLabel = new JLabel("User");
        nameLabel.setFont(ffont);
        phoneLabel = new JLabel("phone:");
        phoneLabel.setFont(ffont);

        // 创建 TextField 组件
        name = new JTextField(10);
        name.setFont(ffont);
        phone = new JTextField(10);
        phone.setFont(ffont);

        // 创建 Button 组件
        LoginButton = new JButton("Summit");
        LoginButton.setFont(ffont);
        CancelButton = new JButton("Cancel");
        CancelButton.setFont(ffont);

        // 添加组件到 面板容器中
        add(nameLabel);
        add(name);
        add(phoneLabel);
        add(phone);
        add(LoginButton);
```

```
            add(CancelButton);
        }
    }
```

接下来创建一个顶层容器 JFrame 以放置面板容器，定义一个从 JFrame 类派生出的子类 SimpleJFrameClass，该类首先设置顶层容器的大小和标题，然后把 JPanelClass 的对象 panel 直接添加到顶层容器里，在 JDK 1.5 以前需要先把 panel 添加到 JFrame 的中间容器内容窗格里，然后才能添加到顶层容器。两种添加方法的代码如下。

```
//SimpleJFrameClass
class SimpleJFrameClass extends JFrame{
    JPanelClass panel;

    public SimpleJFrameClass(){
        setSize(520,320);
        setTitle("Login GUI");
        panel=new JPanelClass();
        //getContentPane().add(panel);// 或者添加到内容窗格，JDK 1.5 以前适用
        add(panel);// 添加面板到顶层容器里
        setVisible(true);
        setResizable(false);
    }
}
```

最后定义测试类 Ex10_2 的代码。

```
public class Ex10_2{
    public static void main(String[] args){
        SimpleJFrameClass frame = new SimpleJFrameClass();
        frame.setDefaultCloseOperation(JFrame.EXIT_ON_CLOSE);
    }
}
```

程序运行结果显示如图 10-4 所示的用户信息提交界面。其余种类的中间容器的使用方法与面板类似，这里不再赘述。养成良好的编程风格，把组件分类添加到中间层容器里，可以提高界面的可维护性，便于用户界面的布局管理。

10.4.3 布局管理器

如何将组件有秩序地摆放在容器中涉及布局管理的问题，可以根据需要使用坐标来指定每个组件的具体摆放位置。另外，Java 也提供了布局管理器（Interface LayoutManager）。布局管理器是一种按照一定的顺序来安排每个组件在容器中摆放位置的工具，即 Java 已经预先设定组件的摆放位置，有以下几种布局方式：

BorderLayout、FlowLayout、GridLayout、CardLayout、GridBagLayout、BoxLayout、SpringLayout 等，下面简单介绍常用的 BorderLayout、FlowLayout、GridLayout、GridBag-Layout4 种布局。

1. BorderLayerOut 布局界面

BorderLayout 将组件依次放置到 5 个区域：东、西、南、北、中，如图 10-5 所示。

2. FlowLayOut 布局界面

FlowLayout 是 JPanel 默认使用的布局管理器，它只是简单地把组件放在一行，如果容器宽度不够容纳所有组件，则自动开始新的一行，如图 10-6 所示。

Java 图形用户界面

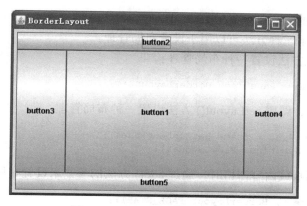

图 10-5 BorderLayerOut 示意图

图 10-6 FlowLayout 示意图

3. GridLayOut 布局界面

GridLayout 将按照自己设定的行数和列数将界面分为等大的若干块，组件被等大地按加载顺序放置其中，如图 10-7 所示。

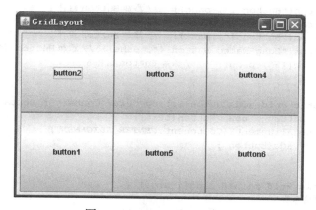

图 10-7 GridLayOut 示意图

4. GridBagLayout 布局界面

GridBagLayout 把组件放置在网格中，这一点类似于 GridLayout，但它的优点在于不仅能设置组件摆放的位置，还能设置该组件占多少行/列，这是一种非常灵活的布局管理器，如图 10-8 所示。

每一种顶层容器都提供有默认的布局管理，其中 JFrame、JWindow、JDialog、JApplet 的默认布局是 BorderLayout，JPanel 的默认布局是 FlowLayout。编程时需要注意在没有指

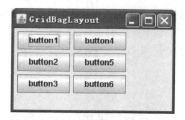

图 10-8 GridBagLayout 示意图

定摆放位置时，组件的默认排列规则。

编写程序时，以下三种方法可以用于设置布局管理：

- 用 JPanel 构造方法设置一种布局管理：

```
JPanel panel = new JPanel(new BorderLayout());
```

- 创建完面板后，调用 setLayout() 方法设置一种布局管理：

```
Container contentPane = frame.getContentPane();
contentPane.setLayout(new FlowLayout());
```

- 组件添加到面板或内容窗格时，通过 add() 方法的参数来设置布局管理：

```
pane.add(aComponent, BorderLayout.PAGE_START);
```

下面通过实例说明使用 BoxLayout 布局按钮。

【例 10-3】创建 5 个按钮，按照 BoxLayout 布局方式排列。

```java
//Ex10_3.java
import java.awt.Component;
import java.awt.Container;
import javax.swing.BoxLayout;
import javax.swing.JButton;
import javax.swing.JFrame;

public class Ex10_3 {
    public static void addComponentsToPane(Container pane) {
        pane.setLayout(new BoxLayout(pane, BoxLayout.Y_AXIS));

        addAButton("Button 1", pane);   // 添加 Button 组件 1
        addAButton("Button 2", pane);   // 添加 Button 组件 2
        addAButton("Button 3", pane);   // 添加 Button 组件 3
        addAButton("Long-Named Button 4", pane); // 添加 Button 组件 4
        addAButton("5", pane);   // 添加 Button 组件 5
    }

    private static void addAButton(String text, Container container) {
        JButton button = new JButton(text);
        button.setAlignmentX(Component.CENTER_ALIGNMENT);
        container.add(button);
    }

    public static void main(String[] args) {
        // 创建一个顶层容器
        JFrame frame = new JFrame("BoxLayoutDemo");
        frame.setDefaultCloseOperation(JFrame.EXIT_ON_CLOSE);

        // 设置内容窗格
        addComponentsToPane(frame.getContentPane());

        // 显示窗口
        frame.pack();
        frame.setVisible(true);
    }
}
```

运行结果如图 10-9 所示。

使用布局管理器自动设置组件位置很方便，但缺点是整个布局被限定住了，不易改变，缺少灵活性。其他布局管理器的使用方式与 BoxLayout 基本相同，可以查看 Java API 了解。

大部分 Java IDE 提供了可视化界面开发，eclipse 也提供了这方面的支持，一旦选定一种布局方式，就自动设置，不必再手工编写代码设置布局，将在 10.6 节讲述如何在 eclipse 中通过 Swing Designer 工具开发可视化界面。

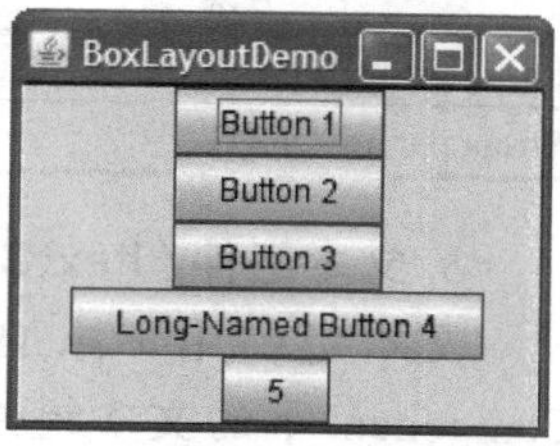

图 10-9　BoxLayout 示意图

10.4.4　Swing 组件

原子组件是构成图形用户界面的最小组成元素，一般可以根据不同的需求，选择适当的组件与用户交互。与 AWT 组件相比，Swing 组件增加了一些新功能，比如按钮与标签组件可以显示图标、允许组件添加或更改边框、允许改变组件形状，按钮可以改变为圆形，等等。Java SE 6 又增添了支持不规则、全透明的顶级窗口 API。

大多数开发工具都提供可视化的 IDE 环境，eclipse 的 Swing Designer 可自动创建窗口、组件，只需在工具栏中选择需要的组件图标，如按钮、文本框等，然后拖动鼠标放置于面板中，这一动作将自动产生程序代码，无需再手工编写。这里简单介绍一些常用组件的创建及使用方法。

1. 按钮（JButton）

JButton 类允许用图标、字符串或两者同时构造一个按钮，AWT 中的按钮方法也同样适用于 JButton 操作。按钮常用的方法如表 10-4 所示。

表 10-4　按钮常用方法

方法	说明
JButton()	JButton 构造方法，创建一个按钮
JButton(Icon icon)	JButton 构造方法，创建一个有图标但没有文字的按钮
JButton(String text)	JButton 构造方法，创建一个文字为 text 的按钮
JButton(String text, Icon icon)	JButton 构造方法，创建一个既有图标，又有文字的按钮
void addActionListener(ActionListener li)	将一个 ActionListener 添加到按钮中
String getActionCommand()	返回此按钮的动作命令
Icon getIcon()	返回默认图标
String getText()	返回按钮的文本
void setActionCommand(String actionCommand)	设置此按钮的动作命令
void setEnabled(boolean b)	启用（或禁用）按钮

2. 标签 (JLabel)

标签既可以显示文本，也可以显示图像，标签的常用方法如表 10-5 所示。

表 10-5　标签的常用方法

方法	说明
JLabel()	创建无图标并且其标题为空字符串的 JLabel
JLabel(Icon icon)	创建具有指定图标的 JLabel
JLabel(String text,Icon icon,int align)	创建具有指定文本、图标和指定水平对齐方式的 JLabel，参数 align 表示水平对齐方式，其值可以为 LEFT、RIGHT、CENTER
Icon getIcon()	返回该标签显示的图标

方法	说明
String getText()	返回该标签显示的文本字符串
String paramString()	返回此 JLabel 的字符串表示形式

3. 文本组件 (JtextComponent)

文本组件用于添加文本信息，JtextComponent 是所有 Swing 文本组件的根类，Jtext-Component 下的文本组件包括 JTextField、JTextArea、JEditorPane、JTextPanel 以及 JPassword-Field，两种主要文本组件 JTextField、JTextArea 的创建方式及使用方法如表 10-6 所示。

表 10-6 文本组件常用方法

组件类型	方法	说明
文本框（JTextField）：允许输入或编辑单行文本	JTextField()	创建一个 JTextField
	JTextField(Document doc, String text, int columns)	创建一个指定文本存储模式和列数的 JTextField
	JTextField(int columns)	创建一个指定列数的 JTextField
	JTextField(String text)	创建一个文字为 text 的 JTextField
	JTextField(String text, int columns)	创建一个指定列数并且文字为 text 的 JTextField
	void addActionListener(ActionListener li)	将一个 ActionListener 添加到 JTextField 中
	Action getAction()	返回此 JTextField 的动作命令
	int getColumns()	返回此 TextField 中的列数
	String paramString()	返回此 TextField 的字符串表示形式
文本域（JTextArea）：用于添加用户的多行文本，它支持可滚动界面	JTextArea()	创建一个新的 TextArea
	JTextArea(int rows, int cols)	创建具有指定行数和列数的新的空 TextArea
	JTextArea(String text)	创建显示指定文本的新的 TextArea
	JTextArea(String text, int rows, int cols)	创建具有给定文本、行数和列数的新的 TextArea
	JTextArea(Document doc)	创建一个新的 JTextArea，使其具有给定的文档模型
	JTextArea(Document doc, String text, int rows, int cols)	创建具有指定行数和列数以及给定模型的 JTextArea
	void Append(String str)	将给定文本追加到文档结尾
	int getColumns()	返回此 TextField 中的列数
	int getLineCount()	确定文本区包含的行数
	int getRow()	返回 TextArea 中的行数

4. 选择性输入

为了简化表单填写过程，通常为用户提供多种可供选择的选项，常用于选择性输入的组件有复选框、单选按钮、列表框、组合框，这几种组件的常用方法如表 10-7 所示。

表 10-7 选择性输入组件常用方法

组件类型	方法	说明
复选框（JCheckBox）：用于为用户提供一组选项	JCheckBox()	创建一个新的 JChcekBox
	JCheckBox(Icon icon)	创建一个有图标，但没有文字的 JCheckBox

(续)

组件类型	方法	说明
复选框（JCheckBox）：用于为用户提供一组选项	JCheckBox(Icon icon, boolean selected)	创建一个有图标，但没有文字的 JCheckBox，并且设置其初始状态
	JCheckBox(String text)	创建一个有文字的 JCheckBox
	JCheckBox(String text, boolean selected)	创建一个有文字的 JCheckBox，并且设置其初始状态
	JCheckBox(String text, Icon icon)	创建一个有文字且有图标的 JCheckBox
	JCheckBox(String text, Icon icon, boolean selected)	创建一个有文字且有图标的 JCheckBox，并且设置其初始状态
单选按钮（JRadioButton）：允许用户从多个选项中选择其中一个	JRadioButton()	创建一个 JRadioButton
	JRadioButton(Icon icon)	创建一个有图像，但没有文字的 JRadioButton
	JRadioButton(Icon, boolean selected)	创建一个有图标，但没有文字的 JRadioButton，并且设置其初始状态
	JRadioButton(String text)	创建一个有文字的 JRadioButton
	JRadioButton(String text, boolean selected)	创建一个有文字的 JRadioButton，并且设置其初始状态
	JRadioButton(String text, Icon icon)	创建一个有文字且有图标的 JRadioButton
	JRadioButton(String text, Icon icon, boolean selected)	创建一个有文字且有图标的 JRadioButton，并且设置其初始状态
复选框和单选按钮的常用方法	void getActionCommand()	获得 actionCommand
	Icon getIcon()	获得图标
	String getText()	获得文字
	void setActionCommand(String actionCommand)	设置 actionCommand
	void setText(String text)	设置文字属性
	boolean isSelected()	判断是否处于选中状态
	void setSelected(boolean b)	设置选中状态
列表（JList）：在可供选择的选项很多时，可向用户呈现一个列表以供选择，JList 组件依次排列项目列表，这些项目可以单选或多选，JList 类既可显示字符串，又可显示图标，但是 JList 不支持双击	JList()	创建一个使用空模型的 JList
	JList(ListModel dataModel)	创建一个 JList，使其使用指定的非 null 模型显示元素
	JList (Object [] listData)	创建一个 JList，使其显示指定数组中的元素
	void addListSelectionListener(ListSelectionListener listener)	为每次选择发生更改时要通知的列表添加监听器
	int getSelectedIndex()	返回所选的第一个索引；如果没有选择项，则返回 -1
	Object getSelectedValue()	返回所选的第一个值，如果选择为空，则返回 null
组合框（JComboBox）：是文本域和下拉列表的组合，可在文本编辑区中输入选项，也可以单击下拉按钮从显示的列表中进行选择	JComboBox()	建立一个无选项的 JComboBox 组件
	JComboBox(ComboBoxModel asModel)	用数据模型建立一个 JComboBox 组件
	JComboBox(Object [] items)	利用数组对象建立一个 JComboBox 组件
	JComboBox(Vector items)	利用向量对象建立一个 JComboBox 组件
	addItem(Object object)	通过字符串类或其他类加入选项
	getItemCount()	获取条目的总数

(续)

组件类型	方法	说明
组合框（JComboBox）：是文本域和下拉列表的组合，可在文本编辑区中输入选项，也可以单击下拉按钮从显示的列表中进行选择	removeItem(Object object)	通过字符串类或其他类删除选项
	removeItemAt(int index)	通过索引删除选项
	insertItemAt(Object object,int index)	在特定的位置插入元素
	getSelectedIndex()	获得所选项的索引值（索引值从0开始）
	getSelectedItem()	获得所选项的内容

其中列表不支持滚动，程序中要启用滚动，可使用下列代码实现：

```
JScrollPane myScrollPane=new JScrollPane();
myScrollPane.getViewport().setView(dataList);
```

5. 菜单

菜单是一套嵌套型组件，由菜单栏（JMenuBar）、菜单（JMenu）和菜单项（JMenuItem）三层结构组成。菜单栏是菜单容器组件，可放置多个菜单；菜单是菜单栏中的元素，如常见的"文件"菜单、"编辑"菜单等；菜单项是菜单下的具体元素，如"新建"文件、"打开"文件命令等。下面简单介绍它们的用法。

- 菜单栏（JMenuBar）：用来放置JMenu组件的菜单容器，可添加到JFrame组件上，由多个JMenu组件组成。
- 菜单（JMenu）：用来放置菜单项的组件，菜单可以是单层的，也可以是多层级联的，单层的表示向其中添加基本的菜单项；多层的表示可以向其中添加一个JMenu组件，即另一个包含了若干菜单项的JMenu组件，以实现级联菜单的效果。
- 菜单项（JMenuItem）：JMenu中的组件，通常代表一个菜单命令，可以将JMenuItem看成是一种特殊的JButton，用鼠标单击便会触发ActionEvent事件。

三种菜单组件的常用方法如表10-8所示。

表10-8 菜单组件的常用方法

组件类型	方法	说明
菜单栏	JMenuBar()	创建一个菜单栏
	JMenu add(JMenu c)	将指定的菜单追加到菜单栏的末尾
菜单	JMenu()	创建一个新菜单
	JMenu(String s)	创建一个新菜单，以字符串s为其文本
	JMenuItem add(JMenuItem menuItem)	为JMenu添加菜单项menuItem
菜单项	JMenuItem(Icon icon)	创建带有指定图标的菜单项
	JMenuItem(String text)	创建带有指定文本的菜单项
	JMenuItem(String text, Icon icon)	创建带有指定文本和图标的菜单项
	JMenuItem(String text, int mnemonic)	创建带有指定文本和键盘助记符的菜单项

6. 工具栏（JToolBar）

工具栏是用来放置各种命令按钮的容器，每个按钮表示一种常用功能，工具栏提供多个构造方法以创建各类功能的工具栏，如表10-9所示。另外，工具栏在创建之后，还应该创建对应于常用功能命令的工具按钮，并把这些按钮通过add()方法添加到工具栏中。

表10-9 工具栏的常用方法

方法	说明
JToolBar()	创建新的工具栏，默认方向为HORIZONTAL

(续)

方法	说明
JToolBar(int orientation)	创建一个指定方向为 orientation 的工具栏
JToolBar(String name)	创建一个指定名为 name 的工具栏
JToolBar(String name, int orientation)	创建一个指定名为 name，方向为 orientation 的工具栏
JButton add(Action a)	将功能按钮添加到工具栏

【例 10-4】添加组件到 JFrame 中。

```java
//Ex10_4.java
import java.awt.BorderLayout;
import java.awt.EventQueue;
import javax.swing.*;

public class Ex10_4 extends JFrame {
    public Ex10_4() {
        setDefaultCloseOperation(JFrame.EXIT_ON_CLOSE);
        setBounds(100, 100, 450, 300);

        JButton btnOk = new JButton("OK"); // 添加一个 Button
        btnOk.setBounds(10, 25, 93, 23);
        add(btnOk);

        // 添加一个 RadioButton
        JRadioButton rdbtnRadioButton = new JRadioButton("radio button");
        rdbtnRadioButton.setBounds(19, 85, 121, 23);
        add(rdbtnRadioButton);

        // 添加一个 Textfield
        JTextField txtTextfield = new JTextField();
        txtTextfield.setText("TextField");
        txtTextfield.setBounds(36, 143, 66, 21);
        add(txtTextfield);
        txtTextfield.setColumns(10);

        // 添加一个 Label
        JLabel lblLabel = new JLabel("label");
        lblLabel.setBounds(150, 44, 54, 15);
        add(lblLabel);

        JCheckBox chckbxCheckBox = new JCheckBox("check box");
        chckbxCheckBox.setBounds(144, 85, 103, 23);
        add(chckbxCheckBox);

        // 添加一个 ComboTox
        JComboBox comboBox = new JComboBox();
        comboBox.setBounds(150, 143, 32, 21);
        add(comboBox);

        // 添加一个 TextArea
        JTextArea txtrTextarea = new JTextArea();
        txtrTextarea.setText("TextArea");
        txtrTextarea.setBounds(500, 500, 200, 500);
        add(txtrTextarea);
    }
```

```
    public static void main(String[] args) {
        Ex10_4 frame=new Ex10_4();
        frame.setTitle("将组件添加到框架中");
        frame.setSize(500,300);
        frame.setVisible(true);
        frame.setDefaultCloseOperation(JFrame.EXIT_ON_CLOSE);
    }
}
```

运行结果如图 10-10 所示。

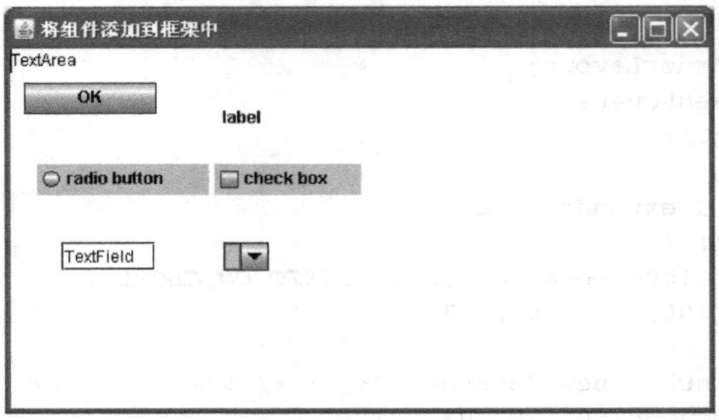

图 10-10　添加组件到框架中的效果

虽然用代码来编写组件比较麻烦，但是学会手工编写组件还是很有必要的，毕竟并不是每种开发环境都提供可视化的 IDE 环境。

10.5　事件处理机制

以上讲述的图形用户界面仍然还是"静态"的，只能显示出直观的画面，对用户的操作没有反应。若要使界面"动"起来，则需要组件对用户的行为有所响应，这就需要事件响应机制来处理。例如，当用户单击按钮时，显示一个新的输入界面或一幅图片，当用户键入文本，单击鼠标或发生其他动作时，都会触发界面事件，具体需要做出什么样的反应，则是由程序代码来决定。

10.5.1　事件响应

事件响应是 GUI 程序设计最为关键的部分，程序需要与用户交互，判断是否对达到的事件做出响应，如何响应。所谓事件响应，即通过调用与事件关联的方法来处理、执行事件。

编写事件处理程序首先要理解三个要素：事件源、事件监听器及事件对象。

1）事件源：即组件，组件是产生事件的源头，用户通过组件与程序交互，比如按下按钮，按钮就是事件源。

2）事件监听器：负责监听组件发生的事件，一旦监听到事件发生，就自动调用事件处理方法进行处理。

3）事件对象：即发生的事件，例如，按下按钮触发一个要被处理的事件，即刻产生一个事件对象，事件对象中包含事件的相关信息。

Java 事件处理机制把事件源、事件监听器及事件对象三个基本要素关联起来，包含了对事件进行监听、发生事件、通知监听器以及处理事件的整个流程。事件处理的过程如

图 10-11 所示。

组件随时都有可能产生一种或多种事件，程序怎样才能得知有事件发生呢？这就需要监听器（Listener），一个组件可以创建一个或多个事件监听器，将监听器注册到组件上，与组件绑定，专门负责监听该组件可能发生的事件。从语法层面来解释就是，Java 针对各种事件提供了一组监听器接口，定义在 javax.swing.event 包中，每个监听器接口包含了针对若干种具体事件的处理方法。例如，处理鼠标事件的监听器接口 MouseListener 中包含 mouseClicked、mousePressed、mouseReleased、mouseEntered、mouseExited 五种事件处理方法，用于处理鼠标敲击、压下、放开、进入、离开 5 种事件。监听器可理解为实现某个监听器接口的具体类对象，通过调用组件的 addXXXListener() 方法（XXX 表示监听器的类型）把该对象注册到某个组件上，比如 MouseListener 对应的添加方法是 addMouseListener()，一个 Swing 组件可以注册多个事件监听器，一个监听器也可以被多个组件使用。

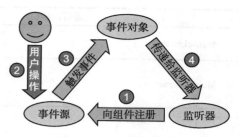

图 10-11 事件处理过程

监听器和指定组件绑定后，它随时监听是否有事件发生，一旦用户对该组件进行了操作，如按下了按钮、单击了鼠标，立刻触发事件。程序中响应事件的过程如图 10-11 所示，首先把触发的事件信息连同组件一起封装起来，创建一个事件对象（Event），这个事件对象将以参数的形式传递给监听器，通知监听器有事件发生了，处于监听状态的监听器接收到事件对象后，即可根据事件对象的类型采取相应的处理方式，实现监听器接口中的事件处理方法。

Java 提供的主要监听器皆继承于 EventListener 接口，常用的监听器及定义方法如表 10-10 所示，详细内容请参考 Java API。

表 10-10 常用的监听器及监听方法

监听器接口	监听方法
ActionListener	actionPerformed(ActionEvent)
AncestorListener	ancestorAdded(AncestorEvent) ancestorMoved(AncestorEvent) ancestorRemoved(AncestorEvent)
ChangeListener	stateChanged(ChangeEvent)
KeyListener	keyPressed(KeyEvent) keyReleased(KeyEvent) keyTyped(KeyEvent)
MouseInputListener（继承自 MouseListener 和 MouseMotionListener）	mouseClicked(MouseEvent) mouseEntered(MouseEvent) mouseExited(MouseEvent) mousePressed(MouseEvent) mouseReleased(MouseEvent) mouseDragged(MouseEvent) mouseMoved(MouseEvent) MouseAdapter(MouseEvent)
MouseListener	mouseClicked(MouseEvent) mouseEntered(MouseEvent) mouseExited(MouseEvent)

监听器接口	监听方法
MouseListener	mousePressed(MouseEvent) mouseReleased(MouseEvent)
MenuListener	menuCanceled(MenuEvent) menuDeselected(MenuEvent) menuSelected(MenuEvent)
WindowListener	windowActivated(WindowEvent) windowClosed(WindowEvent) windowClosing(WindowEvent) windowDeactivated(WindowEvent) windowDeiconified(WindowEvent) windowIconified(WindowEvent) windowOpened(WindowEvent)

组件可能触发的事件位于 java.awt.event 和 javax.swing.event 包中，比较常用的有 ActionEvent、ItemEvent、WindowsEvent、MouseEvent 等，它们之间的继承关系如下：

```
java.lang.Object
      ↑
   java.util.EventObject
         ↑
      java.awt.AWTEvent
            ↑
         java.awt.event.ActionEvent
         AdjustmentEvent
         AncestorEvent
         TextEvent
         ItemEvent
         ComponentEvent
               ↑
            WindowEvent
            FocusEvent
            ContainerEvent
            InputEvent
                  ↑
               KeyEvent
               MouseEvent
```

常用事件的事件类名与事件说明如表 10-11 所示。

表 10-11 常用事件的类名及说明

事件类名称	说明
ActionEvent	发生在按下按钮、选择了一个项目，或者在文本框中按下回车键时
ItemEven	发生在具有多个选项的组件上，如 JCheckBox、JComboBox
ChangeEvent	用在可设定数值的拖曳杆上，如 JSlider、JProgressBar 等
WindowEvent	用在处理窗口的操作
MouseEvent	用于鼠标的操作
FocusEvent	用于在组件获得焦点或失去焦点时产生的事件
KeyEvent	用于对键盘操作产生的事件

Swing 组件通常可能触发的事件类型及对应的事件监听器，如表 10-12 所示，它们位于

Java 图形用户界面　　　　　　　　　　　　　　　　　　　　　　　　　　　　　　　　　　　　239

java.awt.event 包和 javax.swing.event 包中。

表 10-12　Swing 组件通常可能触发事件及对应监听器

事件源	事件对象	事件监听器
JFrame	MouseEvent WindowEvent	MouseEventListener WindowEventListener
AbstractButton (JButton, JToggleButton, JCheckBox, JRadioButton)	ActionEvent ItemEvent	ActionListener ItemListener
JTextField JPasswordField	ActionEvent UndoableEvent	ActionListener UndoableListener
JTextArea	CareEvent InputMethodEvent	CareListener InputMethodEventListener
JTextPane JEditorPane	CareEvent DocumentEvent UndoableEvent HyperlinkEvent	CareListener DocumentListener UndoableListener HyperlinkListener
JComboBox	ActionEvent ItemEvent	ActionListener ItemListener
JList	ListSelectionEvent ListDataEvent	ListSelectionListener ListDataListener
JFileChooser	ActionEvent	ActionListener
JMenuItem	ActionEvent ChangeEvent ItemEvent MenuKeyEvent MenuDragMouseEvent	ActionListener ChangeListener ItemListener MenuKeyListener MenuDragMouseListener
JMenu	MenuEvent	MenuListener
JPopupMenu	PopupMenuEvent	PopupMenuListener
JProgressBar	ChangeEvent	ChangeListener
JSlider	ChangeEvent	ChangeListener
JScrollBar	AdjustmentEvent	AdjustmentListener
JTable	ListSelectionEvent TableModelEvent	ListSelectionListener TableModelListener
JTabbedPane	ChangeEvent	ChangeListener
JTree	TreeSelectionEvent TreeExpansionEvent	TreeSelectionListener TreeExpansionListener
JTimer	ActionEvent	ActionListener

10.5.2　事件处理的实现方法

　　Java 的事件处理实现方式很好地体现了面向对象的编程思想，充分采用了接口、组合、内部类等机制，下面将逐步分析如何在事件处理中运用这些机制。
　　由于组件响应的事件各有差异，Java 监听器采用接口的方式定义，采用不同的实现方法，方便各种组件以不同的方式实现需求，对于事件最直接的处理方式就是实现监听器接口的方法。

1. 实现事件监听器接口

既然是实现接口，按照 Java 语法规定需要实现接口中声明的所有方法，哪怕有的方法属于不必要处理的事件方法，也需要空实现，所谓空实现，就是不写具体内容，使用空的大括号。

【例 10-5】将一个按钮添加到顶层容器中，按下它时会发出声音。

```java
//Ex10_5.java
import java.awt.Toolkit;
import java.awt.event.ActionEvent;
import java.awt.event.ActionListener;
import javax.swing.*;

public class Ex10_5 extends JFrame implements ActionListener
{
    public Ex10_5()
    {
        JButton b=new JButton(" 按钮 ");
        add(b);       // 添加按钮到顶层容器
        b.addActionListener(this);   // 添加事件监听器
    }
    public void actionPerformed(ActionEvent arg0) {
        Toolkit.getDefaultToolkit().beep();
    }
    public static void main(String[] args)
    {
        Ex10_5 frame=new Ex10_5();
        frame.setTitle(" 按钮添加到框架中 ");
        frame.setSize(300,200);
        frame.setVisible(true);
        frame.setDefaultCloseOperation(JFrame.EXIT_ON_CLOSE );
    }
}
```

例 10-5 程序运行结果产生一个带有一个按钮的简单 JFrame，鼠标单击按钮时会发出响声。该例实现了 ActionListener 接口唯一的抽象方法 actionPerformed()，通过语句 button.addActionListener(this) 把一个 ActionListener 监听器注册到组件 button 上，当用户鼠标单击按钮时，actionPerformed() 方法被调用，实现发出响声的操作。

ActionListener 接口比较简单，只含有一个 actionPerformed() 方法需要实现，大多数接口都声明多个方法，比如 MouseListener 定义有 5 个方法，因而实现接口时，每个方法都必须一一实现。

【例 10-6】实现 MouseListener 接口的所有方法，包括 mouseClicked、mousePressed、mouseReleased、mouseEntered 和 mouseExited。

```java
//Ex10_6.java
import java.awt.event.*;
import javax.swing.*;

public class Ex10_6 implements MouseListener{ // 实现 MouseListener 接口
    JFrame f;    // 在构造方法和其他方法中都要使用，所以声明为类属性
    public Ex10_6() // 构造方法
    {
        f=new JFrame();
        f.setSize(600,400);
```

```
            f.setVisible(true);
            f.addMouseListener(this);  // 为窗口增加鼠标事件监听器
            f.setDefaultCloseOperation(JFrame.EXIT_ON_CLOSE);
    // 设置关闭窗口则退出程序
        }
        public void mouseClicked(MouseEvent e){
        // 实现接口的 mouseClicked 方法
            f.setTitle(" 单击坐标为 ("+e.getX()+", "+e.getY()+")");
        // 设置窗口标题
        }

        public void mousePressed(MouseEvent e) {
            System.out.println ("Mouse pressed (# of clicks: "
                + e.getClickCount() + ")");
        }

        public void mouseReleased(MouseEvent e) {
            System.out.println("Mouse released (# of clicks: "
                + e.getClickCount() + ")");
        }

        public void mouseEntered(MouseEvent e) {
            System.out.println("Mouse entered");
        }

        public void mouseExited(MouseEvent e) {
            System.out.println ("Mouse exited");
        }
        public static void main(String[] args){
        // 主方法，创建 Ex10_6 类的一个对象
            new Ex10_6();
        }
    }
```

程序运行时，呈现如图 10-12 所示的窗口界面，在标题栏显示鼠标单击处的坐标，把鼠标移动到窗口中，立刻输出结果 "Mouse entered"；再移动到窗口中的某个位置单击，窗口标题显示当前鼠标单击处的坐标，并输出结果 "Mouse pressed (# of clicks: 1)"；释放鼠标，输出结果 "Mouse released(# of clicks 1)"；鼠标移动至窗口外时，输出结果 "Mouse exited"。

输出结果如下：

```
Mouse entered
Mouse pressed (# of clicks: 1)
Mouse released (# of clicks: 1)
Mouse exited
```

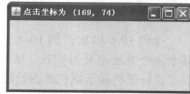

图 10-12　显示鼠标单击处的坐标

例 10-6 创建了一个 MouseListener 事件监听器，它通过方法 addMouseListener(this) 注册到窗口组件 f 上，然后创建一个事件对象 MouseEvent e，并以它为参数实现 MouseListener 接口的 5 个方法：mouseClicked()、mousePressed()、mouseReleased()、mouseEntered()、mouseExited()，其中 mouseClicked() 调用时会在窗口标题栏中显示单击位置的坐标，MouseListener 的其他方法也分别得以实现，显示当前鼠标的状态。

可见，实现事件监听器接口的方法比较直接、简单，不足之处是事件对象类必须实现接口中的所有方法，即使有些功能并不需要，有什么办法可以只实现所需的监听器接口

方法呢？

2. 使用事件监听器适配器类

Java 提供一种解决方案——适配器类，称为 XXXAdapter，XXX 表示监听器的类型，但是并不是所有监听器都提供对应的适配器。图 10-13 为应用适配器的工作原理，适配器类以默认形式"实现"了监听器接口中的所有方法 method1 和 method2，即使用空括号，什么也不做。用户程序因而可以继承于适配器，根据需要只重写其中的 method1 方法，不需要的 method2 则不必考虑了。

【例 10-7】采用适配器 MouseAdapter 实现 mouseClicked() 功能，MouseClickDemo1 类从 MouseAdapter 派生出来，重写了继承而来的 mouseClicked() 方法，不必再处理 mouseListener 接口的其他方法。

```java
//Ex10_7.java
import java.awt.event.*; // 载入 MouseAdapter 所在的包
import javax.swing.*;

public class Ex10_7 extends MouseAdapter{
//Ex10_7 类继承 MouseAdapter 适配器类
    JFrame f;
    public Ex10_7(){
        f=new JFrame();
        f.setSize(600,400);
        f.setVisible(true);
        f.addMouseListener(this);
        f.setDefaultCloseOperation(JFrame.HIDE_ON_CLOSE);
    }
    public void mouseClicked(MouseEvent e){
    // 可见只要重写 mouseClicked 方法
        f.setTitle("单击坐标为 ("+e.getX()+", "+e.getY()+")");
    }
    public static void main(String[] args){
        new Ex10_7();
    }
}
```

图 10-13 适配器的工作原理

与例 10-6 相比，例 10-7 只实现了 mouseListener 监听器接口的 mouseClicked() 方法，其余 4 个方法不必再实现，运行后显示界面与例 10-6 类似，如图 10-12 所示，只不过仅实现了在标题栏显示鼠标单击处的坐标，其余功能没有实现。可见，使用适配器省去了实现所有接口方法的麻烦，方便不少，但并非每个监听器都提供适配器类。表 10-13 列出提供适配器类的监听器。

表 10-13 适配器类的监听器

接口	适配器
ComponentListener	ComponentAdapter
ContainerListener	ContainerAdapter
FocusListener	FocusAdapter
HierarchyBoundsListener	HierarchyBoundsAdapter
InternalFrameListener	InternalFrameAdapter

(续)

接口	适配器
KeyListener	KeyAdapter
MouseInputListener (extends MouseListener and MouseMotionListener)	MouseInputAdapter MouseAdapter
MouseListener	MouseAdapter、MouseInputAdapter
MouseMotionListener	MouseMotionAdapter、MouseInputAdapter
MouseWheelListener	MouseAdapter
WindowFocusListener	WindowAdapter
WindowListener	WindowAdapter
WindowStateListener	WindowAdapter

适配器也并不完美，使用适配器时要求主程序类必须继承适配器类，而 Java 语法只支持单继承，这样就不能再继承其他类了；另外如果主程序类已经继承了其他类，也不允许再继承适配器类了。

需要寻求更好的解决方案，既可以使程序能够重写适配器的方法，又不必继承适配器。因此考虑使用内部类，设想若把适配器作为内部类放置于主程序类中使用，这样的设计可以从另一种角度满足多重继承的需要，然而，一旦将适配器类的整个类体直接放置于主程序中，会导致代码看起来很繁琐，显然不可行，因此代码简洁的匿名内部类无疑是最好的解决方案。

3. 使用匿名的内部类

创建一个匿名的内部类，这个类可以是一个适配器类的匿名内部类，匿名内部类最大的好处是它可以放置于一个方法中，通过重写它的方法来实现所需功能，这样不妨碍主程序继承其他的类。现在改用匿名的内部类改写例 10-7。

【例 10-8】 采用匿名的内部类实现适配器 MouseAdapter，并重写 mouseClicked() 方法。

```java
//Ex10_8.java
import java.awt.event.*;
import javax.swing.*;

public class Ex10_8 extends JFrame {
    JFrame f;
    public Ex10_8()
    {
    f=new JFrame();
        f.setSize(300,150);
        f.setVisible(true);
        f.setDefaultCloseOperation(JFrame.HIDE_ON_CLOSE);

    f.addMouseListener(new MouseAdapter(){
            public void mouseClicked(java.awt.event.MouseEvent e) {
                f.setTitle("单击坐标为 ("+e.getX()+", "+e.getY()+")");
            }
    });// 匿名的内部类结束
    }
    public static void main(String[] args){
    Ex10_8 frame=new Ex10_8();
    }
}
```

运行结果与例 10-7 相同，显示界面如图 10-12 所示。此例在方法 addMouseListener() 中定义了一个匿名的内部类，这个类没有名称，实际上是 MouseAdapter 派生的子类，只不过这个子类的名字被隐藏了，而 new MouseAdaper() 作为 addMouseListener() 方法的参数，表示这个匿名内部类的一个对象，然后在这个匿名内部类中重写了 mouseClicked() 方法。

Java 事件响应处理均采用匿名内部类来实现，在匿名内部类中实现所需响应的监听器接口方法。在例 10-7 中，对于 MouseListener 监听器接口，定义了一个其适配器 MouseAdaper 的子类对象 new MouseAdaper()，而在没有适配器的情况下，可以直接定义监听器接口的具体类（匿名内部类）对象，如 ActionListener 监听器接口，定义一个 new ActionListener() 对象即可。代码片段如下：

```
Button bt = new Button();
bt.addActionListener(new ActionListener(){
    public void actionPerformed(ActionEvent e){
        f.doSomething();
        ......
    }
});
```

JDK 8 新特性 Lambda 表达式的主要应用之一就是替代匿名内部类，简化代码，增强可读性。使用 Lambda 表达式，以上代码可简化为：

```
Button bt = new Button();
ActionListener listener = e->{f.doSomething();};
bt.addActionListener(listener);
```

还可进一步简化为：

```
Button bt = new Button();
bt.addActionListener(e->{f.doSomething();});
```

这样看起来代码逻辑上确实比匿名内部类清晰，容易理解得多。

10.6　Swing Designer 可视化图形界面编程

可视化图形界面的开发方式已成为主流 GUI 编程方法，大多数 IDE 都提供了窗口、基本组件、容器、布局管理、事件处理、菜单、工具栏、表格和树等组件可视化创建和属性设置功能，比自己写代码简便很多，方便了图形界面的开发。eclipse 带有功能强大的 Swing Designer 图形化功能插件，Swing Designer 是一款免费的、开源的界面设计工具插件，提供了可视化开发功能，简化了开发应用程序的步骤。下面介绍在 eclipse 下进行可视化图形界面开发的步骤。

1）选择一个顶层或中间层容器：首先创建一个新项目，在该项目下单击菜单 File，选中 New → Other，在弹出的 New 对话框的 Select a wizard 下选中 WindowBuilder → Swing Designer，在 Swing Designer 下展开了可供选择的容器，如图 10-14 所示。

2）选择其中的一种容器，如常用的 JFrame，单击 Next 按钮，在下一个对话框中输入自定文件名 Myframe，单击 Finish 按钮，完成了一个 JFrame 的创建。这时会看见项目下自动生成一个 Myframe.java 文件，代码框 Source 中显示其源代码，即自动生成的 Frame 源代码。单击代码框下选项板中的 Design，呈现设计界面如图 10-15 所示。Design 设计界面分为三部分：Structure（显示当前 JFrame 中所有组件继承结构关系和属性）、Palette（可供选用的组件、容器、布局）和 JFrame 界面（可添加组件）。

图 10-14　Swing Designer 提供的容器

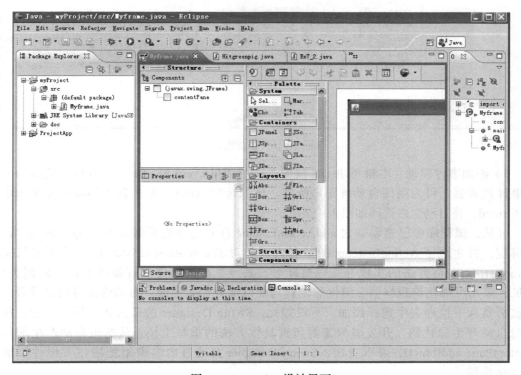

图 10-15　Design 设计界面

3）布局设置：在 JFrame 界面上单击鼠标右键，在出现的菜单中选中 Set Layout，展开的选项中列出可供选择的布局方式，包括 Absolute Layout、FlowLayout、BorderLayout 等，如果选中 Absolute Layout，可以自己设定摆放组件的位置，不受固定布局方式的限定。这一步也可以从 Palette 中选择 Layouts 来完成。

4）添加组件：在 Palette 中的 Components 中选中所需的组件，单击并拖放到 JFrame 中，在合适的位置单击，组件就放置于此。例如，在 JFrame 中摆放了一个按钮并命名为 OK，如图 10-16 所示。单击选项板中的 Source，切换到代码界面，可以看见添加按钮后自动生成的源代码。

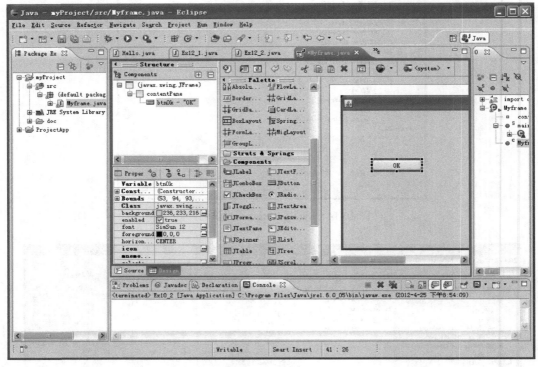

图 10-16 添加组件

5）添加事件驱动，右键单击 OK 按钮，选中 Add event handler，出现可供选择的一系列事件监听器，可为组件自动绑定监听器。比如选中 action，单击其下的唯一方法 actionPerformed，将自动生成代码如图 10-17 所示。

可见，源程序中已自动通过 addActionListener() 方法将监听器 ActionListener 与 OK 按钮绑定，并生成了 ActionListener 的匿名内部类对象 new ActionListener()，接下来只需将 actionPerformed() 方法的实现补充完整即可，其他类型的组件和容器的设计与此例类似。可见，采用可视化编程容器、组件的创建均能以拖放形式完成，布局管理可自己设置，事件监听器从下拉列表中选择添加。不仅如此，Swing Designer 的最大优点是在添加组件的同时自动产生源代码，开发者只需要负责具体方法的重写工作。从这里自动产生的代码 ContentPane.add(btnOK) 可以看出，Swing Designer 是通过内容窗格把按钮等组件添加到 JFrame 中的。

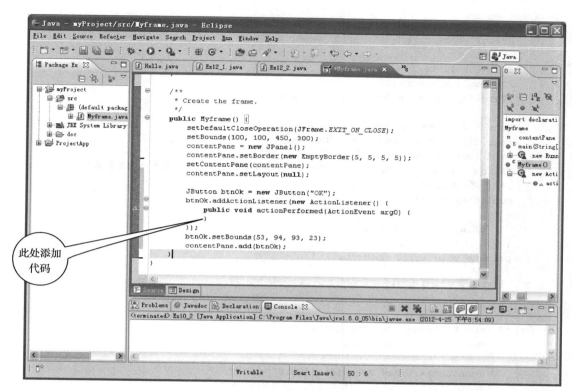

图 10-17 生成代码示意图

【例 10-9】Product 电子产品商店系统图形用户界面综合实例，连接数据库，为电子商店系统实现添加、显示、删除、调整功能。该类程序结构由 MainPackage、ProductPackage 和 SwingPackage 三个包组成。MainPackage 包含主方法类 Estore.java 和数据库操作的 Management.java。ProductPackage 包含 Product、Computer、Laptop、Desktop、Software 等几个产品类的定义，与前面章节中列出的示例相同，由于篇幅的关系，这里不再列出。SwingPackage 类包含所有界面操作。这里仅以图形用户界面的实现类为例，列举其中的 MainWindow.java（显示主界面）、DisplayListener.java（显示从数据库读出的产品信息界面）以及 Management.java（包含对数据库的操作）。欲查看本例详细代码及数据库表请登录华章网站（http://www.hzbook.com）教辅，下载完整电子版本例题。

下面是显示主界面的 MainWindow.java 详细代码。

```
//MainWindow.java: 程序运行时将显示主界面
package SwingPackage;
import java.awt.*;
import java.awt.event.*;
import javax.swing.*;

public class MainWindow extends JFrame
{
    final int MIN_WIDTH=400;
    final int MIN_HIGHT=300;
    Point point=new Point(0,0);         // 窗口的当前坐标
    JMenuBar myMenubar;
```

```java
        JMenu menuFile,menuEdit;
        JMenuItem menuitemExit, menuitemAbout;

        Icon iconTitle;
        JButton jbnButtons[];
        JPanel jplTitle,jplDisplay,jplButton;


        Font f12 = new Font("Times New Roman", 0, 10);
        Font f121 = new Font("Times New Roman", 1,10);
        Font fbutton=new Font("华文行楷", 1, 20);
        String[] name={"显示产品","添加产品","调整价格","查询产品","删除信息"};
        /** 创建一个主窗口 MainWindow */
        public MainWindow()
        {
            this.initComponents();
        }
        private void initComponents()
        {
            this.setDefaultCloseOperation(EXIT_ON_CLOSE);

            //添加菜单栏
            menuFile=new JMenu("File");
            menuFile.setFont(f121);

            menuitemExit=new JMenuItem("Exit");
            menuitemExit.setFont(f12);
            menuFile.add(menuitemExit);

            menuEdit=new JMenu("Help");
            menuEdit.setFont(f121);

            menuitemAbout=new JMenuItem("About...");
            menuitemAbout.setFont(f12);
            menuEdit.add(menuitemAbout);

            myMenubar=new JMenuBar();
            myMenubar.add(menuFile);
            myMenubar.add(menuEdit);
            this.setJMenuBar(myMenubar);

            //设置主窗口的位置
            this.setMinimumSize(new Dimension(MIN_WIDTH,MIN_HIGHT));
            this.setSize(900,700);
            this.setTitle("商店管理系统");
            this.setLocationRelativeTo(null);//在屏幕正中间显示

            final JFrame jfmain=this;
            this.addMouseListener(new MouseListener(){
                public void mouseClicked(MouseEvent e){}     //鼠标单击
                public void mouseEntered(MouseEvent e){}     //鼠标进入
                public void mouseExited(MouseEvent e){}      //鼠标退出
                public void mouseReleased(MouseEvent e){}    //鼠标松开
                public void mousePressed(MouseEvent e){      //鼠标按下
                    point=e.getPoint();//获取当前鼠标坐标
```

Java 图形用户界面

```java
        }
    });

    //添加按钮面板
    jbnButtons=new JButton[5];
    for(int i=0;i<jbnButtons.length;i++)
    {
        //创建组件并设置字体、背景等属性
        jbnButtons[i]=new JButton(name[i]);
        jbnButtons[i].setFont(fbutton);
        jbnButtons[i].setForeground(Color.BLACK);
    }
    jplButton=new JPanel();              //create the panel to store Button
    jplButton.setBackground(new Color(250,250,240));
    jplButton.setLayout(new GridLayout(9,1));
    for(int i=0;i<9;i++)
    {
        if((i%2)==0)
            jplButton.add(jbnButtons[i/2],BorderLayout.CENTER);
        else
            jplButton.add(new JLabel());
    }
    this.add(jplButton,BorderLayout.WEST);

    //添加显示面板
    jplDisplay=new JPanel();
    jplDisplay.setLayout(new BorderLayout());
    jplDisplay.setBackground(new Color(230,230,230));
    this.add(jplDisplay,BorderLayout.CENTER);
    this.pack();

    //为组件添加监听器
    jbnButtons[0].addActionListener(new DisplayListener(jplDisplay));
//  DisplayListener 方法代码省略
    jbnButtons[1].addActionListener(new AddListener(jplDisplay));
    jbnButtons[2].addActionListener(new AdjustListener(jplDisplay));
//  AdjustListener 方法代码省略
    jbnButtons[3].addActionListener(new SearchListener(jplDisplay));
//    SearchListener 方法代码省略
    jbnButtons[4].addActionListener(new DeleteListener(jplDisplay));
//  DeleteListener 方法代码省略
    menuitemExit.addActionListener(new ActionListener(){
        public void actionPerformed(ActionEvent e){
            System.exit(0);
        }
    });
    }
}
```

程序运行时，显示图 10-18 所示的主界面图，该界面设计了 5 个按钮分别为显示产品、添加产品、调整价格、查询产品、删除信息，程序自定义了 5 个监听器 DisplayListener、AddListener、AdjustListener、SearchListener、DeleteListener 来响应按钮事件。

图 10-18 电子产品商店主界面

以显示产品功能的 DisplayListener.java 为例，其具体实现代码如下：

```java
//DisplayListener.java
package SwingPackage;
import MainPackage.Management;
import java.awt.*;
import java.awt.event.*;
import java.sql.ResultSetMetaData;
import java.sql.SQLException;
import javax.swing.UIManager;
class DisplayListener implements ActionListener
{
    JPanel jplDisplay;
    JInternalFrame jifShow;//显示结果的面板
    JPanel jplButton;//选择产品类型的面板

    public DisplayListener(JPanel jpl)
    {
        this.jplDisplay=jpl;
    }
    public void actionPerformed(ActionEvent e)
    {
        Font fbutton=new Font("宋体",1,24);

        jplDisplay.removeAll();
        //用于选择产品类型的面板
        jplButton=new JPanel();
        jplButton.setBackground(new Color(250,250,240));
        String[] productName={"Software","Laptop","Desktop","Hometheater","Cartheater"};
        final JComboBox productBox=new JComboBox();           // 设置下拉菜单
        productBox.setFont(fbutton);
        productBox.setModel(new DefaultComboBoxModel(productName));

        JButton jbSure=new JButton("确定");                    // 设置按钮
```

```java
        jbSure.setFont(fbutton);

        JButton jbQuit=new JButton("退出");
        jbQuit.setFont(fbutton);

        JLabel advise=new JLabel("请选择");
        advise.setFont(new Font("华文行楷",1,32));
        advise.setForeground(Color.BLACK);
        jplButton.setLayout(new GridLayout(12,1));
        for(int i=0;i<12;i++)
        {
            switch(i)
            {
            case 0:jplButton.add(advise,BorderLayout.CENTER);break;
            case 1:jplButton.add(productBox,BorderLayout.CENTER);break;
            case 10:jplButton.add(jbSure,BorderLayout.CENTER);break;
            case 11:jplButton.add(jbQuit,BorderLayout.CENTER);break;
            default:jplButton.add(new JLabel());
            }
        }
        jplButton.setVisible(true);

        //用于显示结果的面板
        UIManager.put("InternalFrame.titleFont", new java.awt.Font("宋体",0,24));
        jifShow=new JInternalFrame("显示面板",true,true,true);

        final JScrollPane jspDisplay=new JScrollPane();           //滚动面板
        jspDisplay.setBackground(Color.WHITE);
        jspDisplay.setVisible(true);
        final DefaultTableModel JTableModel = new DefaultTableModel(15,12);
                                                                  //定义表格模板
        JTable myFirstTable=new JTable(JTableModel);         //定义表格
        myFirstTable.setAutoResizeMode(JTable.AUTO_RESIZE_OFF);
        myFirstTable.setFillsViewportHeight(true);
        myFirstTable.setRowHeight(24);
        jspDisplay.add(myFirstTable);                //添加到显示面板上
        jspDisplay.setViewportView(myFirstTable);
        jifShow.add(jplButton,BorderLayout.EAST);
        jifShow.add(jspDisplay,BorderLayout.CENTER);
        jifShow.setVisible(true);
        jplDisplay.add(jifShow);

        //添加监听器
        jbQuit.addActionListener(new ActionListener(){
            public void actionPerformed(ActionEvent e){
                jifShow.dispose();
            }
        });
        jbSure.addActionListener(new ActionListener(){
            public void actionPerformed(ActionEvent e){
                Management operate = null;
                JTable myJTable;
                String productName=productBox.getSelectedItem().toString();
                try{
                    operate = new Management();
                    operate.display(productName);
                    ResultSetMetaData rsmd=operate.rs.getMetaData();
                                                    //创建结果集对象
```

```java
                    int colCount=rsmd.getColumnCount();        // 得到列数
                    String[] name=new String[colCount];
                    JTableModel.setRowCount(0);       // 表格模板的行数和列数清零
                    JTableModel.setColumnCount(0);
                    // 设置表单头的字体
                    UIManager.put("TableHeader.font", new java.awt.Font("宋体",0,18));
                    for(int i=1;i<=colCount;i++)       // 得到列名
                    {
                        name[i-1]=rsmd.getColumnName(i);
                        JTableModel.addColumn(name[i-1]);
                    }
                    operate.rs.beforeFirst();
                    while(operate.rs.next())          // 得到各行的属性值
                    {
                        String[] value=new String[colCount];
                        for(int i=1;i<=colCount;i++)
                            value[i-1]=operate.rs.getString(i);
                        JTableModel.addRow(value);
                    }
                    operate.rs.close();
            JTableModel.setRowCount(JTableModel.getRowCount()+10);
            JTableModel.setColumnCount(JTableModel.getColumnCount()+10);
                    myJTable=new JTable(JTableModel);  // 用表格模板初始化表格myJTable
                    myJTable.setEnabled(true);         // 设置表格能被编辑
                    myJTable.setRowHeight(24);         // 设置行高
                    myJTable.setFillsViewportHeight(true);
                    myJTable.setFont(new Font("Times New Roman",0,18));
                    myJTable.setAutoResizeMode(JTable.AUTO_RESIZE_OFF);
                                                       // 关闭自动调节列宽
                    myJTable.setCellSelectionEnabled(true);    // 允许选取单元格
                    myJTable.setSelectionMode(ListSelectionModel.MULTIPLE_INTERVAL_SELECTION);   // 允许多选
                    jspDisplay.add(myJTable);          // 添加到显示面板上
                    jspDisplay.setViewportView(myJTable);
                } catch (ClassNotFoundException e1) {
                    JOptionPane.showMessageDialog(jspDisplay,"数据库连接异常","错误",0);
                }catch(SQLException wrong){
                    JOptionPane.showMessageDialog(jspDisplay,"数据库访问异常","错误",0);
                }
            }
        });
    }
}
```

连接数据库并对数据库进行操作的 Management.java 代码如下：

```java
//Management.java 包含连接数据库,对数据库进行的添加、修改、显示数据、查询等功能
package MainPackage;
import java.sql.*;
import ProductPackage.Cartheater;
package MainPackage;
import java.sql.*;
import ProductPackage.*;
public class Management
{
```

```java
        Connection con;                         // 声明特定数据库的连接实例
    public Statement stmt;                      // 声明向数据库发送 SQL 语句的 statement 对象
    public ResultSet rs;                        // 声明结果集，接受查询结果返回的对象
    public static int maxId;                    // 存放当前产品编号的最大值

    public Management() throws ClassNotFoundException, SQLException
                                                // 不带参数的构造函数
    {
        con=null;
        stmt=null;
        rs=null;
        maxId=0;
        String url = "jdbc:mysql://localhost:3306/my_product";
        String user ="Jerry";//替换成你自已的数据库用户名
        String password = "654321";//这里替换成你自已的数据库用户密码

            Class.forName("org.gjt.mm.mysql.Driver");
            System.out.println( "加载驱动成功！" );
            Connection con = DriverManager.getConnection(url, user, password);
            System.out.println( "连接数据库成功！" );
            stmt = con.createStatement(ResultSet.TYPE_SCROLL_SENSITIVE,ResultSet.CONCUR_READ_ONLY);
            System.out.println( "创建 Statement 成功！" );

        rs=stmt.executeQuery("select max(ID) as MaxID from Software");
        if(rs.next())            // 判断数据表是否是空的
            maxId=(rs.getInt("MaxID")>maxId ? rs.getInt("MaxID") : maxId);
        rs=stmt.executeQuery("select max(ID) as MaxID from Laptop");
        if(rs.next())
            maxId=(rs.getInt("MaxID")>maxId ? rs.getInt("MaxID") : maxId);
        rs=stmt.executeQuery("select max(ID) as MaxID from Desktop");
        if(rs.next())
            maxId=(rs.getInt("MaxID")>maxId ? rs.getInt("MaxID") : maxId);
        rs=stmt.executeQuery("select max(ID) as MaxID from Hometheater");
        if(rs.next())
            maxId=(rs.getInt("MaxID")>maxId ? rs.getInt("MaxID") : maxId);
        rs=stmt.executeQuery("select max(ID) as MaxID from Cartheater");
        if(rs.next())
            maxId=(rs.getInt("MaxID")>maxId ? rs.getInt("MaxID") : maxId);
        if(rs!=null)
            rs.close();
    }
    protected void finalize()throws Throwable         // 析构函数
    {
        if(rs!=null)
            rs.close();
        if(stmt!=null)
            stmt.close();
        if(con!=null)
            con.close();
    }
    // 显示出所有物品的信息
    //************************************************************
    public void display(String name)
    {
        try{
            rs = stmt.executeQuery("select * from "+name); //Executes the given SQL statement
```

```java
        }catch (Exception e){
            e.printStackTrace();
        }
    }
    // 添加新的产品信息
    //*************************************************************
    private void sub_addition(Product item,String[] value) throws SQLException,
ClassNotFoundException,Exception
    {
        item.setProductID(++maxId);        // 产生产品 ID
        item.addition(value);
        item.storeToDB();                   // 保存产品信息到数据库
    }
    public void addition(String tableName,String[] value) throws SQLException, Clas
sNotFoundException,Exception
    {
        if(tableName.equals("Software"))
        {
            Software item=new Software();
            this.sub_addition(item,value);
        }
        if(tableName.equals("Laptop"))
        {
            Laptop item=new Laptop();
            this.sub_addition(item,value);
        }
        if(tableName.equals("Desktop"))
        {
            Desktop item=new Desktop();
            this.sub_addition(item,value);
        }
        if(tableName.equals("Hometheater"))
        {
            Hometheater item=new Hometheater();
            this.sub_addition(item,value);
        }
        if(tableName.equals("Cartheater"))
        {
            Cartheater item=new Cartheater();
            this.sub_addition(item,value);
        }
    }
    // 修改产品的信息
    //*************************************************************
    public void adjustInf(String tabName,String sType,String sValue) throws SQLException
    {
        sValue=sValue.substring(0, sValue.length()-1);
        double value=Double.valueOf(sValue);
        value=value*0.01;
        System.out.println(value);
        if(sType.equalsIgnoreCase("上升"))
            stmt.executeUpdate("update "+tabName+" set Price=Price+Price*'"+value+"'");
        else
            stmt.executeUpdate("update "+tabName+" set Price=Price-Price*'"+value+"'");
    }
}
```

程序运行时单击"显示产品"按钮，呈现产品信息界面如图 10-19 所示，下拉列表提供几种可供选择的产品，可选其中一种显示其具体信息。

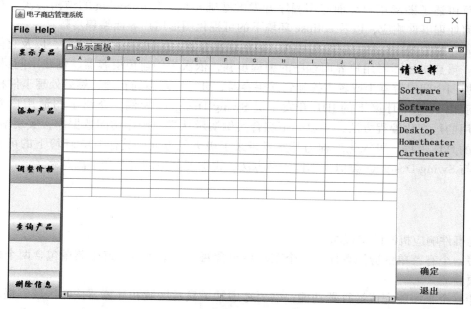

图 10-19　显示产品信息界面

例如，选中 Software，单击"确定"按钮后，从数据库中读取 Software 类产品的信息，呈现如图 10-20 界面。其他类型产品的操作与此类似，这里就不再赘述了，读者可下载程序自行运行作为参考。

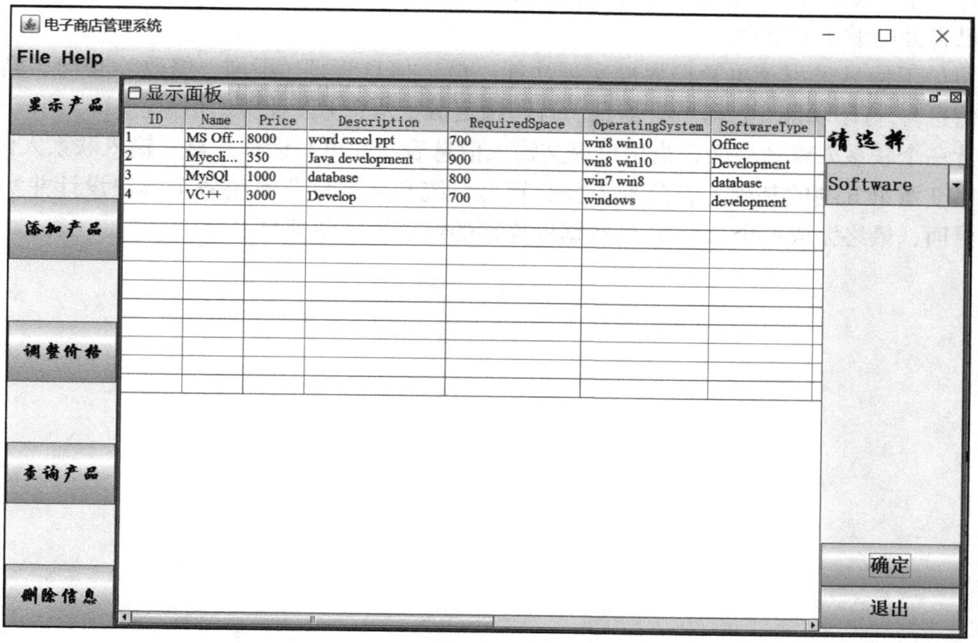

图 10-20　显示 Software 产品信息界面

本章小结

本章讲述了图形用户界面应用程序开发的基础知识，包括 Swing 的结构层次、布局管理、如何处理事件响应，以及 eclipse 环境下的可视化图形用户界面编程步骤。

首先介绍了 Swing 的三层结构层次，包括顶层容器、中间层、原子组件，以及它们的基本功能。重点讲述图形用户界面程序的编程步骤，依次为创建顶层容器、创建中间层容器、把组件加到中间层容器中或者直接加到顶层容器、进行合理布局管理，然后处理事件相应。

最后以 eclipse 环境下的 IDE 开发工具 Swing Designer 为例，介绍了图形用户界面编程中常用的可视化编程方法，并以一个综合实例演示从界面操作访问数据库，实现增、删、查、改的具体过程。可视化编程为开发者带来了极大的方便，其他 IDE 环境下的可视化编程方法与 Swing Designer 类似，掌握一种方法，再学习其他的就万变不离其宗了。

习题

1. 简述事件响应机制的实现原理。
2. 编写一个有菜单的应用程序，一个菜单栏包含两个以上菜单，每个菜单包含两个以上菜单项。
3. 设计一个程序能完成计算器功能，需要考虑结果显示区域和计算器按钮区域。提示：结果显示区域可以用标签组件，计算器按钮用于实现数字按键功能和加、减、乘、除操作功能。
4. 设计一个录入或显示公司职员信息的程序界面，成员信息包括 ID、姓名、性别、生日、地址、部门等。
5. 设计一个"我最喜欢的歌手"调查问卷界面，列出多名歌手及他们的代表作，让用户选出自己喜爱的歌手和歌曲。
6. 公司员工信息采用菜单管理界面实现功能：员工信息管理（添加、修改、查询、删除个人信息）、打印功能（打印所有信息、打印指定员工信息）以及帮助信息。
7. 设计一个联系人管理界面，当用户提交输入信息后，弹出对话框，显示输入联系人信息。
8. 在第 9 章第 6 题的基础上，分别为公交管理系统和航空订票系统各个模块设计并实现管理界面，最终完成一个从 GUI 到数据库连接的综合性完整项目。

第 11 章 多 线 程

如今大多数网络应用都离不开多线程程序，比如网络服务器随时接收并处理的成千上万的客户请求，都需要多线程来实现。在多线程程序中，多个线程并发地执行能够提高程序的效率，使应用程序具有更多的优势，能够更高效地使用 CPU，提高系统可靠性，优化多处理器性能，显著提高性能。适合采用多线程处理问题的情形主要有：耗时的操作或大量占用 CPU 的任务，采用多线程提高程序响应速度；服务器端的应用程序采用并发线程响应用户的请求，以防止单一请求阻塞用户界面；多 CPU 系统，采用多线程提高 CPU 利用率。

多线程编程一直是 Java 应用程序开发的重点和难点，其中涉及操作系统进程和线程的许多相关概念。本章将简单介绍线程的基本概念，线程的生命周期、优先级，守护线程，死锁等内容；详细讲解如何运用 Java 多线程 API 进行多线程编程；重点放在多线程编程的 4 种方式，即不相关的线程、相关但无须同步的线程、同步线程和交互式线程的编程。Java 多线程编程是对操作系统线程概念从程序角度的实现，学好这部分内容，掌握编写多线程应用程序方法，对于理解操作系统基础知识也有很大的帮助。

11.1 进程与线程

进程与线程均属于计算机操作系统的概念，是程序运行的基本单元。Java 提供了一套线程类库，从编程角度实现线程，内容涉及如何创建线程、线程的编程方式、并发等。Java 并不是唯一提供线程处理的语言，UNIX/Linux 环境下 POSIX 标准的 Pthread 类库也是一套基于 C 语言的多线程类库，此外，C++ 的 Boost 标准库也提供了线程的处理方法。Java 多线程的学习，重点在于多线程程序的设计方法，以及 Java API 提供的相关线程方法。

进程是一个可运行的程序，启动一个程序就启动了一个进程。打开一个 Word 编辑文档，就执行一个进程；如果再打开 QQ 开始上网聊天，另一个进程又执行；当运行自己编写的 Java 应用程序时，也在执行一个进程。操作系统有若干进程在运行，操作系统周期性地将 CPU 切换到不同的任务，分时间片轮流运行每一个进程，这样看起来每一个进程都像是连续运行的。

一个进程内可以启动多个线程，线程也称为轻量级进程（light-weight process）。图 11-1 为进程与线程的关系，一个进程中多段代码同时运行。一个进程的若干任务可以细分为多个部分由多线程来处理，如上网下载某个游戏、歌曲，由多个线程同时下载，速度可大大增强，整个程序的吞吐量也增强，加快反应时间。

每个进程各自占有一份独立的内存空间，必须使用操作系统提供的复杂机制（如管道、消息队列、共享内存、信号量（semaphore）进行通信和传递信息，编程比较复杂。而一个进程内的多个线程属于同一个进程，它们可以共享内存空间，同时创建线程比创建进程开销要小得多，线程之间的协作和数据交换也比较容易，因此，多线程之间的操作比多进程简单得多，而且编程简单，效率高。多个线程共同处于一个内存空间的优势在于能直接共享数据和资源,当然,并非多线程就绝对比多进程有优势,多线程共享内存资源,一旦其中一个线程破坏了内存,就势必会影响到其他线程的执行,并且多个线程同属一个进程,只能在一台主机上执行,需要跨网络的程序还是应当使用进程。

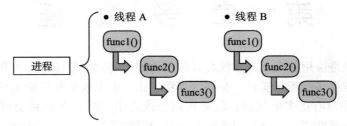

图 11-1　进程与线程

11.2 多线程创建方式

Java 提供了两种创建线程的方式:第一种是通过扩展 java.lang.Thread 类,生成一个 Thread 类的对象来创建线程;第二种是编写一个类,使之实现 java.lang.Runnable 接口,然后在 Thread 类的构造方法中启动它。

11.2.1 Thread 类

通过继承 java.lang.Thread 类来创建线程是创建线程最直接的方式,步骤如下:

1)从 Thread 类中派生出一个子类,在子类中重写父类中的 run() 方法,使 run() 方法执行具体的处理方法。

2)创建一个子类的对象,产生一个线程。

3)对象调用从 Thread 类继承而来的 start() 方法,线程启动,执行 run() 方法。

代码片段如下:

```
class MyThread extends Thread{    // 从 Thread 类派生出一个子类 MyThread
    public void run(){    // 在 MyThread 中执行线程
        ...
    }
}
public class Myprog{
    public static void main(String[] args){
        MyThread thr = new MyThread();    // 产生一个子线程对象
        thr.start();    // 启动线程,必须调用 start 方法,因为 thr.start 实际上是
                        //Thread.start(),它将导致 MyThread.run() 执行
        ...
    }
```

此例从 Thread 类派生了一个新的子类 MyThread,MyThread 类重写 Thread 类的 run() 方法,run() 方法中包含了新线程的执行代码。在 main() 中创建一个 MyThread 的对象 thr,然后通过调用从 Thread 类继承来的 start() 方法启动子线程 thr,自动执行 run() 方法,新线程开始运行,同时主线程 main() 会继续往下执行。

子线程的 run() 方法独自运行,不会影响到 main() 方法的运行。run() 方法是一个循环,将使线程一直运行下去,直到不再需要正常退出。如果需要终止线程的运行,可以为 run()

设定一个终止条件，使线程终止运行，退出程序。

Thread 类提供了多个构造方法以创建新线程，具体如表 11-1 所示。

表 11-1 Thread 类的构造方法

构造方法	说明
Thread()	创建一个线程对象
Thread(Runnable target)	创建一个线程对象
Thread(Runnable target, String name)	创建一个名称为 name 的线程对象
Thread(String name)	创建一个名称为 name 的线程对象
Thread(ThreadGroup group, Runnable target)	创建一个线程对象并指明所属的线程组
Thread(ThreadGroup group, Runnable target, String name)	创建一个名称为 name 的线程对象并指明所属的线程组
Thread(ThreadGroup group, Runnable target, String name, long stackSize)	创建一个名称为 name 的线程对象并指明所属的线程组及占据的栈空间
Thread(ThreadGroup group, String name)	创建一个名称为 name 的线程对象并指明所属的线程组

下面举例说明由 Thread 类派生出子线程类的代码实现。

【例 11-1】由 Thread 派生出两个子线程 Lamb 类和 Wolf 类，在 main() 中分别创建两个子线程 thr1 和 thr2。

```java
//Ex11_1.java
public class Ex11_1 {
    public static void main(String[] a) {
        Lamb thr1 = new Lamb();// 创建新线程 thr1
        thr1.start(); //thr1 启动
        Wolf thr2 = new Wolf();
        thr2.start();
        // 主线程仍在运行
        for(int i = 0; i<3; i++){
            System.out.println("main thread is running: ");
        }
    }
}

class Lamb extends Thread {
    public void run() {
        for(int i = 0; i<3; i++){
            System.out.println("I'm a happy lamb");
        }
    }
}

class Wolf extends Thread {
    public void run() {
        for(int i = 0; i<3; i++){
            System.out.println("I'm big bad grey wolf");
        }
    }
}
```

运行结果如下：

```
I'm a happy lamb
I'm a happy lamb
main thread is running:
```

```
main thread is running:
main thread is running:
I'm a happy lamb
I'm big bad grey wolf
I'm big bad grey wolf
I'm big bad grey wolf
```

程序执行时，有三个线程同时执行，lamb、wolf 和主线程 main()。通常 main() 也当作一个线程在运行，称之为主线程。运行该例多次，每次得出的运行结果不同，三个线程的运行次序是不固定的，因为程序中同时有多个线程运行时，在没有规定优先级的情况下，线程的执行次序是随机的。

11.2.2 Runnable 接口

采用 Thread 类继承方法，方法简单，但有局限性。由于 Java 只支持单继承，如果线程类已继承了 Thread 类，就不能再继承其他类了。另外，一个类如果有了父类也就不允许再继承 Thread 类了。从程序设计的角度出发，得考虑另一种变通的方式。我们知道，要想达到多重继承的效果，就得用 Java 提供的接口来实现。

Java 提供了 Runnable 接口来生成多线程，Runnable 接口的定义如下：

```java
public interface Runnable {
    public void run();
}
```

用接口方式创建线程的步骤如下：

1）创建一个实现 Runnable 接口的具体类 MyThread，在类中重写抽象方法 run()，完成具体操作。Runnable 接口的实现方式如下：

```java
class MyThread implements Runnable{   // 实现一个 Runnable 接口
        public void run()  { /* more code */}
}
```

2）创建 MyThread 的对象，产生一个子线程；通过一个 Thread 对象调用 start() 启动子线程。代码如下：

```java
public class MyProg() {
    public static void main(String[] args){
        MyThread m = new MyThread();        // 创建一个子线程 m
        Thread thr1 = new Thread(m);        // 把 m 作为参数传递给 Thread 的构造函数
        thr1.start();    // 启动线程
        // 或者 new Thread(m).start();
    }
}
```

或者利用一条语句同时完成实例化与线程启动过程。

```java
new Thread (new MyThread()).start();
```

在类 MyProg 的 main() 中首先创建一个子线程，即 MyThread 类对象 m，然后调用 Thread 的构造方法创建对象 thr1，这里创建线程 thr1 调用类 Thread 的带参数的构造方法。

```java
public Thread( Runnable target)
```

任何实现接口 Runnable 的具体类对象都可以作为参数 target 传入，因此这里将 m 作为实参传递给 Thread 的构造方法，最后通过 thr1 调用 start() 来启动线程 m，从而执行 run() 方法运行线程。

Thread 类、Runnable 接口及其具体类 MyThread 之间的关系如图 11-2 所示。可见，MyProg 类采用组合方式既可以使用 Thread 类提供的功能，如 start() 方法，又可以通过 Runnable 接口间接调用子线程 MyThread 的 run() 方法。因此如果有多个线程 MyThread1、MyThread2……它们只需分别实现各自的 run() 方法，MyProg 类就可以通过接口使用每个线程的功能，实现多重继承。Runnable 接口的实现原理与例 6-3 相同。因此采用 Runnable 接口方式比直接继承 Thread 类灵活，类与类之间的关系清楚明了，较好地体现了面向对象的思想，非常适合用多个线程来处理不同任务的情形。

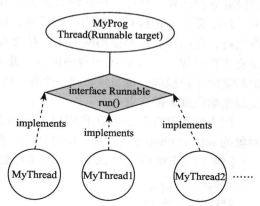

图 11-2 用 Runnable 接口方式时各类之间的关系示意图

【例 11-2】分别用继承方法和实现接口方法创建两个线程，Wolf 类实现 Runnable 接口，Lamb 类继承于 Thread。

```java
//Ex11_2.java
//Lamb 继承与 Thread 类
class Lamb extends Thread {
    public void run() {
        for (int i=0;i<3;i++)
            System.out.println("I'm a happy lamb");
    }
}
//Wolf 实现了 Runnable 接口
class Wolf implements Runnable {
    public void run() {
        for (int i=0;i<3;i++)
            System.out.println("I'm a big bad grey wolf");
    }
}
public class Ex11_2 {
    public static void main(String[] args) {
        Lamb xiyangyang = new Lamb();
        Wolf greywolf = new Wolf();
        Thread t1 = new Thread(greywolf);
        xiyangyang.start();
        t1.start();
        for (int i=0;i<3;i++)
            System.out.println("main thread is running");
    }
}
```

11.3 守护线程

从运行平台的角度划分，Java 的线程分为两种：一种在 Java 程序中创建，并运行于前台，称为"用户线程";另一种在后台运行,称为"守护线程"(daemon thread)。守护线程周期性地执行某种任务或等待处理某些发生的事件,"守护"并服务于用户线程。UNIX 操作系统没有守护线程,只有守护进程的概念,UNIX 的大多数服务器后台程序是用守护进程实现的。Java 采用守护线程来负责后台任务,比如 JVM 的垃圾回收器 GC 属于守护线程,在后台运行,定期回收不再使用的对象,释放其资源。如果用户线程全部运行完毕退出,GC 也没有工作可做了,JVM 关闭程序退出。此外,多线程的网络服务器程序也常常需要一个负责调度的守护线程,每当接收到一个客户的请求时,调度守护线程立刻到线程池中挑选一个线程来响应到来的请求。

用户线程和守护线程从代码层面区别不大,用户可以自行设定守护线程,调用 Thread 对象的 setDaemon(true) 方法,即可把一个普通线程转换为守护线程。

【例 11-3】调用 setDaemon(true) 方法创建一个守护线程。

```
//Ex11_3.java
import java.io.IOException;
public class Ex11_3 extends Thread{
    public Ex11_3(){
        super.setDaemon(true);// 转换一个用户线程为守护线程
        start();
    }
    public void run(){
        while(true){
            System.out.println("I'm keeping running "+Thread.currentThread().getName());
        }
    }
    public static void main(String[] args) throws InterruptedException, IOException {
        new Ex11_3();    // 创建一个 Daemon 对象
        Thread.sleep(300);
    }
}
```

运行结果如下:

```
I'm keeping runing Thread-0
I'm keeping runing Thread-0
I'm keeping runing Thread-0
```

此例中,创建守护线程与普通用户线程的区别仅在于调用语句 super.setDaemon(true),setDaemon(true) 必须在 start() 之前调用,否则会抛出一个 IllegalThreadStateException 异常。守护线程在后台一直运行,通常执行代码放在循环中。注意不能把正在运行的普通线程设置为守护线程,在守护线程中产生的新线程也是守护线程。

11.4 线程的生命周期

一个新线程一旦创建,就开始了它的生命周期,经历一个从诞生到消亡的过程。一个线程在任何时刻都处于生命周期中的某种状态,线程生命周期的状态及调用方法如表 11-2 所示。

表 11-2 线程的生命周期

线程的基本状态	调用方法	说明
新建状态	new Thread()	用 new 创建一个新线程对象
就绪状态	start()	调用 start(),启动线程

线程的基本状态	调用方法	说明
运行状态	run()	线程获得 CPU 时间，执行 run() 方法
休眠状态	sleep()	进入休眠，不占用 CPU
等待状态	wait()	线程等待某种请求完成，始终在等待，期间不允许执行其他操作
死亡状态	interrupt()	线程已完成任务正常退出，或阻塞状态被中断运行，需捕获异常后退出

线程整个生命周期状态总体上分为 5 个阶段：新建、就绪、运行、阻塞（休眠或等待）以及死亡，如图 11-3 所示。下面分别说明每一个阶段。

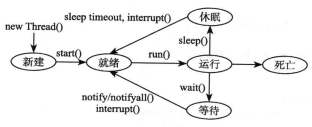

图 11-3　线程生命周期状态

1. 新建

使用 new 创建一个新线程，通过 Thread 类提供的方法来设置新线程的属性，如设置线程的优先级 (setPriority)，必要时为线程命名（setName）等。

2. 就绪

新线程调用 start() 方法启动线程，线程进入就绪队列，等待系统为其分配 CPU。

3. 运行

一旦经系统 CPU 调度选定一个就绪状态的线程后，该线程转为运行状态，开始执行自己 run() 方法中的代码，运行子线程。Thread 类的 isAlive() 方法可以用来判断线程是否处于运行状态。运行状态的线程可以变为阻塞、就绪和死亡，一旦该线程失去 CPU，如调用 yield() 方法时，又暂时回到就绪队列，等待重新分配资源。

4. 阻塞

运行的线程由于等待某种条件需停止执行一段时间，这将让出 CPU，进入阻塞状态。阻塞状态有休眠状态和等待状态两种情形。sleep() 可以使线程暂时处于休眠状态，让其他的线程执行，休眠时间结束后，或者休眠被中断时，线程从阻塞状态中苏醒，转为就绪状态，进入就绪队列中等待被系统选中后继续从停止的位置运行。wait() 会使线程挂起，暂停执行，处于等待状态，直到被另一个线程调用 notify() 或 notifyAll() 后才被唤醒，重新进入就绪状态，准备继续运行。以前的 JDK 版本允许运行的线程暂时挂起（suspend()）或者停止运行（stop()），并通过 resume() 方法唤醒处于挂起和停止状态的线程。suspend() 和 stop() 虽然方便，但是在线程同步中会存在潜在的隐患，容易产生死锁。因此，suspend()、stop() 和 resume() 三个方法如今都被标注为 deprecated（弃用），建议不要再使用三个方法来操作线程。

5. 死亡

运行状态的线程最终是要结束的，有两种方法可以终止线程。

1）线程正常退出，即 run() 方法执行完毕后退出程序。

按照常规处理方式，run() 方法执行完后，线程就结束了。

2）设置共享变量标记退出循环。有时 run() 方法是一个循环，比如服务器端程序中使用线程监听客户端请求，一个播放动画的线程要循环显示一系列图片，以及其他一些需要循环处理的任务，这些请求都需要用 while 循环来处理。如果希望永远循环下去，使用 while(true){……} 来处理。然而有时可能需要退出循环，这时可采用最有效的线程终止方法，通过设置一个 volatile boolean 类型的标记 true 或 false 来控制 while 循环是否退出，线程周期性地检查这个变量值，然后在变量值发生变化时退出，而其他线程也从共享变量值得知这个线程已经终止。

【例 11-4】设置共享变量标记使线程终止运行。

```java
//Ex11_4.java
public class Ex11_4 extends Thread
{
    volatile boolean exit = false;
    public void run()
    {
        while (true){
            System.out.println("I'm running");
            if(exit== true)
                break;
        }
    }
    public static void main(String[] args) throws Exception
    {
        Ex11_4 thread = new Ex11_4();
        thread.start();
        sleep(2000);  // 主线程延迟2秒
        thread.exit = true;  // 终止线程 thread
        System.out.println("线程退出!");
    }
}
```

运行结果如下：

```
I'm running
I'm running
I'm running
I'm running
I'm running
线程退出！
```

以上代码中的 run() 是一个 while 循环，定义了一个退出标记 exit，默认值为 false，当检测到 exit 为 true 时，退出循环。需要注意的是，在定义 exit 时使用了一个 Java 关键字 volatile，volatile 变量能被多个线程共享，称为共享变量。这意味着在多线程的情况下，同一时刻只能由一个线程来修改 volatile 值，而 volatile 变量对于所有线程都是可见的，即当一个线程更改 volatile 值后，其他线程读到的也是更改后的值。

11.5 线程的常用方法

Java API 中 java.lang.Thread 提供的线程的常用方法如表 11-3 所示。

表 11-3 线程的常用方法

方法	说明
static int activeCount()	返回当前线程组活动的线程数量
final void checkAccess()	决定当前运行的线程是否可以更改该线程
static Thread currentThread()	获取当前运行的线程
long getId()	获取线程 ID
string getName()	获取线程名字
int getPriority()	获取线程优先级
Thread.State getState()	获取线程状态
ThreadGroup getThreadGroup()	获取线程所属的线程组
void interrupt()	设置线程中断状态
static boolean interrupted()	测试当前线程是否已被中断
final boolean isAlive()	测试当前线程是否还活着
boolean isDaemon()	测试当前线程是否是守护线程
boolean isInterrupted()	测试某个线程是否已被中断
final void join()	等待该线程终止
final void join(long millis)	等待该线程终止的时间最长为 millis 毫秒
final void join(long millis, int nanos)	等待该线程终止的时间最长为 millis 毫秒 + nanos 纳秒
void run()	运行一个线程
final void setDaemon(boolean on)	将该线程标记为守护线程或用户线程
void setName(String name)	改变线程名称，使之与参数 name 相同
void setPriority(int newPriority)	更改线程的优先级
void start()	启动一个线程
static void sleep()	在指定的毫秒数内让当前正在执行的线程休眠（暂停执行）
static void yield()	暗示调度机制将 CPU 让给其他线程使用

start()、run()、setDaemon() 几种方法前面已做了讲解，其中的 sleep()、yield()、setPriority()、interrupt() 和 join() 在程序中也经常使用。

1）setPriority(int priority)：可以改变线程原有的优先级。线程的优先级值范围为 1～10，每个线程的优先级都默认设置为 5。

2）sleep()：使当前线程的执行暂停一段指定的时间，把 CPU 时间让给其他线程，睡眠时间单位为毫秒数或纳秒数。由于 sleep() 有可能会在休眠时间到期前被中断而抛出 InterruptedException 异常，使用时必须把它放在 try 块中。一旦接收到中断，立刻取消睡眠返回，示例请参考例 11-5。

3）yield()：当前线程如果完成了所需的工作，可以暗示调度机制让给别的线程使用 CPU 了（这个暗示不一定保证被采用）。

4）interrrupt()：作用为中断线程，但并不会直接终止程序的运行，而是设置线程的中断状态，通过某种方式通知线程，由线程自己处理中断，比如可以选择终止线程、等待新任务或者继续下一步运行。interrupt() 通常用于中断处于阻塞状态的线程，如 sleep、wait 或 join 状态，当线程检查出有中断状态设置时，sleep()、wait() 或 join() 将抛出 InterruptedException 异常，清除设置的中断状态，并提前从阻塞中退出。如果一个线程长时间没有抛出 InterruptedException 异常，也可以定期调用 Thread.interrupted 来检测线程是否已经中断，一旦线程被中断，它将返回 true。另外还有两个与 interrupt() 功能相似的 isInterrupted() 方法和静态的方法 interrupted()，前者用于判断某个线程是否被中断，后者用于判断当前线程是否被中断。

【例 11-5】 直接调用 interrupt()，但没能中断线程的运行。

```java
//Ex11_5.java
public class Ex11_5 extends Thread{
    private int x=0;
    public void run() {
        while (true) {
            System.out.println("I am running!");
            for (int i = 0; i < 900000; i++) {
                x=(int)(Math.random()*100);
            }
        }
    }
    public static void main(String[] args) throws Exception
    {
        Thread thr = new Ex11_5();
        System.out.println( "starting thread..." );
        thr.start();
        thr.sleep(3000);
        System.out.println( "try to interrupt thread..." );
        thr.interrupt();
        Thread.sleep(3000);
    }
}
```

运行结果如下：

```
I am running!
I am running!
I am running!
I am running!
I am running!
I am running!
try to interrupt thread...
I am running!
I am running!
I am running!
I am running!
I am running!
I am running!
```

可见即使调用了 interrupt() 方法，线程仍然保持运行。

【例 11-6】 一个处于 sleep() 状态的线程，从键盘输入任意键后，调用 interrupt() 中断其 sleep 状态并终止线程。

```java
//Ex11_6.java
class ThreadInterrupt extends Thread
{
    public void run()
    {
        try
        {
            sleep(30000); // 延迟 30s
        }
        catch (InterruptedException e)
```

```
            {
                System.out.println(e.getMessage());
            }
        }
    }
    public class Ex11_6{
        public static void main(String[] args) throws Exception
        {
            Thread thr = new ThreadInterrupt();
            thr.start();
            System.out.println("请30s之内按任意键中断线程！");
            System.in.read();//获取输入
            thr.interrupt();
            System.out.println("线程退出运行！");
        }
    }
```

以上代码的运行结果如下：

请30s之内按任意键中断线程！

线程退出运行！
sleep interrupted

sleep() 方法要放在 try 块中，在调用 interrupt() 方法后，sleep 状态的线程接收到中断信号后立刻抛出异常输出信息：sleep interrupted，这意味着线程已从 sleep 状态中退出，接着退出了运行。

5) join()：目的是让某个线程优先运行，采用类似"插队"的方式实现。当将线程 b 加入（join）当前运行的线程 a 中时，即 b 要"插"在 a 前运行，具体实现是在 a 中，b 调用 join() 方法，执行 b.join()，这样 a 必须等待一段时间，直到 b 结束后才继续执行，加入时间长短取决于操作系统，也可以调用 join(long millis) 设定等待时间。join() 调用可能被当前线程的 interrupt() 打断，故 join() 也要放在 try 块中，对抛出的异常进行捕获处理。

通常 join() 用于这样的情形：线程 b 是 a 的子线程，b 用于处理一些大量耗时的运算，而 a 需要用到子线程 b 的处理结果，必须等待 b 运行结束后再继续运行，这时可以让线程 b 加入 a 中。

【例 11-7】在主线程 main() 中创建一个子线程，该子线程调用 join()。

```
//Ex11_7.java
class JoinThread extends Thread{
        public void run(){
                for(int i=0; i<5; i++)
                System.out.println("Joined thread is running");
        }
}
public class Ex11_7{
    public static void main(String[] args){
        System.out.println("In main thread...");
        JoinThread t=new JoinThread(); // 创建一个 JoinThread t
         t.start();
        try{
            System.out.println("joined status is: "+t.isAlive());
            t.join();     // t 加入到主线程中
            System.out.println("after join,joined thread exits");
            System.out.println("joined thread status is: "+t.isAlive());
```

```
            }catch(java.lang.InterruptedException    ex){
                System.out.println(ex);
                System.out.println("joined thread is dead!");
            }
            System.out.println("main thread is still running");
    }
}
```

运行结果如下：

```
In main thread...
joined status is: true
Joined thread is running
Joined thread is running
Joined thread is running
Joined thread is running
Joined thread is running
after join,joined thread exits
joined thread status is: false
main thread is still running
```

在 main() 中创建了一个线程 t, t 调用 t.join() 加入主线程 main() 中，t 先运行，等 t 结束运行后，主线程才继续运行。

11.6 线程的优先级

在单 CPU 的系统中，多个线程共享 CPU，分时间点轮流运行每一个线程，在任何时间点上实际只能有一个线程在运行，而每一个线程都像是连续运行的。与进程调度机制类似，线程同样需要线程调度来控制多个线程在同一个 CPU 上的运行顺序。

如果没有特意指定，多线程的运行次序是随机的，优先级是平等的。线程的优先级表示着该线程的重要程度。当处于运行状况的多个线程同时等待 CPU 分配时间时，线程调度机制会根据各个线程的优先级来决定分配 CPU 时间的先后次序，优先级高的线程有更大的机会获得 CPU 时间，较高优先级的线程比较低优先级的线程先执行。如果在线程 A 里再创建一个子线程 B，B 享有和 A 同等的优先级。

线程的优先级由 Thread 类的方法 setPriority() 设定，由 getPriority() 获取，线程的优先级分为 10 个等级，取值范围为 1（MIN_PRIORITY）～ 10（MAX_PRIORITY），默认值是 5（NORM_PRIORITY），值越大优先级越高。

Java 编程小提示：需要注意的是，有时调用 setPriority() 不起任何作用，这和所用的操作系统或虚拟机版本有关。因此程序中可以通过 sleep() 方法让一个线程延迟运行，或者调用 join() 方法让一个线程先运行。

11.7 多线程的编程方式

大多数网络应用程序一般都有多个线程同时运行，与多进程不同，由于多线程在同一个进程内运行，不必考虑共享内存的问题，不需要类似进程间通信的各种 IPC（InterProcess Communication）机制，使线程间通信问题简化了许多。但多线程与多进程类似，也是并发执行的，线程并发是指多个线程同时处理多个不同的操作。并发线程间存在一定的制约关系，为了协调它们之间的关系，合理共享资源，并发线程也需要实现同步。同步（Synchronization）是操作系统术语，是指存在竞争资源的情况下，并发进程之间的协调，以达到资源共享和进程合作。线程同步与进程同步的原理相同，而且进程同步的处理机制同样也适用于线程同步。例如一个网络棋牌游戏服务器产生多个线程来响应多个在线玩家的请求，每个线程都需要访问到共享棋牌资源，某一时刻一个玩家线程出牌时，其余的玩家线程保持等待，这就需要线程同步来协调玩家线程之间的关系。

根据线程间协调的程度以及使用线程的难度，多线程编程大致可以分为下列 4 个级别：不相关的线程、相关不需要同步的线程、同步线程、交互式同步线程。

11.7.1 不相关的线程

不相关的线程是一种最简单的线程程序，线程之间没有任何交互关系，各自执行不同的任务而已。例 11-1 中的线程 Lamb 和 Wolf 就是两个毫无关系的线程，各自执行自己的操作，相互之间没有任何联系，这类线程的实际应用价值不大。

11.7.2 相关但无须同步的线程

相关但无须同步的线程表示线程间存在某种关系，却相互独立，没有依赖关系。这种情况生活中很多，比如超市里往往在顾客多时多开若干收银台，多个收银台同时为顾客提供服务，收银台之间没有影响，互不干涉，共同完成收银这项工作。

这种线程往往作用于同一任务的不同数据部分，线程之间没有交互关系，没有竞争资源，无须同步。这种关系适用于多个线程共同完成同一个任务，以提高工作效率为目的，如图 11-4 所示。比如从网上下载歌曲，10 个线程同时的下载速度就比单线程下载要快得多，10 个线程各自运行，它们之间没有相互影响，这个线程下载量多一点，那个下载量少一点，都没有关系，共同完成同一项下载任务。

图 11-4　异步线程执行同一任务

【例 11-8】模拟 3 个线程异步执行 500 个顾客的收银任务。

```
//Ex11_8.java
public class Ex11_8
{
    public static void main(String[] args)
    {
        Casher t=new Casher();      //
        new Thread(t).start();       // 创建3个Casher线程
```

```
            new Thread(t).start();
            new Thread(t).start();
        }
    }
    class Casher implements Runnable
    {
        int customer = 500;      //将共享的资源
        public void run()
        {
            while(customer>0)    //还有顾客
            {
                System.out.println(Thread.currentThread().getName()
                    +"is still open"+ customer--);
            }
        }
    }
```

此程序产生三个相同的线程同时处理 500 个顾客的收银事务，三个线程各自运行，互不干涉，总体效率得到提高。

11.7.3 同步线程

同步（synchronization）的目的在于协调线程之间的制约关系，保证多线程活动步调一致。主要是针对在多线程中存在共享竞争资源的环境下，某一时间段两个或多个线程都想使用同一资源，从而造成资源冲突。好比一间教室是一个共享资源，为防止使用上发生冲突，排课时把不同的班级安排在不同的时间段上课，这就需要同步机制来协调。与前面的两种线程编程方式相比，同步程序变得相对复杂些。以"生产者/消费者"问题为例，该问题是操作系统典型的进程同步问题，简单表述即生产者和消费者都是多个并发进程，生产者负责产生产品，存放到共享存储区中，消费者从存储区取出产品，只要存储区没有满，生产者就可以持续放产品，反之，只要存储区没有空，消费者就可以持续取出产品，因此生产者和消费者是可以并行执行的，它们之间是一种供求关系。操作系统提供了信号量（semaphore）机制来解决生产者和消费者同步问题，该机制同样也适用于同步线程，Java API 提供了相应的方法来实现线程之间的同步。

线程（或进程）同步可以用互斥（mutual exclusive）控制的方式来解决，互斥意味着一个线程访问共享资源时，其他线程不允许访问，因此，生产者和消费者不能够并行执行。在后面的高级并发中，将介绍另一种线程同步的实现方式，采用阻塞队列来实现生产者与消费者的真正并行运行。这里从程序的角度，考虑简化的"生产者/消费者"理想模式。在例 11-9 中，存储区有一定容量，规定只能先放后取，生产者在存储区空时放产品，放满后，消费者从存储区取出产品，它们之间的关系如图 11-5 所示。

图 11-5 生产者与消费者问题

【例 11-9】理想模式下的生产者/消费者示例：生产者 Producer(Producer.java) 生产出产品 Product(Product.java)，存放在一个存储区 Storage(Storage.java) 里，消费者 Consumer (Consumer.java) 从 Storage 对象里取出产品，Storage 提供了相应的存放产品的方法 push() 和取出产品的方法 pop()，Producer 和 Consumer 通过访问 Storage 对象来完成存放和取出产品操作。Producer 与 Consumer 不允许同时访问 Storage，首先存储区是空的，Producer 放入

产品，等存储区满后，Consumer再取出产品。代码实现如下：

定义一个产品类：

```java
//Product.java
package Ex11_9;
class Product {
    int id;// 产品id
    String name;// 产品名称

    public Product(int id, String name) {
    this.id = id;
    this.name = name;
    }
    public String toString() {
    return "(Product ID: " + id + "Product name: " + name + ")";
    }
}
```

定义一个Producer线程，执行往仓库Storage里放入产品的操作。

```java
//Producer.java
package Ex11_9;
class Producer implements Runnable {
private Storage storage;

public Producer(Storage storage) {
this.storage = storage;
    }
public void run() {
for(int i=0;i<storage.products.length;i++)
    {
    Product product=new Product(i,"IPad");
    storage.push(product);
        }
    }
}
```

定义一个Consumer线程，执行从仓库Storage中取出产品的操作。

```java
//Consumer.java
package Ex11_9;
class Consumer implements Runnable {
    Storage storage;

public Consumer(Storage storage) {
this.storage = storage;
    }
public void run() {
    //consumer让Producer先运行
        try {
            Thread.sleep(500);
        } catch (InterruptedException e) {
            e.printStackTrace();
        }
    for(int i=0;i<storage.products.length;i++)
    {
        storage.pop();
```

```
        }
    }
}
```

定义一个 Storage 类，类里定义了存取产品的两个方法 push() 和 pop() 的具体实现。

```
package Ex11_9;
class Storage {
    Product[] products = new Product[10];
int top = 0;

// 生产者往仓库中放入产品
public synchronized void push(Product product) {
// 把产品放入仓库
products[top++] = product;
        System.out.println(Thread.currentThread().getName() + " creates "
                + product);
    }

// 消费者从仓库中取出产品
public synchronized Product pop() {
// 从仓库中取产品
        --top;
        Product p = new Product(products[top].id, products[top].name);
products[top] = null;
        System.out.println(Thread.currentThread().getName() + " buy" + p);
return p;
    }
}
```

定义测试类测试程序。

```
//ProducersAndConsumers.java
package Ex11_9;
publicclass ProducersAndConsumers {
publicstatic void main(String[] args) {
        Storage storage = new Storage();

        Thread producer = new Thread(new Producer(storage));
producer.setName("producer");

        Thread consumer = new Thread(new Consumer(storage));
consumer.setName("consumer");

producer.start();
consumer.start();
    }
}
```

运行结果如下：

```
producer creates (Product ID: 0 Product name: IPad)
producer creates (Product ID: 1 Product name: IPad)
producer creates (Product ID: 2 Product name: IPad)
producer creates (Product ID: 3 Product name: IPad)
producer creates (Product ID: 4 Product name: IPad)
```

```
producer creates (Product ID: 5 Product name: IPad)
producer creates (Product ID: 6 Product name: IPad)
producer creates (Product ID: 7 Product name: IPad)
producer creates (Product ID: 8 Product name: IPad)
producer creates (Product ID: 9 Product name: IPad)
consumer buy(Product ID: 9 Product name: IPad)
consumer buy(Product ID: 8 Product name: IPad)
consumer buy(Product ID: 7 Product name: IPad)
consumer buy(Product ID: 6 Product name: IPad)
consumer buy(Product ID: 5 Product name: IPad)
consumer buy(Product ID: 4 Product name: IPad)
consumer buy(Product ID: 3 Product name: IPad)
consumer buy(Product ID: 2 Product name: IPad)
consumer buy(Product ID: 1 Product name: IPad)
consumer buy(Product ID: 0 Product name: IPad)
```

此例测试类中只定义了一个 Producer 线程生产并放入 10 个产品，一个 Consumer 线程取走 10 个产品，为使 Producer 先运行，Consumer 通过调用 sleep() 让出了 CPU。Storage.java 中的 pop() 和 push() 方法前面均有关键字 synchronized，这里使用到了"对象互斥锁"。Java 中的互斥是通过引入"对象互斥锁"（Mutual Exclusive Lock）来实现的，通过给某个共享数据对象加锁来保证一次只能有一个线程访问该对象，只有当该线程结束任务，释放了"锁"后，其他线程才能获得"锁"访问对象，从而实现不同线程对共享数据的同步操作。对象互斥锁的概念就好比公共房间的一把锁，几个人共用一把锁，任何一人开启了锁，使用房间时，其余的人就不能再用。直到他用完了，返还了锁，其他人才能继续使用。对象互斥锁使得多个线程能够在同一个共享数据上操作而互不干扰，某一时刻只能有一个线程访问共享数据。

Java 提供了两种创建互斥锁的方式：同步方法和同步语句。

1）同步方法（Synchronized Method）为方法加锁。在对共享数据进行操作的方法或代码段前加上关键字 synchronized，这些方法或代码段称为临界区（Critical Section），临界区表示区内的代码只能被一个线程执行，其声明格式如下：

```
synchronized 方法名{
    方法体
    ......
}
```

例 11-9 中采用同步方式来实现，Storage 类的 push() 方法和 pop() 方法前加了关键字 synchronized，这两个方法即为临界区。当 Producer 使用到共享数据 Storage 对象，并通过该对象调用 storage.push() 时，Storage 对象就加上了锁，保证带有 Synchronized 的 push() 方法在同一时刻只能被一个线程执行，此时，仅 Producer 线程可以访问 Storage，执行存放产品的操作。而 Consumer 需等待 Producer 的操作完毕，获取互斥锁后，进行取出产品的操作。

同样道理，当线程 Consumer 通过 Storage 对象取出产品时，将调用临界区的 pop() 方法，Storage 对象又一次被加上"锁"，Consumer 从 Storage 中取出产品，直到 pop() 执行完毕，Storage 互斥锁才会被解开。

2）同步语句（Synchronized Statement）。与同步方法不同的是，synchronized 关键字的放置位置，这里将需要互斥的语句段（如 pop() 和 push() 代码段）放入 synchronized(对象){} 语句框中，即 synchronized 直接锁定对象。声明格式如下：

```
synchronized (对象名)
{
    互斥的语句
    ......
}
```

【例 11-10】采用同步语句方式修改 Storage.java，实现理想模式的生产者消费者示例，其余文件代码不变。

```java
//Storage.java
package Ex11_10;
class Storage {
    Product[] products = new Product[10];
    int top = 0;

    // 生产者往仓库中放入产品
    public void push(Product product) {
    synchronized (this){
    // 把产品放入仓库
    products[top++] = product;
            System.out.println(Thread.currentThread().getName() + " creates "
                    + product);
        }
    }
    // 消费者从仓库中取出产品
    public void pop() {
        synchronized(this){
    // 从仓库中取产品
            --top;
            Product p = new Product(products[top].id, products[top].name);
    products[top] = null;
    System.out.println(Thread.currentThread().getName() + " buy" + p);
        }
    }
}
```

11.7.4 交互式线程

生产者消费者模型采用对象互斥锁实现了线程同步，生产者访问共享资源时，消费者或其他线程就不能访问，只有生产者操作完成后，消费者才能继续操作。这里有一个问题，消费者怎么才能知道生产者何时完成操作，消费者总不能间歇地询问生产者，你什么时候做完啊？所以希望生产者和消费者之间能够有所交流，消费者只需耐心等待，一旦生产者完成操作，马上通知消费者，好了，该你执行啦。

线程之间能够相互交流来传递信息，这就是交互式线程。当一个线程需要等待其他线程提供数据，而数据尚未就绪时，此线程需要处于等待状态而暂停执行，而当数据准备就绪时，再通知其他线程接收数据。Java 提供了典型的 wait/notify 机制来实现进程交互，从而在线程间建立沟通渠道，通过线程间的"对话"来解决线程间的同步问题，更有效地协调线程的同步工作。

下面在生产者消费者问题程序中添加 wait/notify，实现生产者和消费者的交互。当生产者获取了互斥锁往仓库里放产品时，消费者处于 wait 状态，一旦生产者放满之后，将主动 notify 消费者可以来取货了，同时释放互斥锁；处于 wait 状态的消费者得到通知后，获取对象锁，从仓库里取货，此时生产者处于 wait 状态，待消费者操作完毕后，通知生产者可以存放产品，同时释放互斥锁。

wait/notify 是 Object 类定义的方法，包括 4 个主要方法，其定义如表 11-4 所示。

表 11-4 wait/notify 线程同步常用方法的定义

方法	说明
public final void wait() throws InterruptedException	等待直至其他线程对同一对象调用 notifyAll() 或 notify()
public final void wait(longtimeout) throws InterruptedException	等待直至其他线程对同一对象调用 notifyAll()、notify() 或参数指定的时间
public final void notifyAll()	唤醒正在等待当前对象的所有线程
public final void notify()	唤醒任意一个正在等待当前对象的线程

【例 11-11】修改例 11-9 的 Storage.java 代码，用 wait/notify 机制实现典型的生产者消费者模型，使生产者消费者之间相互通信。此例中测试类 ProducersAndConsumers.java 也更改为两个 Consumer 线程和一个 Producer 线程运行测试，删除 Consumer.java 中的 sleep() 语句，其余的代码没有变化。

```java
//Product.java
package Ex11_11;
class Product {
    int id;// 产品 id
    String name;// 产品名称

    public Product(int id, String name) {
        this.id = id;
        this.name = name;
    }
    public String toString() {
    return"(Product ID: " + id + "Product name: " + name + ")";
        }
}
//Producer.java
package Ex11_11;
class Producer implements Runnable {
private Storage storage;

public Producer(Storage storage) {
this.storage = storage;
    }
public void run() {
for(int i=0;i<storage.products.length;i++)
        {
        Product product=new Product(i,"IPad");
        storage.push(product);
        }
    }
}
//Consumer.java
package Ex11_11;
class Consumer implements Runnable {
    Storage storage;
```

```java
    public Consumer(Storage storage) {
        this.storage = storage;
    }
    public void run() {
        for(int i=0; i<storage.products.length;i++)
        {
            storage.pop();
        }
    }
}
//Storage.java
package Ex11_11;
class Storage {
    Product[] products = new Product[10];
    static int top;

    // 生产者往仓库中放入产品
    public synchronized void push(Product product) {
        while (top == products.length) {
            try {
                System.out.println("storage is full,producer is waiting...");
                wait();//仓库已满，等待
            } catch (InterruptedException e) {
                System.out.println("producer failed to wait");
                e.printStackTrace();
            }
        }
        // 把产品放入仓库
        products[top++] = product;
        System.out.println(Thread.currentThread().getName() + " creates "
                + product);
        notify();// 唤醒等待线程
    }

    // 消费者从仓库中取出产品
    public synchronized void pop() {
        while (top == 0) {
            try {
                System.out.println("storage is empty,consumer is waiting...");
                wait();//仓库空，等待
            } catch (InterruptedException e) {
                System.out.println("consumer failed to wait");
                e.printStackTrace();
            }
        }
        // 从仓库中取产品
        --top;
        Product p = new Product(products[top].id, products[top].name);
        products[top] = null;
        System.out.println(Thread.currentThread().getName() + " buys" + p);
        notify();// 唤醒等待线程
    }
}
//ProducersAndConsumers.java
package Ex11_11;
public class ProducersAndConsumers {
    public static void main(String[] args) {
```

```java
        Storage storage = new Storage();

        Thread producer = new Thread(new Producer(storage));
producer.setName("producer");

        Thread consumer1 = new Thread(new Consumer(storage));
consumer1.setName("consumer1");

        Thread consumer2 = new Thread(new Consumer(storage));
consumer2.setName("consumer2");

consumer1.start();
consumer2.start();
producer.start();
    }
}
```

如果运行该程序多次，每次运行结果会有不同，以下是其中一次的运行结果：

```
storage is empty,consumer is waiting...
storage is empty,consumer is waiting...
producer creates (Product ID: 0 Product name: IPad)
consumer1 buys(Product ID: 0 Product name: IPad)
storage is empty,consumer is waiting...
storage is empty,consumer is waiting...
producer creates (Product ID: 1 Product name: IPad)
consumer1 buys(Product ID: 1 Product name: IPad)
storage is empty,consumer is waiting...
storage is empty,consumer is waiting...
producer creates (Product ID: 2 Product name: IPad)
consumer1 buys(Product ID: 2 Product name: IPad)
storage is empty,consumer is waiting...
storage is empty,consumer is waiting...
producer creates (Product ID: 3 Product name: IPad)
consumer1 buys(Product ID: 3 Product name: IPad)
storage is empty,consumer is waiting...
producer creates (Product ID: 4 Product name: IPad)
consumer2 buys(Product ID: 4 Product name: IPad)
storage is empty,consumer is waiting...
storage is empty,consumer is waiting...
producer creates (Product ID: 5 Product name: IPad)
consumer2 buys(Product ID: 5 Product name: IPad)
storage is empty,consumer is waiting...
storage is empty,consumer is waiting...
producer creates (Product ID: 6 Product name: IPad)
consumer2 buys(Product ID: 6 Product name: IPad)
storage is empty,consumer is waiting...
storage is empty,consumer is waiting...
producer creates (Product ID: 7 Product name: IPad)
consumer2 buys(Product ID: 7 Product name: IPad)
storage is empty,consumer is waiting...
storage is empty,consumer is waiting...
producer creates (Product ID: 8 Product name: IPad)
producer creates (Product ID: 9 Product name: IPad)
consumer2 buys(Product ID: 9 Product name: IPad)
consumer2 buys(Product ID: 8 Product name: IPad)
storage is empty,consumer is waiting...
storage is empty,consumer is waiting...
```

此例中，一个 Producer 生产并放入 10 个产品，两个 Consumer 总共需要取走 20 个产品，以上运行结果显示当 Storage 为空时，Consumer 处于等待状态，Producer 放入产品后，Consumer1 或 Consumer2 取走，由于三个线程的运行次序是随机的，所以放入产品和取走的次序也是不确定的。当两个 Consumer 相续取走了所有的 10 个产品之后，Storage 为空，这时两个 Consumer 总共还缺少 10 个产品，因而持续等待，程序没有退出。因此在 wait/notify 机制控制下的 Producer 和 Consumer，不必遵循先放后取的规定，Producer 和 Consumer 的数量和运行先后次序也不受限制，这个例子基于互斥锁机制，完整地实现了典型的生产者消费者模型。

与例 11-9 相比，此例对 Storage.java 作了改进，在 push()，pop() 两个方法里添加了 wait() 和 notify() 两个方法，这两个方法都需要对异常进行捕获或处理。当 Producer 准备往存储区中放入产品时，首先检查库存情况，如果是满的，调用 wait() 进入等待状态；反之，则放入产品，放完产品后立刻调用 notify() 通知 Consumer 可以取出产品了。同样的道理，当 Consumer 准备从存储区取出产品时，也先检验库存情况，如果是空的，调用 wait() 进入等待状态；反之，则直接取出产品。操作完毕后，调用 notify() 通知 Producer 可以放入产品了。如果有多个线程处于等待状态，则在通知时，使用 notifyAll() 代替 notify()，以唤醒当前等待的所有线程。

在线程调用 wait() 方法时会自动释放互斥锁，并让出 CPU 给其他线程继续使用，这样不至于长久占住锁，导致其他线程出现"饥饿"，或者产生死锁现象；sleep() 方法则不同，在使用时仅仅让出 CPU 给其他线程，线程是不会释放互斥锁的。

典型生产者消费者模型的实现，应该明确以下几点：

1）若干生产者和若干消费者采用对象互斥锁来实现进程同步：synchronized 和 wait()/notify() 机制配合使用。

2）生产者仅在存储区未满时放入产品，放满了则等待；消费者仅在存储区未空时才能取出产品，取空了则等待。

3）生产者放满产品后会通知消费者，反之，消费者取空产品后也会通知生产者。

4）若等待的生产者或消费者线程数量多，应采用一定的数据结构，如队列来管理多线程的等待次序，依次轮流获取互斥锁。

Java 编程小提示：需要注意的是，synchronized 具有自动"上锁"和"解锁"的功能，当调用临界区代码时，线程自动上锁，其他线程无法使用共享数据，操作结束后，又可以自动"解锁"，把互斥锁释放出来，使其他线程能够使用共享数据。

11.8 死锁

死锁是操作系统中的术语，它产生的原因是由于竞争有限资源并且并发进程在系统中对竞争资源访问的顺序不当造成的。并发线程同样也会出现死锁现象，当多个线程在执行过程中同时处于阻塞状态，它们都在互相等待对方释放共享资源时，死锁出现了。举一个生活中的例子，两个人在门口，一人欲进，一人欲出，为了给对方让道，两人都朝同一侧移动一步，结果都无法通过门，两人再同时朝另一侧移动一步，还是无法通过，这样因出入同一扇门的顺序不当造成的结果就是死锁。

死锁多发生在并发线程访问多个共享资源的情况下。例如，线程 A 使用共享资源 S1，线程 B 使用共享资源 S2，线程 A 欲使用 S2 时，S2 被线程 B 占用；同样的，线程 B 欲使用 S1 时，S1 又被线程 A 占有。最终 A 和 B 都处于等待状态，两个线程被无限期地阻塞，无法正常使用 S1 和 S2，导致程序无法正常终止。

在多线程程序中，死锁是一个比较难处理的问题。编程中要注意几个要点，首先，要避免死锁，尽量不要使用 Java API 中标记有 deprecated（弃用）的 stop()、suspend()、resume() 等方法。其次，synchronized 和 wait()/notify() 机制比较适用于互斥线程，如果有多个共享资源，不适当地运用 synchronized 操作将导致死锁。synchronized 只提供自动上锁，有自动解锁功能，用户无法根据自己的需要手动上锁或解锁，若使用不当，比如在上锁使用过程中长时间地等待某个条件，无法释放锁，就很容易造成死锁。从 Java 技术层面来检测出死锁未免亡羊补牢，因此开发人员还需要从设计角度尽量避免产生死锁，在接下来的内容中将讲解 Java 的高级并发类库，该类库提供了较好的途径尽可能灵活地防止死锁问题产生。

Java 编程小提示：使用 synchronized 时，为避免死锁，有时需要适当使用 sleep() 使某个线程休眠一定时间，停止执行，使其他线程能够有时间先享用共享资源。

11.9 高级并发

JDK 5.0 后提供了更灵活、更具可伸缩性的线程处理机制，增加了一些新功能来处理线程并发，为我们在开发中处理并发线程的问题提供了非常大的帮助。内容包括并发集合类、线程池机制、同步互斥机制、线程安全的变量更新工具类、锁等常用工具，分别包含在 java.util.concurrent、java.util.concurrent.atomic 和 java.util.concurrent.locks 三个包中。其中 java.util.concurrent 提供了几个并发集合类，如 ConcurrentHashMap、ConcurrentLinkedQueue 和 CopyOnWriteArrayList 等，根据不同的使用目的，开发者可以用它们替代 java.util 包中的集合类。java.util.concurrent.locks 包提供最基本的三个接口 lock、ReadWriteLock 和 Conditon，以及实现这些接口的具体类。Lock 的常用具体类为 ReentrantLock。ReadWriteLock 的常用具体类为 ReentrantReadWriteLock。java.util.concurrent.atomic 提供了一组原子变量类，可以取代 volatile 变量或者 synchronized 操作，并提供了 4 种类型用来处理布尔、整型、长整型、引用类型数据。atomic 类包含一系列语义清晰的方法，高效地协调了多线程针对非原子性操作时执行次序的问题，能够使某个线程执行 atomic 类中的方法时，具有排他性，不会被其他线程打断，保证了线程安全。本书在这里不做过多的讲解，atomic 类的具体使用说明可查阅 Java API。java.util.concurrent 包的常用接口及其具体类关系如图 11-6 所示，虚线连接表示为接口。

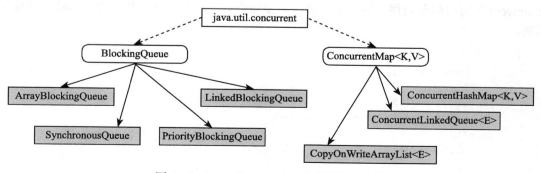

图 11-6　java.util.concurrent 的主要接口和类

java.util.concurrent.locks 包的常用接口及其具体类关系如图 11-7 所示。

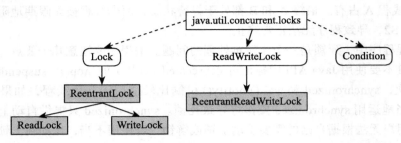

图 11-7　java.util.concurrent 的主要接口和类

11.9.1　Lock 和 Condition

与 synchronized 相同，java.util.concurrent.locks.Lock 接口也提供了采用对象互斥锁的方式来实现线程同步，Lock 除了能完成 synchronized 实现的所有功能，还具备更加灵活的手工锁定及手工释放机制，要求必须在 finally 语句中释放锁，并提供了尝试获得锁 tryLock()。使用 Lock 时，可以根据需要自己获得锁，在使用完毕后手动释放它，即使操作尚未完成，在使用过程中也可以依据某些条件中断操作，选择手工释放锁，这在很大程度上避免死锁产生。通常 Lock 的使用方式如下：

```
Lock l = ...;        // 定义一个 lock
l.lock();            // 手动上锁
try {
    // 执行操作
} finally {
    l.unlock();      // 手动解锁
}
```

java.util.concurrent.locks.Lock 接口的具体类 ReentrantLock 实现了两个重要的方法：lock() 方法和 unlock() 方法。

void lock() 方法，即上锁，执行此方法时，先判断互斥锁的状态，如果该锁处于空闲状态，当前线程将得到锁，执行操作；反之，如果该锁已经被其他线程拥有，则禁用当前线程，直到当前线程获取到锁。

void unlock() 方法，即解锁，执行此方法时，当前线程将释放拥有的互斥锁。

在不能确定是否能使用锁的情况下，可以使用 trylock() 进行处理。trylock() 也适用于在 timeout 超时时间前使用，调用 trylock() 需要捕获处理异常。以下代码为 trylock() 的使用示例：

```
try {
    Lock l = ...;
    l.trylock();
    ……// 执行操作
} catch(InterruptedException e){…}
finally {
    l.unlock();
}
```

另外，ReentrantLock 类还提供了 isLocked() 方法用于检测锁是否被某个线程拥有。

Lock 通常和 Conditon（条件）结合起来使用，效果如同 synchronized 和 wait()/notify() 结合起使用，Conditon 从概念解释表示线程被阻塞的条件，条件可以是一种或一种以上。Lock 代替了 synchronized，Conditon 则提供 await()、signal()、signalAll() 三个方法代替 wait()、notify() 和 notifyAll() 方法。Lock 和 Condition 的 await()、signal() 和 signalAll() 方法组合，为线程同步的实现增加了更大的灵活性。

【例 11-12】用 Lock 与 Condition 结合实现生产者与消费者问题，仅更新例 11-11 中的 Storage.java，其余文件仍然保持不变，运行结果也和例 11-11 相同。

```java
//Storage.java
package Ex11_12;

import java.util.concurrent.locks.*;
class Storage {
    Product[] products = new Product[10];
    int top = 0;
    Lock mylock = new ReentrantLock();// 定义一个 lock
    Condition full = mylock.newCondition(); // 定义一个 full 的阻塞条件
    Condition empty = mylock.newCondition();// 定义一个 empty 的阻塞条件
    // 生产者往仓库中放入产品
    public void push(Product product) {
        mylock.lock();  // 获取锁
        try {
            while (top == products.length) {
                System.out.println("storage is full,producer is waiting...");
                full.await();// 仓库已满,producer 在 full 条件被阻塞
            }
            //仓库空的,把产品放入仓库
            products[top++] = product;
            System.out.println(Thread.currentThread().getName() + " creates " + product);
            empty.signal();// 唤醒在 empty 条件下等待的 consumer
        }catch (InterruptedException e) {
            System.out.println("producer failed to wait");
            e.printStackTrace();
        }finally{
            mylock.unlock();  // 释放锁
        }
    }
    // 消费者从仓库中取出产品
    public void pop() {
        mylock.lock();  // 获取锁
        try {
            while (top == 0) {
                System.out.println("storage is empty,consumer is waiting...");
                empty.await();// 仓库空,consumer 在 empty 条件下被阻塞
            }
            //仓库满的,从仓库中取产品
            --top;
            Product p = new Product(products[top].id, products[top].name);
            products[top] = null;
            System.out.println(Thread.currentThread().getName() + " buy" + p);
            full.signal();// 唤醒在 full 条件下等待的 Producer 线程
        } catch (InterruptedException e) {
            System.out.println("consumer failed to wait");
```

```
            e.printStackTrace();
        } finally{
   mylock.unlock(); // 释放锁
        }
    }
}
```

此例定义了一个 Lock 对象 mylock 用于控制线程对存储区 storage 的访问，通过 myLock.newCondition() 方法分别创建两个 Condition 对象 full（满）和 empty（空），full 表示 Producer 在存储区满的条件下被阻塞，empty 表示 Consumer 在存储区空的条件下被阻塞。当生产者执行 push 操作时，首先调用 mylock.lock() 获得互斥锁，上锁，然后判断存储区容量，如果是满的，则调用 full.await() 使 Producer 在 full 条件下等待并释放锁；反之则放入产品，放满之后执行 empty.signal() 通知在 empty 条件下等待的 Consumer，释放锁，完成操作。同样道理，消费者执行 pop 操作时，也先执行 mylock.lock() 获得互斥锁，上锁，然后判断存储区容量，如果是空的，则调用 empty.await()，使 Consumer 在 empty 的条件下等待并释放锁；反之则取出产品，取完后执行 full.signal()，通知在 full 条件下等待的 Producer，最后释放锁。

11.9.2 读写锁

互斥锁为生产者消费者同步问题提供了解决方案，另一个经典的同步问题——读者写者问题需要读写锁来解决。读者写者问题也是并发程序设计中经常出现的同步问题，计算机系统中的数据常被多个线程（或进程）共享，其中某些线程（或进程）只要求读数据，称为读者，一些进程/线程则只要求编辑数据，称为写者，读者写者两组线程共享一组数据区，满足以下条件：

1）多个读者可以同时读取数据。
2）不允许多个写者同时写数据。
3）读者和写者也不允许同时操作。

读者写者的每一次读或写操作都需要持有读写锁，一次只允许一个写者线程占有读写锁，进行写操作，但是允许多个读者线程同时占有读写锁，进行读操作。具体操作时，如果一个读者线程处于读模式占用锁，其他读者线程都可以对此锁再次加锁，访问共享数据，但是一个写者线程试图再加锁将被拒绝，它必须等待所有的读者线程释放锁。通常这种情形，读写锁也会阻塞随后来的读线程请求，这样可以避免写者线程请求被长时间阻塞，读写锁被读者线程永久占用。如果是写者线程处于写模式占用锁，所有试图对该锁加锁的线程请求都将被拒绝。

java.util.concurrent.locks 包下的 ReadWriteLock 接口提供了读写锁功能，它的具体类 ReentrantReadWriteLock 实现了 readLock() 和 writeLock() 两个方法，这两个方法分别返回 lock 类型的读锁和写锁两种锁，读锁和写锁皆可调用 lock() 和 unlock() 来实现加锁和释放锁。

【例 11-13】通过定义一个读写锁 ReentrantReadWriteLock 来实现多个读者线程和多个写者线程访问共享数据，读者和写者分别采用 readLock() 和 writeLock() 来加锁和释放锁。

```
//Ex11_13.java
import java.util.Random;
```

```java
import java.util.concurrent.locks.ReentrantReadWriteLock;

public class Ex11_13 {
    public static void main(String[] args) {
        readwriteOp one = new readwriteOp();

        for (int i=0; i< 3; i++) {
            readThread thr = new readThread(one);
            writeThread thrw = new writeThread(one);
            thr.start();
            thrw.start();
        }
    }
}
class readThread extends Thread{
    readwriteOp rw;
    public readThread(readwriteOp op){
        this.rw=op ;
    }
    public void run(){
        while(true){
            rw.reader();
        }
    }
}

class writeThread extends Thread{
    readwriteOp rw;
    public writeThread(readwriteOp op){
        this.rw=op ;
    }
    public void run(){
        while(true){
            // 写入一个随机数
            rw.writer(new Random().nextInt(10000));
        }
    }
}
// 对共享数据进行读写操作的类
class readwriteOp{
    private int num;// 共享数据
    private ReentrantReadWriteLock rw1 = new ReentrantReadWriteLock();// 创建读写锁
    public void reader(){
        rw1.readLock().lock();// 加读锁
        System.out.println(Thread.currentThread().getName()+"is ready to read number");
        try{
            Thread.sleep((long) (Math.random()*1000));// 稍作停顿
        }catch (Exception e) {
            e.printStackTrace();
        }
        System.out.println(Thread.currentThread().getName()+"have read number: " + num);
        rw1.readLock().unlock(); // 释放读锁
    }

    public void writer(int data){
        rw1.writeLock().lock();// 加写锁
        System.out.println(Thread.currentThread().getName()+" is ready to write number");
        try{
```

```
        Thread.sleep((long) (Math.random()*1000));
    }catch (Exception e) {
        e.printStackTrace();
    }
    this.num = data;
    System.out.println(Thread.currentThread().getName()+"have write number: "+ num);
    rw1.writeLock().unlock();
    }
}
```

运行结果如下：

```
Thread-1 is ready to write number
Thread-1have write number: 9710
Thread-1 is ready to write number
Thread-1have write number: 2832
Thread-1 is ready to write number
Thread-1have write number: 4589
Thread-1 is ready to write number
Thread-1have write number: 1914
Thread-0is ready to read number
Thread-2is ready to read number
Thread-4is ready to read number
Thread-4have read number: 1914
Thread-2have read number: 1914
Thread-0have read number: 1914
Thread-3 is ready to write number
Thread-3have write number: 8932
```

该程序是一个持久运行的死循环，3 个读者线程和 3 个写者线程交替地访问共享数据，当读者线程 Thread-0 访问数据时，其他的读者线程 Thread-2 和 Thread-4 也可以再次加上读锁访问。写者线程则不同，比如 Thread-1、Thread-3 访问数据时，其他的线程都不可访问，直到写者完成写入数据释放掉锁。

11.9.3 阻塞队列（BlockingQueue）

前面介绍的对象互斥锁无论是 synchronized+wait()/notify() 机制，还是 lock+await()/signal 机制，都需要自行判断何时阻塞、何时唤醒，以及采用何种数据结构处理正在等待的多个线程，一旦线程同步协调，就容易产生死锁、饥饿等问题。Java.util.concurrent 包的 BlockingQueue 接口（见图 11-7）通过队列的方式完成线程间的高效传输数据，提供强大的功能解决了多个生产者与多个消费者共享资源的问题，实现自动阻塞机制，不必担心何时阻塞、何时唤醒。当存储区的产品满时，BlockingQueue 能自动阻塞生产者放入，唤醒消费者取出产品；而当存储区空时，BlockingQueue 也能自动阻塞消费者取出产品，唤醒生产者放入产品。此外，BlockingQueue 还提供了独立锁的线程同步机制，与互斥锁相比，独立锁能够高效地实现生产者和消费者真正地并行运行，同时访问共享资源。BlockingQueue 的核心方法如表 11-5 所示。

表 11-5　BlockingQueue 的主要方法

offer(anObject)	将 anObject 加到队列里，如果队列里没有空间，则返回 false
offer(E o, long timeout, TimeUnit unit)	将 anObject 加到队列里，如果队列里没有空间，设定等待的时间
put(anObject)	把 anObject 加到队列里，如果队列没有空间，则调用此方法的线程被阻断，直到队列里面有空间再继续添加

	（续）
poll(time)	取走队列里排在首位的对象
poll(long timeout, TimeUnit unit)	从队列中取出一个队首的对象，如果队列里没有可取的对象，则指定等待时间
take（）	取走队列里排在首位的对象，没有对象，则等待直到有可取的对象为止
drainTo(Collection<? super E> c)	一次性从队列中获取所有可用的数据添加到集合里

BlockingQueue 接口的具体类主要有 ArrayBlockingQueue、LinkedBlockingQueue、PriorityBlockingQueue、SynchronousBlockingQueue，在程序中根据需来选用不同的具体类，通常 ArrayBlockingQueue 和 LinkedBlockingQueue 两类足够可以处理线程同步问题了。以下是这四种类的使用说明：

1）ArrayBlockingQueue：这种 BlockingQueue 的大小必须指定，由构造方法带一个 int 参数来指明其大小，BlockingQueue 中的对象以 FIFO（先入先出）的顺序排序。使用时需注意，生产者放入数据和消费者获取数据，都是共用一个对象互斥锁，因此两者无法真正并行运行。

2）LinkedBlockingQueue：这种 BlockingQueue 的大小没有固定，可以指定大小，也可以不指定，不指定时，构造方法可以没有参数，默认最大值由 Integer.MAX_VALUE 决定，所含的对象以 FIFO（先入先出）顺序排序。使用 LinkedBlockingQueue 时，生产者和消费者分别采用独立的锁来控制数据同步，这也意味着在高并发的情况下，生产者和消费者可以并行地操作队列中的数据，以此来高效提升整个队列的并发性能。

3）PriorityBlockingQueue：类似于 LinkedBlockQueue，但其所含对象的排序方式不是 FIFO，而是按照优先级排序。PriorityBlockingQueue 中存储的对象必须实现 Comparable 接口，队列通过这个接口的 compare() 方法确定对象的优先级。

4）SynchronousBlockingQueue：与 ArrayBlockingQueue、LinkedBlockingQueue 不同，SynchronousBlockingQueue 内部并没有数据缓存空间，数据直接在生产者和消费者线程之间传递，并不会将数据缓冲到队列中，因此遍历这个队列的操作也是不允许的。生产者线程的放入操作 put 必须等待消费者的取出操作 take 完成后再执行，反过来也一样。

【例 11-14】采用 LinkedBlockingQueue 实现生产者消费者问题。

```
//Product.java
package Ex11_14;

class Product {
    String id;// 产品 id
    String name;// 产品名称
public Product(String id, String name) {
this.id = id;
this.name = name;
    }
public String toString() {
return"(Product ID: " + id + "Product name: " + name + ")";
    }
}
//Producer.java
package Ex11_14;
import java.util.concurrent.BlockingQueue;
```

```java
public class Producer implements Runnable {
    BlockingQueue<Product>queue;
    public Producer(BlockingQueue<Product>queue) {
        this.queue = queue;
    }
    public void run() {
        try {
            Product item1 = new Product("111111", "IPad");
            System.out.println("I have made a product:" + Thread.currentThread().getName());
            queue.put(item1);//放入产品，如果队列是满的话，会阻塞当前线程
            System.out.println("I put in a product:"+item1);
        } catch (InterruptedException e) {
            e.printStackTrace();
        }
    }
}
//Consumer.java
package Ex11_14;
import java.util.concurrent.BlockingQueue;

public class Consumer implements Runnable{
    BlockingQueue<Product>queue;
    public Consumer(BlockingQueue<Product>queue){
        this.queue = queue;
    }
    public void run() {
        try {
            Product temp = queue.take();
            // 取出产品，如果队列为空，会阻塞当前线程
            System.out.println("I took out"+temp);
        } catch (InterruptedException e) {
            e.printStackTrace();
        }
    }
}
//ProduerConsumer.java
package Ex11_14;
import java.util.concurrent.BlockingQueue;
import java.util.concurrent.LinkedBlockingQueue;

public class ProduerConsumer {

    public static void main(String[] args) {
        // 创建一个LinkedBlockingQueue
        BlockingQueue<Product>queue = new LinkedBlockingQueue<Product>();   // 创建Consumer对象和Producer对象
        Consumer consumer = new Consumer(queue);
        Producer producer = new Producer(queue);
        //创建5个Consumer线程和5个Producer线程
        for (int i = 0; i< 5; i++) {
            new Thread(producer, "Producer" + (i + 1)).start();
            new Thread(consumer, "Consumer" + (i + 1)).start();
        }
    }
}
```

运行结果：

```
I have made a product:Producer1
I have made a product:Producer3
I have made a product:Producer2
I put in a product:(Product ID: 111111Product name: IPad)
I put in a product:(Product ID: 111111Product name: IPad)
I put in a product:(Product ID: 111111Product name: IPad)
I took out(Product ID: 111111Product name: IPad)
I took out(Product ID: 111111Product name: IPad)
I took out(Product ID: 111111Product name: IPad)
I have made a product:Producer5
I put in a product:(Product ID: 111111Product name: IPad)
I took out(Product ID: 111111Product name: IPad)
I have made a product:Producer4
I put in a product:(Product ID: 111111Product name: IPad)
I took out(Product ID: 111111Product name: IPad)
```

该例首先创建一个 LinkedBlockingQueue 用于放置产品，然后创建 5 个 Producer 和 5 个 Consumer，Producer 每生产一个产品会调用 queue.put() 把产品放入队列中，Consumer 调用 queue.take() 从队列中取出产品，在放入和取出操作中自动进行阻塞处理，适用于大量线程的并发处理，非常方便，并且代码也简洁，推荐在线程编程采用这种方式。

11.9.4 线程池

大多数网络服务器程序都离不开多线程，每当一个请求到达时，立即需要一个单独的线程为请求服务，但当有大量请求并发访问时，假设一个服务器一天要处理 50 000 个请求，服务器不断创建和销毁对象的开销很大，这种方式会因线程创建得太多而消耗过多的内存，影响到执行效率。为了减少创建和销毁线程的次数，并能重复利用线程执行多个任务，引入"池"的概念，线程池提供了限制系统中执行线程数量的解决方案。线程池是在任务到来之前，预先创建一定数目线程的机制，可以根据系统环境，自动或手动设置线程数量，创建线程放入空闲队列中，这些线程均处于睡眠状态，不消耗 CPU，仅占用非常少量的内存空间。当接收到一个请求时，缓冲池为该请求分配一个空闲线程，将请求传入此线程中运行，进行处理。如果预先创建的线程都处于运行状态，即创建的线程不够使用，线程池可再创建一定数量的新线程，用于处理更多的请求。如果请求不多，系统比较清闲，也可以移除一部分一直处于停用状态的线程。如此采用线程池机制以达到运行的最佳效果，既不至于浪费资源，又不会造成系统拥挤影响效率。

java.util.concurrent.Executors 类提供了创建 4 种线程池 newSingleThreadExecutor、newFixedThreadPool、newScheduledThreadPool、newCachedThreadPool 的方法，如表 11-6 所示。

表 11-6　Executors 类的方法

ScheduledExecutorServicenewSingleThreadExecutor()	创建一个单线程的线程池，它只有一个工作线程来执行任务，保证所有任务按照指定顺序（FIFO，LIFO，优先级）执行
ExecutorServicenewFixedThreadPool(int nThreads)	创建一个可重用固定保存 nThreads 个线程的线程池，超出的线程在队列中等待
ScheduledExecutorServicenewScheduledThreadPool(int corePoolSize)	创建一个可保存线程数为 corePoolSize 的线程池，可设置定时运行及周期性执行任务
ExecutorServicenewCachedThreadPool()	创建一个无界限的线程池，如果线程池长度超过任务数量，可回收 60 秒不执行任务的空闲线程。若任务数量增多，则自动新建线程

ExecutorService 是一个接口，ExecutorService 有两个具体类 ThreadPoolExecutor 和 ScheduledThreadPoolExecutor，其中 ThreadPoolExecutor 是线程池中最核心的类，继承自 AbstractExecutorService 类，创建线程池的工作由它的构造方法完成。ThreadPoolExecutor 的构造方法定义如下：

ThreadPoolExecutor(int corePoolSize,int maximumPoolSize,long keepAliveTime,TimeUnit unit, BlockingQueue<Runnable> workQueue,ThreadFactory threadFactory,RejectedExecutionHandler handler)

下面解释各个参数的含义。

corePoolSize：线程池的大小，即可放置的线程数量。

maximumPoolSize：线程池最多能创建的线程数。

keepAliveTime：表示空闲线程没有任务执行时，最多等待多少时间会终止。

unit：参数 keepAliveTime 的时间单位，可设置为天、小时、分钟、秒、毫秒、微秒及纳秒。

workQueue：存放线程的阻塞队列。

threadFactory：创建新线程时使用的线程工厂。

handler：对某些异常的处理程序，比如超出线程范围和队列容量而使执行被阻塞的异常。

从参数列表中可看出，ThreadPoolExecutor 构造方法提供了创建线程池的必要参数。如果请求执行的线程数量少于 corePoolSize，则不排队，直接执行；反之，Executor 将请求加入队列，而不添加新的线程。线程的排队方式由工作队列 workQueue 决定，有 ArrayBlockingQueue、LinkedBlockingQueue 以及 synchronousQueue 三种阻塞队列可供选用，此队列仅保持由 execute() 方法提交的 Runnable 任务，关于阻塞队列前面已经介绍过。

ThreadPoolExecutor 类中有几个常用的方法：execute(runnable command)、submit()、shutdown()。

- execute(runnable command) 是一个重要的方法，在 ExecutorService 的父接口中声明，由 ThreadPoolExecutor 完成具体的实现，该方法负责向线程池提交请求并由线程池来执行。
- submit() 方法在 ExecutorService 接口中声明，在 AbstractExecutorService 中实现，该方法与 execute() 功能相似，也是向线程池提交执行请求，不同的是它提供执行的返回结果。
- Shutdown() 在最后用于关闭线程池。

【例 11-15】创建一个 newCachedThreadPool 类型的线程池，其他类型线程池的创建方式与此类似。

```
//Ex11_15.java cathedThreadPool
import java.util.concurrent.ExecutorService;
import java.util.concurrent.Executors;
public class Ex11_15 {
public static void main(String[] args) {
    // 创建一个可调节大小的线程池
    ExecutorService pool = Executors.newCachedThreadPool();

// 创建一个单线程运行的线程池
//ExecutorService pool = Executors. newSingleThreadExector();;
// 创建一个可重用固定线程数的线程池
```

```
//ExecutorService pool = Executors.newFixedThreadPool(5);
// 创建一个可重用固定线程数的线程池
// ScheduledThreadPoolExecutor exec = new ScheduledThreadPoolExecutor(1);
// 创建 5 个线程
    Thread t1 = new MyThread();
    Thread t2 = new MyThread();
    Thread t3 = new MyThread();
    Thread t4 = new MyThread();
    Thread t5 = new MyThread();

// 将线程放入池中进行执行
pool.execute(t1);
pool.execute(t2);
pool.execute(t3);
pool.execute(t4);
pool.execute(t5);

// 关闭线程池
pool.shutdown();
    }
}

class MyThread extends Thread {
    publi cvoid run() {
        System.out.println(Thread.currentThread().getName() + "is running");
    }
}
```

运行结果如下：

```
pool-1-thread-1is running
pool-1-thread-2is running
pool-1-thread-4is running
pool-1-thread-5is running
pool-1-thread-3is running
```

本章小结

本章介绍了线程的概念、线程的生命周期、多线程编程的两种实现方式，以及多线程编程的 4 种模式：不相关的线程、相关无须同步的线程、同步线程、交互式线程，以及高级并发处理机制。

线程的实现方式有两种，一种是直接继承 Thread 类，另一种是实现 runnable 接口。

相关但无须同步线程用于若干线程共同完成一项任务，彼此之间没有关系。

同步线程的多个线程需要共享资源，Java 采用对象互斥锁实现了不同线程对共享数据的同步操作，即在对象本身或对象调用的操作共享数据的方法之前加上关键字 synchronized，synchronized 具有自动上锁和解锁功能。

交互式线程在同步的基础上增进了线程之间的通信，当一个线程在使用共享资源时，持有对象锁，执行操作，其余的线程处于 wait 状态；该线程完成操作后，通知 notify/notifyAll 其余的线程来使用，同时释放对象锁。

java.util.concurrent 为线程并发提供了高级、更加灵活的处理机制。

Lock 和 Condition 机制，Lock 具备手动上锁及解锁功能，Lock 通常与 Condition 结合使用，前者代替了 synchronized，后者则以 await()、signal()、signalAll() 代替 Object 对象的 wait()、notify() 和 notifyAll() 方法。

　　读写锁 ReadWriteLock 为同步线程提供了更加灵活的读锁和写锁。

　　阻塞队列 BlockingQueue 通过队列的方式实现线程间的同步，提供自动处理阻塞及唤醒功能。

　　线程池机制采用预先创建线程的方式达到处理大量请求时的最佳运行效果，提供了 4 种创建线程池的方式。

　　多线程编程是 Java 编程的一个难点，多线程实现的语法并不难，要设计出一个好的多线程程序，关键还在于掌握与操作系统相关的线程理论知识。

习题

1. 如何在 Java 程序中实现多线程？
2. 简述 Thread 类和 Runnable 接口两种方法的异同。
3. 什么是死锁？如何避免死锁？
4. 简述 synchronized 和 java.util.concurrent.locks.lock 的异同。Lock 的优势是什么？若需要实现一个高效的缓存，允许多个用户读，但只允许一个用户写，以此来保持它的完整性，应如何实现？
5. 列举阻塞队列的常用方法。
6. sleep() 和 wait() 有何区别？
7. 现在有 T1、T2、T3 三个线程，怎样保证 T2 在 T1 执行完后执行，T3 在 T2 执行完后执行？
8. 采用 Java 多线程技术，设计一个银行 ATM，假设用户插入银行卡后，该 ATM 需要实现以下功能：
   （1）读取用户信息；
   （2）如果是本地银行用户，进行交易；
   （3）如果其他银行用户，与用户所在银行连接。考虑到同步问题，给出分析过程说明。
9. 写一个线程 A 从键盘一次读一句英文句子，线程 B 和线程 C 两个线程分别处理这个句子，如果线程 A 读入的句子为大写字母，则由线程 C 保存到一个文件里，否则交给线程 B 处理，在屏幕上显示出这个句子。请用 Synchronized、Lock 和 BlockingQueue 三种方式实现。
10. 创建 3 个线程打印 90 个英文单词，线程 1 先打印前 5 个，然后是线程 2 打印第 6～第 10 个，线程 3 打印第 11～第 15 个，接着再轮回到线程 1……以此类推，直到打印完所有的单词。采用 Synchronized 和 Lock 方式两种方式实现。

第 12 章 Java Socket 网络编程

在网络信息发达的时代，位于网络上不同主机上的进程之间如何互相通信？各种社交软件如何通过网络传递文本、图片、音频、视频文件及网络聊天？实际上，所有的这些软件底层实现机制都离不开 Socket，即所谓的网络套接字，它是实现网络进程间通信的基础。鉴于不同的语言与平台，Socket 有 UNIX 类的 BSD Socket 和基于 Windows 平台的 Winsock，Java 提供了相关的 Socket API 来实现网络编程。

本章简要介绍基本网络通信协议，然后详细讲解基于传统的客户机/服务器模型的 TCP Socket 和 UDP Socket 编程，包括一对一（点到点）、一对多（多线程）以及 UDP 组播的具体实现方式。

12.1 网络通信协议

Internet 是信息通信的公共场所，通信设备如计算机之间在 Internet 上的相互通信需要共同遵循的规则称为网络协议，只有遵守协议的设备才能够通过 Internet 和其他设备进行数据传递及通信，这就如同人们使用快递传递货物必须遵守快递业内的有关规范一样。

网络协议中最为人熟知的当属 TCP/IP，TCP/IP 是 Internet 的基础协议，它规范了网络上的所有通信设备之间的数据往来格式以及传送方式。确切地说，TCP/IP 是一组包括 TCP（Transform Control Protocol）和 IP、UDP（User Datagram Protocol）、ICMP（Internet Control Message Protocol）及其他一些协议的协议组。

为更好地理解 TCP/IP，首先简要介绍它的网络架构，传统的 OSI(Open Systems Interconnection) 模型，是一种通信协议七层抽象模型，分别为物理层、数据链路层、网络层、传输层、会话层、表示层和应用层，每一层都依赖它下一层提供的网络来完成自己的需求，从而达到各种软硬件在相同层次上的相互通信。而 TCP/IP 采用了简化的四层结构，每一层负责不同的功能，数据发送时，由上层往下层进行封装，数据接收时，由下层往上层进行解封装。如图 12-1 所示，自上而下这 4 层分别为：

应用层：即应用程序，如 Telnet（网络远程访问协议）、SMTP（电子邮件传输）、FTP（文件传输协议）、SNMP（简单网络治理协议）以及其他的许多应用，需要传递的数据报文在此层遵循一定的协议格式进行封装。

传输层：为应用程序提供端到端的数据传输服务，如 TCP（传输控制协议）和 UDP（用户数据报协议）等，TCP 和 UDP 负责给应用层传递来的数据包加入传输数据，并把它传输到下一层网络层中。

网络层：也称为互联网层，负责为数据包提供基本的传送功能，增加传输使用的 IP 地址，确保每一块数据包都能够到达目的主机，但不负责它们被正确接收。网络层协议包括 IP、ICMP（Internet 互联网控制报文协议）和 IGMP（internet 组治理协议）。

数据链路层：也称为网络接口层，通常包括计算机中对应的网络接口卡和操作系统中的设备驱动程序，数据包到达此层后，增加相应的 MAC 地址，处理有关通信媒介的细节，如以太网、令牌环网等，定义如何使用这些实际网络来传送数据。

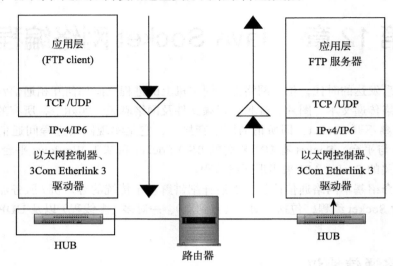

图 12-1　TCP/IP 简易 OSI 模型图

以下简单介绍 IP、TCP、UDP 的主要功能以及工作方式。

1. IP

IP 是所有网络协议的基石，其功能相当于整个网络的通信枢纽，IP 管理着客户端和服务器端之间的报文传送，负责接收从数据链路层发送来的数据包，并把该数据包传递给传输层；同样 IP 层也负责把从传输层接收来的数据包传递到数据链路层，IP 数据包中含有发送它的主机 IP 地址和接收它的目的地 IP 地址。然而，IP 提供的数据包传递服务是不可靠的、无连接的，因为 IP 并不确保数据包能按顺序、无损坏地到达目的地。

2. TCP

TCP 提供了面向连接的、可靠的数据流传输服务。客户和服务器彼此交换数据前，必须先在双方之间建立一个 TCP 连接，然后才能传输数据。TCP 提供超时重发、丢弃重复数据、检验数据、流量控制等功能，确保到达的是一个顺序的、无差错的数据流。TCP 数据流包括序号和确认，因而可以对数据进行错误检测，将乱序到达的数据重新排序，而损坏的包可以重传。但是保障正确性是需要付出代价的，使用 TCP 必然消耗处理器的资源和网络带宽。应用层中一些需要高度可靠性和正确性的服务通常采用 TCP，如一般网页（HTTP）、邮件（SMTP）、远程连接（Telnet）、文件（FTP）传送。

3. UDP

UDP 提供了一种无连接的、不可靠的数据包传输服务，每个数据包都是完整的信息，包括源地址和目的地地址，传输不需要流控、应答、重排序或任何 TCP 提供的功能，只是负责把应用程序传给 IP 层的数据包发送出去，但是不能保证它们能否到达目的地、到达的时间以及到达内容的正确性。UDP 在传输数据报前，不需要在客户和服务器之间建立一个连接，且没有超时重发等机制，故而资源消耗小、传输速度很快，适用于多点通信和实时的数据业务，如语音传递 VoIP（Voice Over IP）、视频、QQ、TFTP（简单文件传送）、RTP（实时传送协议）、RIP（路由信息协议，如报告股票市场、航空信息），因为它们即使偶尔丢失一两个数据包，也不会对接收结果产生太大影响，然而使用 UDP 涉及的数据正确性就得由上一层的应用程序来保证了。

4. ICMP

ICMP 与 IP 位于同一层，用于处理 IP 主机、路由器之间的错误和控制消息，这些消息一般由 TCP/IP 网络软件自身产生，一般指网络是否通、主机是否可达、路由是否可用等网络本身的消息。这些控制消息虽然并不传输用户数据，但是对于用户数据的传递起着重要的作用。比如 PING 是最常用的基于 ICMP 的服务。

与 TCP/IP 相关的还有一个重要的概念——端口号。各个主机通过 TCP/IP 来发送和接收数据包，数据包将按照指定 IP 地址被送到目的地，而目的地主机可能同时运行多个进程，启动多种服务，数据包传递给哪个运行的进程呢？这就需要为每种服务提供一个端口号来加以区分。端口号的范围为 1～65535，1～1023 端口被预留给特殊的服务，如用于 HTTP 服务的 80 端口、FTP 服务的 21 端口、邮件 SMTP 服务的 25 端口，因此通常网络应用程序应采用 1024 以后的端口号。

网络上分别位于不同主机的两个进程如果要进行通信，必须确定三个必不可少的要素：协议、IP 地址及端口号。首先根据所传递信息的类型，选择一种合适的传输协议，UDP 或 TCP，在某些情形下，如果认为这两种传输协议都不符合自己的要求，也可以在 IP 层之上构建一套自定义的传输协议；接下来，若能将数据传递到对方，必须知道对方所在主机的 IP 地址；最后，也是必不可少的端口号，两个进程之间以端口号来确认对方身份，以保证信息经 Socket 传输成功。

12.2　Socket 基本概念

Socket（网络套接字）起源于上个世纪 80 年代，由加州大学伯克利分校的研究机构 BSD（Berkley Software Distribution）开发，最早作为一个程序库在 UNIX 操作系统 BSD4.2 中使用，所以人们习惯称之为 BSD Socket。Socket 是目前应用最为广泛的网络应用程序接口，Java 网络编程很大程度上就是 Socket（套接字）编程。

Socket 可以理解为网络连接的端点，可以把它想象为电话，电话通话的双方用户好比两个处于不同主机上的进程，Socket 绑定进程如图 12-2 所示，两个用户在通话之前必须拥有自己的电话及号码，以及得知对方的号码；类似地，两个进程也需要创建各自的 Socket 并绑定 Socket 号；接着开始向对方拨号呼叫，相当于发出连接请求；对方拿起电话，意味着连接成功，可以开始正式通话，电话发送语音和接收语音的过程就相当于 Socket 进行数据传输的过程。

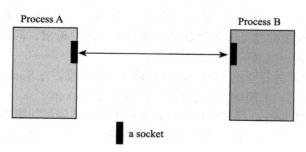

图 12-2　Socket 绑定进程示意图

Socket 是面向客户/服务器（C/S）模型设计的，C/S 模型巧妙地解决了异地进程建立连接进行通信的问题。

Socket 客户端通信机制步骤如下：

1）创建 Socket，由操作系统为每个 Socket 分配的一个 Socket 号。

2）绑定，通过一种绑定机制与应用程序建立关系，得知将要送达地点对应的 IP 和端口号。

3）发送数据，应用程序传递给 Socket 的数据，由 Socket 向网络上发送出去。

4）接收从服务器端回复的应答。

远程的服务器端通信机制步骤如下：

1）创建 Socket，由操作系统为每个 Socket 分配的一个 Socket 号。

2）绑定，通过一种绑定机制与应用程序建立关系。

3）接收数据，网络上收到与该 Socket 绑定的 IP 和端口号相符合的数据后，由驱动程序交给 Socket，应用程序便可从该 Socket 中提取接收到的数据。

4）发送应答回复客户端。

网络 C/S 应用程序通过 Socket 进行数据发送与接收的过程如图 12-3 所示。

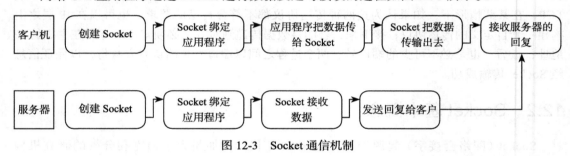

图 12-3　Socket 通信机制

12.3　TCP Socket 编程

在 Java 环境下，Socket 编程主要是指基于 TCP/IP 的网络编程。Java.net 包提供了两个基于 TCP 实现的类：客户端的 Socket 类和服务器端的 ServerSocket 类。

12.3.1　TCP Socket 点到点通信

一个基于 TCP 的 Socket 通信步骤如下：

1）客户端通过指定一个主机和端口号创建一个 Socket 实例，连接到服务器上。服务器端通过指定一个用于等待连接的端口号创建一个 ServerSocket 类实例，ServerSocket 实例调用 accept() 方法使服务器处于阻塞状态，等待响应用户请求，同时，accept() 返回一个 Socket 对象，建立与客户端通信的 Socket 通道。

2）客户和服务器同时打开连接到 Socket 的输入/输出流，对 Socket 进行读/写操作。

3）双方通信结束后，关闭输入/输出流，然后关闭 Socket。

客户端和服务器端 Socket 通信的具体过程及相关的方法调用如图 12-4 所示。

客户端 Socket 类的构造方法、输入/输出流管理、获取/设置 Socket 的主要方法如表 12-1 所示。

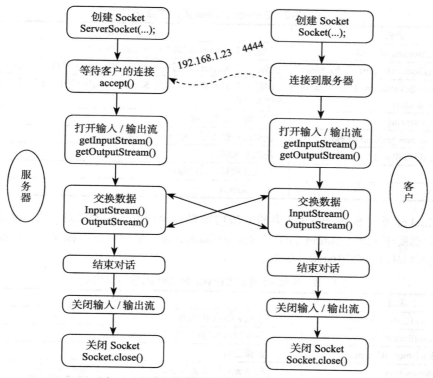

图 12-4 客户端和服务器端 TCP Socket 通信

表 12-1 Socket 类的主要方法

	方法	说明
构造方法	Socket(InetAddress address, int port);	创建一个 Socket 并连接到指定 IP 地址和端口的主机
	Socket(String host, int prot)	创建一个 Socket 并连接到指定主机名和端口的远程主机
	Socket(String host, int port, InetAddress localAddr, int localPort)	基于本地 IP 地址和端口号创建一个 Socket,并且连接到指定主机名和端口的远程主机
	Socket(InetAddress address, int port, InetAddress localAddr, int localPort)	基于本地 IP 地址和端口号创建一个 Socket,并且连接到指定 IP 地址和端口的远程主机
	Socket(SocketImpl impl)	创建一个用户自定义的无连接的 Socket,impl 是 Socket 的抽象类,既可以用来创建 serverSocket 又可以用来创建 Socket
输入/输出流	public InputStream getInputStream()	获得 Socket 的输入流
	public OutputStream getInputStream()	获得 Socket 的输出流
	boolena isOutputShutdown()	判断 Socket 输出过程是否被关闭,返回关闭状态
	boolena isInputShutdown()	判断 Socket 输入过程是否被关闭,返回关闭状态
	void shutdownInput()	设置 Socket 输入流为结束
	void shutdownOutput()	关闭输出流
状态	boolean isConnected()	判断网络连接是否正常,返回连接状态
	public void close()	关闭 Socket
	Boolean isClosed();	连接是否已关闭,若关闭,返回 true;否则返回 false

服务器端 ServerSocket 类的主要方法如表 12-2 所示。

表 12-2　ServerSocket 类的主要方法

方法	说明
public ServerSocket(int port)	创建一个 Socket 并绑定一个指定的端口号
public ServerSocket(int port, int backlog)	创建一个 Socket，绑定一个指定的端口号，并指定可连接的客户数目
public ServerSocket(int port, int backlog, InetAddress bindAddr)	创建一个本地 IP 地址上的 Socket，绑定一个指定端口号，并指定可连接的客户数目
public Socket accept()	等待客户端的连接
public InetAddress getInetAddress()	获取远程服务器 Socket 的 IP 地址
public int getLocalPort()	获取本地端口号
int getPort();	获取远程服务器的端口
void close()	关闭 Socket

以上 Socket 类和 ServerSocket 类的方法均需要对运行出现的异常进行捕获或抛出处理，这些异常大都属于 IOException 的子类 SocketException，使用时直接抛出 IOException 异常即可。表 12-3 列出了常用的四类异常。

表 12-3　Socket 类和 ServerSocket 的常用异常类

异常	说明
UnkownHostException	主机名字或 IP 错误
ConnectException	服务器拒绝连接、服务器没有启动
SocketTimeoutException	连接超时
BindException	Socket 对象无法与指定的本地 IP 地址或端口绑定

【例 12-1】基于 TCP Socket 的一对一 C/S 模型，实现了 Server 和一个 Client 的对话，双方从键盘输入对话内容，服务器保持永久运行，和客户保持通话，直到有一方输入 bye 退出程序，谈话结束。

```java
//TCPServer.java
package Ex12_1;
import java.io.BufferedReader;
import java.io.IOException;
import java.io.InputStreamReader;
import java.io.PrintWriter;
import java.net.ServerSocket;
import java.net.Socket;

public class TCPServer {
    ServerSocket ss;
    Socket cs;
    public TCPServer() {
        try{
            try {
                ss = new ServerSocket(6666); // 创建一个 ServerSocket 监听在端口 6666
            }catch(IOException e){
                System.err.println("Failed to creat Socket");
                System.exit(1);
            }
            System.out.println("Server is ready...");
            try{
                cs = ss.accept(); // 阻塞的 accept() 方法随时准备接收来自一个 Client 的请
```
求，返回一个 Socket 对象

```java
        }catch (IOException e) {
            System.err.println("Accept failed.");
            System.exit(1);
        }
        System.out.println("Server is receiving msg from "+ss.getInetAddress()
+":"+cs.getPort());

        // 由 Socket 对象获得输入流，并创建 BufferedReader 对象
        InputStreamReader rs=new InputStreamReader(cs.getInputStream()); // 打开输入流
        BufferedReader is=new BufferedReader(rs);

        // 由 Socket 对象获得输出流，并创建 PrintWriter 对象
        PrintWriter os = new PrintWriter(cs.getOutputStream(),true);

        // 创建键盘输入的 BufferedReader 对象
        BufferedReader stdIn = new BufferedReader(new InputStreamReader(System.in));

        // 从 Socket 中读出来自 Client 的数据并输出到屏幕
        String line = is.readLine();
        System.out.println("Client msg is:"+line);

            // 从键盘读入信息
        System.out.print("Server input:");
        String user = stdIn.readLine();

        while(!user.equals("bye")){// 键盘输入字符串若为 "bye"，则停止循环
            os.println(user);// 向客户端输出字符串
            os.flush();// 刷新输出流，使 Client 立刻收到该字符串

            System.out.println("Msg from client is:"+is.readLine());// 保持从 Client 读入一行字符串，并打印到标准输出上

            System.out.print("Server input:");
            user=stdIn.readLine();// 从键盘读入字符串信息

        } // 继续循环
        is.close(); // 关闭输入流
        os.close(); // 关闭输出流
        cs.close(); // 与一个客户通信完毕，关闭 Client socket
        ss.close();// 关闭 server socket
    } catch (IOException ie) {
        ie.printStackTrace();
    }
}

    public static void main(String[] args) throws Exception {
        new TCPServer();
    }
}
//TCPClient.java
package Ex12_1;
import java.io.BufferedReader;
import java.io.IOException;
import java.io.InputStreamReader;
import java.io.PrintWriter;
import java.net.Socket;
```

```java
import java.net.UnknownHostException;

public class TCPClient {
    Socket cs;
    PrintWriter os;

    public TCPClient() {
        try{
            try{
                cs = new Socket("127.0.0.1",6666);// 创建一个Client socket 并绑定端口号 6666
                os = new PrintWriter(cs.getOutputStream(),true);// 打开输出流
            }catch (UnknownHostException e) {
                System.err.println("Failed to get Server hostname");
                System.exit(1);
            } catch (IOException e) {
                System.err.println("Failed to create socket");
                System.exit(1);
            }

            // 由 Socket 对象获得输出流，并创建 PrintWriter 对象
            PrintWriter os=new PrintWriter(cs.getOutputStream());

            // 由 Socket 对象获得输入流，并创建 BufferedReader 对象
            BufferedReader is=new BufferedReader(new InputStreamReader(cs.getInputStr-eam()));

            // 创建标准输入 BufferedReader 对象
            BufferedReader stdin=new BufferedReader(new InputStreamReader(System.in));

            System.out.print("Client input:");
            String line=stdin.readLine(); // 从键盘读入字符串

            while(!line.equals("bye")) {// 从键盘读入的字符串若为 "bye"，则停止循环
            os.println(line);// 将从键盘读入的字符串输出到 Server
            os.flush();// 刷新输出流，使 Server 立刻收到该字符串信息

            // 从 Server 读入字符串，并打印到屏幕上
                System.out.println("Msg from server is:"+is.readLine());

                System.out.print("Client input:");
                line=stdin.readLine(); // 保持从键盘读入信息
            }// 继续循环
            os.close(); // 关闭输出流
            is.close(); // 关闭输入流
            cs.close(); // 关闭 client socket
            System.out.println("client is closed...");
        }catch(IOException e){
        e.printStackTrace();
        }
    }
    public static void main(String[] args) throws Exception {
        new TCPClient();
    }
}
```

运行时首先启动服务器，运行结果如下：

Server is ready...

然后启动客户，提示用户输入信息，运行结果如下：

```
Client input:
```

双方即可开始对话，以下是双方对话结果演示。

服务器：

```
Server is ready...
Server is receiving msg from 0.0.0.0/0.0.0.0:54530
Client msg is:hello
Server input:may i help you?
Msg from client is:please call me back
Server input:ok, call you later
Msg from client is: i am waiting for you
Server input:talk to you later
Msg from client is:null
Server input:
```

客户：

```
Client input:hello
Msg from server is:may i help you?
Client input:please call me back
Msg from server is:ok, call you later
Client input: i am waiting for you
Msg from server is:talk to you later
Client input:bye
client is closed...
```

以上例子实现了图 12-4 所示的 Socket 通信机制，服务器首先创建一个 ServerSocket 对象 ss 监听指定的端口，同时返回一个 Socket 对象 cs 作为服务器与客户之间的一条 Socket 通道，接下来服务器通过 accept( ) 响应客户，打开 Socket 输入 / 输出流，客户与服务器之间进行数据交流，所有这些操作都基于 cs 这个 Socket 通道来完成，最后完成对话后，客户键入 "bye" 关闭此 Socket 通道结束通话。在实际应用中，往往还需要考虑 Socket 的状态是否处于连接中、如何断开连接等问题。若服务器或客户端不再需要发送数据，程序采用正常退出方式断开连接，或者可以采用标识符如同本例中的 "bye" 来结束对话，需要注意的是，调用 close() 关闭 Socket 时，其输入 / 输出流也要关闭。

12.3.2 TCP Socket 多线程通信

在实际应用中的一对一单线程 C/S 模式中，服务器只能接收一个客户的请求，难以满足多个客户同时与服务器通话的需求，试想如果有多个客户同时向服务器发送请求，服务器每次仅仅接收一个客户的请求，为其提供服务，服务完毕后再继续服务下一个客户，这样效率是非常低下的。在线聊天、游戏等网络服务器往往要求服务器是一个永久运行的程序，可以同时接收来自多个客户的请求并提供相应服务，这就需要将服务器设计为多线程模式。下面采用多线程模式改进例 12-1，服务器保持在指定的端口上监听是否有请求到达，一旦监听到客户请求，立刻创建一个 Socket 线程来响应并提供相应的服务，而服务器主线程仍然循环等待，负责网络连接，监听客户的请求。图 12-5 为多线程服务器处理多个客户请求的示意图。

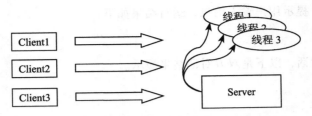

图 12-5　TCP Socket 多线程服务器 / 客户机制

【例 12-2】改进例 12-1 的服务器代码，实现多个客户与服务器同时通话，客户端代码保持不变。

```java
//MultiTCPServer.java
package Ex12_2;
import java.io.BufferedReader;
import java.io.IOException;
import java.io.InputStreamReader;
import java.io.PrintWriter;
import java.net.ServerSocket;
import java.net.Socket;

public class MultiTCPServer {
    ServerSocket ss;
    Socket cltsocket;
    int clientNum;

    public MultiTCPServer(){
        try {
            ss = new ServerSocket(6666); // 创建一个 Server Socket 监听在端口 6666
            System.out.println("Server is ready...");
        }catch(IOException e){
            System.err.println("Failed to creat Socket");
            System.exit(1);
        }
        while(true){
            try{
                cltsocket = ss.accept(); // 阻塞的 accept() 方法接收 Client 的请求，返回一个 Socket 对象
            }catch (IOException e) {
            System.err.println("Accept failed.");
            System.exit(1);
            }
            clientNum++;
            // 创建b并启动一个线程处理一个 Client 的请求
            new MultiServerThread(cltsocket, clientNum).start();
        }//end of while
    }
    public static void main(String[] args) throws IOException{
        new MultiTCPServer();
    }
}
// 线程
class MultiServerThread extends Thread
{
    private Socket cs;
    private int cltNum;
```

```java
        private ServerSocket ss;

    public MultiServerThread(Socket socket, int clientNumber)
    {
        this.cs=socket;
        this.cltNum=clientNumber;
        System.out.println("Accepted Client: " + cltNum);
    }
    public void run()
    {
        try{
            // 由 Socket 对象获得输入流,并创建 BufferedReader 对象
            InputStreamReader rs=new InputStreamReader(cs.getInputStream()); // 打开输入流
            BufferedReader is=new BufferedReader(rs);

            // 由 Socket 对象获得输出流,并创建 PrintWriter 对象
            PrintWriter os = new PrintWriter(cs.getOutputStream(),true);

            // 创建从键盘输入的 BufferedReader 对象
            BufferedReader stdIn = new BufferedReader(new InputStreamReader(System.in));

            // 从 Socket 中读出来自 Client 的数据并输出到屏幕
            String line = is.readLine();
            System.out.println("Client msg is:"+line);

            // 从键盘读入信息
            System.out.print("Server input:");
            String user = stdIn.readLine();

            while(!user.equals("bye"))
            {// 键盘输入字符串若为 "bye",则停止循环
                os.println(user);// 向客户端输出字符串
                os.flush();// 刷新输出流,使 Client 立刻收到该字符串

                // 保持从 Client 读入一个字符串,并打印到标准输出上
                System.out.println("Msg from client is:"+is.readLine());
                System.out.print("Server input:");
                user=stdIn.readLine();// 从键盘读入字符串信息

            } // 继续循环
            is.close(); // 关闭输入流
            os.close(); // 关闭输出流
            cs.close(); // 与一个客户通信完毕,关闭 Client socket
        }catch (IOException ie) {
            ie.printStackTrace();
        }
    }//end of run
}
```

如果是在网络环境下运行此程序,服务器程序安装在一台主机上,需要更改客户程序中连接服务器的本地地址为远程的服务器 IP 地址,然后在多个其他的计算机上运行客户程序。如果是在本机上演示,在服务器程序启动后,可以通过多次运行同一个客户程序来模拟多个客户端。客户运行结果与例 12-1 类似,服务器运行结果如下:

```
Server is ready...
```

```
Accepted Client: 1
Client msg is:i am #1
Server input:may i help you? #1
Accepted Client: 2
Accepted Client: 3
Client msg is:i am #2
Server input:may i help you? #2
Client msg is:i am #3
Server input:may i help you? #3
```

可见，服务器可以同时与多个客户对话，与例 12-1 不同的是，该例中一旦服务器接收到一个客户发出的请求，Server Socket 就将通过 accept() 为该客户返回一个 Socket 对象，即建立该客户与服务器的指定 Socket 通道，接着产生一个子线程来响应请求，Socket 对象作为参数传递给子线程为后续操作所用。这样一来，每个客户分别由独立的线程为其提供服务，并且有专属的 Socket 通道与服务器保持通信。

12.4　UDP Socket 编程

UDP Socket 与 TCP Socket 本质的区别在于，UDP 不需要建立客户与服务器之间的连接。UDP 以数据报作为数据传输的载体，数据报是在网络上发送的独立信息，它的到达、到达时间以及内容本身等都不能得到保证。基于 UDP 实现网络通信的类位于 Java.net 包下的有三个，分别是用于表达通信数据的 DatagramPacket 类、用于进行端到端通信的 DatagramSocket 类，以及用于广播通信的 MulticastSocket 类，其中 DatagramPacket 类需要与 DatagramSocket 类配合使用才能完成基于数据报的 socket 通信。

12.4.1　UDP Socket 点到点通信

一个基于 UDP 的 Socket 通信步骤如下：
1）客户和服务器双方绑定指定的端口号并各自构建 DatagramPacket 实例。
2）客户和服务器创建发送 / 接收的 DatagramSocket 实例，并调用 send() 和 receive() 方法发送或接收 DatagramPacket 报文，双方进行通信。
3）通信结束后，调用 DatagramSocket 的 close() 关闭 Socket 通道。

UDP Socket 服务器和客户端通信的具体实现过程及相关调用方法如图 12-6 所示。

DatagramSocket 类用于构建 UDP socket、发送和接收数据报文，其主要方法如表 12-4 所示。

与 TCP 类似，DataramPacket 类和 DatagramSocket 类的方法均需要进行异常捕获或抛出处理，大多数异常属于 IOException 的子类 SocketException，一般抛出 IOException 即可。

DatagramPacket 类用于处理报文，它将 Byte 数组、目标地址、目标端口等数据封装成报文或者将报文拆卸成 Byte 数组。那么应用程序一次发送多少字节的数据为宜？理论上 UDP 整个包的最大长度为 65 535 字节，但是由于网络层 IP 数据报的长度限制在 1 500 字节 MTU（最大传输单元）以内，实际上再去掉 IP 数据报的首部 20 字节和 UDP 数据报的首部 8 个，UDP 的数据可用剩下的 1 472 字节。在局域网环境下，建议将 UDP 的数据控制在 1 472 字节以下，进行 Internet 编程时则有所不同，MTU 值由 Internet 上的路由器决定。鉴于 Internet 上的标准 MTU 值为 576 字节，通常 UDP 程序固定 512 字节一个包，大数据分包后合包处理，如果发送的数据字节超过限定，就容易丢失报文。DatagramPacket 类提供的主要方法如表 12-5 所示，其中包含 4 个同名的重载方法 DatagramPacket()，参数不同，功能也有差异，两个用于发送数据，两个用于接收数据。

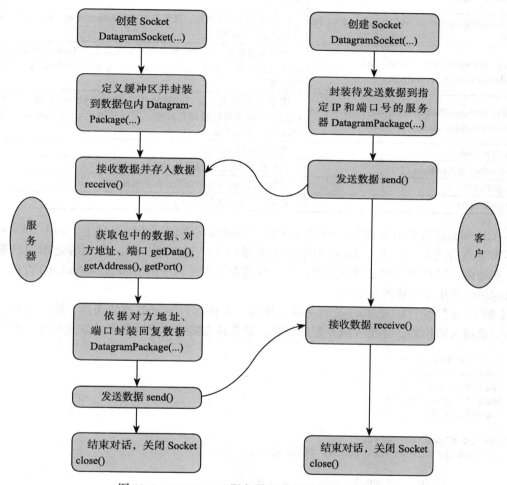

图 12-6　UDP Socket 服务器和客户通信的实现过程

表 12-4　DatagramSocket 类主要方法

方法	说明
DatagramSocket()	创建没有指定端口的 Socket，系统会分配一个临时的端口
public DatagramSocket(int port)	创建指定端口的 Socket 实例
public DatagramSocket(int port, InetAddress laddr)	创建指定端口和 IP 地址的 Socket 实例，多用于主机有多个 IP 地址的情况
public void receive(DatagramPacket p)	接收数据报文
public void send(DatagramPacket p)	发送数据报文
void setSoTimeout(int timeout):	设置超时
InetAddress getInetAddress()	获取 Socket 所连接的主机 IP 地址
int getPort()	获取 Socket 的端口号
public void close()	关闭 Socket

表 12-5 DatagramPacket 类的主要方法

方法	说明
public DatagramPacket(byte[] buf, int length)	用于接收客户端数据，把数据包中长度为 Length 的数据装入 Buf 数组
public DatagramPacket(byte[] buf, int offset, int length)	用于接收客户端数据，把数据包中从 Offset 开始、长度为 Length 的数据装入 Buf 数组
public DatagramPacket(byte[] buf, int length, InetAddress address, int port)	用于发送数据，从 Buf 数组中，取出长度为 Length 的数据来创建数据包对象，发送给指定 clientAddress 地址和 clientPort 端口的客户端
public DatagramPacket(byte[] buf, int offset, int length, InetAddress address, int port)	用于发送数据，从 Buf 数组中，取出从 Offset 开始、长度为 Length 的数据创建数据包对象，发送给指定 clientAddress 地址和 clientPort 的客户端
byte[] getData()	返回接收到的数据
InetAddress getAddress()	返回发送/接收数据报的主机 IP 地址
int getPort()	获取发送/接收数据报的远程主机端口号
int getLength()	获取所发送/接收数据的长度

TCP Socket 需要服务器与客户建立连接，要求绑定在同一个端口号上；而 UDP socket 是不需要双方连接的，所以 UDP 程序中服务器和客户双方的 Socket 分别绑定不同的端口号，发送信息时只需要知道对方的端口号，发送方需要在调用的 DatagramPacket() 方法参数中指定接收方用于接收的端口号。

【例 12-3】基于 UDP Socket 的一对一模型，实现客户与服务器的通话，客户向服务器发送键盘输入的信息，并接收服务器的回复；服务器端接收客户的请求并发送回复给客户。

```java
//UDPServer.java
package Ex12_3;
import java.io.*;
import java.net.*;
import java.util.*;

public class UDPServer {
    public UDPServer() throws IOException{
        String str_send = "Hi, I got it!";
        byte[] buf = new byte[512];

        DatagramSocket ds = new DatagramSocket(3000);  // 创建 DatatgramSocke 对象并在 3000 端口监听
        DatagramPacket dpRec = new DatagramPacket(buf,512);      // 创建接收数据的 DatagramPacket 对象
        System.out.println("server is ready......");
        boolean listening = true;
        while(listening){
            ds.receive(dpRec);    // 接收来自客户端的数据
            System.out.println("server got msg from client: ");
            String sData=new String(dpRec.getData(),0,dpRec.getLength());
            String cAddress= dpRec.getAddress().getHostAddress();
            int port=dpRec.getPort();
            System.out.println("server got msg from client : "+cAddress+":" +port+ "is:"+sData);
            // 创建发送回复的 DatagramPacket 对象，指定发送给端口号为 9000 的客户
            DatagramPacket dpAck= new DatagramPacket(str_send.getBytes(),str_send.
```

```java
                length(),dpRec.getAddress(),9000);
                ds.send(dpAck);
                dpRec.setLength(512);    //重置长度为512
            }
            ds.close();
        }
        public static void main(String[] args)throws IOException{
            new UDPServer();
        }
}
//UDPClient.java
package Ex12_3;
import java.io.*;
import java.net.*;
import java.util.*;

public class UDPClient {
    int TimeOut;        // 设置接收数据的超时时间
    int MaxNum;         // 设置重发数据的最多次数
    String str_send;

    public UDPClient() throws IOException{
        TimeOut=5000;  //超时设置为5秒
        MaxNum=5;
        int tries = 0;              // 重发数据的次数
        boolean receivedOK = false;       // 接收数据成功的标识符
        byte[] buf = new byte[512];

        DatagramSocket ds = new DatagramSocket(9000);// 创建DatagramSocket// 对象，并绑定端口9000
        InetAddress loc = InetAddress.getLocalHost();

        // 创建标准输入BufferedReader对象
        BufferedReader stdin=new BufferedReader(new InputStreamReader(System.in));
        System.out.print("Client input:");
        String line=stdin.readLine(); //从键盘读入字符串

        // 创建用于发送数据的DatagramPacket对象，指定接收方的端口号3000
        DatagramPacket dpSend= new DatagramPacket(line.getBytes(),line.length(),loc,3000);

        // 创建用来接收数据的DatagramPacket对象
        DatagramPacket dpReceive = new DatagramPacket(buf, 512);

        ds.setSoTimeout(TimeOut);   // 设置接收数据时阻塞的最长时间
        while(!receivedOK && tries<MaxNum){
            ds.send(dpSend);    // 发送数据
            try{
                // 在9000端口接收从服务端发送回来的数据
                ds.receive(dpReceive);
                receivedOK = true;    // 设置接收标识符为true
            }catch(InterruptedIOException e){
                // 回复数据接收超时，重发
                tries += 1;
                System.out.println("No response,Time out," + (MaxNum - tries) + " more tries..." );
            }
        }   //end of while
```

```
            if(receivedOK){
                System.out.println("response from server: ");
                String data= new String(dpReceive.getData(),0,dpReceive.getLength());
// 获取接收到的数据
                String fromAddress = dpReceive.getAddress().getHostAddress();
                int port=dpReceive.getPort();

                System.out.println("received msg from "+fromAddress+":" +port+"is
:"+data);
                dpReceive.setLength(512); // 重置 dpReceive
            }else{
            // 如果重发 MaxNum 次数据后，仍未获得服务器发送回来的数据，则退出
                System.out.println("No response -- quit!");
            }
            ds.close();
        }
        public static void main(String args[])throws IOException{
            new UDPClient();
        }
}
```

如果首先运行客户程序，发出请求后，调用 receive() 会失败，服务器没有响应，运行结果如下：

```
Client input:hello
No response,Time out,4 more tries...
No response,Time out,3 more tries...
No response,Time out,2 more tries...
No response,Time out,1 more tries...
No response,Time out,0 more tries...
No response -- quit!
```

在正常情况下，首先启动服务器，进入接收状态，然后运行客户，服务器启动后的结果如下：

```
Server is ready......
```

此时再启动客户，发送对话请求，直到收到对方回复，运行结果如下：

```
Client input:hello,server
response from server:
received msg from 192.168.1.7:3000is:Hi, I got it!
```

服务器端收到请求后，再发送回复的运行结果如下：

```
server got msg from client:
server got msg from client: 192.168.1.7:9000is:hello,server
```

UDP 程序在 receive() 方法处阻塞，直到收到一个数据报文或等待超时。由于 UDP 是不可靠的，如果数据报在传输过程中发生丢失，那么程序将会一直阻塞在 receive() 方法处，这样客户端将永远都接收不到服务器端发送回来的数据。所以程序通常会采用 DatagramSocket 类的 setSoTimeout() 方法，指定 receive() 方法的最长阻塞时间，而不至于使进程长久阻塞等待下去。此例中同时配合采用了设置重发次数的方法，循环该次数来读取报文，成功读取就返回，否则重发次数达到上限，关闭客户端。

另外需要注意的是，由于 DatagramPacket 对象在每次接收到数据后，其内部长度会变

为实际接收到数据的字节数,所以需要调用 DatagramPacket 的 setLength() 方法将长度重置为初始值,以方便再次接收数据。

12.4.2 UDP Socket 多线程通信

如果要实现基于 UDP Socket 的一个服务器与多个客户通话,与 TCP Socket 的实现类似,需要将服务器端设计为多线程模式,能够同时处理来自多个客户的请求。只需稍加修改服务器代码,服务器在调用 receive() 接收到客户请求之后,即可创建一个线程来处理该请求。

【例 12-4】改进例 12-3 的服务器代码,实现多个客户与服务器同时进行通话,客户代码保持不变。

```java
//MultiUDPServer.java
package Ex12_4;
import java.io.*;
import java.net.*;
import java.util.*;

public class MultiUDPServer {
    public static void main(String[] args) throws Exception {
        DatagramSocket ds = new DatagramSocket(4444); // 创建 DatagramSocke// 对象并在 4444 端口监听
        int clientNum=0;
        System.out.println("server is ready......");

        boolean listening = true;
        while(listening){
            byte[] buf = new byte[512];
            DatagramPacket dpRec = new DatagramPacket(buf, buf.length); // 创建接收数据的 DatagramPacket 对象
            ds.receive(dpRec);     // 接收来自客户端的数据
            clientNum++;
            new UDPThread(ds, dpRec,clientNum).start();// 创建一个线程处理一个客户请求
        }
    }
}
class UDPThread extends Thread{
    DatagramSocket ds;
    DatagramPacket dp;
    int cliNum;

    public UDPThread(DatagramSocket socket, DatagramPacket packet,int clientNumber) {
        this.ds = socket;
        this.dp = packet;
        this.cliNum=clientNumber;
        System.out.println("Accept client"+cliNum);
    }
    public void run(){
        String sData=new String(dp.getData(),0,dp.getLength());
        String cAddress= dp.getAddress().getHostAddress();
        int port=dp.getPort();
        System.out.println("server got msg from client:"+cAddress+":" +port+"is:"+sData);

        String str_send = "Hi, client"+cliNum+" I got it!";

        // 创建发送回复的 DatagramPacket 对象,指定发送给端口号为 5555 的客户
```

```
                DatagramPacket dpAck= new DatagramPacket(str_send.getBytes(),str_send.
length(),dp.getAddress(),5555);
            try {
                ds.send(dpAck);
            } catch (IOException e) {
                System.out.println("failed to send Ack to client" +cliNum);
                e.printStackTrace();
            }
        }
    }
```

与 TCP Socket 多线程类似，运行时首先启动服务器，然后分别启动多个客户，服务器运行结果如下：

```
server is ready......
Accept client1
server got msg from client: 192.168.1.7:5555is:I am #1
Accept client2
server got msg from client: 192.168.1.7:5555is:I am #2
```

在本机上启动多个客户，每个客户运行都类似，结果如下：

```
Client input:I am #1
response from server:
received msg from 192.168.1.7:4444is:Hi, client1 I got it!
```

12.4.3 UDP Socket 组播通信

当前网络通信中有 3 种通信模式：单播、广播、组播，其中单播是网络通信中最常见的，网络节点之间的通信、网络上绝大部分的数据都是以单播的形式传输的。例如，收发电子邮件时，必须与邮件服务器连接，前面涉及的 TCP/UDP 通信程序皆属于单播。广播是一台主机对某一个网络上的所有主机发送数据包，有线电视就是典型的广播型网络。在 Java UDP 中，单播与广播的代码相同，要实现具有广播功能的程序，只需要使用广播地址即可，这里就不赘述了。组播是一台主机向指定的一组主机发送数据包，基于这个功能可以实现一个局域网群聊室的功能。

java.net 类包中提供了 MulticastSocket 类，它是 DatagramSocket 类的一个子类，其中包含了一些额外的可以控制组播的属性，允许将数据包以组播的方式发送到某个端口的所有客户。组播通信分两步走，首先，需要在指定的端口上建立 Socket 来通信，这一步通过创建 MulticastSocket 对象来实现；其次，服务器和客户均可调用 joinGroup(InetAddress groupAddr) 方法来加入多播组。如果仅作为发送方发送数据包可以不加入多播组，但是如果需要接收数据包，必须加入多播组。组播的 IP 地址是专门保留下来作为广播通信的 D 类地址。这一类地址的范围是 224.0.0.0 ～ 239.255.255.255，其中地址 224.0.0.0 保留，不能被一般应用程序使用。

程序中仍然使用 DatagramSocket 类来发送或接收数据，只是发送数据报的目的地址有所变化。MulticastSocket 类的主要方法如表 12-6 所示。

表 12-6　MulticastSocket 的主要方法

public MulticastSocket()	创建组播 Socket
public MulticastSocket(int port)	在指定的端口创建组播 Socket

(续)

public Multicast(SocketAddress bindaddr)	在指定的 Socket 地址上创建组播 Socket
public void joinGroup (InetAddress mcastaddr)	加入一个组播组
public void leaveGroup (InetAddress mcastaddr)	离开一个组播组
public void setTimeToLive(int ttl)	指定数据报离开时间

以上方法皆将抛出 IOException 异常，程序中需要捕获处理。

【例 12-5】 基于 UDP 实现组播，服务器和客户皆采用 MulticastSocket 创建 Socket，并且加入组播组中，客户通过 Socket 发送数据给服务器。

```java
//MultiUDPServer.java
package Ex12_5;
import java.io.IOException;
import java.net.DatagramPacket;
import java.net.InetAddress;
import java.net.MulticastSocket;

public class MulticastServer
{
    public static void main(String[] args)
    {
        try{
            InetAddress group = InetAddress.getByName("224.0.0.5");
            DatagramPacket recvPack = new DatagramPacket(new byte[1024], 1024);
            MulticastSocket socket = new MulticastSocket(8888);

            socket.joinGroup(group);   // 加入组播后,socket 发送的数据报可以被其他加入组播的成员收到
            System.out.println("Server is ready......");
            boolean listening = true;
            while(listening){
                socket.receive(recvPack);
                String sData=new String(recvPack.getData(),0,recvPack.getLength());
                String cAddress= recvPack.getAddress().getHostAddress();
                int port=recvPack.getPort();
                System.out.println("server got msg from client : "+cAddress+":" +port+ "is:"+sData);
            }
            socket.close();
        }catch(IOException e) {
            e.printStackTrace();
        }
    }
}
//MulticastClient.java
package Ex12_5;
import java.io.IOException;
import java.net.DatagramPacket;
import java.net.InetAddress;
import java.net.MulticastSocket;
import java.net.UnknownHostException;

public class MulticastClient
{
    public static void main(String[] args) throws IOException
```

```
        {
            String msg = "hi,server";
            InetAddress group = InetAddress.getByName("224.0.0.5");
            MulticastSocket client = new MulticastSocket();// 创建 MulticastSocket 对象
            DatagramPacket dpSend= new DatagramPacket(msg.getBytes(),msg.length(),group,8888);
            // 如果是发送数据报包，可以选择不加入多播组；如果是接收数据报包，必须加入多播组
            client.joinGroup(group);
            client.send(dpSend);
            System.out.println("Client send msg complete");
            client.close();
        }
    }
```

本章小结

本章首先介绍了网络通信协议概念，简易的 OSI 四层模型自上而下包括应用层、传输层、IP 层及数据链路层。基本的 TCP/IP 通信协议组及相关主要协议，TCP 采用面向字节流的方式，为端口到端口通信提供了可靠的连接服务、错误和流量控制机制，同时 TCP 还负责建立连接、处理终止和中断的通信控制。TCP 适用于一些对数据的准确性、可靠性有严格要求的应用，但是传输效率低。而 UDP 采用面向数据报的方式，提供的是一种不可靠的无连接服务，无须做错误检测、重发、流控等处理，传输效率高，适用于对网络通信质量要求不高，网络通信速度能尽量快的应用。

分别讲解了基于 TCP 和 UDP 的两种实现方式，一种是点到点通信，这是典型的客户/服务器模式，客户通过 Socket 发送数据给服务器，服务器接收到数据后再返回应答给客户，实现双方的相互通信。另一种是在点到点通信模式上的扩展，服务器以多线程的方式同时响应多个客户的请求。TCP Socket 相关 API 有 Socket 类和 ServerSocket 类，采用基础 IO 的 OutputStream 和 InputStream 来接收和发送数据流；而 UDP Socket 相关 API 有 DatagramSocket 类和 DatagramPacket 类，采用 DatagramSocket 类的 send() 和 receive() 方法来发送和接收数据报。此外，还简单介绍了 UDP 的组播实现方式，该方式实现了一台主机向一组主机发送数据，Socket API 采用 MulticastSocket 类。

习题

1. 简述 TCP 和 UDP 的区别。
2. 简述多线程模式下的 TCP socket 和 UDP socket 服务器端/客户端过程及调用的方法。
3. 以多线程机制及 TCP socket 模式设计第 10 章第 8 题公交管理系统为 C/S 架构，分别实现前端用户界面（客户端）和后台管理系统（服务器），具体需求如下：
   （1）已完成的 GUI 界面作为客户端，并创建 TCP socket 客户端。
   （2）将每次从 GUI 增、删、查、改操作中提取的数据作为客户端请求，经 socket 传递给服务器后台管理系统。
   （3）服务器接收到请求后，创建一个子线程来处理。例如，接收到用户从界面输入的添加新 bus 的信息，立刻创建一个子线程来处理这个请求，并把 bus 信息存储到数据库。
   （4）服务器处理完毕后，将回复信息经 socket 发送回客户端。

（5）客户端将回复结果呈现在界面上。
4. 以多线程机制及 TCP socket 设计航空订票系统为 C/S 架构，分别实现前端用户界面（客户端）和后台管理系统（服务器），具体要求如下：
（1）已完成的 GUI 界面作为客户端，并创建 TCP socket 客户端。
（2）将每次从 GUI 增、删、查、改操作中提取的数据作为客户端请求，经 socket 传递给服务器后台管理系统。
（3）服务器接收到请求后，创建一个子线程来处理。例如，接收到用户从界面输入的添加新购票订单的信息，立刻创建一个子线程来处理这个请求，并把订单信息存储到数据库。
（4）服务器处理完毕后，将回复信息经 socket 发送回客户端。
（5）客户端将回复结果呈现在界面上。

第 13 章　Java 非阻塞 IO（NIO）

　　Java.NIO（New IO）是从 Java 1.4 版本开始引入的一个新 IO API，它可以替代标准的 Java IO API。NIO 也解释为 Non-Blocking IO（非阻塞 IO），提供了异步 IO 的操作，适用于多线程程序的网络 IO 操作，能有效地优化 Socket 网络多线程程序，减少多线程服务器的线程开销，提升运行效率和服务能力。如今随着分布式架构、云计算的发展，Java NIO 机制成功地应用在了各种分布式平台、即时通信和中间件系统中，构建了基于 NIO 的通信基础，形成了高效、可扩展的通信架构。

　　本章将重点讲述 Java NIO 的 3 个核心对象——缓冲区（Buffer）、通道（Channel）、选择器（Selector）及其操作方法，最后以示例说明 NIO Socket 的通信机制。

13.1　Java NIO 与标准 IO 的区别

　　Java NIO 是对标准 IO 的补充，它们之间的最大区别在于工作方式不同，标准 IO 采用面向流的方式，而 NIO 采用面向块的方式。面向流的方式意味着系统每次操作从流中仅读一字节或多字节，一次次地重复读取操作，直至读取所有字节，它们没有被缓存在任何地方，速度极其慢；而 NIO 数据读取及传输方式有所不同，基于通道和缓冲区实现面向块的操作，系统按照数据块处理，速度得以提高，但是程序代码相对复杂。

　　标准 IO 与 NIO 的另一个区别在于前者是阻塞模式，而后者是非阻塞模式。以 TCP Socket 多线程程序为例，阻塞模式意味着：当一个线程调用 read() 或 write() 时，该线程被阻塞，等待读取或写入数据到来（或超时）才会返回，线程在此期间不能再干任何事情。同样，在调用 ServerSocket.accept() 方法时，服务器端线程也会一直阻塞，直到客户端连接建立后，服务器端才会启动一个线程去处理该客户端的请求。因此在这种阻塞模式下，需要创建大量的线程来处理请求，消耗 CPU，而且也会有频繁的上下文切换，影响执行效率。而 Java NIO 的非阻塞模式，在线程等待读取数据或写入数据期间，该线程不必保持阻塞状态，可以继续做其他的事情，有效提升了执行效率。

　　选用 IO 还是 NIO 对应用程序设计数据处理有影响，一般对于普通 IO、文件 IO，标准 IO 提供的 InputStream 或 OutputStream 能足够高效地处理。而非阻塞 IO 的目的在于可以使用线程对大量的数据连接进行处理。例如，即时通信软件需要高并发、高吞吐量的网络 IO，这种同时打开大量的长连接且传输数据量不大的应用场景非常适合选用 NIO；如果少量的连接使用较大的带宽，在发送数据量大的情况下，还是标准 IO 处理比较适宜。

13.2　NIO 的核心对象

　　NIO 中有 3 个需要掌握的核心对象：缓冲区（Buffer）、通道（Channel）、选择器（Selector），其中 Selector 涉及非阻塞 IO 以及 TCP/UDP 网络 IO，是 NIO 中最引人注目的功能。Socket 多线程程序中非阻塞 IO 就是通过 Selector 来实现的，当然，Selector 也需要和 Buffer、Channel

配合使用。在分析这三个对象之前，首先对 NIO 包的类层次结构做初步的了解，Buffer 类定义在 java.nio 包中，Buffer 类派生出一组子类，java.nio 包的结构层次如图 13-1 所示。Channel 和 Selector 定义在 java.nio.channels 包中，Channel 是 java.nio.channels 中的一个接口，它提供了一组实现的 Channel 具体类，java.nio.channels 包的结构层次如图 13-2 所示。

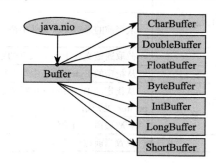

图 13-1　java.nio 包的结构层次

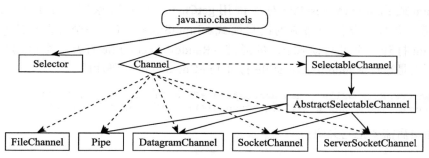

图 13-2　java.nio.channels 包的层次结构

13.2.1　通道

Java NIO 中的所有操作都是通过 Channel 通道来完成的，Channel 是一个双向的通道，既可以从 Channel 读取数据到 Buffer 中，又可以从 Buffer 写入数据到 Channel 中。

NIO 中的 Channel 定义为一个接口，它实现的具体类主要有 FileChannel、Pipe、DatagramChannel、SocketChannel、ServerSocketChannel。从命名上可以看出，这些通道覆盖了对文件 IO、管道、UDP 和 TCP 网络 IO 的操作。FileChannel 从文件中读取数据，DatagramChannel 通过 UDP 读取网络中的数据，SocketChannel 和 ServerSocketChannel 通过 TCP 读取网络中的数据。

1. FileChannel

FileChannel 是一个连接到文件的通道，通过该通道可读写及操纵文件，它定义在 java.nio.channels 包中，提供了一组方法来设置通道读写位置、读写通道所连接的文件、传输数据等操作。FileChannel 的主要方法如表 13-1 所示。

表 13-1　FileChannel 类的主要方法

方法	说明
int read(ByteBuffer dst)	从通道中读取数据放入 ByteBuffer 中
int read(ByteBuffer dst, long position)	从通道中读取数据放入 ByteBuffer 中，从通道关联文件的指定地址 position 开始读取

(续)

方法	说明
long size()	获取通道关联文件的大小
long transferFrom(ReadableByteChannel src, long position, long count)	从一个指定的可读通道中把数据传递到当前的通道关联文件中
long transferTo(long position, long count, WritableByteChannel target)	从当前的通道关联文件中把数据传递到一个指定的可读通道中
FileChannel truncate(long size)	截取通道文件中 size 长度的数据
int write(ByteBuffer src)	从指定的 ByteBuffer 中写入数据到通道中
int write(ByteBuffer src, long position)	从指定的 ByteBuffer 中写入数据到通道中, 从通道的关联文件 positon 处开始写入
long position()	获取通道的当前位置
FileChannel position(long pos)	设置当前通道的位置

FileChannel 类没有提供创建或打开通道的方法，通常通过标准 IO 的 InputStream、OutputStream 或 RandomAccessFile 对象调用 getChannel() 方法返回一个 FileChannel 实例来获取通道，并且需要注明通道的读写模式。InputStream 打开一个可读模式 (r) 的通道，OutputStream 打开一个可写模式 (w) 的通道，RandomAccessFile 打开一个可读写模式 (rw) 的通道。下面是通过 RandomAccessFile 打开 FileChannel 的代码片段。

```
RandomAccessFile aFile = new RandomAccessFile("niodata.txt", "rw");
FileChannel inChannel = aFile.getChannel();// 创建一个通道 inChannel
```

用完通道后需要把它关闭：

```
aFile.close();
```

FileChannel 一般需要和缓冲器结合起来使用，具体使用示例在 13.2.2 节中详细讲解。

2. SocketChannel

SocketChannel 是一个连接到 TCP Socket 的通道，它定义在 java.nio.channels 包中，与 TCP Socket 程序客户端的 java.net.Socket 类的功能有相似之处。使用时，SocketChannel 需要创建并打开、从中执行读写操作、使用完后关闭，具体步骤如下：

（1）打开 SocketChannel

在两种情形下需要创建 SocketChannel。第一种使用情形在客户端，当客户端打开一个 SocketChannel 连接到网络服务器上，通过调用 open() 方法实现，代码片段如下：

```
SocketChannel socketChannel = SocketChannel.open();
```

第二种使用情形在服务器端，当客户端的一个新连接到达 ServerSocketChannel 时，也会创建一个 SocketChannel，此操作通过调用 connect() 方法实现，代码片段如下：

```
socketChannel.connect(new InetSocketAddress("198.168.2.21", 5555));
```

（2）从 SocketChannel 中读取数据

将从 SocketChannel 读取到的数据存放到缓冲器中，代码片段如下：

```
ByteBuffer buf = ByteBuffer.allocate(256);
int bytesRead = socketChannel.read(buf);
```

反向操作,将缓冲器中的数据写入 SocketChannel:

```
socketChannel.write(buf);
```

(3)关闭 SocketChannel

```
socketChannel.close();
```

SocketChannel 类的常用方法如表 13-2 所示。

表 13-2 SocketChannel 类的常用方法

方法	说明
SocketChannel()	构造方法,创建一个 SocketChannel() 对象
SocketChannel open()	打开一个 SocketChannel
SocketChannel open(SocketAddress remote)	打开一个 SocketChannel,并连接到一个远程地址
Boolean connect(SocketAddress remote)	连接该通道的 Socket
int read(ByteBuffer dst)	将数据从 SocketChannel 读到缓冲器中,返回值表示读了多少字节进缓冲器里
int write(ByteBuffer src)	从缓冲器中把数据写入通道
void close()	关闭 SocketChannel

设置 SocketChannel 为非阻塞模式(non-blocking mode),可以在异步模式下调用 connect()、read() 和 write() 方法。非阻塞模式与选择器 Selector 配合使用效果会更佳,可将多个 SocketChannel 注册到 Selector,由 Selector 得知哪个通道已经准备读取、写入等,Selector 与 SocketChannel 配合使用的示例将在后面讲解。

3. ServerSocketChannel

ServerSocketChannel 是一个在服务器端监听 TCP 连接的通道,ServerSocketChannel 类定义在 java.nio.channels 包中,同样与 java.net.ServerSocket 类的功能相似。使用时,需要打开 ServerSocketChannel、监听并接受新连接的请求、使用完后关闭,具体步骤如下:

(1)打开 ServerSocketChannel

调用 ServerSocketChannel.open() 方法打开 ServerSocketChannel,代码片段如下:

```
ServerSocketChannel serverSocketChannel = ServerSocketChannel.open();
```

(2)接收客户的请求

accept() 方法会监听客户的请求,一旦接收到请求,类似于 ServerSocket 的 accept() 方法返回一个新连接的 Socket,它也返回一个包含新连接的 SocketChannel,accept() 通常放在 while 循环中以持续监听,accept() 方法会一直阻塞到有新连接到达。代码片段如下:

```
while(true){
    SocketChannel socketChannel =serverSocketChannel.accept();
        ......
}
```

(3)关闭 ServerSocketChannel

```
serverSocketChannel.close();
```

ServerSocketChannel 类的常用方法如表 13-3 所示。

表 13-3 ServerSocketChannel 类的常用方法

方法	说明
ServerSocketChannel()	创建一个 ServerSocketChannel 对象
SocketChannel accept()	接受与通道 Socket 的连接
ServerSocketChannel open()	打开一个 ServerSocketChannel
SocketChannel Socket()	获取通道的一个 Sever Socket

ServerSocketChannel 也可以设置成非阻塞模式。在非阻塞模式下，accept() 方法会立刻返回，如果还没有新进来的连接，将返回 null。当然，Selector 与 ServerSocketChannel 也最好配合使用实现非阻塞模式，这将在后面讲解。

4. DatagramChannel

DatagramChannel 是一个能发送和接收 UDP 包的通道，它定义在 java.nio.channels 包中。它并不能完全替代 Datagram Socket，其中一些 Socket 功能需要通过调用 DatagramChannel.socket() 获取相关的 Datagram Socket 信息实现。因为 UDP 是无连接的网络协议，所以并不能真正创建一个通道供 Datagram Socket 读写，DatagramChannel 仅用于直接收发数据包。

DatagramChannel 通过 receive() 方法从通道接收数据包，send() 方法发数据包到 DatagramChannel，connect() 方法将 DatagramChannel 连接到网络中的特定地址。由于 UDP 是无连接的，连接到特定地址并不会像 TCP 通道那样创建一个真正的连接，而是锁住 DatagramChannel，让其只能从特定地址收发数据，建立连接后，可以使用 read() 和 write() 方法收发数据。打开 DatagramChannel、收发数据的具体操作步骤如下：

（1）打开 DatagramChannel

打开 DatagramChannel 并指定一个 UDP 端口，代码片段如下：

```
DatagramChannel channel = DatagramChannel.open();
channel.socket().bind(new InetSocketAddress(5555));
```

（2）从 DatagramChannel 接收数据

通过 receive() 方法实现如下：

```
ByteBuffer buf = ByteBuffer.allocate(48);
buf.clear();
channel.receive(buf);
```

（3）从 DatagramChannel 发送数据

通过 send() 方法实现如下

```
int bytesSent = channel.send(buf, new InetSocketAddress("198.168.1.21",80));
```

DatagramChannel 类的常用方法如表 13-4 所示。

表 13-4 DatagramChannel 类的常用方法

方法	说明
DatagramChannel connect(SocketAddress remote)	将 DatagramChannel 连接到网络中的特定地址
DatagramChannel open()	打开一个 DatagramChannel
SocketAddress receive(ByteBuffer dst)	经通道接收数据
int send(ByteBuffer src, SocketAddress target)	经通道发送数据

（续）

方法	说明
DatagramSocket socket()	获取与当前通道相关的 DatagramSocket
int read(ByteBuffer dst)	从通道中读取 datagram 数据包
int write(ByteBuffer src)	写 datagram 数据包到通道中

5. SelectableChannel

SelectableChannel 是 Selector 实现 IO 复用关键的辅助类，它可以被多个同步线程安全使用。在 IO 复用中，通过调用 SelectableChannel 的 register() 方法，一个 Channel 一次最多可以注册到一个指定的 Selector 上，register() 方法返回一个 SelectionKey 对象表示该 Channel 已注册到 Selector。

另外，SelectableChannel 也负责设置 Selector 的模式，Selector 有两种模式：阻塞模式和非阻塞模式，在阻塞模式中，每个基于 Channel 的 IO 操作必须阻塞直到完成；而在非阻塞模式中，IO 操作不会阻塞。一个新建的 SelectableChannel 默认为阻塞模式，而多数 Selector 的 IO 复用操作都是非阻塞模式，因而要求，在与 Selector 注册之前，也必须设置为非阻塞模式，可调用 SelectableChannel 的 configureBlocking() 方法来设置，具体与 Selector 配合使用的相关操作在后面 Selector 部分详细讲解。SelectableChannel 类的主要方法如表 13-5 所示。

表 13-5 SelectableChannel 类的主要方法

方法	说明
SelectableChannel configureBlocking(boolean block)	调整同通道的阻塞模式
boolean isBlocking()	判断通道的每一个 IO 操作是否是阻塞，直至完成
boolean isRegistered()	判断通道是否已注册到 Selector
SelectionKey register(Selector sel, int ops)	注册通道到指定的 Selector 上

13.2.2 缓冲区

缓冲区（Buffer）用于和 NIO 通道进行交互，它本质上是一块可供读写数据的内存。在 NIO 类库中，这块内存封装为 Buffer 类，并提供了一组方法以方便地访问内存，所有数据的读取都是在 Buffer 中完成的，而在标准 IO 中，所有数据都是直接写入 Stream 对象中或从 Stream 对象中读取。

在 NIO 中，Buffer 类是一个抽象类，所有的缓冲区类型都继承于它，对于 Java 中的基本数据类型，除了 boolean 类型，其余的都有一个与之对应的 Buffer 类型，关键的类型有：ByteBuffer、CharBuffer、DoubleBuffer、FloatBuffer、IntBuffer、LongBuffer、ShortBuffer，通过这些 Buffer 类型，即可采用相应的基本数据类型读写缓冲区中的数据。

使用 Buffer 读写数据一般遵循如下 4 个步骤：

1）向 Buffer 中写数据，有两种实现方式：调用 Channel 的 read() 方法，从 Channel 把数据写入到 Buffer；调用 Buffer 的 put() 方法写入数据到 Buffer。

2）调用 Buffer 的 flip() 方法，该方法把 Buffer 从写模式转换为读模式。

3）从 Buffer 中读取数据，有两种实现方式：调用 Channel 的 write() 方法，从 Buffer 读取数据到 Channel；使用 Buffer 的 get() 方法从 Buffer 中读取数据。

4）调用 clear() 方法或者 compact() 方法，清空 Buffer 准备再次被写入。

Buffer 有读写两种模式,从 Channel 写入数据到 Buffer 中时属于写模式,要执行从 Buffer 中读取数据操作时,需要调用 flip() 方法将 Buffer 从写模式转换到读模式,然后在读模式下,开始读取之前写入 Buffer 中的所有数据。读完所有数据之后,需要清空缓冲区,让它重新回到被写入模式。clear() 和 compact() 方法都可以用于清空 Buffer,clear() 会清空整个缓冲区,即使有未读的数据也不再保留;而 compact() 只会清除已经读过的数据,未读的数据会被保留并移到缓冲区的起始处,新写入的数据将放到未读数据的后面,不会覆盖原有数据。Channel 与 Buffer 之间传输数据如图 13-3 所示。

图 13-3　Channel 与 Buffer 之间传输数据

Buffer 类提供了对 Buffer 操作的基本方法,它的主要方法如表 13-6 所示。它的诸多子类数量太多,这里仅以 ByteBuffer 为例,其主要方法如表 13-7 所示。其他 Buffer 类的方法与之类似,详细内容可参看 java API。

表 13-6　Buffer 类的主要方法

方法	说明
Buffer flip()	Buffer 从写模式切换到读模式
Buffer clear()	清除 Buffer
int limit()	返回 Buffer 的 limit,在写模式下,limit 等于 Buffer 的限定容量;在读模式下,limit 等于 Buffer 中可供读取的数据位置。
Buffer limit(int newLimit)	设置 Buffer 的 limit
int position()	返回 Buffer 的 position,在写模式下,position 表示 Buffer 当前的位置;在读模式下,position 表示当前开始读取数据的位置
Buffer position(int newPosition)	设置当前的 positon
Buffer rewind()	把 postion 重新设置为 0
Buffer mark()	标记 Buffer 中的一个特定位置 position
Buffer reset()	恢复到 Buffer 中所标记的特定位置 position

表 13-7　ByteBuffer 类的主要方法

方法	说明
ByteBuffer allocate(int capacity)	创建一个指定大小的 Buffer
boolean equals(Object ob)	判断 Buffer 是否与一个 Object 相等
byte get()	从 Buffer 中读取数据,get() 有很多版本,以不同的方式读取数据,具体参考 Java API
ByteBuffer put(byte b)	向 Buffer 中写数据,put() 有很多版本,以不同的方式写入数据,具体参考 Java API

【例 13-1】通过 FileChannel 读取文件中的数据到 Buffer 中。

```
import java.nio.*;
import java.nio.channels.FileChannel;
import java.io.*;

public class Ex13_1 {
    public static void main(String[] args) throws IOException{
        RandomAccessFile aFile = new RandomAccessFile("niodata.txt", "rw");
        FileChannel inChannel = aFile.getChannel();// 打开一个通道 inChannel
        ByteBuffer buf = ByteBuffer.allocate(48);// 创建一个指定大小的 Buffer

        int bytesRead = inChannel.read(buf);// 通过通道,读取文件中的数据放到 Buffer 中
        while (bytesRead != -1) {
```

```
            System.out.println("Read " + bytesRead);
            buf.flip();    // 转换 Buffer 模式，准备从 Buffer 中读出数据
            while(buf.hasRemaining()){
                System.out.print((char) buf.get());
            }
            buf.clear();
            bytesRead = inChannel.read(buf);
        }
        aFile.close();
    }
}
```

创建一个内容为"This is a NIO channel"的文本文件，通过 Buffer 和 Channel 读取文件内容，运行程序后，输出结果如下：

```
Read 21
This is a NIO channel
```

13.2.3 选择器

选择器（Selector）使 Java NIO 中能够监测多个 NIO 通道并同时处理来自多个通道的请求，实现了 IO 复用。这样，一个线程就可以通过多个通道，建立多个网络连接。要求与 Selector 配合使用的通道必须处于非阻塞模式，除了 FileChannel 不满足条件，不能和 Selector 配合使用外，其他类型的网络通道都可以。

在程序中使用 Selector，首先要把 Channel 设置为非阻塞模式，并注册到 Selector 上，然后调用 Selector 的 select() 方法。select() 方法是实现 IO 复用的关键，它负责一直监听注册的通道，这样程序就可以处理其他事情了。一旦 Selector 检测到某个通道有事件发生则立即通知线程，传回一组 SelectionKey，从中得到就绪状态的通道，然后从该通道中读取数据，继续处理事件。具体代码实现有如下几个步骤：

1）创建一个 Selector，通过调用 Selector.open() 方法实现：

```
Selector selector = Selector.open();
```

2）将 Channel 注册到 Selector 上，通过 SelectableChannel.register() 方法实现。代码如下：

```
ServerSocketChannel channel= ServerSocketChannel.open();
channel.configureBlocking(false);
SelectionKey key = channel.register(selector,Selectionkey.OP_READ);
```

register() 方法返回一个 SelectionKey 对象，这个对象表示注册到该 Selector 的所有通道。register() 方法的第二个参数可以从 SelectionKey 的 4 个常量中选择，这 4 个常量可用"位或"操作符连接起来使用，它们表示 Selector 所能监听到的，经通道注册的事件类型。4 种事件类型如表 13-8 所示。

表 13-8 通道注册的事件

事件	对应常量值
Connect 通道成功连接到某个服务器	SelectionKey.OP_CONNECT
Accept 通道接受某个新连接	SelectionKey.OP_ACCEPT
Read 通道中有数据可读	SelectionKey.OP_READ
Write 通道中有数据可写	SelectionKey.OP_WRITE

3）经 selector 选择就绪通道。通过调用一组 select() 方法实现，这些方法会返回已有事件准备就绪的通道。示例如下：

```
int readChannels = Selector.select();
```

3 个常用的 select() 方法如下：

int select()：阻塞到至少一个通道的事件就绪。

int select(long timeout)：与 select() 相同，但是可设定最长阻塞时间为 timeout 毫秒。

int selectNow()：不会阻塞，只要有通道就绪，就立即返回。

3 个 select 方法的返回值均表示就绪的通道数量。

4）访问准备就绪的通道。通过调用 Selector 的 selectedKeys() 方法，访问就绪通道。代码片段如下：

```
Set selectedKeys = selector.selectedKeys();
```

selectedKeys() 方法返回一个已选择键集合，用于存放已就绪通道。而所有注册到 selector 的通道（包括已就绪和未就绪的），可以通过注册时返回的 SelectionKey 对象调用 selectedKeySet() 方法获取。

5）从通道中读取数据，处理事件。用完 Selector 后应调用其 close() 方法关闭，使注册到该 Selector 上的所有 SelectionKey 实例无效，通道本身并不会关闭。

【例 13-2】实现 Selector 操作的一个 ServerSocketChannel 综合示例代码。

```java
//Ex13_2.java
import java.nio.channels.SelectionKey;
import java.nio.channels.Selector;
import java.util.Iterator;
import java.util.Set;
import java.io.IOException;
import java.nio.channels.ServerSocketChannel;

public class Ex13_2 {
    public static void main(String[] args) throws IOException {
        // 打开一个 Channel
        ServerSocketChannel channel = ServerSocketChannel.open();
        Selector selector = Selector.open();// 打开一个 Selector
        channel.configureBlocking(false);// 设置 Channel 为非阻塞模式
        // 注册 Channel 到 Selector
        SelectionKey key = channel.register(selector,SelectionKey.OP_READ);
        while(true) {//// 轮询访问 selector
            int readyChannels = selector.select();// 选择 Channel
            if(readyChannels == 0) continue;
            Set selectedKeys = selector.selectedKeys();// 访问就绪 Channel
            Iterator keyIterator = selectedKeys.iterator();
            while(keyIterator.hasNext()) { // 遍历所有就绪 Channel
                key =(SelectionKey) keyIterator.next();
                if(key.isAcceptable()) {
                    //ServerSocketChannel 接收到一个连接
                } else if (key.isConnectable()) {
                    // 和远程的客户建立连接
                } else if (key.isReadable()) {
                    //Channel 进入读模式
                } else if (key.isWritable()) {
                    //Channel 进入写模式
                }
            }
        }
    }
}
```

13.3 NIO Socket 通信单线程模式

NIO 是非阻塞 IO，在 Socket 的网络多线程程序中使用 NIO 能有效地优化程序。标准 IO 的 Socket 多线程服务器程序通常需要为每个客户请求分配一个独立的服务线程，而线程的大部分操作都是阻塞式，大量的线程势必占用内存和 CPU。相比之下，NIO 可以减少多线程服务器的线程开销，充分利用处理中的等待时间，提升运行效率和服务能力，缺点是使用上稍微复杂一些。

在基于 C/S 模型的 NIO Socket 程序中，服务器只需启动一个线程，即可处理所有的 IO 操作，服务器和客户各自创建一个 Selector 对象用于管理通道，该对象随时监听一个或多个已注册通道上的事件。在服务器端，Selector 会轮询访问注册的通道，如果发现一个通道有事件到达，如注册的读事件，就传回一组 SelectionKey，程序通过读取 SelectionKey 中的数据，获得注册过的 SocketChannel，从中读取数据并处理这些事件；如果没有事件，则处理线程会一直阻塞，直到有事件到达为止。在客户端，客户需要调用 connect() 连接到服务器，同样 selector 会轮询访问所注册的通道，若有连接事件发生并且连接成功后，则发送数据到服务器。具体实现过程通信模型如图 13-4 所示。

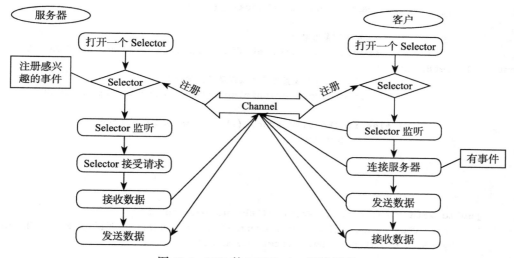

图 13-4　NIO 的 TCP Socket 通信模型

【例 13-3】NIO 实现 TCP Socket 通信的一对一单线程模式的客户 / 服务器代码。

```java
//NIOServer.java
package Ex13_3;
import java.io.IOException;
import java.net.InetSocketAddress;
import java.nio.ByteBuffer;
import java.nio.channels.SelectionKey;
import java.nio.channels.Selector;
import java.nio.channels.ServerSocketChannel;
import java.nio.channels.SocketChannel;
import java.util.Iterator;

public class NIOServer {
    private Selector selector;
```

```java
    public void initServer(int port) throws IOException {
        ServerSocketChannel serverChannel = ServerSocketChannel.open();// 打开一个Channel
        serverChannel.configureBlocking(false);// 设置通道为非阻塞
        // 将该通道对应的ServerSocket绑定到port端口
        serverChannel.socket().bind(new InetSocketAddress(port));
        this.selector = Selector.open();// 打开一个Selector
        // 注册通道到Selector,并为该通道注册ACCEPT事件
        serverChannel.register(selector, SelectionKey.OP_ACCEPT);
    }
    public void listen() throws IOException {
        System.out.println("Server is running...");
        while (true) {// 轮询访问selector
            selector.select(); // 选择Channel
            Iterator ite = this.selector.selectedKeys().iterator();
            while (ite.hasNext()) {// 遍历所有就绪Channel
                SelectionKey key = (SelectionKey) ite.next();
                ite.remove();// 删除已选的key,以防重复处理
                if (key.isAcceptable()) {//ServerSocketChannel接收到一个连接
                    ServerSocketChannel server = (ServerSocketChannel) key.channel();
                    SocketChannel channel = server.accept();// 接受请求
                    channel.configureBlocking(false);

                    // 发送回复给客户
                    channel.write(ByteBuffer.wrap(new String("Send Ack back to client...").getBytes()));
                    // 给Channel设置可读权限以继续接受请求
                    channel.register(this.selector, SelectionKey.OP_READ);

                } else if (key.isReadable()) {//Channel进入读模式
                    read(key);
                }
            }
        }
    }
    public void read(SelectionKey key) throws IOException{
        SocketChannel channel = (SocketChannel) key.channel();// 返回一个SocketChannel
        ByteBuffer buffer = ByteBuffer.allocate(50);
        channel.read(buffer);
        byte[] data = buffer.array();
        String msg = new String(data).trim();
        System.out.println("Server received msg: "+msg);
        ByteBuffer outBuffer = ByteBuffer.wrap(msg.getBytes());
        channel.write(outBuffer);// 读取客户传递的数据
    }
    public static void main(String[] args) throws IOException {
        NIOServer server = new NIOServer();
        server.initServer(5555);
        server.listen();
    }
}
//NIOClient.java
package Ex13_3;
import java.io.IOException;
```

```java
import java.net.InetSocketAddress;
import java.nio.ByteBuffer;
import java.nio.channels.SelectionKey;
import java.nio.channels.Selector;
import java.nio.channels.SocketChannel;
import java.util.Iterator;

public class NIOClient {
    private Selector selector;

    public void initClient(String ip,int port) throws IOException {
        SocketChannel channel = SocketChannel.open();
        channel.configureBlocking(false);
        this.selector = Selector.open();
        channel.connect(new InetSocketAddress(ip,port));
        //"连接"服务器,实际上是绑定远程 IP 和 Port
        // 注册 Channel 到 Selector,并为该通道注册 CONNECT 事件
        channel.register(selector, SelectionKey.OP_CONNECT);
    }

    public void listen() throws IOException {
        while (true) {// 轮询访问 selector
            selector.select();
            Iterator ite = this.selector.selectedKeys().iterator();
            while (ite.hasNext()) {// 遍历所有就绪 Channel
                SelectionKey key = (SelectionKey) ite.next();
                ite.remove();// 删除已选的 key,以防重复处理
                if (key.isConnectable()) {// 有链接事件发生
                    SocketChannel channel = (SocketChannel) key.channel();
                    if(channel.isConnectionPending()){// 真正完成连接
                        channel.finishConnect();
                    }
                    channel.configureBlocking(false);// 设置成非阻塞
                    // 给服务端发送信息
                    channel.write(ByteBuffer.wrap(new String("Send msg to server").getBytes()));
                    // 将 Channel 设置为可读,以继续读取数据
                    channel.register(this.selector, SelectionKey.OP_READ);
                } else if (key.isReadable()) {
                    //read(key);
                }
            }
        }
    }

    public void read(SelectionKey key) throws IOException{
        // 这部分代码与 NIOServer 的相同
    }

    public static void main(String[] args) throws IOException {
        NIOClient client = new NIOClient();
        client.initClient("localhost",5555);
        client.listen();
    }
}
```

运行时先启动服务器端,接收到客户端发送的信息后,运行结果如下:

```
Server is running...
Server received msg: I am client
```

客户端发送信息，运行结果如下：

```
Client is ready to send msg...
```

以上过程实现了非阻塞的处理方式，客户端的连接可以是非阻塞模式，SocketChannel 不必一直等候事件发生，等候过程都交给 Selector 来处理，直到有事件发生了，再通知相应的 SocketChannel 对事件进行处理。

以上实现了 NIO Socket 的一对一客户单线程服务器模型，如果希望在服务器端以多线程方式处理多个客户请求，需要把一对一方式扩展为 NIO 的多线程模式，具体设计方式在接下来的反应器模式基础上讲述。

13.4　基于反应器的 NIO Socket 多线程模式

Java NIO 非堵塞技术实际上采用了反应器（Reactor）模式，Reactor 是由 Schmidt 和 Douglas C 提出的一种模式，广泛适用于分布式系统中的高并发服务器，比如如今流行的高性能服务器 Nginx 和 Lighttpd 以及分布式文件系统 Hadoop RPC 都是以这种模式为基础，能够响应并发的多线程，提升服务器的伸缩性，处理海量的 Web 访问。

Reactor 是一种针对并发线程的、基于事件驱动的处理模式，如果有事件发生，即收到请求，会通知程序处理，而不必开启多个线程等待，从而实现流畅的 I/O 读写，把服务器从高负荷中解脱出来。Reactor 模式的基本原理为：服务器提供处理器（Handler）分别和事件 Connect、Accept、Read、Write 绑定，每个处理器关心对应的事件，处理器需要预先在反应器中注册，然后 Reactor 启动事件循环处理功能，不断循环以获取等待的事件；一旦接收到事件，Reactor 就通知相关的处理器有事件发生，该处理器即可将事件传递给具体服务（Event Handler）来处理。Reactor 模式结构有以下 4 个主要成员：

1）事件：包括连接请求、接收连接、读、写等事件类型，在 Java NIO 中相当于 SelectionKey 的 4 种通道注册事件，与 SocketChannel 关联。

2）处理器：绑定了某类事件，负责处理该事件对应的非阻塞行为，在 Java NIO 中相当于进行网络连接的 SocketChannel。

3）反应器：该模式的核心，等待处理器上的事件，没有事件时，一直保持阻塞，当其中的 Handler 有事件发生时，则返回，在 Java NIO 中相当于 Selector。

4）具体事件处理代码：以特定方式处理事件的代码，这部分需要用户自行设计实现。

Reactor 模式为 Java NIO 的实现提供了理论基础，一对一单线程 NIO socket 通信模式是一个简化的实现，服务器仅仅用一个线程来为多个并发连接服务，该线程需要执行所有的操作，包括 Connect、Accept、Read、Write 事件，单线程 Reactor 模式的结构如图 13-5 所示。如果面临大量客户的请求，单线程就不能及时响应了，因此需要 NIO 多线程模式来解决这个问题。借助于线程池机制，采用多个 Reactor，每个 reactor 使用独立的 Selector 在自己单独的线程里执行，这样在主 Selector 中处理连接事件，在其他的 Selector 中分别处理读事件、写事件，达到高效响应多个客户端的请求，从而形成一个高性能的 Java 网络服务器机制，以进一步形成高性能的分布式网络服务器。多线程 Reactor 模式的结构如图 13-6 所示。

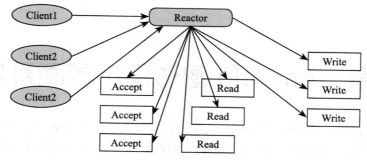

图 13-5 单线程 Reactor 模式的结构

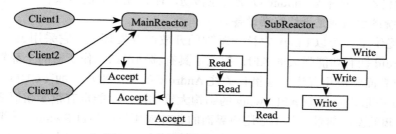

图 13-6 多线程 Reactor 模式的结构

本章小结

　　面向块的非阻塞 NIO 和传统的面向流阻塞 IO 各有其优势，设计系统时选择何种 IO 方式，取决于实际应用的需要。NIO 属于高级 IO，可以减少多线程服务器的线程开销，提升运行效率和服务能力，适用于多线程程序的网络 IO 操作。NIO 的系统扩展性比较强，适用于服务应用需要频繁的数据处理，广泛应用于分布式高性能服务器系统。

　　本章重点介绍了 Java.NIO 的三个核心对象：缓冲区、通道、选择器及其操作方法。它们之间是相互作用的，其中选择器 Selector 是实现 IO 复用的关键，它使 Java NIO 中能够监测多个 NIO 通道并同时处理来自多个通道的请求。另外，简单介绍了 NIO 机制实现的理论基础——反应器（Reactor）模式。

习题

1. 简述 java.nio 的 3 个核心对象及其操作方法。
2. 什么是 IO 复用？Selector 在 NIO Socket 通信中的作用是什么？
3. 什么是 Reactor 模式，具体有哪些应用？
4. 查看资源学习 Hadoop RPC 中用到的 Reactor 模式。

第 14 章 Android 图形用户界面开发简介

Android 是近年来流行的开源手机开发平台，它包含了操作系统、中间件和移动应用程序，以及一套用于编写移动应用程序的类库。为移动应用程序开发提供了功能丰富、使用简捷的开发环境。Android 市场正在如日中天地发展，基于 Android 操作系统的智能手机总销量中所占比例已经超过苹果 iphone 以及其他移动产品，在不久的将来，会有更多的用户选择 Android 系统的手机或是无线终端设备。

Android 提供了一个以 Linux 内核为基础的开放的开发环境，它采用 Java 作为程序开发语言。Android 拥有功能强大的 API，提供了具有移动电话工作所需的全部软件，包括操作系统、用户界面和应用程序。这里只关注 Android 的图形用户界面（GUI）API，它与前面讲解的 Java 图形用户界面 API Swing 的结构大致相同，功能也有很多相似之处。如今随着 Android 广阔的发展前景，其图形用户界面的 API 应用早已超过 Swing，重要性也不言而喻，建议大家不妨在学习 Swing 的基础上初步了解这套 API，掌握其基础开发功能。本章的目的在于抛砖引玉，对 Android GUI 开发引入门，希望对日后 Android 或其他 GUI API 的进一步学习有所帮助。

本章简要介绍 Android 平台的系统架构、开发环境、应用组件、Android API 以及在 eclipse 环境下的简单开发示例及其主要控件功能。

14.1 Android 概述

Android 本意为"机器人"，源于 Google 公司于 2007 年 11 月 5 日发布的一种基于 Linux 平台开源手机操作系统。Android 平台提供了移动电话工作所需的全部软件，整个系统采用了软件栈的架构，由底层的 Linux 操作系统、中间件、用户界面和核心应用程序组成。Java 语言是编写 Android 应用程序的主要语言，也支持其他语言，如 C、Perl 等。Android 最引人注目的是它的开放性，任何开发人员都可以按照功能的设想来设计手机界面和应用程序，而且保证了应用程序的任何局限性都可以通过扩展或开发新的应用程序来取代。随着移动设备的日益普及，Android 系统发展的速度惊人。掌握了 Java 语言，再学习使用 Android 来开发移动应用程序无疑会为开发人员提供广阔的发展空间。

Android 应用程序与平台无关，采用了整合的设计理念，允许创建类似于本地应用程序的应用程序，其主要特性及主要功能如下：

1）应用程序框架支持组件的重用与替换，这意味着任何开发者都可以用自己喜欢的应用程序替换系统中的应用程序。

2）Android 自带的 Dalvik 虚拟机相对于 Java 虚拟机速度要快很多，专门为移动设备做了优化。

3）一个基于 WebKit 的 Web 浏览器。

4）优化的 2D 和 3D 图形库，3D 图形库基于 OpenGL ES 1.0。

5）SQLite 用作结构化的数据存储。
6）播放和录制各种音频、视频或者静态图像格式的媒体库。
7）GSM 电话。
8）蓝牙（Bluetooth）、EDGE、3G、WI-FI。
9）照相机、GPS、指南针和加速度计。
10）丰富的开发环境，包括设备模拟器、调试工具、内存及性能分析图表和 eclipse 集成开发环境插件。Google 还提供了 Android 开发包 SDK，其中包含了大量的类库和开发工具。

Android 为 Linux、Mac、Windows 等平台提供了不同 SDK 版本，开发 Android 应用程序，首先需要搭建开发环境，包括安装 eclipse、下载相关的 Android SDK 工具包和 ADT 插件，http://developer.android.com 提供详细的安装步骤说明。如果需要用模拟器进行开发和调试，还需为设备在开发环境中创建相应的虚拟设备。

14.2　Android 系统架构

Android 系统架构分为 4 层，由上至下依次是应用程序、应用程序框架、核心类库（包括 Android 程序库和运行库）和 Linux 内核，如图 14-1 所示。每层结构如下：

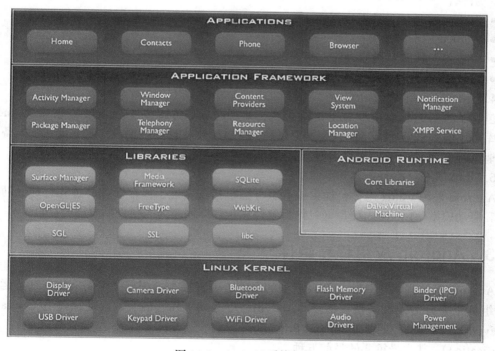

图 14-1　Android 系统架构

1. 应用程序 (Application)

用户用 Java 编写的程序，包括本地的或第三方的，都在应用层上使用相同的库进行构建，如 E-Mail 客户端、电话、短信、日历、游戏、地图、浏览器、联系人管理程序等。

2. 应用程序框架 (Application Framework)

由如下几个主要部分构成：

1）可扩展的视图（View），包括列表（List）、网格（Grid）、文本框（Textbox）、按钮（Button）等，还有一个可嵌入的 Web 浏览器。

2）内容管理器（Content Providers）：可使一个应用程序访问另一个应用程序的数据（如联系人数据库），或者共享它们自己的数据。

3）资源管理器（Resource Manager）：提供非代码资源的访问，如本地字符串、图形和分层文件（Layout Files）。

4）通知管理器（Notification Manager）：可以在状态栏中显示客户通知信息。

5）活动类管理器（Activity Manager）：管理应用程序生命周期并提供常用的导航回退功能。

3. Android 程序库（Libraries）

包括一个被 Android 系统中各种不同组件使用的 C/C++ 库集，该库通过 Android 应用程序框架为开发者提供服务，这层的主要核心库有：

- 系统 C 库。
- 媒体库（Media Framework）用于播放音频和视频。
- SGL、OpenGL 包含 2D 和 3D 图形的图形库，Android 使用 skia 作为其核心的图形引擎。
- SQLite 本地轻型关系数据库。
- WebKit 用于集成 Web 浏览器。
- SSL 是一种安全通信协议，保证网络通信的数据安全。
- Surface Manager 用于管理显示系统。

4. Android 运行库（Runtime）

包含了运行时核心库和 Dalvik 虚拟机，运行时核心库提供了 Java 核心库以及 Android 特定库可用的大部分功能。Dalvik 虚拟机是一个基于寄存器的虚拟机，能保证一个设备可以高效地运行多个 Dalvik 虚拟机实例。

5. Linux 内核（Kernel）

Android 采用 Linux 内核，提供核心服务，包括安全性、内存管理、进程管理、网络协议栈和驱动模型，Linux 内核也同时作为硬件和软件堆栈之间的硬件抽象层。

14.3 Android 应用程序组件

Android 系统提供了一些已开发成型的组件，可直接在应用程序中实例化，这些运行必要的组件主要分为几种类型：活动（Activities）、服务（Services）、广播接收者（Broadcast Receivers）、内容提供者（Content Providers）、意图（Intent）、小控件（Widget）、通知（Notification），其中最重要的是前五种。

应用程序可以根据需要选择几种类型的组件，由其中的一个或几个来组建应用程序。下面简要介绍五种组件的用途。

1. 活动（Activity）

活动是应用程序的表示层，一个 Activity 通常展现为一个可视化的用户界面。例如，一个联系人服务应用程序可能包含一个显示联系人列表的 Activity、一个可编辑联系人信息的 Activity，以及其他一些查看或修改信息的 Activity。每一个 Activity 都是 Activity（android.

app.Activity）的子类，并且是相对独立的，这些 Activity 一起工作，共同组成了一个应用程序，一个应用程序可以包含一个或多个 Activity。通常每个应用程序启动后都会调用一个 Activity 展现出第一个界面，在当前展现给用户的 Activity 中启动一个新的 Activity，从而实现界面跳转。

2. 服务（Service）

Service 没有用户界面，在后台运行，服务可以更新数据源和前台的活动，并触发通知。例如，用户处理其他事情时，可以启动 Service 播放背景音乐，或者从网络上获取数据，传递给 Activity 展现出来。

3. 广播接收器（Broadcast Receiver）

Broadcast Receiver 组件不执行任何任务，每个组件 Broadcast Receiver 都会接受系统或应用程序产生的广播通知，并对广播通知做出响应。很多事件都可能导致系统广播，如手机所在时区发生变化、电池电量低、用户改变系统语言设置等。应用程序同样也可以发送广播通知，例如通知其他应用程序某些数据已经下载完毕，可以使用。

4. 内容提供器（Content Provider）

内容提供器（Content Provider）的作用是解决应用程序间的数据通信、共享问题。Content Provider 可以将一个应用程序特定的数据提供给另一个应用程序使用，这是 Android 提供的标准共享数据机制，共享的数据可以存储在文件系统、SQLite 数据库或其他媒体中。

5. 意图（Intent）

以上 4 种基本组件中，除了 Content Provider 是通过 Content Resolver 激活的外，其他 3 种组件 Activity、Service 和 Broadcast Receiver 都是由意图 intent 异步消息激活的。Intent 是连接组件的纽带，提供组件相互调用的信息，它能够在程序运行的过程中连接两个不同的组件。

14.4 Android 的图形界面元素

Android 的图形界面元素与 Swing 类似，主要由视图（View）、视图容器（ViewGroup）和布局管理（Layout）构成。

14.4.1 视图和视图组

1. 视图（View）

View 作为用户界面最重要的元素与 Activity 是密切相关的，Android 应用程序中的每一个屏幕都是 Activity 类的扩展，Android 中的每个 Activity 都有一个用于绘制用户界面的顶层窗口，该窗口默认设置为满屏，也可以调整为适当的尺寸，类似于 Swing 中的顶层容器 JFrame。Activity 使用视图 View 来形成显示信息和响应用户动作的图形界面，View 表示屏幕上的一块矩形区域，负责绘制这个区域和事件处理，类似于 Swing 中的中间层容器，每个可视化的 View 组件都叫作控件 Widget，Widget 类用于创建交互式 GUI 小组件（按钮、输入框等），View 类是所有 Widget 的基类。

View 具有一定的层次关系，View 类包含一些子视图并管理子视图的布局，View 的作用就是与用户直接交互，通过 View，可实现布局、绘图、焦点变换、滚动条、屏幕区域的按键、用户交互等功能，View 派生出来的直接或间接子类有：ImageView、Button、CheckBox、SurfaceView、TextView、ViewGroup、AbsListView。View 的层次结构如图 14-2 所示。

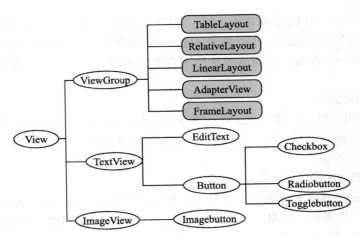

图 14-2 View 的层次结构

View 的主要子类及事件监听器如表 14-1 所示。

表 14-1 类的主要子类及事件监听器

类名	功能	事件监听器
TextView	文本视图	OnKeyListener
EditText	编辑文本框	OnEditorActionListener
Button	按钮	OnClickListener
Checkbox	复选框	OnCheckedChangeListener
RadioGroup	单选按钮组	OnCheckedChangeListener
Spinner	下拉列表	OnItemSelectedListener
AutoCompleteTextView	自动完成文本框	OnKeyListener
DataPicker	日期选择器	OnDateChangedListener
TimePicker	时间选择器	OnTimeChangedListener
DigitalClock	数字时钟	OnKeyListener
AnalogClock	模拟时钟	OnKeyListener
ProgessBar	进度条	OnProgressBarChangeListener
RatingBar	评分条	OnRatingBarChangeListener
SeekBar	搜索条	OnSeekBarChangeListener
GridView	网格视图	OnKeyDown、OnKeyUp
ListView	列表视图	OnKeyDown、OnKeyUp
ScrollView	滚动视图	OnKeyDown、OnKeyUp

2. 视图组（ViewGroup）

ViewGroup 是 View 的容器，可以将 View 添加到 ViewGroup 中，一个 ViewGroup 也可以添加到另一个 ViewGroup 中。ViewGourp 派生出来的直接或间接子类有：AdapterView、AbsoluteLayout、FrameLayout、RelativeLayout 和 LinearLayout，如图 14-2 所示。ViewGroup 的主要方法表 14-2 所示。

表 14-2 ViewGroup 主要方法

方法	说明
ViewGroup()	构造方法

(续)

方法	说明
void addView(View child)	用于添加子视图
void bringChildToFront(View child)	将参数指定的视图移动到所有视图的前面显示
boolean clearChildFocus(View child)	清除参数指定视图的焦点
boolean dispatchKeyEvent(KeyEvent event)	将参数指定的键盘事件分发给当前焦点路径的视图
boolean dispatchPopulateAccessibilityEvent(AccessibilityEvent event)	将参数指定的事件分发给当前焦点路径的视图
boolean dispatchSetSelected(boolean selected)	为所有的子视图调用 setSelected() 方法

14.4.2 布局管理

与 Swing 相似，Android 图形界面同样需要决定每个 View 元素的布局方式，也就是 ViewGroup 中包含的多个 View 怎样布局，怎样组织界面的呈现方式，所有的布局方式都可以归类为 ViewGroup 的 5 个类别。在实际开发中，常常同时嵌套使用一种或多种布局方式，以呈现出更美观的用户界面。

1. 线性布局（LinearLayout）

线性布局是最常用的布局类之一，也是 RadioGroup、TabWidget、TableLayout、TableRow 和 ZoomControls 类的父类。该布局中的子组件之间成线性排列，即在某一方向上顺序排列。LinearLayout 为其子组件提供垂直方向或水平两种排列方式，默认按照垂直方向排列。当垂直布局时，每行只有一个组件，多个组件依次垂直往下；水平布局时，只有一行，每一个组件依次向右排列。

2. 相对布局（RelativeLayout）

RelativeLayout 方式根据某个组件的相对位置排列其他组件，这种方式首先选定一个组件为参照物，然后通过 ID 指定其他组件相应参照物的位置。与线性布局相比，RelativeLayout 可以在任意位置摆放组件，没有规律。比如指定第一个组件放在屏幕的中央，那么相对于这个组件，其他组件将以屏幕中央的相对位置来排列。

3. 表格布局（TableLayout）

表格布局将组件的位置分配到表格的行或列中，按照表格的方式组织组件的布局，组件之间并没有实际表格中的边框线，表格由列和行组成许多单元格，表格允许单元格为空。

4. 框架布局（FrameLayout）

FrameLayout 是最简单的一种布局方式，可以在屏幕上指定的一个空白区域填充一个单一对象，如一张图片。这种方式会将所有组件固定在屏幕的左上角，按摆放次序叠加，后一个组件将会直接在前一个之上覆盖填充，把它们部分或全部挡住，这样依次摆放，如果后面的组件不透明，并且尺寸比前一个大，会盖住原来的组件，这个布局比较简单，也只能放一些比较简单的对象。

5. 绝对布局（AbsoluteLayout）

AbsoluteLayout 以整个手机界面为坐标对组件进行布局，在 SDK 2.3.3 后已经弃用，不推荐使用。

14.4.3 事件驱动

Android 系统引用了 Java 的事件响应处理机制，包括事件、事件源和事件监听器，其工作机制可参考第 10 章的 Java 图形用户界面，这里不再赘述。Android API 提供的事件监听器如表 14-3 所示。

表 14-3 Android 事件监听器

事件监听器接口	事件	说明
OnClickListener	单击事件	当用户单击某个组件或者方向键时触发
OnFocusChangeListener	焦点事件	组件获得或者失去焦点时产生的事件
OnKeyListener	按键事件	用户按下或者释放设备上的某个按键时触发
OnTouchListener	触碰事件	设备具有触摸屏功能，触碰屏幕时产生
OnCreateContextMenuListener	创建上下文菜单事件	创建上下文菜单时产生该事件
OnCheckedChangeListener	选项事件	选择改变时触发该事件

Android 事件驱动的处理步骤也和 Swing GUI 的相同，步骤如下：
1）创建一个事件监听器。
2）在相应的组件上注册监听器。
3）在事件处理方法中编写事件处理代码。

14.5 eclipse 下的 Android 开发环境配置

Android SDK 包含了开发移动应用程序所需的所有工具和 API，Android 支持在 Windows、Mac OS 和 Linux 任何平台上编写程序。在开始编写程序之前，需要下载和安装 Android SDK 和 JDK，如同普通的 Java 程序，Android 程序通常采用流行的 eclipse 进行开发，具体步骤如下：

1. 下载 Android SDK

SDK 下载地址为 http://developer.android.com/sdk/index.html。

2. 安装 eclipse

下载地址为 http://www.eclipse.org/downloads/，下载并安装，除了 Windows 版本 eclipse，也可以根据需要选择 Linux、Mac OS 两种系统的版本。

3. 配置 eclipse 的 Android SDK 环境

在安装好的 eclipse 中，选择 Help → Install New Software，打开 Install 对话框，如图 14-3 所示。

然后单击 Next 按钮直到下载安装成功，在安装过程中，Android 版本根据实际需要选择。接着在 eclipse 的菜单栏中，选择 eclipse → Preference（如果是 Windows，则选择 Window → Preference），选中"Android"，在 SDK Location 界面中单击 Browser 按钮下载到 SDK 的根目录。

4. 创建 AVD

AVD（Android Virtual Device）是 eclipse 的一个插件，是 Android 的虚拟设备。它负责把模拟器、class-to.dex 转换器等开发工具直接集成到 IDE 开发环境中，简化了 Android 的开发，使 Android 应用的开发、调试和测试更加快捷、方便。在 Window 菜单中，选择 AVD Manager，单击右侧的 Create 按钮，弹出如图 14-4 所示界面，填写信息步骤为：输入 AVD Name→选择 Target→输入模拟的 SD Card 容量→选择外观 Skin(可保留默认的 Skin 设置值，也可设置模拟器外观，如 GL、MyTouch、3G 或 Motorola Droid 等手机设备)，填写好后单击 OK 即可。

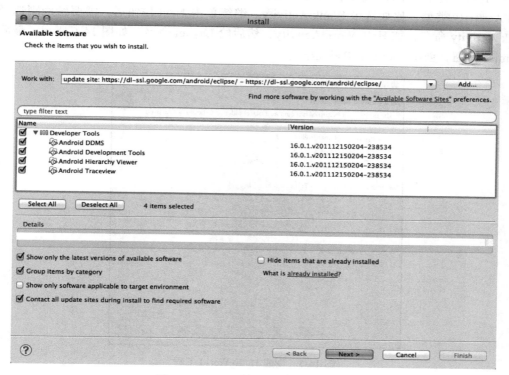

图 14-3 eclipse 的 Android SDK 环境

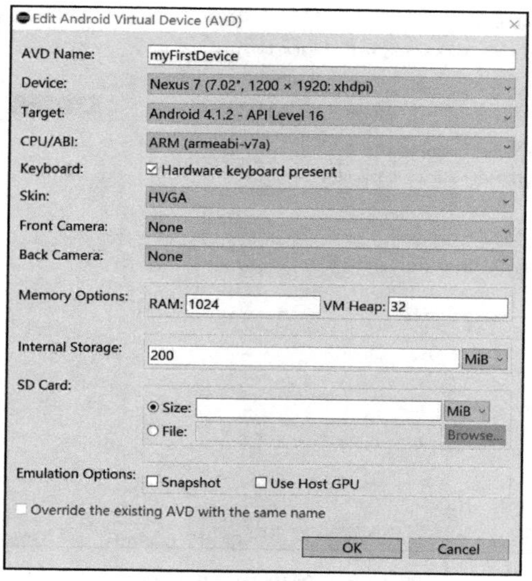

图 14-4 AVD 管理器

5. 创建 Hello World 程序

新建 Android 程序的步骤为 File->New->Project->Android Project，之后弹出创建 Android 项目的对话框，Application Name 代表应用名称，此应用安装到手机之后会在手机上显示该名称，从下拉列表中选择合适的 Android SDK 版本和编译版本，按图 14-5 操作。接下来一直单击 Next 按钮直到出现 Create Activity 界面，在这个界面中可以选择想创建的 Acrtivity 类型，比如选中 Blank Activity。继续单击 Next 按钮后，需要给刚刚选择的 Blank Activity 命名，如 HelloWorldActivity，然后给 Layout 命名，如图 14-6 所示，最后单击 Finish 按钮，创建 Android 项目完毕。

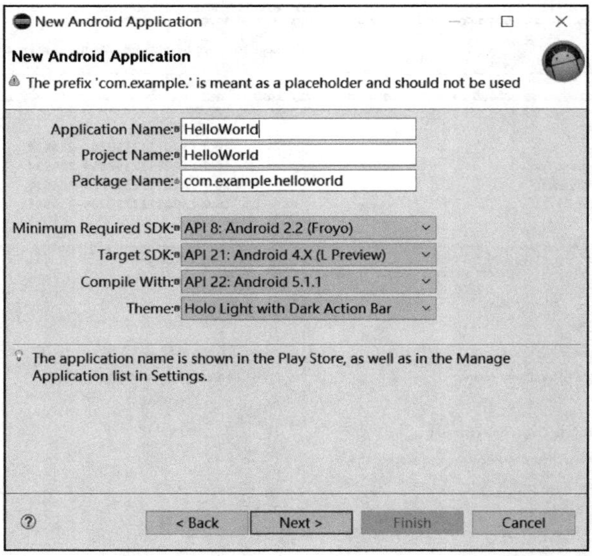

图 14-5　创建 Hello World 工程

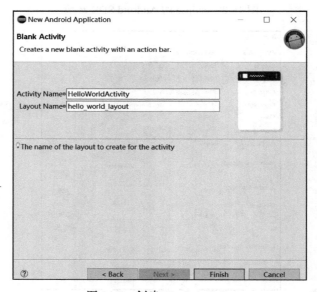

图 14-6　创建 Blank Activity

6. 运行 HelloWorld 程序

在 HelloWorld 项目上单击鼠标右键，选中快捷菜单中的 run as → Android application 即可，这个过程需要大概 1 到 2 分钟，因为需要模拟器安装加载应用程序，启动完成后一般都需要将模拟器解锁，模拟器显示运行效果如图 14-7 所示。

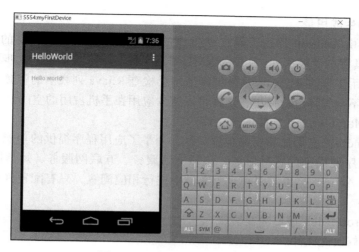

图 14-7　Hello World 运行结果

14.6　Android 图形用户界面开发示例

Android 界面开发内容丰富，本书不作重点讲解，仅以最实用的 Button 入手，通过一个简单示例，展示开发 Android 界面的基本步骤，以及此界面开发与 Swing 的异同，对读者进一步深入学习 Android GUI 开发起到初步的引导作用。

14.6.1　Android 应用程序目录结构

首先分析 Android 应用程序目，项目搭建完毕后，以创建的 HelloWorld-Android 为例，可看见如图 14-8 所示的项目目录结构。

Android 应用程序的主要目录结构具体内容如下：

1. src/ java 源代码存放目录

该目录存放应用程序的所有相关 java 源代码。

2. res/ 资源（Resource）目录

该目录中存放有应用会使用到的各种资源，如 XML 界面文件、图片和数据。例如几个 drawable 用于存放不同尺寸的图片；layout 用于存放 Activity 的布局文件；values 存放显示的文本。在 gen 目录下的 R.java 文件中自动为该文件夹中的所有资源文件分配一个 ID，在程序中只需调用 R.java 中的 ID 即可使用 res 资源。

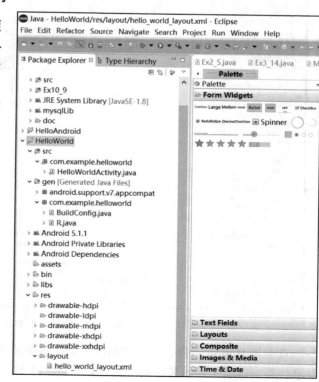

图 14-8　Android 应用程序目录结构

3. gen/ 自动生成目录

该目录存放由 Android 开发工具自动生成的所有文件，其中最重要的是 R.java 文件。Android 开发工具将自动根据 res 目录的 XML 界面文件、图标与常量，同步更新修改 R.java 文件，尽量不要手工修改 R.java。另外编绎器也会检查 R.java 列表中的资源是否使用到，没有使用到的资源不会编译进软件中，这样可以减少应用在手机占用的空间。

4. AndroidManifest.xml 功能清单文件

该文件是 Android 应用最重要的配置文件，列举了应用程序提供的功能。在这个文件中可以指定应用程序使用到的各种服务，包括电话服务、互联网服务、短信服务、GPS 服务等。新添加一个 Activity，也需要在这个文件中进行相应配置，只有配置好后，才能调用此 Activity。

5. default.properties 项目环境信息

一般不需要修改此文件。

14.6.2 创建按钮示例

开始创建一个简单的 Button 程序，在 HelloWorld 项目下的 res 中找到布局文件 HelloWorld → res → hello_world_layout.xml，双击打开后呈现一个模拟器编辑界面，从视图编辑区 Palette 中的 Form Widgets 找到 Button 组件，将 Button 控件拖到界面中的合适位置后松开鼠标，如图 14-9 所示。

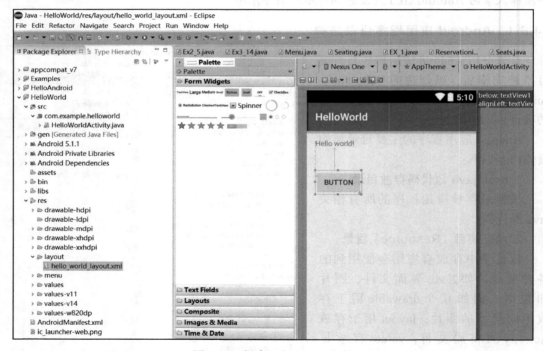

图 14-9 创建一个 Button 组件

双击该 Button 组件，打开 XML 文件对组件属性进行编辑，可更改 Button 名称、大小及事件等，这里把显示名称编辑为 OK，如图 14-10 所示。

这时查看 src 下的 HelloWorldActivity.java 文件，自动生成了如图 14-11 所示的代码。

下一步需要在 onCreate() 方法中为 Button 组件添加事件响应代码，调用 Button 的 setOnClickListener() 方法为该按钮绑定一个单击事件监听器，用于监听用户的单击事件，然后重写其 onClick() 方法来实现事件处理，实现过程需要手工编写代码，这点与 Swing Designer 不同，没有提供自动添加 Event Handler 代码的功能，具体代码如图 14-12 所示。

```xml
 1  <RelativeLayout xmlns:android="http://schemas.android.com/apk/res/android"
 2      xmlns:tools="http://schemas.android.com/tools"
 3      android:layout_width="match_parent"
 4      android:layout_height="match_parent"
 5      android:paddingBottom="@dimen/activity_vertical_margin"
 6      android:paddingLeft="@dimen/activity_horizontal_margin"
 7      android:paddingRight="@dimen/activity_horizontal_margin"
 8      android:paddingTop="@dimen/activity_vertical_margin"
 9      tools:context="com.example.helloworld.HelloWorldActivity" >
10
11      <TextView
12          android:id="@+id/textView1"
13          android:layout_width="wrap_content"
14          android:layout_height="wrap_content"
15          android:text="@string/hello_world" />
16
17      <Button
18          android:id="@+id/button1"
19          android:layout_width="wrap_content"
20          android:layout_height="wrap_content"
21          android:layout_alignLeft="@+id/textView1"
22          android:layout_below="@+id/textView1"
23          android:layout_marginTop="60dp"
24          android:text="ON" />
25
26  </RelativeLayout>
```

图 14-10 Button 的 XML 文件

```java
 1  package com.example.helloworld;
 2  import android.app.Activity;
 3  import android.os.Bundle;
 4  import android.view.Menu;
 5  import android.view.MenuItem;
 6
 7  public class HelloWorldActivity extends Activity {
 8
 9      @Override
10      protected void onCreate(Bundle savedInstanceState) {
11          super.onCreate(savedInstanceState);
12          setContentView(R.layout.hello_world_layout);
13      }
14
15      @Override
16      public boolean onCreateOptionsMenu(Menu menu) {
17          // Inflate the menu; this adds items to the action bar i
18          getMenuInflater().inflate(R.menu.hello_world, menu);
19          return true;
20      }
21  }
```

图 14-11 HelloWorldActivity.java

```java
public class HelloWorldActivity extends Activity {
    Button bnt;   //创建一个Button
    @Override
    protected void onCreate(Bundle savedInstanceState) {
        super.onCreate(savedInstanceState);
        setContentView(R.layout.hello_world_layout);
        // 对象与res资源中属性参数关联上
        bnt=(Button)findViewById(R.id.button1);
        //采用匿名内部类
        bnt.setOnClickListener(new View.OnClickListener() {
            public void onClick(View v) {
                // Perform action on click
                //增加自己的代码......
                final TextView text = (TextView) findViewById(R.id.textView1);
                text.setText("OnClick.OnClick again click click click " + " ..
            }
        }); //手工增加代码结束
    }
}
```

图 14-12 按钮添加事件处理

最后程序运行结果如图 14-13 所示。

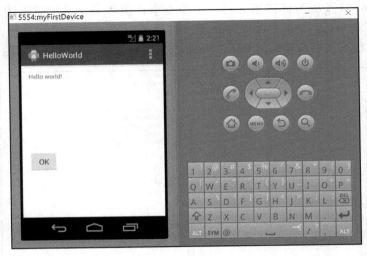

图 14-13　HelloWorld 运行结果

单击 OK 按钮后，打印出一行文字"OnClick.OnClick again click click click…"，如图 14-14 所示。

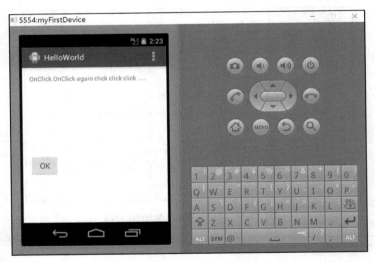

图 14-14　单击 OK 按钮后的界面

14.7　常用的 Android 控件

与 Swing 组件类似，除了 Button 以外，Android GUI 还需要由其他组件构成，Android 中也习惯称其为控件，包括文本框（TextView）、编辑框（EditText）、复选框（CheckBox）、单选框（RadioGroup）、下拉列表（Spinner）等。Android 控件几乎都属于 View 类，定义在 android.widget 包中，进行 GUI 设计时，可以采用 XML 布局文件和 Java 代码两种方式，所有控件都具备一些通用属性，如表 14-4 所示。

表 14-4 Android 控件通用属性

属性	说明
android:id	设置控件的索引,Java 程序可通过 R.id.<索引> 引用该控件
android:layout_height	设置布局高度,可以通过三种方式来指定高度:fill_parent(和父元素相同)、wrap_content(随组件本身的内容调整)、通过指定 px 值来设置高度
android:layout_width	设置布局宽度,也可以采用三种方式:fill_parent、wrap_content、指定 px 值
android:autoText	如果设置,将自动纠正输入值的拼写
android:bufferType	指定 getText() 方式取得的文本类别
android:capitalize	设置英文字母大写类型。需要弹出输入法才能看到
android:cursorVisible	设定光标为显示 / 隐藏,默认显示
android:digits	设置允许输入哪些字符,如 "1234567890.+-*/%\n()"
android:drawableBottom	在 text 的下方输出一个 drawable
android:drawableLeft	在 text 的左边输出一个 drawable
android:drawableRight	在 text 的右边输出一个 drawable 对象
android:inputType	设置文本的类型,用于帮助输入法显示合适的键盘类型
android:cropToPadding	是否截取指定区域用空白代替;单独设置无效果,需要与 scrollY 一起使用
android:maxHeight	设置 View 的最大高度

1. 文本框(TextView)

文本框 TextView 是显示文本的区域,类似于 Swing 中的标签 Label,TextView 类属于 android.widget 包并且继承 android.view.View 类的方法和属性,同时又是 Button、CheckedTextView、Chronometer(实现计时器)、DigitalClock 以及 EditText 的父类,TextView 类的常用方法如表 14-5 所示。

表 14-5 TextView 类的常用方法

方法	功能
TextView()	TextView 的构造方法
getText()	取得文本内容
length()	获取 TextView 中的文本长度
getKeyListener()	获取键盘监听对象
setKeyListener()	设置键盘事件监听
setCompoundDrawables()	设置 Drawable 图像显示的位置,在设置该 Drawable 资源之前,需要调用 setBounds(Rect)
setTextColor()	设置文本显示的颜色
setHighlightColor()	设置选中时文本显示的颜色
setGravity()	设置当 TextView 超出了文本本身时,横向以及垂直对齐
setShadowLayer()	设置文本显示的阴影颜色

2. 编辑框(EditText)

EditText 类是 TextView 的子类,其功能是提供文本框 EditText,可以编辑。EditText 类的常用方法,如表 14-6 所示。

表 14-6 EditText 类的常用方法

方法	功能
getText()	获取文本内容
selectAll()	获取输入的所有文本
setText(CharSequence text,TextView.BufferType type)	设置编辑框中的文本内容

3. 复选框（CheckBox）

CheckBox 用于多选的情况下，某选项可设置为打开或关闭。CheckBox 类的方法如表 14-7 所示。

表 14-7　CheckBox 类的常用方法

方法	说明
isChecked()	判断组件状态是否勾选
onRestoreInstanceState()	设置视图恢复以前的状态，该状态由 onSaveInstanceState() 方法生成
performClick()	执行 Click 动作，该动作会触发事件监听器
setButtonDrawable()	根据 Drawable 对象设置组件的背景
setChecked()	设置组件的状态。若参数为真，则置组件为选中状态；否则置组件为未选中状态
setOnCheckedChangeListener()	CheckBox 常用的设置事件监听器的方法，状态改变时调用该监听器
toggle()	改变按钮的当前状态
onCreateDrawableState()	获取文本框为空时，文本框默认显示的字符串
onCreateDrawableState()	为当前视图生成新的 Drawable 状态

4. 单选框（RadioGroup）

RadioGroup 用于实现从一组按钮中有且仅有一个按钮被选中时，一旦勾选一个按钮则取消该组中其他已经勾选按钮的选中状态；RadioButton 是一个单选按钮，有可选和不选两种状态，一个 RadioGroup 由多个 RadioButton 组成。RadioGroup 类是 LinearLayout 的子类，其常用方法如表 14-8 所示。

表 14-8　RadioGroup 类的常用方法

方法	说明
addView()	根据布局指定的属性添加一个子视图
check()	选中按钮
generateLayoutParams()	返回一个新的布局实例，这个实例是根据指定的属性集合生成的
setOnCheckedChangeListener()	注册单选按钮状态改变监听器
getCheckedRadioButtonId()	返回该单选按钮组

5. 下拉列表（Spinner）

Spinner 提供了下拉列表功能，一个 Spinner 包括多个元素，这些子元素之间相互影响，同时最多有一个子元素被选中。Spinner 类是 LinearLayout 的子类，其常用方法如表 14-9 所示。

表 14-9　Spinner 类的常用方法

方法	说明
getBaseline()	获取组件文本基线的偏移
getPrompt()	获取被聚焦时的提示消息
performClick()	效果同鼠标单击一样，执行该方法会触发 OnClickListener
setAdapter(SpinnerAdapter adapter)	设置选项，适配器 adapter 用于给下拉列表提供选项数据
setPromptId()	设置对话框弹出时显示的文本
setOnItemSelectedListener()	设置下拉列表被选中子项的监听器

6. 图片视图（ImageView）

ImageView 可以显示图片资源，ImageView 类的常用方法如表 14-10 所示。

表 14-10 ImageView 类的常用方法

方法	说明
ImageView()	构造方法
setAdjustViewBounds(booleanab)	设置是否保持高宽比。需要结合 maxWidth 和 maxHeight 使用
getDrawable()	获取 Drawable 对象；若获取成功，则返回 Drawable 对象，否则返回 null
getScaleType()	获取视图的填充方式
setImageBitmap(Bitmap bm)	设置位图
setAlpha(int alpha)	设置透明度，值范围为 0～255，其中 0 为完全透明，255 为完全不透明
setMaxHeight(int h)	设置控件的最大高度
setMaxWidth(int w)	设置控件的最大宽度
setImageURI(Uri uri)	设置图片地址，图片地址使用 URI 指定
setImageResource(int rid)	设置图片资源库
setColorFilter(int color)	设置颜色过滤，需要指定颜色过滤矩阵

ImageView 可通过两种方式设置资源：一种通过代码方式调用 setImageBitmap() 方法设置图片资源；另一种通过 <ImageView> XML 元素的 android:src 属性，或 setImageResource(int) 方法指定 ImageView 的图片。

7. 滚动视图（ScrollView）

ScrollView 提供了滚动功能，当需要显示的内容比界面实际显示多时可提供滚动效果，ScrollView 只支持垂直方向的滚动，不支持水平方向的移动。ScrollView 的子元素允许采用复杂的布局方式，习惯上采用垂直方向的 LinearLayout。ScrollView 类的常用方法如表 14-11 所示。

表 14-11 ScrollView 类的常用方法

方法	说明
ScrollView()	构造方法
dispatchKeyEvent(KeyEvent event)	将参数指定的键盘事件分发给当前焦点路径的视图
arrowScroll (int direction	该方法响应单击上下箭头时对滚动条滚动的处理，参数 direction 指定了滚动的方向
addView (View child)	添加子视图
computeScroll()	更新子视图的值（mScrollX 和 mScrollY）
setOnTouchListener()	设置 ImageButton 单击事件监听
setColorFilter()	设置颜色过滤，需要指定颜色过滤矩阵
executeKeyEvent (KeyEvent event)	当接收到键盘事件时，此方法执行滚动操作
fullScroll (int direction)	将视图滚动到 direction 指定的方向
onInterceptTouchEvent (MotionEvent me)	此方法用于拦截用户的触屏事件

8. 网格视图（GridView）

GridView 将其子元素组织成类似于网格状的视图。一个网格视图通常含有一个列表适配器 ListAdapter，该适配器包含网格视图的子元素组件。GridView 的视图排列方式与矩阵类似，网格视图能够以数据网格形式显示子元素，并能够对这些子元素进行分页、自定义样式等操作。GridView 类的常用方法如表 14-12 所示。

表 14-12 GridView 类的常用方法

方法	说明
GridView()	构造方法
setGravity (int gravity)	设置此组件中的内容在组件中的位置
setColumnWidth(int)	该方法设置网格视图的宽度
getAdapter ()	获取该视图的适配器 Adapter
setAdapter (ListAdapter adapter)	设置网格视图对应的适配器
setSelection(int p)	设置当前被选中的网格视图的子元素
onKeyUp(int keyCode, KeyEvent event)	释放按键时的处理方法。释放按键时，该方法被调用。其中 keyCode 为按键对应的整型值，event 是按键事件
setHorizontalSpacing(int c)	设置网格视图同一行子元素之间的水平间距
setNumColumns(int)	设置网格视图包含的子元素的列数
getHorizontalSpacing()	获取网格视图同一行子元素之间的水平间距
getNumColumns(int)	获取网格视图包含的子元素的列数
getSelection ()	获取当前选中的网格视图的子元素

9. 列表视图（ListView）

ListView 将子元素以列表的方式组织，用户可滑动滚动条来显示界面之外的元素。通常每一列只有一个元素，实现一个列表视图必须具备 ListView、适配器以及子元素 3 个条件，其中适配器用于存储列表视图的子元素。ListView 类的常用方法如表 14-13 所示。

表 14-13 ListView 类的常用方法

方法	说明
ListView()	构造方法
getCheckedItemPosition()	返回当前被选中子元素的位置
addFooterView (View view)	给视图添加脚注，通常脚注位于列表视图的底部，其中参数 View 为要添加脚注的视图
getMaxScrollAmount()	返回列表视图的最大滚动数量
getDividerHeight()	获取子元素之间分隔符的宽度（元素与元素之间的那条线）
onKeyMultiple(int keyCode, int repeatCount, KeyEvent event)	多次按键时的处理方法。当连续发生多次按键时，该方法被调用
setSelection (int p)	设置当前被选中的列表视图的子元素
onKeyUp (int keyCode, KeyEvent event)	释放按键时的处理方法
onKeyDown (int keyCode, KeyEvent event)	按键时的处理方法
isItemChecked (int position)	isItemChecked (int position)
addHeaderView (View view)	给视图添加头注，通常头注位于列表视图的顶部
getChoiceMode ()	返回当前的选择模式

10. 菜单（Menu）

Menu 在 Android GUI 中也经常使用，可分组展示不同的功能，在人机交互中提供了人性化的操作。

（1）菜单的种类

1）选项菜单（Option Menu）：常用的 Android 菜单打开方式，是按下手机 Menu 按键时弹出的菜单，包括图标菜单（Icon Menu）和扩展菜单（Extended Menu），选项菜单最多显示 6 个子项，其余的会自动设置为"更多"来表示。

2）上下文（Context）菜单：是一种快捷菜单，这种菜单只有在组件上长时间按住鼠标右键才会显示，类似于普通 GUI 程序中的右键菜单。

3）子菜单（subMenu）：是能够显示更加详细信息的菜单子项。

（2）创建菜单的步骤

创建选项菜单的 3 个步骤：

1）覆盖 Activity 的 onCreateOptionsMenu() 方法，当第一次打开菜单时，自动调用该方法。

2）调用 Menu 的 add() 方法添加菜单项（MenuItem），可以调用 MenuItem 的 setIcon() 方法为菜单设置图标。

3）当菜单项被选择时，覆盖 Activity 的 onOptionsItemSelected() 方法来响应事件。

创建上下文菜单的 3 个步骤：

1）覆盖 Activity 的 onCreateContextMenu() 方法，调用 Menu 的 add() 方法添加菜单项（MenuItem）。

2）覆盖 onContextItemSelected() 方法，响应菜单单击事件。

3）在 Activity 的 onCreate() 方法中，调用 registerForContextMenu() 方法，为视图注册上下文菜单。

创建子菜单的 3 个步骤：

1）覆盖 Activity 的 onCreateOptionMenu(Menu menu) 方法，调用 Menu 的 addSubMenu() 方法来添加子菜单。

2）调用 SubMenu 的 add() 方法来添加子菜单。

3）覆盖 onContextItemSelect() 方法来响应菜单单击事件。

（3）菜单的常用方法

菜单的常用方法如表 14-14 所示。

表 14-14 菜单常用方法

方法	说明
setHeaderIcon(int IconRes)	设置上下文菜单的图标
setHeaderTitle(CharSequence title)	设置上下文菜单的标题
setHeaderTitle(int titleRes)	设置上下文菜单的标题
add(int groupId,int itemId,int order,CharSequence title)	添加子菜单
addSubMenu( )	添加子菜单

除了上述几种常用控件之外，Android 还提供了其他的控件，如对话框（Dialog）、提示信息（Tost）等，更多控件的具体用法及示例建议读者参阅 Android 官网的 Android 开发指南 Android Developer Guide，该指南是 Android 开发权威性文档，完整地覆盖了所有 Android GUI 及其他 Android 技术开发详细示例。

下面用一个简单示例演示如何综合使用各种控件构建用户界面，以及控件如何处理事件响应。

【例 14-1】 一个使用编辑框、下拉列表、单选按钮、按钮等多种控件实现的公司职员登记表界面,在用户输入相关信息后,跳转到新界面中输出所录入的信息。程序运行提示用户输入信息后呈现如图 14-15 所示的界面。

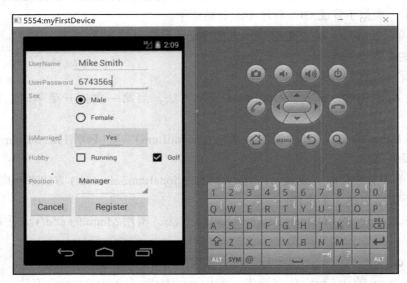

图 14-15 职员登记表界面

单击 Register 按钮后,显示录入的信息如图 14-16 所示。

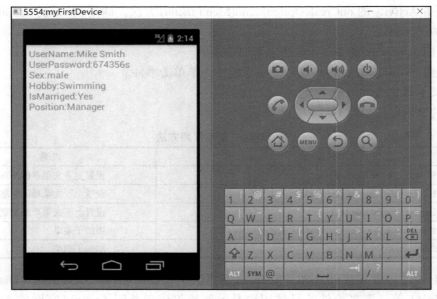

图 14-16 呈现用户信息

此程序首先在 layout 下创建两个 Activity:activity_info.xml 和 activity_main.xml,程序架构如图 14-17 所示。

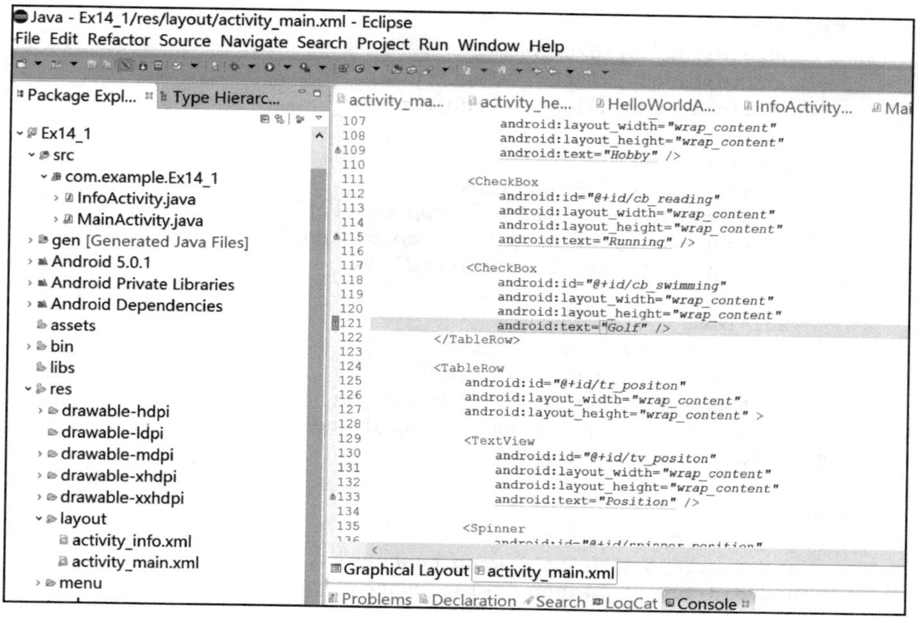

图 14-17 程序架构

activity_main.xml 用于展示登记表界面，采用 LinearLayout 和 TableLayout 布局方式，代码如下：

```xml
<LinearLayout xmlns:android="http://schemas.android.com/apk/res/android"
    xmlns:tools="http://schemas.android.com/tools"
    android:layout_width="match_parent"
    android:layout_height="match_parent"
    android:padding="5dp"
    android:orientation="vertical" >

    <TableLayout
        android:layout_width="wrap_content"
        android:layout_height="wrap_content"
        android:stretchColumns="1" >

        <TableRow
            android:id="@+id/tr_name"
            android:layout_width="wrap_content"
            android:layout_height="wrap_content" >

            <TextView
                android:id="@+id/tv_name"
                android:layout_width="wrap_content"
                android:layout_height="wrap_content"
                android:text="UserName" />

            <EditText
                android:id="@+id/et_name"
                android:singleLine="true"
                android:layout_width="wrap_content"
                android:layout_height="wrap_content" />
        </TableRow>
```

```xml
<TableRow
    android:id=" @+id/tr_name1"
    android:layout_width=" wrap_content"
    android:layout_height=" wrap_content" >

    <TextView
        android:id=" @+id/tv_pwd"
        android:layout_width=" wrap_content"
        android:layout_height=" wrap_content"
        android:text=" UserPassword" />

    <EditText
        android:id=" @+id/et_pwd"
        android:singleLine=" true"
        android:layout_width=" wrap_content"
        android:layout_height=" wrap_content" />
</TableRow>

<TableRow
    android:id=" @+id/tr_sex"
    android:layout_width=" wrap_content"
    android:layout_height=" wrap_content" >

    <TextView
        android:id=" @+id/tv_sex"
        android:layout_width=" wrap_content"
        android:layout_height=" wrap_content"
        android:text=" Sex" />

    <RadioGroup
        android:id=" @+id/rg_sex"
        android:layout_width=" wrap_content"
        android:layout_height=" wrap_content" >

        <RadioButton
            android:id=" @+id/rb_male"
            android:layout_width=" wrap_content"
            android:layout_height=" wrap_content"
            android:checked=" true"
            android:text=" Male" />

        <RadioButton
            android:id=" @+id/rb_female"
            android:layout_width=" wrap_content"
            android:layout_height=" wrap_content"
            android:text=" Female" />
    </RadioGroup>
</TableRow>

<TableRow
    android:id=" @+id/tr_married"
    android:layout_width=" wrap_content"
    android:layout_height=" wrap_content" >

    <TextView
        android:id=" @+id/tv_married"
        android:layout_width=" wrap_content"
        android:layout_height=" wrap_content"
```

```xml
            android:text=" IsMarriged" />

        <ToggleButton
            android:id=" @+id/tb_marriged"
            android:layout_width=" wrap_content"
            android:layout_height=" wrap_content"
            android:textOn=" Yes"
            android:textOff=" No"
            />
    </TableRow>

    <TableRow
        android:id=" @+id/tr_hobby"
        android:layout_width=" wrap_content"
        android:layout_height=" wrap_content" >

        <TextView
            android:id=" @+id/tv_hobby"
            android:layout_width=" wrap_content"
            android:layout_height=" wrap_content"
            android:text=" Hobby" />

        <CheckBox
            android:id=" @+id/cb_reading"
            android:layout_width=" wrap_content"
            android:layout_height=" wrap_content"
            android:text=" Running" />

        <CheckBox
            android:id=" @+id/cb_swimming"
            android:layout_width=" wrap_content"
            android:layout_height=" wrap_content"
            android:text=" Golf" />
    </TableRow>

    <TableRow
        android:id=" @+id/tr_positon"
        android:layout_width=" wrap_content"
        android:layout_height=" wrap_content" >

        <TextView
            android:id=" @+id/tv_positon"
            android:layout_width=" wrap_content"
            android:layout_height=" wrap_content"
            android:text=" Position" />

        <Spinner
            android:id=" @+id/spinner_position"
            android:layout_width=" wrap_content"
            android:layout_height=" wrap_content" />
    </TableRow>

    <TableRow
        android:layout_width=" wrap_content"
        android:layout_height=" wrap_content" >

        <Button
            android:id=" @+id/btn_cancel"
```

```xml
            android:layout_width="wrap_content"
            android:layout_height="wrap_content"
            android:text="Cancel" />
        <Button
            android:id="@+id/btn_register"
            android:layout_width="wrap_content"
            android:layout_height="wrap_content"
            android:text="Register" />
    </TableRow>
</TableLayout>

</LinearLayout>
```

activity_info.xml 用于显示用户录入的信息，代码如下：

```xml
<?xml version="1.0" encoding="utf-8"?>
<LinearLayout xmlns:android="http://schemas.android.com/apk/res/android"
    android:layout_width="match_parent"
    android:layout_height="match_parent"
    android:orientation="vertical" >

    <TextView
        android:id="@+id/tv_info"
        android:layout_width="match_parent"
        android:layout_height="wrap_content"
        android:textSize="18sp"
        android:layout_margin="5dp"
        />
</LinearLayout>
```

src 下的 MainActivity.java 实现了接受用户录入信息并响应注册事件，代码如下：

```java
import android.app.Activity;
import android.content.Intent;
import android.os.Bundle;
import android.util.Log;
import android.view.View;
import android.view.View.OnClickListener;
import android.widget.*;

public class MainActivity extends Activity implements OnClickListener {
    private Button btnRegister, btnCancel;
    private ToggleButton tbMarried;
    private RadioButton rbMale, rbFemale;
    private EditText etUserName, etUserPassword;
    private Spinner spinnerPosition;
    private CheckBox cbReading, cbSwimming;

    @Override
    protected void onCreate(Bundle savedInstanceState) {
        super.onCreate(savedInstanceState);
        setContentView(R.layout.activity_main);
        initView();
    }

    @Override
    protected void onStart() {
        super.onStart();
```

```java
            etUserName.setText("");
            etUserPassword.setText("");
            cbReading.setChecked(false);
            cbSwimming.setChecked(false);
        }

        private void initView() {
            // 定义各种组件
            btnRegister = (Button) findViewById(R.id.btn_register);
            btnCancel = (Button) findViewById(R.id.btn_cancel);
            tbMarried = (ToggleButton) findViewById(R.id.tb_married);
            rbMale = (RadioButton) findViewById(R.id.rb_male);
            rbFemale = (RadioButton) findViewById(R.id.rb_female);
            etUserName = (EditText) findViewById(R.id.et_name);
            etUserPassword = (EditText) findViewById(R.id.et_pwd);
            cbReading = (CheckBox) findViewById(R.id.cb_reading);
            cbSwimming = (CheckBox) findViewById(R.id.cb_swimming);
            spinnerPosition = (Spinner) findViewById(R.id.spinner_position);
            btnRegister.setOnClickListener(this);
            btnCancel.setOnClickListener(this);

            String[] strs = { "Manager", "Engineer", "Staff" };
            ArrayAdapter<String> aa = new ArrayAdapter<String>(this,
                    android.R.layout.simple_spinner_dropdown_item, strs);
            spinnerPosition.setAdapter(aa);
        }

        @Override
        public void onClick(View v) {
            // 响应事件，获取录入信息
            switch (v.getId()) {
            case R.id.btn_register:
                String name = etUserName.getText().toString();
                String pwd = etUserPassword.getText().toString();
                if ("".endsWith(name) || "".endsWith(pwd)) {
                    Toast.makeText(this, "UserName or UserPassword is empty !", Toast.LENGTH_SHORT).show();
                    break;
                }
                String sex = "";
                if (rbMale.isChecked()) {
                    sex = "male";
                } else {
                    sex = "female";
                }

                String hobby = "";
                if (cbReading.isChecked()) {
                    hobby += "Reading ";
                }
                if (cbSwimming.isChecked()) {
                    hobby += "Swimming ";
                }

                String isMarried = "";
                if (tbMarried.isChecked()) {
                    isMarried = "Yes";
                } else {
```

```java
                isMarriged = "No";
            }
            StringBuffer sb = new StringBuffer("UserName:")
                    .append(name).append("\n")
                    .append("UserPassword:")
                    .append(pwd).append("\n")
                    .append("Sex:").append(sex).append("\n").append("Hobby:")
                    .append(hobby).append("\n").append("IsMarriged:")
                    .append(isMarriged).append("\n").append("Position:")
                    .append(spinnerPosition.getSelectedItem().toString());
            Log.e("wyj", sb.toString());

            Intent intent = new Intent(MainActivity.this, InfoActivity.class);
            intent.putExtra("info", sb.toString());
            startActivity(intent);
            break;
        case R.id.btn_cancel:
            etUserName.setText("");
            etUserPassword.setText("");
            cbReading.setChecked(false);
            cbSwimming.setChecked(false);
            break;
        default:
            break;
        }
    }
}
```

InfoActivity.java 输出用户录入的信息，代码如下：

```java
import android.app.Activity;
import android.os.Bundle;
import android.widget.TextView;

public class InfoActivity extends Activity {
    private TextView tvInfo;

    @Override
    protected void onCreate(Bundle savedInstanceState) {
        super.onCreate(savedInstanceState);
        setContentView(R.layout.activity_info);
        initView();
    }

    private void initView() {
        tvInfo = (TextView) findViewById(R.id.tv_info);
        String info = getIntent().getStringExtra("info");
        tvInfo.setText(info);
    }
}
```

本章小结

本章介绍了当前流行的Android开发平台，包括Android系统架构、应用程序组件、eclipse环境下Android开发环境的配置。重点讲述了Android图形用户应用程序的开发，包括各种控件的功能、界面布局以及事件响应。

  Android 系统架构分为 4 层，由上至下依次是应用程序、应用程序框架、核心类库和 Linux 内核。

  Android 组件主要有 4 种类型：活动、服务、广播接收者和内容提供者。

  Android 提供了丰富的图形用户界面程序 API，包括控件应用、布局及事件响应等。本章重点强调 Java GUI 机制在 Android 方面的应用，分析普通 GUI 开发和 Android GUI 开发的相似之处，介绍 Android GUI API，并通过实例讲解 Android GUI 基础控件开发。更多详细的界面开发需要进一步学习 Android 相关知识。

习题

1. Android 的系统架构分为哪几层？
2. 下载 Android sdk，在 eclipse 里安装 Android 并编写简单的图形用户界面应用程序。
3. 下载一个开源的 Java 游戏代码，学习 Android API，将该游戏植入 Android 应用程序中并运行。

参考文献

[1] 郑莉，等. Java 语言程序设计 [M]. 北京：清华大学出版社，2006.
[2] Bruce Eckel. Java 编程思想 [M]. 陈昊鹏，译. 4 版. 北京：机械工业出版社，2007.
[3] Sharon Zakhour, Scott Hommel，等. Java 教程 [M]. 马朝晖，等译. 4 版. 北京：人民邮电出版社，2007.
[4] 叶乃文，王丹. Java 语言程序设计教程 [M]. 北京：机械工业出版社，2010.
[5] Peter van der Linden. Java2 教程 [M]. 邢国庆，等译. 6 版. 北京：电子工业出版社，2005.
[6] 孙卫琴. Java 网络编程精解 [M]. 北京：电子工业出版社，2008.
[7] Y Daniel Liang. Java 语言程序设计 [M]. 万波，等译. 北京：机械工业出版社，2008.
[8] 郭宏志. Android 应用开发详解 [M]. 北京：电子工业出版社，2010.
[9] Reto Meier. Android2 高级编程 [M]. 王超，译. 北京：清华大学出版社，2010.
[10] Ron Hitchens. Java IO[M]. New York：O'REILLY，2002.
[11] 李兴华. Android 开发实战经典 [M]. 北京：清华大学出版社，2012.